인터스텔라의 과학

킵 손의 다른 저서들

『시공의 미래(*The Future of Spacetime*)』(스티븐 호킹, 이고르 노비코프, 티모시 페리스, 앨런 라이트먼, 리처드 프라이스 공저)

『블랙홀과 시간굴절 : 아인슈타인의 엉뚱한 유산(*Black Holes & Time Warps: Einstein's Outrageous Legacy*)』

『블랙홀 : 막 패러다임(*Black Holes: The Membrane Paradigm*)』(리처드 프라이스, 더글러스 맥도널드 공저)

『중력(*Gravitation*)』(찰스 미스너, 존 아치볼드 휠러 공저)

『중력 이론과 중력 붕괴(*Gravitation Theory and Gravitational Collapse*)』(켄트 해리슨, 와카노 마사미, 존 아치볼드 휠러 공저)

인터스텔라의 과학

킵 손

전대호 옮김

가치

역자 전대호(全大虎)
서울대학교 물리학과 졸업. 같은 대학교 철학과 대학원 석사. 독일 쾰른에서 철학 수학. 서울대학교 철학과 박사과정 수료. 1993년 조선일보 신춘문예 시 당선. 시집으로 『가끔 중세를 꿈꾼다』, 『성찰』이 있고, 번역서로 『유클리드의 창』, 『과학의 시대』, 『짧고 쉽게 쓴 '시간의 역사'』, 『수학의 사생활』, 『우주생명 오디세이』, 『당신과 지구와 우주』, 『위대한 설계』, 『2030 : 세상을 바꾸는 과학기술』, 『우주는 수학이다』, 『나, 스티븐 호킹의 역사』, 『완벽한 이론』 등이 있다.

인터스텔라의 과학

저자/킵 손
역자/전대호
발행처/까치글방
발행인/박후영
주소/서울시 용산구 서빙고로 67, 파크타워 103동 1003호
전화/02 · 735 · 8998, 736 · 7768
팩시밀리/02 · 723 · 4591
홈페이지/www.kachibooks.co.kr
전자우편/kachibooks@gmail.com
등록번호/1-528
등록일/1977. 8. 5
초판 1쇄 발행일/2015. 1. 5
10쇄 발행일/2023. 1. 20

값/뒤표지에 쓰여 있음

ISBN 978-89-7291-575-1 03400

이 도서의 국립중앙도서관 출판예정도서목록(CIP)은 서지정보유통지원시스템 홈페이지(http://seoji.nl.go.kr)와 국가자료공동목록시스템(http://www.nl.go.kr/kolisnet)에서 이용하실 수 있습니다. (CIP제어번호 : CIP2014037563)

차례

머리말

「인터스텔라(Interstellar)」를 만들면서 누린 큰 기쁨 하나는 킵 손을 알게 된 것이다. 주위 사람들에게까지 전염시키는 그의 과학을 향한 열정은 우리의 첫 대화에서부터 역력히 드러났다. 그가 설익은 견해를 내놓기 싫어한다는 점도. 내가 제시한 서사적 과제들에 그는 한결같이 침착하고 신중하게, 무엇보다도 과학적으로 접근했다. 내가 터무니없는 이야기로 빠지지 못하게 막는 과정에서 그는 자신의 말을 흔쾌히 믿지 않으려고 드는 나를 한번도 성마르게 대하지 않았다(물론 빛보다 더 빠른 여행은 불가능하다는 그에게 내가 2주일 동안 대들었을 때는 낮은 한숨이 나왔을 수도 있었겠지만).

그는 자신의 역할이 과학경찰이 아니라 이야기 공동 제작자라고 여겼다. 이를테면 내가 자초한 궁지에서 벗어날 길을 찾기 위해서 과학 저널들과 학술논문들을 뒤지는 역할 같은 것을 자임했다. 킵은 나에게 과학의 본질은 자연의 경이 앞에서의 겸허함이라는 것을 가르쳐주었다. 이 태도 덕분에 그는, 허구의 작품이 역설과 알 수 없는 영역을 다른 각도에서, 곧 스토리텔링을 통해 공략하기 위해서 내놓은 가능성들을 즐길 수 있었다. 이 책은 킵의 생생한 상상력을, 그리고 그 자신처럼 막강한 지능과 거대한 지식을 소유하지 못한 우리를 과학으로 이끌겠다는 그의 쉼 없는 욕구를 풍부하게 보여준다. 그는 사람들이 우리 우주에 관한 야릇한 진실들을 이해하고 감탄하기를 바란다. 이 책은 독자들 각자가 과학을 좋아하는 만큼 깊이 빠져들 수 있도록 구성되었다. 알아서 뒤로 물러나야 할 사람은 아무도 없다. 내가 킵의 민첩한 정신을 따라잡으려고 애쓰며 느낀 즐거움을 누구나 누릴 수 있을 것이다.

캘리포니아 주 로스앤젤레스에서
2014년 7월 29일
크리스토퍼 놀런

서문

나의 과학자 경력은 반세기에 달한다. (거의 늘) 환한 웃음이 나도록 즐거웠으며, 우리의 세계와 우주를 보는 강력한 시각을 나에게 선사했다.

어린 시절과 10대에 나는 아이작 아시모프, 로버트 하인라인 등의 과학소설과 아시모프와 물리학자 조지 가모브의 대중 과학서를 읽으면서 과학자가 되겠다고 마음먹었다. 나는 그들에게 많은 빚을 졌다. 그들의 메시지를 다음 세대에 전달함으로써 그 빚을 갚게 되기를 오래 전부터 바랐다. 청소년과 성인을 막론하고 사람들을 유혹하여 과학의 세계로, 진짜 과학으로 끌어들이고 싶었다. 비과학자들에게 과학이 어떻게 돌아가는지, 과학이 우리 개인들에게, 우리 문명에, 그리고 인류에게 얼마나 큰 힘을 선사하는지 설명하고 싶었다.

크리스토퍼 놀런의 영화 「인터스텔라」는 나의 바람에 딱 알맞은 전령이다. 내가 기획 단계부터 「인터스텔라」에 관여한 것은 (우연히 찾아온) 큰 행운이었다. 나는 놀런과 제작진이 영화에 진짜 과학을 녹여넣는 것을 도왔다.

「인터스텔라」에 등장하는 과학의 많은 부분은 오늘날 인류가 보유한 지식의 최첨단이나 바로 그 너머에 위치한다. 그래서 영화는 더욱 신비롭고, 나는 확고한 과학과 지식에 기초한 추측과 막연한 사변의 차이를 설명할 기회를 얻었다. 「인터스텔라」는 나로 하여금 어떻게 과학자들이 사변으로서 출발한 아이디어들을 주목하고 틀렸음을 증명하거나, 아니면 지식에 기초한 추측 혹은 확고한 과학으로 변환하는지 설명하게 한다.

나는 두 가지 길을 채택할 것이다. 첫째, 영화에 등장하는 현상들(블랙홀, 웜홀, 특이점, 제5 차원 등)에 관한 오늘날의 지식을 설명하고, 그 지식이 어떻게 획득되었는지, 미지의 영역은 어떤 식으로 개척될 가망이 있는지 설명한다. 둘째, 미술평론가나 일반 관람객이 피카소의 그림을 해석할 때와 비슷하게 「인터스텔라」를 과학자의 관점에서 해석한다.

나의 해석은 영화 장면들의 배후에서 벌어지는 일이라고 내가 상상하는 바를 서술하는 방식일 때가 많다. 이를테면 나는 블랙홀 '가르강튀아(Gargantua)', 그 블랙홀의 특이점, 사건지평, 시각적인 모양에 관한 물리학을 서술할 것이다. 어떻게 가르강튀아의 중력 때문에 밀러 행성(Miller's planet)에서 1,200미터 높이의 파도가 일어날 수 있는지를, 어떻게 테서랙트가 3차원 물체인 쿠퍼를 싣고 5차원 벌크 속에서 이동할 수 있는지 같은 것을 말이다.

때때로 나의 해석은 「인터스텔라」에 나오는 이야기를 **확장하기도** 할 것이다. 예컨대 영화 속의 현재보다 훨씬 더 오래 전에 브랜드 교수가 가르강튀아 근처의 한 중성자별에서 발생하여 웜홀을 통해서 지구로 온 중력파를 관찰함으로써 웜홀을 발견한 일이 어떻게 일어났을지 설명해볼 것이다.

당연한 말이지만, 이 해석들은 내 나름의 것일 뿐이다. 피카소가 어떤 미술평론가의 해석도 승인하지 않은 것과 마찬가지로 크리스토퍼 놀런은 나의 해석을 승인하지 않는다. 나의 해석은 경이로운 과학을 서술하기 위해서 내가 선택한 탈것이다.

책의 일부 대목은 울퉁불퉁한 황무지 같아서 달리기 힘들 수도 있다. 그것이 진짜 과학의 실상이다. 과학은 생각을 요구한다. 때로는 깊은 생각을. 하지만 생각해보면, 보람이 있을 수 있다. 몹시 울퉁불퉁한 구간은 건너뛰어도 좋고, 이해하려고 애써도 좋다. 당신이 애썼는데 보람이 없다면, 그것은 당신의 잘못이 아니라 나의 잘못이다. 미안하다.

적어도 한번쯤은 당신이 한밤중에 반쯤 잠든 정신으로 내 글의 한 대목을 붙들고 고민하기를 바란다. 나도 크리스토퍼 놀런이 시나리오를 다듬는 과정에서 던진 질문들을 붙들고 밤중에 그렇게 고민했다. 또한 내가 놀런의 질문들과 씨름하다가 여러 번 경험한 유레카의 순간을 당신도 한밤중에 고민하다가 적어도 한번쯤은 경험하기를 특별히 바란다.

나의 할리우드 진출을 환영하고, 과학의 아름다움과 매력과 힘에 관한 메시지를 다음 세대에 전달하겠다는 나의 꿈을 이룰 놀라운 기회를 준 크리스토퍼 놀런, 조너선 놀런, 엠마 토머스, 린다 옵스트, 스티븐 스필버그에게 감사한다.

캘리포니아 주 패서디나에서

2014년 5월 15일

킵 손

1

할리우드에 진출한 과학자

「인터스텔라」의 탄생기

린다 옵스트, 나의 할리우드 파트너

실패한 연애가 휘어지며 뭉쳐서 이룬 창조적 우정과 동지 관계가 「인터스텔라」의 씨앗이 되었다.

1980년 9월, 내 친구 칼 세이건이 전화를 걸어왔다. 그는 내가 독신으로 10대의 딸을 양육한다는 것(나는 그리 좋은 아버지가 아니었으므로, 양육하려고 한다는 것이 더 적절할 수도 있겠다), 캘리포니아 남부에 산다는 것, 그러면서 이론물리학자(이론물리학자 노릇은 훨씬 더 잘했다)로 활동한다는 것을 알고 있었다.

칼의 용건은 소개팅 제안이었다. 곧 방영될 칼의 텔레비전 시리즈 「코스모스(Cosmos)」의 세계 최초 공개 행사에 참석하여 린다 옵스트를 만나라는 것이었다.

지적이고 아름다운 린다는 『뉴욕 타임스 매거진』의 대항문화 및 과학 편집자였으며 최근에 로스앤젤레스로 이주한 터였다. 그녀는 극구 반대했음에도 불구하고 남편이 이주를 밀어붙였는데, 이 일도 두 사람의 이혼에 한몫 했다. 나쁘다고 할 만한 상황을 최선으로 활용하기 위해서 린다는 잠시 영화 사업에 뛰어들어 「플래시댄스(Flashdance)」라는 영화를 구상하는 중이었다.

「코스모스」 공개 행사는 그리피스 천문대에서 열렸고 참석자는 예복을 입어야 했다. 얼뜨기였던 나는 연한 파란색 턱시도를 입었다. 로스앤젤레스에서 이름깨나 알려진 사람은 죄다 참석했다. 나는 물 밖에 나온 물고기처럼 어색해했지만, 유쾌한 시간을 보냈다.

그후 2년 동안 나와 린다는 가끔 만났다. 하지만 뭐랄까, 우리는 화학적으로 잘 맞지 않았다. 그녀의 강렬함은 나를 무력화하고 소진시켰다. 나는 그 소진이 황홀감의 대가로 적절한지 숙고했지만, 선택은 나의 몫이 아니었다. 어쩌면 나의 벨루어 셔츠와 두 겹 편물 바지 때문이었을 것이다. 잘 모르겠다. 린다는 애인에게 향할 관심을 나에게서 곧 거두었다. 하지만 더 좋은 어떤 것이 자라고 있었다. 그것은 서로 무척 다르며 몹시 다른 세계에 속한 두 사람 사이의 지속적이며 창조적인 우정과 동지 관계였다.

시간을 빨리 돌려 2005년 10월로 가보자. 여느 때와 다름없는 둘만의 저녁 식사 자리였다. 그런 자리에서 우리의 대화는 우주론 분야의 최신 발견부터 좌파 정치, 훌륭한 음식, 영화판의 종잡을 수 없는 흐름까지 다양한 주제를 넘나들었다. 당시에 린다는 할리우드에서 가장 잘 나가고 다채로운 제작자로 꼽혔다(「플래시댄스」, 「피셔 킹」, 「콘택트」, 「10일 안에 남자친구에게 차이는 법」을 제작했다). 나는 유부남이었다. 나의 아내 캐럴리 윈스타인은 이미 린다와 절친한 사이였다. 또 물리학계에서 나의 실적도 그런대로 괜찮았다.

저녁 식사 자리에서 린다는 구상해놓은 과학 영화의 기본 발상을 이야기하면서 거기에 살을 붙이는 작업을 도와달라고 요청했다. 그 영화는 그녀의 두 번째 과학 영화가 될 터였다. 과거에 칼 세이건과 함께 「콘택트」를 만들었던 것처럼, 이번에 그녀는 나와 함께 일할 생각이었다.

나는 영화 제작에 참여하는 것을 상상해본 적도 없었다. 할리우드를 꿈꾼 적도 없었다. 그저 린다의 모험을 통한 간접 경험이면 족했다. 그러나 린다와 함께 일한다는 것은 매력적이었고, 그녀의 기본 발상은 내가 개척한 천체물리학적 개념인 웜홀과 관련이 있었다. 그래서 나는 그녀의 꼬임에 쉽게 넘어가 토론을 시작했다.

이어진 4개월 동안 몇 번의 저녁 식사와 이메일과 전화를 통해서 우리는 영화의 윤곽을 잡았다. 웜홀, 블랙홀, 중력파, 5차원 우주, 인간과 고차원 존재들의 만남 등을 다루기로 했다.

그러나 나에게 가장 중요했던 것은 처음부터 진짜 과학에 기초를 둔 블록버스터 영화를 만든다는 우리의 구상이었다. 인류 지식의 최첨단과 바로 그 너머에 위치한 과학. 감독과 시나리오 작가들과 제작자들이 과학을 존중하고 과학에서 영감을 얻고 영화 속에 과학을 철저하고 설득력 있게 녹여넣어서 만든 영화. 물리학 법칙들이 우리 우주에서 창조할 가능성과 개연성이 있는 경이로운 현상들, 인간이 물리학 법칙들에 통달함으로써 이룰 수 있는 위대한 성취들을 관객에게 맛보여주는 영화. 관객 중 다수를 과학 공부로, 더 나아가 어쩌면 과학자의 길로 이끌 수 있는 영화를 말이다.

9년이 지난 지금, 「인터스텔라」는 우리의 꿈을 온전히 실현하는 중이다. 그러나 그때로부터 지금까지의 여정은 「폴린의 고난(Perils of Pauline)」(여주인공이 간신히 위기를 모면하는 내용의 1910년대 미국 영화 시리즈/옮긴이)을 닮은 구석이 있다. 우리의 꿈은 여러 번 좌초할 뻔했다. 우리는 전설적인 영화감독 스티븐 스필버그를 얻었다가 잃었다. 탁월한 젊은 시나리오 작가 조너선 놀런을 얻었고 결정적인 단계에서 여러 달씩 두 번이나 잃었다. 그후 우리의 꿈은 놀랍게도 부활하여 조너선의 형이자 젊은 세대 사이에서 가장 위대한 영화감독인 크리스토퍼 놀런의 손안에서 변신했다.

스티븐 스필버그, 원래의 감독

우리가 토론을 시작한 지 4개월 후인 2006년 2월, 린다는 크리에이티브 아티스트 에이전시(CAA) 소속으로 스필버그를 대리하는 토드 펠드먼과 점심을 먹었다. 요새 어떤 영화를 만드느냐는 펠드먼의 물음에 그녀는 나와의 공동 작업과 애초부터 진짜 과학을 녹여넣은 과학영화를 만들겠다는 우리의 계획에 대해서 이야기했다. 「인터스텔라」를 향한 꿈을. 펠드먼은 흥분했다. 그는 스필버그가 관심을 보일 것 같다면서 **그날 당장** 그에게 트리트먼트를 보내라고 린다를 재촉했다('트리트먼트[treatment]'란 영화의 줄거리와 등장인물을 적은 문서로 대개 20여 쪽 분량이다).

우리가 적어놓은 것이라고는 서로 주고받은 이메일 몇 통과 식사 자리에서 나눈 대화의 메모가 전부였다. 그래서 우리는 이틀 동안 회오리바람의 속도로 8쪽짜리 트리트먼트를 작성하여 자랑스럽게 발송했다. 며칠 뒤에 린다가 나에게 이메일을 보냈다. "스필버그가 읽고 큰 관심을 보였음. 우리가 그와 잠깐 만날 필요가 있을지도 모름. 의욕 충만? XX 린다."

당연히 나는 의욕 충만이었다! 그러나 우리가 만남의 자리를 마련할 겨를도 없이, 일주일 후에 린다가 전화를 걸어왔다. "스필버그가 우리의 「인터스텔라」를 감독하겠다고 노래를 부르고 다녀!" 린다는 황홀경이었다. 나도 그랬다. "이런 일은 할리우드에서 절대로 일어나지 않아"라고 그녀는 말했다. "절대로." 그러나 그런 일이 일어난 것이었다.

얼마 후에 나는 린다에게 평생 동안 스필버그의 영화를 딱 한 편 보았다고 고백했다. 당연히 「ET」였다(어른이 된 후에 나는 영화에 큰 관심을 가진 적이 한번도 없었다). 그리하여 그녀는 나에게 숙제를 내주었다. 킵이 반드시 보아야 할 스필버그의 영화 목록.

한 달이 지난 2006년 3월 27일, 우리는 스필버그, 그러니까 내가 그날부터 부르기 시작한 호칭으로 스티븐과 처음 만났다. 버뱅크에 위치한 스필버그의 영화제작사 앰블린 중심부의 아늑한 회의실에서였다.

그 자리에서 나는 스티븐과 린다에게 「인터스텔라」의 과학에 대해서 두 가지 원칙을 제안했다.

1. 확고한 물리학 법칙이나 우주에 관한 우리의 확고한 지식에 반하는 내용은 없어야 한다.
2. 잘 이해되지 않은 물리학 법칙과 우주에 관한 (흔히 과감한) 사변은 진짜 과학에, 적어도 일부 "존중할 만한" 과학자들이 가능하다고 여기는 아이디어에 기초를 두어야 한다.

스티븐은 제안을 수용하는 듯했다. 나중에 그는 우리와 토론할 과학자들을 불러모아 인터스텔라 과학 연구회(Interstellar Science Workshop)를 열자는 린다의 제안도 받아들였다.

그 연구회는 6월 2일에 캘리포니아 공과대학(칼텍)의 내 연구실 근처 한 회의실에서 열렸다.

과학자 14명(우주생물학자, 행성학자, 이론물리학자, 우주학자, 심리학자, 우주정책 전문가)과 린다, 스티븐, 스티븐의 아버지 아널드, 그리고 내가 8시간 동안 자유분방하게, 술 취한 사람들처럼 토론을 벌였다. 한편으로 지쳤지만, 우리는 새 아이디어들과 이전 아이디어들에 대한 반론들을 잔뜩 안고 한껏 고무되어 회의실을 나섰다. 린다와 나는 우리의 트리트먼트를 수정하고 보완하면서 그때 받은 자극들을 반영했다.

우리는 다른 일들도 해야 했으므로, 이 작업은 6개월이나 걸렸지만, 2007년 1월에 이르자 우리의 트리트먼트는 본문 37쪽과 「인터스텔라」의 과학에 관한 부록 16쪽으로 늘어나 있었다.

조너선 놀런, 시나리오 작가

한편 린다와 스티븐은 시나리오를 쓸 만한 사람들과 접촉했다. 오랜 과정을 거쳐 결국 조너선 놀런이 낙점되었다. 당시에 서른 살이었던 그는 그때까지 단 2편의 시나리오를 (형 크리스토퍼와) 공동 집필한 경력이 있었다. 두 작품은 「프레스티지」와 「다크 나이트」였는데 모두 대성공을 거두었다.

친구들이 조나라고 불렀던 조너선은 과학을 거의 몰랐지만, 영리하고 호기심 많고 배우려는 의욕이 있었다. 그는 여러 달 동안 「인터스텔라」와 관련이 있는 과학책들을 모조리 섭렵하고 예리한 질문들을 던졌다. 그리고 스티븐과 린다와 내가 환영한 중요한 새 아이디어들을 우리의 영화에 가미했다.

조나는 정말 멋진 동료였다. 그와 나는 「인터스텔라」의 과학에 대해서 여러 번 토론했다. 대개 칼텍의 교수식당 애서니엄에서 점심을 앞에 두고 두세 시간 동안 대화했다. 조나는 새 아이디어와 질문을 한 아름 안고 나타나곤 했다. 나는 즉각 반응하는 편이었다. 이건 과학적으로 가능하고, 저건 불가능해……나의 대답이 틀릴 때도 있었다. 조나는 나를 압박하곤 했다. 왜요? 그럼 이건 어떨까요……하지만 나는 원체 느린 사람이어서 집에 돌아와 고민하면서 잠들곤 했다. 흔히 한밤중에, 나의 본능적 반응이 누그러들었을 때, 나는 조나가 원하는 바를 타당하게 만들 길을 발견하곤 했다. 혹은 그가 추구하는 목표에 이르는 대안적인 길을 발견했다. 나의 창조적 사고력은 반쯤 잠들었을 때 잘 돌아갔다.

이튿날 아침, 나는 밤중에 대충 적은 메모를 모으고 해독하여 조나에게 이메일을 쓰곤 했다. 그는 전화나 이메일로, 또는 다음번 점심 식사 자리에서 반응을 내놓았고, 우리는 타협에 이르곤 했다. 이런 식으로 우리는 예컨대 중력이상(gravitational anomaly)을 논했고 인류가 중력이상을 이용하여 지구를 벗어나는 것에 대해서 이야기했다. 그리고 나는 그런 중력이상을 과학적으로 가능하게 만드는 길들을 현재 지식의 범위를 약간 벗어난 곳에서 발견했다.

결정적인 순간마다 우리는 린다를 참여시켰다. 그녀는 우리의 아이디어를 훌륭하게 비판했고 우리를 새 방향으로 이끌곤 했다. 다른 한편 그녀는 마법 같은 솜씨로 파라마운트 픽처스 사를 압박하여 우리가 창작자의 자율성을 유지할 수 있게 해주었다. 또한 「인터스텔라」를 실제 영화로 구현하기 위한 다음 단계들을 계획했다.

2007년 11월에 이르자, 린다와 스티븐, 그리고 나는 린다와 나의 원래 트리트먼트, 조나의 중대한 아이디어들, 우리의 토론에서 나온 다른 많은 아이디어들에 기초하여 바닥부터 뜯어고친 스토리의 줄거리에 합의한 상태였다. 조나는 시나리오 집필에 몰두하고 있었다. 그런데 2007년 11월 5일에 미국 작가조합이 파업을 선언했다. 조나는 집필을 금지당했고, 어디론가 사라졌다.

나는 당황했다. 우리의 고된 노력, 우리의 모든 꿈이 물거품이 되는 거야? 린다에게 물었다. 그녀는 인내심을 가지라고 조언했지만, 몹시 당황한 기색이 역력했다. 그녀의 저서 『할리우드의 잠 못 이루는 밤(*Sleepless in Hollywood*)』의 '장면 6'은 이 파업에 얽힌 이야기를 생생하게 들려준다. 그 장면의 제목은 "파국(The Catastrophe)"이다.

파업은 석 달간 계속되었다. 2월 12일 파업이 종료되자, 조나는 린다와 나를 만나 토론하고 집필하는 일을 재개했다. 이후 16개월에 걸쳐 그는 시나리오의 윤곽을 길고 상세하게 짜고 나서 잇따라 초고 3편을 작성했다. 매번 초고가 완성되면, 우리는 스티븐과 만나 토론했다. 스티븐은 1시간여 동안 날카로운 질문들을 던진 다음에 제안이나 요청을 내놓거나 변경을 지시하곤 했다. 직접 나서는 스타일과는 거리가 좀 있었지만, 신중하고 예리하고 창조적이며 때로는 단호했다.

2009년 6월, 조나는 스티븐에게 시나리오의 세 번째 초고를 제출하고 사라졌다. 그는 오래 전에 「다크 나이트 라이즈(The Dark Knight Rises)」의 시나리오를 쓰기로 약속해놓고 「인터스텔라」 때문에 집필을 다음 달로, 또 다음 달로 미루어 온 형편이었다. 그는 더 이상 미룰 수 없었고, 우리는 시나리오 작가를 잃었다. 설상가상으로 조나의 아버지가 중병에 걸렸다. 조나는 런던으로 가서 아버지가 12월에 사망할 때까지 몇 달간 병상을 지켰다. 이렇게 오랫동안 작업이 중단된 탓에 스티븐이 마음을 바꿀까봐 나는 걱정했다.

그러나 스티븐은 우리와 함께 진득하게 조나가 돌아오기를 기다렸다. 그와 린다는 다른 작가를 고용하여 시나리오를 완성할 수도 있었지만, 조나의 재능을

그림 1.1 조나 놀런, 킵, 린다 옵스트

높게 보았으므로 그를 기다렸다.

마침내 2010년 2월에 조나가 돌아왔고, 3월 3일에 스티븐과 린다, 조나, 그리고 나는 9개월 묵은 조나의 세 번째 초고를 놓고 토론하는 매우 생산적인 모임을 가졌다. 나는 약간 들떴다. 드디어 우리는 정상궤도에 복귀한 것이다.

그후 6월 9일, 조나가 네 번째 초고에 몰두하고 있을 때, 나는 린다에게서 이메일을 받았다. “스티븐과 문제가 생겼음. 지금 처리 중.” 그러나 그 문제는 해결할 수 없었다. 스필버그와 파라마운트 사는 「인터스텔라」 제작의 다음 단계에 합의할 수 없었고, 린다는 중재에 실패했다. 졸지에 우리는 감독을 잃었다.

「인터스텔라」는 제작비가 아주 많이 들 것이라는 말을 나는 스티븐과 린다에게 각각 따로 들은 터였다. 파라마운트 사가 이 정도 규모의 영화를 믿고 맡길 만한 감독은 고작 몇 명밖에 없었다. 나는 「인터스텔라」가 지옥의 변방에서 서서히 죽어가는 모습을 상상했다. 나는 망연자실했다. 린다도, 처음에는 그랬다. 그러나 그녀는 탁월한 문제 해결사이다.

크리스토퍼 놀런, 감독 겸 시나리오 작가

린다의 “스티븐과 문제가 생겼음”이라는 이메일을 읽은 지 겨우 13일 후, 이메일 계정을 열어본 나는 환희에 찬 후속 메시지를 발견했다. “엠마 토머스와 이야기가 아주 잘 됨…….” 엠마는 크리스토퍼 놀런의 부인이며 그의 모든 영화에 제작자와 동업자로 참여한다. 그녀와 크리스토퍼는 「인터스텔라」에 관심을 보였다. 린다는 흥분으로 전율했다. 조나는 그녀에게 전화를 걸어 “이건 가능한 최선의 결과예요”라고 말했다. 그러나 협상은 여러 가지 이유들로 2년 반이나 걸렸다. 물론 우리는 크리스토퍼와 엠마가 결국 일을 맡으리라고 상당한 정도로 확신했다.

그래서 우리는 앉아서 기다렸다. 2010년 6월, 2011년, 2012년 9월까지. 기다리는 내내 나는 안달했다. 내 앞에서 린다는 자신 있는 척했다. 그러나 그녀는 이런 글을 독백삼아 썼다고 나중에 털어놓았다. “내일 일어나보면, 크리스 놀런이 2년 반을 기다린 끝에 떠났을 수도 있다. 그는 자기 나름의 생각에 도달했을 수도 있다. 또다른 제작자가 그에게 더 마음에 드는 시나리오를 건넸을 수도 있다. 그가 잠시 쉬기로 마음먹었을 수도 있다. 그러면 그 오랜 세월 동안 그를 기다린 내가 바보짓을 한 셈이 된다. 삶이 그렇다. 내 삶, 창조적인 제작자들의 삶이라는 것이 그 모양이다. 하지만 그는 우리에게 완벽한 감독이다. 그래서 우리는 기다린다.”

결국 협상이 시작되었다. 내 수입과는 비교도 되지 않을 만큼 큰 액수가 거론되었다. 크리스토퍼 놀런은 파라마운트 사가 그의 최근작 몇 편을 만든 워너브라더스 사와 공동으로 영화를 제작해야만 감독을 맡겠다는 입장이었다. 그리하여 평소 경쟁관계인 두 제작사가 지극히 복잡한 협상을 해야 했다.

마침내 2012년 12월 18일, 린다가 이메일을 보냈다. "파라, 워너스 협상 타결. 꿈만 같음. 봄에 작업 개시!" 그때 이후 크리스토퍼 놀런의 손에 맡겨진 「인터스텔라」는 내가 아는 한 아무런 탈 없이 순항했다. 마침내! 청명하고 유쾌하고 신나는 날들이 펼쳐졌다.

크리스토퍼는 조나의 시나리오를 잘 알았다. 그도 그럴 것이 두 사람은 형제였고, 조나의 집필 과정에서 서로 대화를 나누었다. 그들은 시나리오 공동 집필로 경이로운 성공을 거두어왔다. 「프레스티지」, 「다크 나이트」, 「다크 나이트 라이즈」의 시나리오가 그들의 공저이다. 조나가 초고를 쓰면 크리스토퍼가 넘겨받아 장면 각각을 어떻게 찍을지 세심히 고려하면서 다듬는다.

이제 「인터스텔라」를 온전히 떠맡은 크리스토퍼는 조나의 시나리오를 자신이 추진해온 또다른 영화의 시나리오와 결합하고 근본적으로 신선한 관점과 일련의 중대한 새 아이디어들을 주입했다. 그 아이디어들은 영화를 예상치 못한 새 방향으로 이끌 것이었다.

1월 중순에 크리스(머지않아 내가 크리스토퍼를 부를 때 쓰게 된 호칭)는 나에게 워너브라더스 구역에 위치한 자신의 영화제작사 신코피(Syncopy)의 사무실에서 단 둘이 만나자고 요청했다.

대화를 해보니 크리스가 「인터스텔라」의 과학에 대해서 상당한 지식과 심오한 직관을 가졌음을 알 수 있었다. 그의 직관은 가끔 엉뚱하기도 했지만, 대체로 옳았다. 게다가 그는 호기심이 대단했다. 우리의 대화는 「인터스텔라」를 벗어나서 그가 매력을 느끼는 다른 과학적 주제들로 흘러가기 일쑤였다.

그 첫 만남에서 나는 일찍이 내가 제안했던 과학적 원칙을 크리스에게 밝혔다. 확고한 물리학 법칙에 반하는 내용은 없을 것. 그리고 사변은 과학에 기초를 둘 것. 그는 동의하는 듯한 기색이면서도, 비록 그가 과학을 다루는 방식이 내 마음에 들지 않더라도 내가 대중 앞에서 그를 변호할 필요는 없다고 말했다. 나는 약간 얼떨떨했다. 그러나 영화가 완성된 지금, 나는 크리스가 그 과학적 원칙을 너무나 잘 지킨 것에 감탄한다. 그러면서도 그는 그 원칙이 위대한 영화의 탄생을 방해하지 않게 했다.

그림 1.2 킵과 크리스토퍼 놀런이 인듀어런스 호 조종실 세트에서 대화하는 모습

크리스는 1월 중순부터 5월 초순까지 조나의 시나리오를 다듬는 일에 매진했다. 때때로 그나 그의 조수 앤디 톰프슨이 나에게 전화하여 그의 사무실이나 집으로 와서 과학적 사안에 관해서 조언해줄 것을, 또는 새 원고를 읽고 만나서 토론할 것을 요청했다. 우리의 토론은 길었다. 대개 90분 정도 걸렸고, 때로는 하루나 이틀 후에 긴 전화 통화가 뒤따랐다. 그가 내놓는 안건들은 나를 생각하게 했다. 조나와 작업할 때와 마찬가지로 나의 사고력은 한밤중에 가장 잘 작동했다. 아침에 일어나면 나는 나의 생각을 도표와 그림을 포함한 여러 쪽의 문서로 요약하여 크리스에게 직접 건넸다(크리스는 우리의 아이디어들이 새어나가 팬들의 부푼 기대를 망쳐놓을까 걱정했다. 그는 할리우드에서 가장 비밀스러운 영화감독들 중 한 사람으로 꼽힌다).

크리스의 아이디어는 때때로 나의 원칙을 위반하는 듯했지만, 놀랍게도 나는 그의 아이디어를 과학적으로 타당하게 만들 길을 거의 늘 발견했다. 하지만 딱 한번은 처참하게 실패했다. 그리하여 2주일 이상 여러 차례 토론한 끝에 크리스는 한걸음 물러나서 영화의 그 대목을 다른 방향으로 수정했다.

따라서 결론적으로 나는 크리스가 과학을 다룬 방식을 변호하는 것에 일말의 거리낌도 없다. 정반대로 나는 열렬한 박수를 보낸다. 그는 진짜 과학에 토대를 둔 블록버스터 영화를 만들겠다는 린다와 나의 꿈을 현실로 만들었다. 처음부터 끝까지 진짜 과학이 녹아들어가 있는 영화를 실현했다.

조나와 크리스의 손을 거치면서 「인터스텔라」의 스토리는 엄청나게 바뀌었다. 최종 결과는 가장 큰 뼈대에서만 린다와 나의 트리트먼트와 유사하다. 그리고 훨씬 더 낫다! 크리스는 나름의 독창적인 과학적 아이디어들을 가미했다. 동료 물리학자들은 그 아이디어들이 나에게서 나왔으려니 하겠지만, 나는 그것들을 처음 접했을 때 속으로 이렇게 중얼거렸다. 나도 생각할 수 있었는데, 왜 못했지? 또한 내가 크리스, 조나, 린다와 토론하는 과정에서 대단한 아이디어들이 나왔다.

4월의 어느 저녁, 캐럴리와 나는 패서디나의 우리 집에서 스티븐 호킹을 위한 파티를 크게 열었다. 다양한 손님 수백 명이 참석했다. 과학자, 예술가, 작가, 사진가, 영화감독, 역사학자, 학교 교사, 공동체 활동가, 노동 운동가, 사업가, 건축가 등이었다. 크리스와 엠마, 조나 놀런과 그의 아내 리사 조이도 왔고, 당연히 린다도 참석했다. 늦은 저녁에 우리는 파티의 소음에서 멀리 떨어진 발코니에서 별빛을 받으며 함께 서서 오랫동안 조용히 대화를 나누었다. 그때 나는 크리스를 영화감독이 아니라 한 인간으로서 알게 될 기회를 처음 가졌다. 참 즐거웠다!

크리스는 알차고 달변이며 풍자적인 유머 감각이 대단하다. 그를 보노라면 나의 또다른 친구이며 인텔 사의 창업자인 고든 무어가 떠오른다. 각자의 분야에서 정상에 오른 두 사람 다 허세가 전혀 없다. 둘 다 낡은 자동차를 몰며, 더 고급스러운 다른 차들도 가지고 있지만, 그 낡은 자동차들을 더 좋아한다. 둘 다 나를 편안하게 해주는데, 내가 내향적인 사람이어서 그것은 쉬운 일이 아니다.

폴 프랭클린, 올리버 제임스, 유제니 폰 툰첼만 : 시각효과 팀

2013년 5월 중순의 어느 날, 크리스가 전화를 걸어왔다. 폴 프랭클린이라는 친구를 내 집으로 보낼 테니, 「인터스텔라」의 컴퓨터 그래픽에 대해서 토론해주면 좋겠다고 했다. 폴은 그 이튿날 왔고, 우리는 내 집의 작업실에서 2시간 동안 즐겁게 토론했다. 그는 힘찬 크리스와 대조적으로 태도가 겸손했다. 그리고 대단히 유능했다. 대학에서 미술을 전공했음에도 불구하고 우리 영화와 관련한 과학에 대해서 깊은 지식을 가지고 있었다.

폴이 떠날 때 나는 시각효과를 어느 그래픽 회사에 맡길 생각이냐고 물었다. 그는 “저희 회사요”라고 차분하게 대답했다. 나는 “그게 어떤 회사인데요?”라고 숙맥처럼 물었다. “더블 네거티브예요. 직원이 런던에 1,000명, 싱가포르에 200명 있어요.”

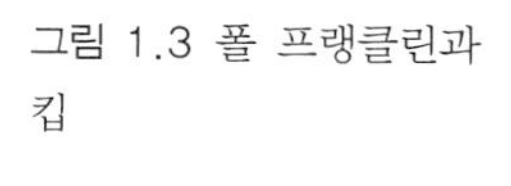

그림 1.3 폴 프랭클린과 킵

폴이 떠난 후, 구글에서 그의 이름을 검색해보았다. 그는 더블 네거티브 사의 공동 창업자일뿐만 아니라 크리스의 영화 「인셉션」에서 시각효과를 담당하여 아카데미 상을 받은 경력까지 있었다. "영화계의 사정을 좀 배워야 할 때가 됐어"라는 혼잣말이 절로 나왔다.

몇 주일 뒤의 화상회의에서 폴은 런던을 거점으로 꾸린 「인터스텔라」 시각효과팀의 수뇌부를 소개해주었다. 나에게 가장 중요한 인물들은 시각효과를 위한 컴퓨터 프로그램을 작성할 과학 팀장 올리버 제임스와 미술 팀장으로서 올리버의 프로그램에 예술성을 가미하여 매혹적인 이미지들을 생산할 유제니 폰 툰첼만이었다.

내가 「인터스텔라」를 계기로 만난 사람들 중에서 물리학을 제대로 배운 사람은 올리버와 유제니가 처음이었다. 올리버는 광학과 원자물리학 전공의 학위 소

그림 1.4 유제니 폰 툰첼만, 킵, 올리버 제임스

유자인 데다가 아인슈타인의 특수상대론을 전문적인 세부까지 꿰뚫고 있다. 유제니는 옥스퍼드에서 데이터 공학과 컴퓨터 과학을 주로 공부한 공학자이다. 그들은 나와 말이 통한다.

우리는 곧 멋진 협업 관계를 형성했다. 나는 몇 달간 거의 전적으로 그 일에 매달려, 블랙홀과 웜홀 근처의 모습을 구현하는 데에 필요한 방정식들을 세웠다(제8장, 15장 참조). 나는 그 방정식들을 '매스매티카(Mathematica)'라는 편리한 저해상도 컴퓨터 소프트웨어를 이용하여 시험해본 다음에 올리버에게 그 소프트웨어 코드와 함께 보냈다. 그는 그것들을 철저히 소화하고 재구성하여, 「인터스텔라」에 필요한 초고화질 아이맥스 이미지들을 산출할 수 있는 정교한 컴퓨터 코드를 만들었다. 이어서 그 코드는 유제니와 그녀의 팀에 전달되었다. 이들과의 협업은 즐거웠다.

그리고 최종 산물인 「인터스텔라」의 시각효과는 기가 막힌다! 게다가 과학적으로 정확하다.

올리버가 보내온 최초 영상물들을 보았을 때 내가 얼마나 황홀했는지 당신은 상상도 할 수 없을 것이다. 역사상 최초로, 다른 어느 과학자보다 먼저 나는 빠르게 회전하는 블랙홀의 모습을 초고해상도로 보았다. 그 블랙홀이 주변 환경에 어떤 시각적 영향을 미치는지 본 것이다.

매슈 매커너히, 앤 해서웨이, 마이클 케인, 제시카 채스테인

촬영 개시를 2주일 앞둔 2013년 7월 18일, 쿠퍼 역을 맡은 매슈 매커너히가 이메일을 보내왔다. "「인터스텔라」를 위해서 몇 가지 여쭙고 싶습니다……로스앤젤레스 근처에 계신다면 직접 만나뵙는 쪽이 더 좋겠습니다. 답장 주세요. 미리 감사드립니다. 매커너히."

우리는 6일 후 비벌리 힐스에 위치한 부티크 호텔 레르미티지의 스위트룸에서 만났다. 매커너히는 그곳에 은둔하여 쿠퍼라는 인물과 「인터스텔라」의 과학을 연구하고 있었다. 내가 도착하자 그는 민소매 셔츠에 반바지 차림으로 문을 열었다. 맨발이었고 「달라스 바이어스 클럽」의 촬영을 마친 직후여서 마른 몸매였다(나중에 그는 이 영화로 오스카 남우주연상을 받았다). 그는 나를 "킵"이라고 불러도 되느냐고 물었다. 나는 당연하다면서 내가 그를 부를 때는 어떤 호칭을 써야 하느냐고 물었다. "매트만 아니면 돼요. 저는 매트가 정말 싫거든요." "매슈." "매커너히." "어이 거기." "아무거나 원하시는 대로요." 나는 혀에 감기는 맛이 좋아서 "매커너히"를 선택했다. 나와 인연이 있는 매슈가 너무 많기 때문이기도 했다.

매커너히는 스위트룸의 널찍한 거실 겸 식당에서 가구를 모두 빼내고 L자 형태의 소파와 탁자만 남겨놓았다. 바닥과 탁자 위에 12인치–18인치 규격의 종이들이 흩어져 있었다. 종이마다 특정 주제에 관한 메모가 제멋대로의 방향으로 적혀 있었다. 우리는 소파에 앉았다. 매커너히는 종이 한 장을 집어서 훑어보고 질문을 던지곤 했다. 대개 심오한 질문이어서 긴 토론이 이어졌고, 그는 그 종이에 메모를 추가하곤 했다.

토론이 예상치 못한 방향으로 흘러가 메모지는 아예 안중에 없어질 때도 많았다. 그렇게 흥미롭고 즐거운 대화는 정말 오랜 만이었다! 우리는 물리학 법칙들, 특히 양자물리학, 종교와 신비주의, 「인터스텔라」의 과학, 우리 가족, 특히 우리 자식들, 우리의 인생철학, 우리 각자가 영감을 얻는 방법, 우리 각자의 정신이 작동하는 방식, 우리가 발견에 이르는 방식 등을 종횡무진 누볐다. 2시간 후 나는 환희에 물들어 그곳을 떠났다.

나중에 린다에게 우리의 만남에 대해서 이야기했다. "당연하지"라는 대꾸가 돌아왔다. 그녀는 그 만남이 어떨지 미리 말해줄 수 있었다. 「인터스텔라」는 그녀가 매커너히와 함께 만드는 세 번째 영화이다. 그녀에게 미리 귀띔을 받지 않은 것이 다행이다. 나 스스로 발견해서 무척 기뻤으니까.

몇 주일 후에 도착한 이메일은 아멜리아 브랜드 역을 맡은 앤 해서웨이가 보낸 것이었다. "안녕하세요, 킵! 이 이메일을 받고 기분이 좋아지셨으면 좋겠어요…… 제가 질문을 하면 엠마 토머스가 선생님의 이메일을 전달해줬어요. 그런데 주제가 꽤나 빡빡해서 제가 조금……만나서 수다 좀 떨 수 있을까요? 정말 고마워요. 애니."

피차 일정 문제로 직접 만날 수 없었기 때문에 우리는 전화로 이야기했다. 그녀는 자신이 물리학광쯤 된다면서 자신이 연기할 아멜리아 브랜드는 물리학을 완벽하게 알 것 같다고 했다. 그러더니 놀랄 만큼 전문적인 물리학 질문들을 쏟아내기 시작했다. 시간과 중력은 어떤 관계인가? 왜 우리는 고차원 공간들이 있을 수 있다고 생각하는가? 양자중력(quantum gravity) 연구는 현재 어떤 수준에 이르렀는가? 양자중력이론이 실험으로 검증된 적이 있는가? 막바지에 이르러서야 그녀는 주제를 벗어나서 음악을 거론했다. 그녀는 고등학교 시절 트럼펫을 불었다고 했다. 나는 색소폰과 클라리넷을 불었다.

「인터스텔라」를 촬영하는 동안 내가 촬영장에 있었던 적은 극히 드물다. 나는 불필요했다. 그러나 어느 아침에 엠마 토머스가 나에게 인듀어런스 호 세트를 구경시켜주었다. 우주선 인듀어런스 호의 사령실 겸 조종실을 실물 크기로 구현한 그 세트는 소니 스튜디오의 30번 스테이지에 있었다.

탄성이 절로 나왔다. 길이 13.4미터, 폭 7.9미터, 높이 4.89미터의 조종실이 공중에 매달려 있었다. 기울기를 수평부터 거의 수직까지 조절할 수 있었고, 세부는 대단히 정교했다. 나는 넋이 나갔고 호기심에 발동이 걸렸다.

"엠마, 왜 이런 거대하고 복잡한 세트를 짓는 거죠? 컴퓨터 그래픽으로도 할 수 있을 텐데." 그녀가 대답했다. "실제 세트는 세부까지 생생하거든요. 컴퓨터 그래픽은 아직 그 수준에 못 미쳐요." 그녀와 크리스는 가능한 한 실제 세트와 실제 효과를 사용한다. 그런 식으로 촬영하기가 불가능한 경우, 이를테면 가르강튀아 블랙홀을 표현할 때에는 어쩔 수 없지만 말이다.

또 한번은 내가 브랜드 교수의 칠판에 방정식 몇십 개를 적어놓고 크리스가 교수의 연구실을 촬영하는 모습을 구경했다. 브랜드 교수 역의 마이클 케인, 머피(머프) 역의 제시카 채스테인이 연기했다.[1] 나는 케인과 채스테인이 나에게 다정하고 우호적인 존경을 표하는 것에 놀랐다. 촬영에서 직접 맡은 역할은 없었지만, 나는 「인터스텔라」에 관여하는 진짜 과학자로서, 이 블록버스터 영화와 과학을 조화시키기 위해서 모든 사람들로부터 최선의 노력을 짜내는 친구로 악명이 높았다.

그 악명 덕분에 나는 할리우드의 우상들과 환상적인 대화를 나눌 수 있었다. 놀런 형제와 매커너히, 해서웨이뿐만 아니라 케인, 채스테인 등과도 이야기를 나누었다. 나와 린다의 창조적 우정에서 파생된 유쾌한 보너스였던 셈이다.

이제 린다와 내가 꾼 「인터스텔라」 꿈이 마지막 단계에 이르렀다. 관객인 당신이 인터스텔라의 과학에 호기심을 품고 당신이 영화에서 본 기이한 일들에 대한 설명을 추구하는 단계이다.

자, 당신에게 대답들을 건넨다. 내가 이 책을 쓴 이유이다. 즐기시기를!

1. 제25장 참조.

I
기초

2
우리 우주, 간략하게

우리 우주는 어마어마하게 크고 사무치도록 아름답다. 어떤 면에서는 대단히 단순하고, 또 어떤 면에서는 얽힌 실타래처럼 복잡하다. 우리 우주에 관한 풍부한 지식 중에서 우리가 알아야 할 것은 몇 가지 사실뿐이다. 이제부터 낱낱이 설명하겠다.

빅뱅

우리 우주는 137억 년 전에 거대한 폭발로 태어났다. 나의 친구 프레드 호일은 그 폭발에 "빅뱅(the big bang)"이라는 비아냥거리는 명칭을 붙였다. 우주론자인 그는 당시(1940년대)에 그런 폭발은 엉뚱하고 허구적인 개념이라고 여겼다.

그러나 프레드가 틀렸음이 밝혀졌다. 우리는 그 폭발에서 유래한 복사(輻射, radiation)를 관찰했다. 심지어 (이 글을 쓰는 시점을 기준으로) 지난 주에도 그 폭발이 시작된 후 10조 곱하기 10조 곱하기 10조 분의 1초 안에 방출된 복사의 잠정적 증거가 관찰되었다.[1]

우리는 무엇이 빅뱅을 일으켰는지, 빅뱅 이전에 무엇이 있었는지, 무엇인가 있기는 했는지 모른다. 그러나 아무튼 우주는 엄청나게 뜨거운 기체로 이루어진 거대한 바다로 태어나서, 마치 핵폭탄이나 가스관이 폭발할 때 생기는 불덩이처럼 모든 방향으로 빠르게 팽창했다. 다만 빅뱅은 (적어도 우리가 아는 한) 파괴적이지 않았다. 오히려 우리 우주의 만물을 **창조**했다. 아니, 만물의 씨앗들을 창조했다고 해야 더 정확할 것이다.

---

1. 2014년 3월에 이루어진 이 놀라운 발견에 대해서 알고 싶다면 구글에서 "gravitational waves from the big bang(빅뱅에서 유래한 중력파)"이나 "CMB polarization(우주배경복사 편광)"을 검색하라. 이 책의 제16장 말미에도 상세한 설명이 조금 나온다.

빅뱅에 관해서 상세한 내용을 쓰고 싶지만, 강한 의지력으로 자제하겠다. 그런 세부사항은 이 책의 나머지 부분을 이해하는 데에 필요하지 않기 때문이다.

은하

우리 우주가 팽창함에 따라서 우주를 이루던 뜨거운 기체가 식었다. 그 기체의 밀도는 곳에 따라서 무작위하게 조금씩 달랐다. 기체가 충분히 식자, 밀도가 높은 구역 각각이 중력에 의해서 쪼그라들어 은하(galaxy : 별들과 행성들과 별들 사이에 흩어진 기체로 이루어진 거대한 집단)를 낳았다(그림 2.1 참조). 가장 오래된 은하는 우주의 나이가 몇억 년이었을 때 태어났다.

그림 2.1 '아벨 1689'로 명명된 풍부한 은하단과 더 멀리 있는 다른 많은 은하들의 허블 우주망원경 사진

가시적인 우주에 있는 은하는 대략 1조 개이다. 가장 큰 은하들은 몇조 개의 별을 포함하며 지름이 약 100만 광년에 달한다.[2] 가장 작은 은하들은 약 1,000만 개의 별을 포함하며 지름은 1,000광년이다. 큰 은하의 중심에는 태양보다 100만 배 이상 무거운 거대한 블랙홀이 거의 예외 없이 있다(제5장).[3]

지구를 포함한 은하를 우리 은하(The Galaxy, Milky Way galaxy)라고 한다. 우리 은하의 별 대다수는 지구에서 본 밤하늘에 길게 뻗은 밝은 띠, 곧 은하수에 위치한다. 은하수 속의 별들뿐만 아니라 밤하늘에 보이는 별은 거의 모두 우리 은하에 속한다. 우리 은하에서 가장 가까운 대형 은하의 이름은 안드로메다이다(그림 2.2). 지구에서 250만 광년(10^{18}킬로미터, 즉 100경 킬로미터/옮긴이) 떨어져 있으며, 약 1조 개의 별을 포함하며 지름은 약 10만 광년이다. 우리 은하와 안드로메다 은하는 크기, 모양, 보유한 별의 개수가 쌍둥이처럼 닮았다. 그림 2.2가 우리 은하라면, 지구는 노란 다이아몬드가 표시된 자리에 있다.

안드로메다 은하는 거대한 블랙홀 하나를 품고 있다. 그 블랙홀은 태양보다 1

그림 2.2 안드로메다 은하

2. 1광년은 빛이 1년 동안 이동하는 거리로 약 10조 킬로미터이다.

3. 더 전문적으로 말하면, 그 블랙홀의 질량이 태양의 100만 배 이상이다. 즉 그 블랙홀이 발휘하는 중력은 100만 개 이상의 태양이 발휘하는 중력과 같다. 이 책에서 나는 "질량"과 "무게"를 같은 뜻으로 쓰겠다.

억 배 무겁고 지름은 지구 궤도의 지름과 맞먹는다(「인터스텔라」에 나오는 가르강튀아의 무게와 덩치가 이 수준이다). 위치는 그림 2.2의 중앙에 밝은 공의 중심이다.

태양계

별은 크고 뜨거운 기체 공이며, 대개 중심부에서 핵연료를 태워서 열을 낸다. 우리의 태양은 전형적인 별이라고 할 만하다. 지름은 140만 킬로미터로 지구보다 약 100배 더 크다. 표면에는 플레어들(flares), 열점들(hot spots), 온도가 비교적 낮은 지점들이 있다. 망원경으로 태양 표면의 환상적인 모습을 볼 수 있다(그림 2.3).

지구를 비롯한 8개의 행성이 태양 주위를 타원궤도로 돈다. 그밖에 많은 왜소

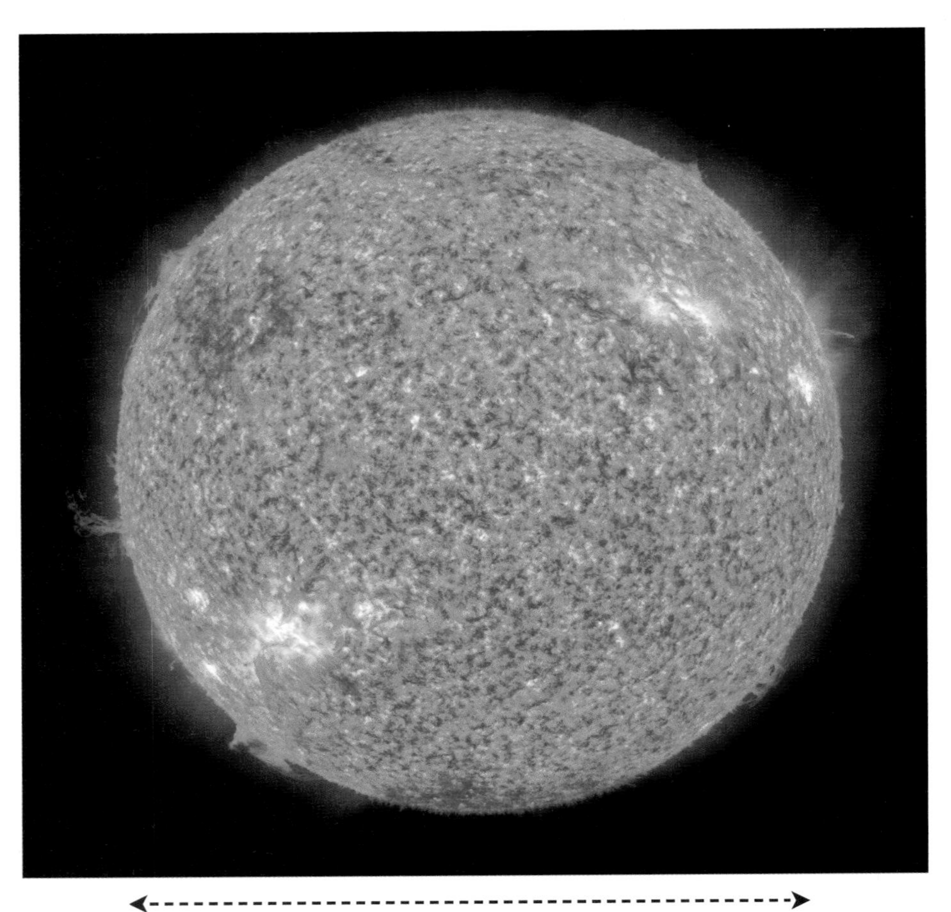

그림 2.3 나사의 태양 활동 관측위성에서 촬영한 태양

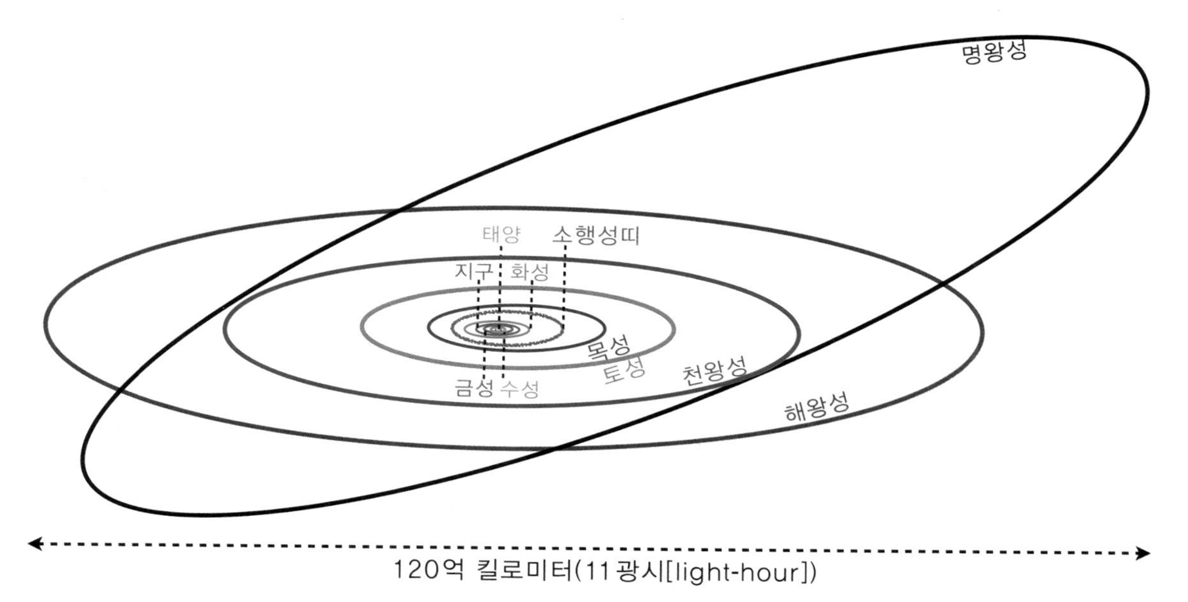

그림 2.4 태양이 거느린 행성들과 명왕성의 궤도, 많은 소행성들이 위치한 구역

행성들(가장 유명한 것은 명왕성)과 혜성들, 소행성(asteroid)과 유성체(meteoroid)라고 부르는 더 작은 바위 덩어리들도 태양 주위를 돈다(그림 2.4). 지구는 태양에서부터 세 번째에 위치한 행성이다. 멋진 고리들을 가진 토성은 더 바깥쪽의 여섯 번째 행성이며, 「인터스텔라」에서 한몫을 담당한다(제15장).

태양계는 태양보다 1,000배 더 크다. 빛이 태양계를 가로지르려면 11시간이 걸린다.

태양 말고 가장 가까운 별은 프록시마 센타우리로 4.24광년 떨어져 있다. 태양계의 지름보다 2,500배 더 먼 곳에 있는 셈이다! 제13장에서 나는 다른 별로 가는 여행이 얼마나 어려운지 이야기할 것이다.

별의 죽음 : 백색왜성, 중성자별, 블랙홀

태양과 지구의 나이는 약 45억 년이다. 우주의 나이와 비교하면 약 3분의 1에 해당한다. 앞으로 65억 년 정도가 지나면 태양은 중심부의 핵연료를 다 써버리게 될 것이다. 그러면 태양은 중심부를 둘러싼 껍질에 있는 연료를 태우기 시작할 것이고, 태양의 표면은 팽창하여 지구를 삼키며 태워버릴 것이다. 그 껍질의 연료마저 소진되면, 태양은 쪼그라들어 덩치는 지구와 비슷하지만, 밀도는 100만 배 높은 백색왜성(白色矮星, white dwarf)이 될 것이다. 백색왜성은 수백억 년에 걸쳐 차츰 온기를 잃어 조밀하고 어두운 재가 된다.

태양보다 훨씬 더 무거운 별은 연료를 훨씬 더 신속하게 소진한 후 수축하여 중성자별(neutron star)이나 블랙홀이 된다.

중성자별은 질량이 태양의 1배에서 3배 정도이고, 둘레가 75에서 100킬로미터(시카고와 비슷하다)이며, 밀도는 원자핵의 밀도와 같다. 바위나 지구와 비교하면 밀도가 100조 배 높은 셈이다. 실제로 중성자별은 거의 순전히 핵물질로 이루어졌다. 원자핵들이 빽빽하게 모여 있는 상태라고 보면 되겠다.

반면에 블랙홀(제5장)은 오로지 휜 공간(warped space)과 휜 시간(warped time)만으로 이루어졌다(이 기이한 말의 의미는 제4장에서 설명하겠다). 블랙홀의 내부에는 어떤 물질도 들어 있지 않지만, 블랙홀은 "사건지평(event horizon)", 또는 줄여서 "지평"으로 부르는 표면을 가진다. 그 무엇도, 심지어 빛도 이 표면을 통과하여 밖으로 나오지 못한다. 그래서 블랙홀은 검다. 블랙홀의 둘레는 질량에 비례한다. 더 무거운 블랙홀일수록 덩치가 더 크다.

일반적인 중성자별이나 백색왜성과 질량이 유사한(이를테면 질량이 태양의 1.2배인) 블랙홀의 둘레는 약 22킬로미터이다. 백색왜성과 비교하면 1,000배, 중성자별과 비교하면 4배 작은 셈이다(그림 2.5 참조).

일반적으로 별의 질량은 커봐야 태양의 100배 정도이므로, 그런 별이 죽어서 남기는 블랙홀도 질량이 태양의 100배를 초과하지 않는다. 은하의 중심에 있는 거대 블랙홀은 질량이 태양의 100만 배에서 200억 배에 달한다. 그러므로 그런 블랙홀은 별의 죽음을 통해서 태어난 것일 수 없다. 무엇인가 다른 방식으로 형성되었어야 하는데, 어쩌면 많은 블랙홀들이 뭉쳐서 생겨났을 수도 있고, 거대한 기체 구름이 응축하여 생겨났을 수도 있다.

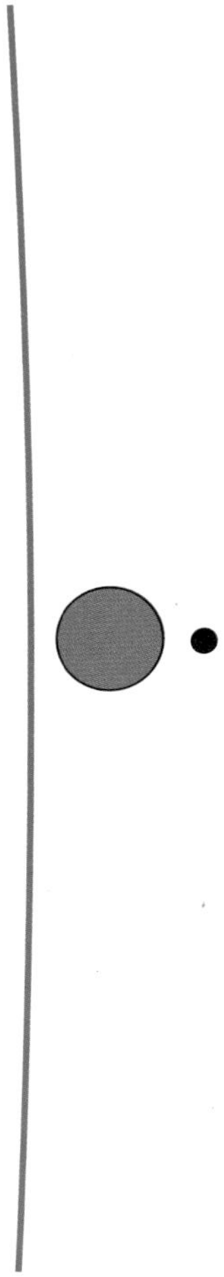

그림 2.5 무게가 태양의 1.2배인 백색왜성(왼쪽), 중성자별(가운데), 블랙홀(오른쪽). 지면의 제약으로 백색왜성은 표면의 일부만 그렸다.

자기장, 전기장, 중력장

자기력선은 우리 우주에서 중요한 역할을 하고 「인터스텔라」에서도 중요하므로, 「인터스텔라」의 과학에 본격적으로 뛰어들기 전에 자기력선도 논하자.

학교에서 과학을 배울 때 당신은 아마 한 가지 간단하지만 멋진 실험에서 자기력선을 본 일이 있을 것이다. 빳빳한 종이 아래에 막대자석을 놓고 종이 위에 철가루를 뿌리는 그 실험을 기억하는가? 철가루는 그림 2.6에서 보는 패턴을 이룬다. 자석만 있으면 눈에 보이지 않는 자기력선들을 따라 정렬하는 것이다. 그 자기력선들은 자석의 한 극에서 나와 자석 주위를 휘돌아 반대쪽 극으로 들어간다.

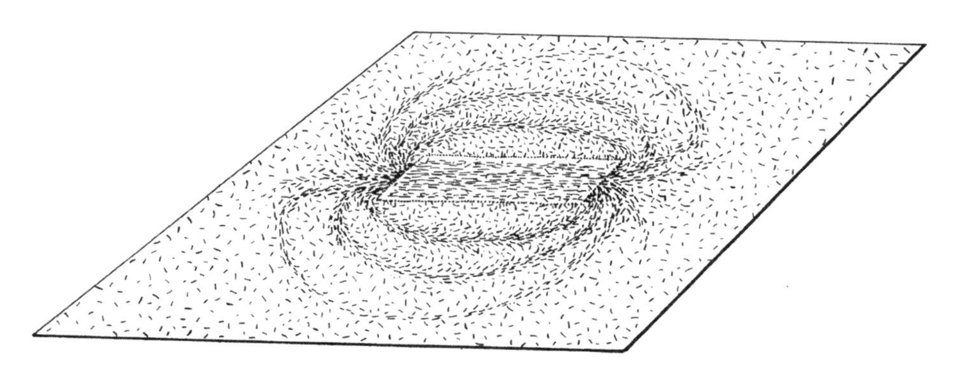

그림 2.6 막대자석에서 나오는 자기력선들을 종이 위에 철가루를 뿌려서 눈에 띄게 한 모습. 나의 스케치를 기초로 매트 지메트가 그린 그림. [나의 책 『블랙홀과 시간굴절』에서 따옴]

자기장(magnetic *field*)이란 그런 자기력선들의 집합을 말한다.

자석 두 개를 N극을 마주한 상태에서 서로 가져다대면, 자기력선들이 서로를 밀쳐낸다. 자석들 사이에서 아무것도 보이지 않지만, 당신은 자기장이 발휘하는 척력(斥力, repulsive force)을 느낀다. 이 척력은 자화(磁化)된 물체를—심지어 열차마저도(그림 2.7)—공중에 띄우는 일, 이른바 자기 부상에 쓰일 수 있다.

지구도 자석처럼 두 개의 자극을 가졌다. 북자극과 남자극이 그것이다. 자기력선들은 남자극에서 나와 지구를 휘감고 북자극으로 들어간다(그림 2.8). 이 자기력선들이 철가루들을 붙들듯이 나침반 바늘을 붙들어 최대한 자신들과 같은 방향을 가리키게 만든다. 이것이 나침반의 작동 원리이다.

지구의 자기력선은 오로라(일명 북극광)를 통해서도 눈에 띈다(그림 2.9). 태양에서 날아온 양성자들이 지구의 자기력선들에 붙들려 이것들과 함께 지구의 대기

그림 2.7 세계 최초의 상용 자기 부상 열차. 중국, 상하이

그림 2.8 지구의 자기력선들

권에 진입한다. 그 양성자들은 산소 분자, 질소 분자와 충돌하여 산소와 질소로 하여금 형광을 내게 한다. 그 형광이 바로 오로라이다.

중성자별은 자기장이 매우 강하며, 자기력선들은 지구의 그것들과 마찬가지로 도넛 모양이다. 빠르게 운동하는 입자들이 중성자별의 자기장에 붙들리면, 자기력선들이 빛을 내어 그림 2.10과 같은 푸른 고리들이 만들어진다. 일부 입자들은

그림 2.9 노르웨이 함머페스트 상공의 오로라

그림 2.10 도넛 모양의 자기장과 제트를 가진 중성자별의 상상도

자기장의 양극에서 풀려나 뿜어져나가면서 그림에서처럼 두 개의 보라색 제트(jet)를 형성한다. 이 제트는 온갖 유형의 복사로 이루어졌다. 감마선, 엑스선, 자외선, 가시광선, 적외선, 전파도 섞여 있다. 별이 회전하면, 찬란한 제트들이 중성자별 주위의 하늘을 마치 탐조등 불빛처럼 훑는다. 그 제트가 지구를 휩쓸고 지나갈 때마다 천문학자들은 복사의 펄스(pulse : 복사가 맥박 치듯이 갑자기 강해지는 현상/옮긴이)를 관찰한다. 그래서 이런 천체에 "펄서(pulsar)"라는 명칭이 붙었다.

우주에는 자기장 외에 다른 유형의 장들(역선들[力線, force lines]의 집합들)도 있다. 한 예로 전기장이 있다(전기장은 전기력선들의 집합이며 예컨대 전선 속에서 전류가 흐르게 만든다). 또 중력장도 있다(중력장은 중력선들의 집합이며 이를테면 우리를 지구의 표면으로 끌어당긴다).

지구의 중력선들은 어디에서나 지구의 중심을 향하며 물체를 그곳으로 끌어당긴다. 중력의 세기는 중력선들의 밀도(일정한 면적을 통과하는 중력선들의 개수)

에 비례한다. 중력선들이 지구에 접근하면, 중력선들은 점점 더 좁은 면적(그림 2.11에 빨간 점선으로 표시된 구면)을 통과해야 한다. 따라서 중력선들의 밀도는 그 구면의 면적에 반비례하여 증가할 수밖에 없다. 이는 지구에 접근할수록 지구의 중력이 1/(빨간 점선으로 표시된 구면의 면적)에 비례하여 커짐을 의미한다. 그 구면 각각의 면적은 지구 중심으로부터의 거리 r의 제곱에 비례하므로, 지구의 중력은 $1/r^2$에 비례하여 증가한다. 이것이 뉴턴이 발견한 중력에 관한 역제곱 법칙(inverse square law for gravity)으로, 「인터스텔라」에서 브랜드 교수가 열정을 바치는 근본적인 물리학 법칙의 한 예이다. 이런 법칙들은 우리가 「인터스텔라」의 과학에 접근하기 위해서 다음번으로 거쳐가야 할 디딤돌이다.

그림 2.11 지구의 중력선들

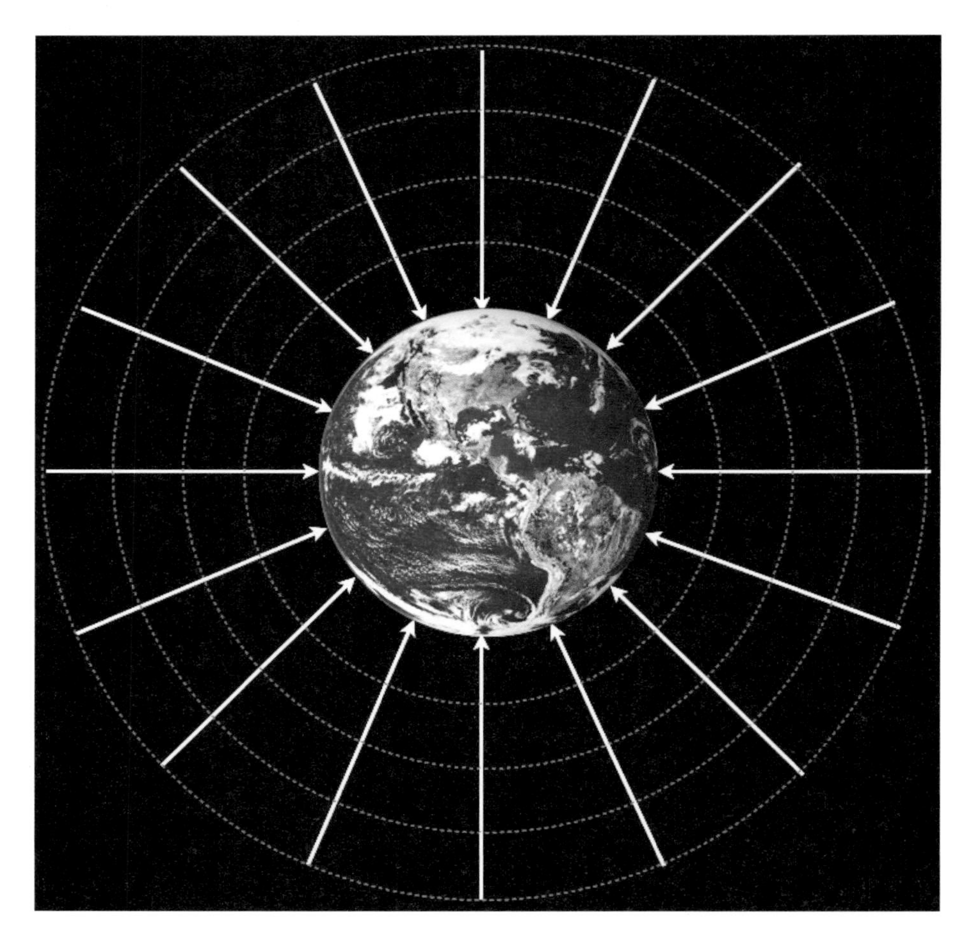

3
우주를 지배하는 법칙들

지리 탐사와 물리학 법칙 탐구

물리학자들은 17세기 이래로 우리 우주를 지배하는 물리학 법칙들을 발견하기 위해서 애써왔다. 마치 유럽의 탐험가들이 지구의 지리를 발견하기 위해서 애써온 것과 유사하다(그림 3.1).

1506년에 이르면 유라시아가 관심의 초점 안에 들어오는 중이었고 남아메리카가 얼핏 눈에 들어왔다. 1570년경에는 남북아메리카가 조명을 받기 시작했지만 오스트레일리아는 흔적도 없었다. 1744년에 이르면, 오스트레일리아는 초점 안에 들어왔지만, 남극대륙은 미지의 땅이었다.

이와 유사하게(그림 3.2) 1690년에는 **뉴턴의 물리학 법칙들**이 중심에 있었다. 힘, 질량, 가속도 같은 개념들과 이것들을 연결하는 F = ma(물체가 힘을 받으면 가속하는데, 이때 물체의 질량[m]에 가속도[a]를 곱하면 힘과 같다는 뜻이다/옮긴이) 같은 방정식들을 이용하여 뉴턴의 법칙들은 달이 지구 주위를 도는 운동, 지구가 태양 주위를 도는 운동, 비행기의 비행, 교량 제작, 장난감 구슬들의 충돌을 정확하게 기술한다. 제2장에서 우리는 뉴턴 법칙들의 한 예로 중력에 관한 역제곱 법칙을 잠깐 살펴본 바 있다.

1915년에 이르면 뉴턴 법칙들이 아주 빠른 것들(거의 광속으로 운동하는 물체들)의 영역, 아주 큰 것들의 영역(우리 우주 전체), 강한 중력의 영역(예컨대 블랙홀)에서는 통하지 않는다는 강력한 증거가 아인슈타인 등에 의해서 발견된 상태였다. 이 문제들을 개선하기 위해서 아인슈타인은 혁명적인 **상대론 물리학 법칙들**을 제시했다(그림 3.2). 휜 공간과 휜 시간의 개념(다음 장에서 설명)을 이용하여, 상대론 법칙들은 우주의 팽창, 블랙홀, 중성자별, 웜홀을 예측하고 설명했다.

1924년에 이르면 뉴턴의 법칙들이 아주 작은 것들(분자, 원자, 기본입자)의 영역에서도 통하지 않음이 명백해졌다. 이 문제에 대응하여 보어, 하이젠베르크, 슈뢰

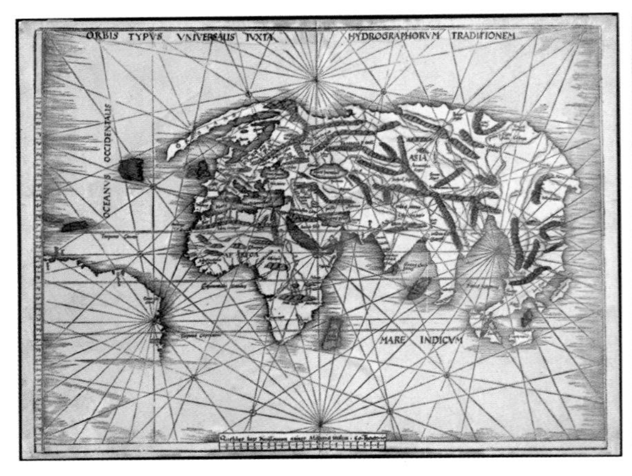

1506년에 마르틴 발트제뮐러가 제작한 세계지도

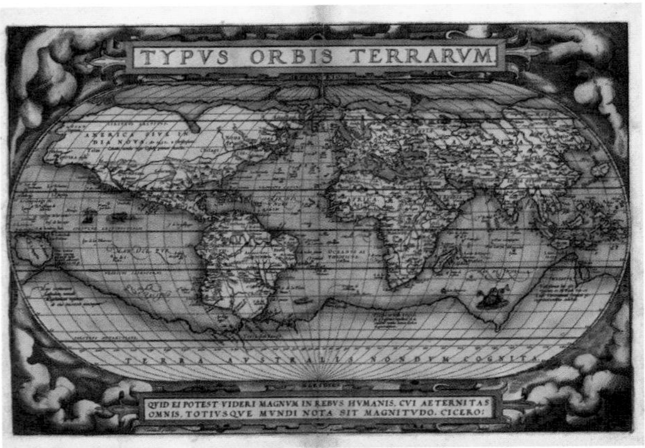

1570년에 아브라함 오르텔리우스가 제작한 세계지도

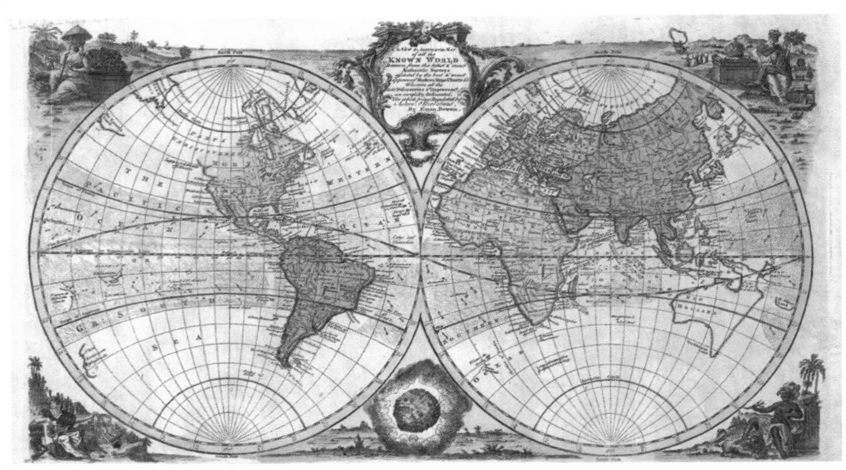

1744년에 이매뉴얼 보웬이 제작한 세계지도

그림 3.1 1506년부터 1744년까지의 세계지도들

딩거 등은 양자 물리학 법칙들을 내놓았다(그림 3.2). 모든 것이 적어도 아주 작은 규모에서는 무작위하게 요동한다는 개념(제26장), 또 이 요동이 무에서 입자와 복사를 창출할 수 있다는 개념을 이용하여, 양자물리학 법칙들은 우리에게 레이저, 핵 에너지, 발광 다이오드(LED), 그리고 화학에 대한 깊은 이해를 선사했다.

1957년에 이르자, 상대론 법칙들과 양자 법칙들이 근본적으로 양립 불가능함이 명백해졌다. 두 법칙들은 중력이 강하고 또한 양자요동(quantum fluctuation)이 강한 영역에서 서로 다르며 양립 불가능한 결과들을 예측한다.[1] 그런 영역의 예로 우리 우주를 탄생시킨 빅뱅(제2장), 가르강튀아와 같은 블랙홀의 중심(제26장, 제

1. 중력과 양자요동이 강한 영역에서는 예컨대 빛 에너지의 양자요동이 거대해진다. 그 거대한 양자요동은 시간과 공간을 무작위하고 심하게 휘어놓는다. 이 요동하는 굴곡은 아인슈타인의 상대론 법칙들의 범위를 벗어나며, 이 굴곡이 빛에 미치는 영향은 빛에 관한 양자 법칙들의 범위를 벗어난다.

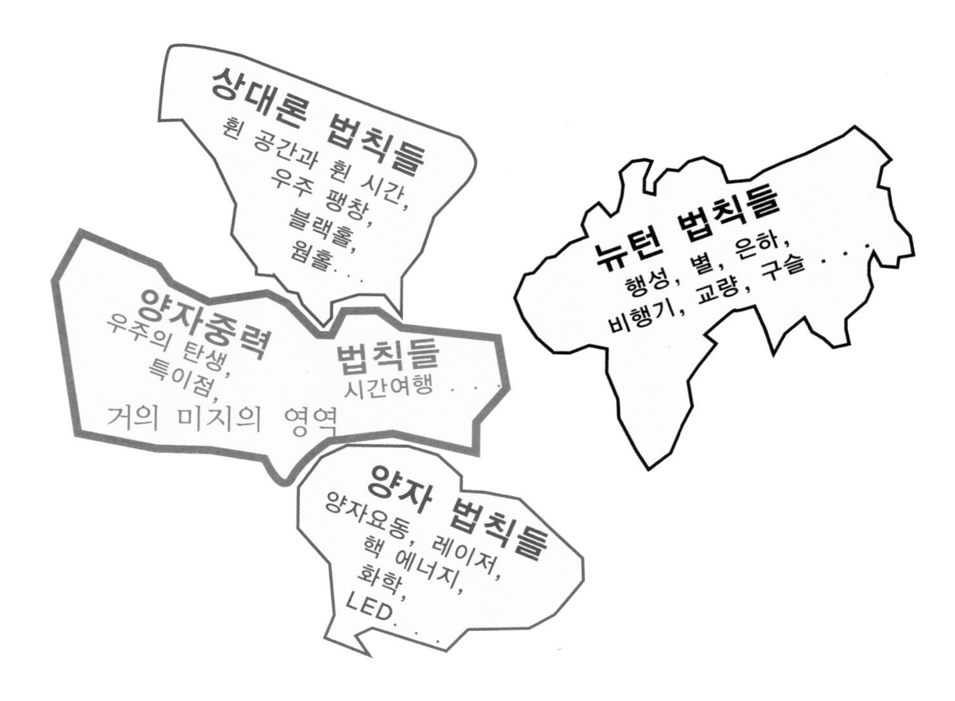

그림 3.2 우주를 지배하는 물리학 법칙들

28장), 과거로 가는 시간여행(제30장)을 들 수 있다. 이 영역들에서, 양립 불가능한 상대론 법칙들과 양자 법칙들의 "화끈한 결혼(fiery marriage)"[2]은 새로운 **양자중력 법칙들**을 낳는다(그림 3.2).

우리는 양자중력 법칙들을 아직 모르지만, 21세기의 세계 최고 과학자들의 엄청난 노력 덕분에 초끈이론(제21장)을 비롯한 몇 가지 설득력 있는 통찰들을 얻었다. 그 통찰들에도 불구하고 양자중력(quantum gravity)은 여전히 거의 미지의 영역으로 남아 있다. 그래서 흥미진진한 과학소설을 구상하는 작가는 충분한 운신의 폭을 가질 수 있다. 크리스토퍼 놀런은 「인터스텔라」에서 그 운신의 폭을 매우 솜씨 있게 이용한다(제28장부터 제31장까지 참조).

진실, 지식에 기초한 추측, 막연한 사변

「인터스텔라」의 과학은 네 영역, 즉 뉴턴 법칙들, 상대론 법칙들, 양자 법칙들, 양자중력 법칙들에 모두 걸쳐 있다. 따라서 일부 내용은 진실(true)이고, 일부는 지

2. "화끈한 결혼"이라는 표현은 나의 스승 존 휠러가 지었다. 그는 이름을 짓는 능력이 탁월했다. "블랙홀", "웜홀", 그리고 "블랙홀은 털이 없다(A black hole has no hair)"는 문구도 존의 작품이다. 제14장과 제5장을 참조하라. 존은 몇 시간씩 따뜻한 물 속에 누워 정신을 높은 하늘에 풀어놓고 적절한 단어나 문구를 찾아낸다고 나에게 말한 적이 있다.

식에 기초한 추측(guess)이며, 일부는 막연한 사변(speculation)이다.

모름지기 진실이려면 과학은 확립된 물리학 법칙들(뉴턴적, 상대론적, 양자적)에 기초하고 충분한 관찰 증거를 가지고 있어서 우리가 그 확립된 법칙들을 어떻게 적용할지에 대해서 확신을 가질 수 있어야 한다.

정확히 이런 의미에서, 제2장에서 언급한 중성자별과 그것의 자기장은 진실이다. 왜냐고? 첫째, 중성자별은 양자 법칙들과 상대론 법칙들에 의해서 확실히 예측된다. 둘째, 천문학자들은 중성자별에서 나오는 펄서 복사(제2장에서 언급한 빛, X선, 전파의 펄스)를 엄청나게 자세히 연구해놓았다. 이 펄서 관찰들은, 만일 펄서가 회전하는 중성자별이라면, 양자 법칙들과 상대론 법칙들에 의해서 아름답고 정확하게 설명된다. 또한 다른 설명은 아직 발견된 바 없다. 셋째, 중성자별은 초신성(supernova)이라는 천문학적 폭발의 결과로 형성된다고 확실하게 예측된다. 또한 펄서들은 초신성의 잔재로 남은, 팽창하는 거대한 기체 구름의 중심에서 관찰된다. 사정이 이러니 우리 천체물리학자들은 조금도 의심하지 않는다. 중성자별은 정말로 존재하며 우리가 관찰하는 펄서 복사를 정말로 내뿜는다.

진실의 예를 하나 더 들자면, 가르강튀아 블랙홀과 그것으로 인한 빛의 굴절로 별들의 모습이 왜곡되는 현상이 있다(그림 3.3). 물리학자들은 이 왜곡을 "중력 렌즈 효과(gravitational lensing)"라고 부른다. 왜냐하면 휘어진 렌즈나 거울에 의해서 상이 왜곡되는 것과 비슷하기 때문이다. 이를테면 놀이공원에서 보는 요술 거울을 생각해보라.

아인슈타인의 상대론 법칙들은 블랙홀의 표면부터 시작해서 그 바깥쪽에 대해서는 중력 렌즈 효과를 포함해서 모든 속성을 명확하게 예측한다.[3] 천문학자들은 우리 우주에 블랙홀들이 존재한다는 확실한 관찰 증거를 가지고 있다. 그 블랙홀들 중에는 가르강튀아(당대 인간들의 우매함과 미신을 비판한 라블레의 소설 『가르강튀아[*Gargantua*]』[1534년 간행]의 거인 왕/옮긴이)처럼 거대한 것도 있다. 또한 천문학자들은 다른 천체들이 일으키는 중력 렌즈 효과를 관찰했다(예컨대 그림 24.3). 비록 블랙홀이 일으키는 중력 렌즈 효과는 아직 관찰하지 못했지만 말이다. 그리고 관찰된 중력 렌즈 효과는 아인슈타인의 상대론 법칙들과 정확히 일치한다. 이 정도면 충분하다는 것이 나의 입장이다. 가르강튀아가 일으키는 중력렌즈 효과는 진실이다. 폴 프랭클린의 더블 네거티브 팀은 그 진실을 내

---

3. 제5장, 6장, 8장을 보라.

가 제공한 상대론 방정식들을 사용하여 시뮬레이션했다. 그 시뮬레이션은 실제 모습과 마찬가지라고 할 만하다.

반면에 「인터스텔라」에서 지구인의 삶을 위협하는 병충해(그림 3.4, 제11장 참조)는 반쯤은 지식에 기초한 추측이고, 반쯤은 막연한 사변이다. 왜 그럴까?

기록된 역사를 통틀어 인간이 기른 작물들은 이따금 심각한 병충해(미생물로 인해서 급속히 확산하는 병)를 당했다.

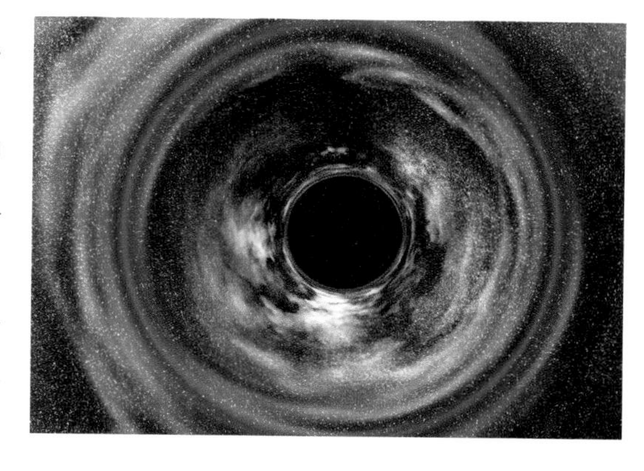

그림 3.3 가르강튀아가 드리운 검은 그림자 주위로 같은 은하에 속한 별들의 모습이 보인다. 별 각각에서 나온 광선을 가르강튀아가 심하게 구부리기 때문에, 별들의 모습이 심하게 왜곡되었다. 이른바 "중력 렌즈 효과"가 발생한 것이다. [이 책을 위해서 더블 네거티브 시각효과 팀이 제작한 시뮬레이션]

그런 병충해의 바탕에는 생물학이 있고 그 기반에는 화학이 있으며, 다시 그 밑에는 양자 법칙들이 있다. 과학자들은 양자 법칙들에서 병충해 관련 화학 **전체**를 도출하는 방법을 아직 모른다(물론 **많은 부분**을 도출할 수는 있지만). 또한 화학에서 병충해 관련 생물학 전체를 도출하는 방법도 모른다. 그럼에도 관찰과 실험에 의지하여 생물학자들은 병충해에 대해서 많은 것을 알아냈다. 인류가 이제껏 경험한 병충해들은 인류의 삶을 위협할 정도로 빠르게 한 작물에서 다른 작물로 번진 적이 없다. 그러나 우리가 아는 어떤 지식도 그런 괴멸적인 병충해가 불가능하다고 보장하지는 않는다.

그런 병충해가 가능하다는 것은 **지식에 기초한 추측**이다. 그런 병충해가 어쩌면 언제가 발생하리라는 것은 대다수의 생물학자가 개연성이 매우 낮다고 여기는

그림 3.4 병충해를 입은 옥수수 밭을 태우는 모습. [워너브라더스 사의 허가로 「인터스텔라」에서 따옴]

막연한 **사변**이다.

「인터스텔라」에서 발생하는 중력이상(重力異常, gravitational anomaly[제24장, 제25장]), 예컨대 쿠퍼가 던진 동전이 갑자기 바닥으로 곤두박질치는 현상은 막연한 **사변**이다. 그렇게 영화는 인류를 지구에서 탈출시키기 위해서 중력이상을 활용한다(제31장).

중력을 측정하는 실험물리학자들은 중력이상, 곧 뉴턴 법칙들이나 상대론 법칙들로 설명할 수 없는 중력의 행동을 발견하려고 열심히 노력했지만, 지구에서는 확실한 중력이상이 아직 관찰되지 않았다.

그러나 양자중력을 이해하려는 노력의 결과를 보면, 우리 우주는 고차원 "초공간(hyperspace)" 속에 깃든 막(물리학자들이 부르는 명칭은 "브레인[brane]")일 가능성이 있는 듯하다. 물리학자들은 그 초공간을 "벌크(bulk)"라고 부른다. 그림 3.5와 제4장, 제21장을 보라. 물리학자들은 이 벌크에 아인슈타인의 상대론 법칙들을 적용해보기도 한다. 「인터스텔라」의 한 장면에서 브랜드 교수도 연구실의 칠판에 공식들을 적어가며 그 작업을 한다(그림 3.6). 그러면 물리학자들은 벌크에 내재하는 물리적 장들에 의해서 중력이상이 유발될 가능성을 발견한다.

우리는 벌크가 정말로 존재한다고 확신할 수 있는 단계에서 턱없이 멀리 떨어져 있다. 또한 벌크가 존재하더라도 아인슈타인의 법칙들이 거기에서도 통한다는 것은 지식에 기초한 추측에 불과하다. 게다가 만약 벌크가 존재한다면, 벌크에 중력이상을 일으킬 수 있는 장들이 내재할지, 또 내재한다면, 중력이상을 우리가 활용할 수 있을지에 대해서 우리는 전혀 모른다.

요컨대 중력이상과 그것의 활용은 꽤 극단적인 사변이다. 그러나 나와 몇몇 내 친구 물리학자들이 적어도 늦은 밤에 맥주를 앞에 놓고 둘러앉을 때면 즐겨 안주거리로 삼는, 과학에 기초를 둔 사변이다. 따라서 그것들은 내가 「인터스텔라」를 위해서 내놓은 원칙을 벗어나지 않는다. "사변은 진짜 과학에, 적어도 일부 '존중할 만한' 과학자들이 가능하다고 여기는 아이디어에 기초를 두어야 한다"(제1장).

그림 3.5 태양 근처의 우리 우주를 3차원 벌크 속에 깃든 2차원 곡면, 곧 브레인으로 표현한 그림. 실제로 우리 브레인은 공간 차원을 3개 가졌고, 벌크는 4개 가졌다. 이 그림은 제4장에서 추가로 설명될 것이다. 특히 그림 4.4를 참조하라.

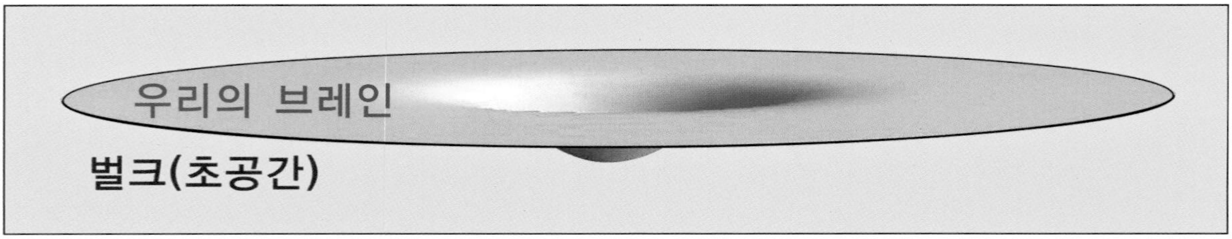

우리의 브레인

벌크(초공간)

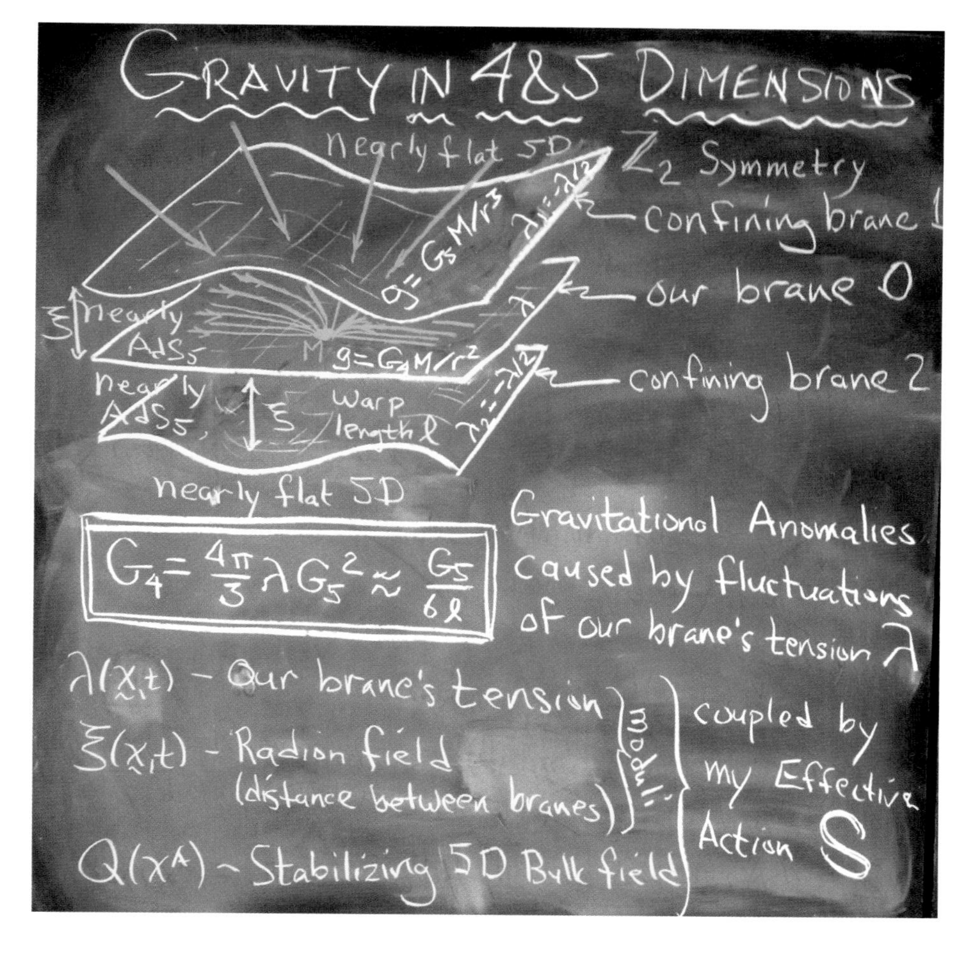

그림 3.6 브랜드 교수의 칠판에 적힌 상대론 방정식들. 중력이상이 발생할 가능성을 서술하는 공식들이다. 자세한 설명은 제25장 참조

이 책 전체에서 「인터스텔라」의 과학을 논하는 동안 나는 그 과학의 지위—진실인지, 지식에 기초한 추측이지, 또는 막연한 사변인지—를 설명하고 해당 장이나 절의 첫머리에서 기호로 밝힐 것이다.

Ⓣ 진실
EG 지식에 기초한 추측
S 막연한 사변

물론 한 아이디어의 지위—진실인지, 지식에 기초한 추측인지, 막연한 사변인지—는 바뀔 수 있다. 당신은 그런 변화를 영화와 이 책에서 가끔 보게 될 것이다. 쿠퍼에게 벌크는 지식에 기초한 추측이었다가 그가 테서랙트를 타고(제29장) 벌크에 진입할 때 진실이 된다. 양자중력 법칙들은 막연한 사변이었다가 타스(TARS)가 블랙홀 내부에서 그것들을 끄집어내자 쿠퍼와 머프에게 진실이 된다(제28장, 제30장).

19세기 물리학자들에게 뉴턴의 중력에 관한 역제곱 법칙은 절대적 진실이었다. 그러나 그 법칙은 1890년경에 수성이 태양 주위를 도는 궤도에서 미세한 비정상성이 발견되면서 혁명적으로 뒤엎어졌다(제24장). 우리 태양계에서 뉴턴 법칙은 진실에 매우 가깝지만 완벽한 진실은 아니다. 이 비정상성은 20세기에 아인슈타인이 상대론 법칙들을 정립하는 데에 기여했다. 이 법칙들은 처음에 (강한 중력의 영역에서는) 막연한 사변이었지만, 관찰 데이터가 나오기 시작하면서 지식에 기초한 추측이 되었고, 1980년경에 점점 더 개선된 관찰이 이루어지면서 진실로 진화했다(제4장).

기존의 과학적 진실을 뒤엎는 혁명은 극히 드물다. 그러나 그런 혁명은 일어나며 과학과 기술에 중대한 영향을 미칠 수 있다.

막연한 사변이 지식에 기초한 추측이 되고 이어서 진실이 되는 모습을 당신은 생전에 목격할 수 있을까? 당신에게 확고했던 진실이 뒤집히는 혁명을 당신은 사는 동안 한번이라도 목격한 적이 있는가?

4
휜 시간과 공간, 기조력

아인슈타인의 시간 굴곡 법칙

아인슈타인은 1907년부터 중력을 이해하기 위해서 이따금 노력했다. 마침내 1912년에 그는 빛나는 통찰을 할 수 있었다. 지구나 블랙홀처럼 무거운 물체에 의해서 시간이 휘어야 하고, 그 휨(굴곡)의 원인은 중력임을 깨달은 것이다. 그는 이 통찰을 명료한 수학 공식으로 표현했는데,[1] 내가 즐겨 "아인슈타인의 시간 굴곡 법칙"이라고 부르는 그 공식을 일상적인 말로 풀면 이런 뜻이다. **만물은 자신이 가장 천천히 늙는 곳에서 살고 싶어하며, 중력은 만물을 그곳으로 이끈다.**

시간이 느려지는 정도가 클수록, 중력의 끌어당김도 그만큼 강하다. 지구에서는 시간이 하루에 겨우 몇 마이크로초의 비율로 느려지는데, 중력도 그리 강하지 않다. 중성자별의 표면에서는 시간이 하루에 몇 시간의 비율로 느려지며 중력은 어마어마하게 강하다. 블랙홀의 표면에서 시간은 느려지다 못해 멈추고 중력은 빛을 포함해서 그 무엇도 빠져나갈 수 없을 만큼 막강하다.

이처럼 블랙홀 근처에서 시간이 느려지는 현상은 「인터스텔라」에서 중요한 역할을 한다. 쿠퍼는 가르강튀아에 접근하면서 지구에 있는 딸 머프를 다시 볼 희망을 버린다. 그가 그 블랙홀에 다가가며 겨우 몇 시간 늙는 동안에 지구의 머프는 무려 80년이나 늙기 때문이다.

인류의 기술은 아인슈타인의 법칙이 나온 지 거의 반세기 후까지도 그 법칙을 검증하기에는 너무 보잘것없었다. 최초의 유효한 검증은 1959년에 밥 파운드와 글렌 레브카가 '뫼스바우어 효과(Mössbauer effect)'라는 새로 발견된 현상을 이용하여 하버드 대학에 있는 높이 24미터 건물의 바닥과 꼭대기에서 시간이 흐르는 속도를 비교함으로써 이루어졌다. 그들의 실험은 대단히 정밀했다. 하루에

---

1. 이 책 말미의 "전문적인 주석"을 참조하라.

0.0000000000016초(1조 분의 1.6초)만큼의 차이도 충분히 감지할 수 있었다. 놀랍게도 그들은 이 정확도보다 130배 큰 차이를 발견했고, 그 차이는 아인슈타인의 법칙과 멋지게 맞아떨어졌다. 시간은 그 건물 꼭대기보다 바닥에서 하루에 1조 분의 210초만큼 더 느리게 흐른다.

검증의 정확도는 1976년에 향상되었다. 그해에 하버드 대학의 로버트 베소는 나사의 로켓에 원자시계를 실어 1만 킬로미터 상공에 띄우고 그 시계가 작동하는 속도와 지상의 시계가 작동하는 속도를 전파 신호를 이용하여 비교했다(그림 4.1). 베소는 고도 1만 킬로미터에서보다 지상에서 시간이 약 하루당 30마이크로초(0.00003초)만큼 더 느리게 흐름을 발견했다. 그의 측정은 실험의 정확도 내에서 아인슈타인의 시간 굴곡 법칙(Einstein's law of time warp)과 일치했다. 그 정확도(베소의 측정값에 들어 있는 불확실성)는 10만 분의 7이었다. 요컨대 그의 측정값은 아인슈타인의 법칙과 하루당 30마이크로초의 0.00007배 이내로 일치했다.

그림 4.1 높은 고도에서보다 지상에서 시간이 더 느리게 흐름을 원자시계를 이용하여 측정하는 실험. [클리퍼드 윌 저, 『아인슈타인이 옳았을까?: 일반상대성이론 검증』(Basic Books, 1993)에서 따옴]

지구위치확인 시스템(GPS) 덕분에 우리의 스마트폰은 우리의 위치를 10미터의 정확도로 알려줄 수 있는데, 이 시스템은 고도 2만 킬로미터에서 지구를 도는 위성 27대에서 오는 전파 신호에 의지하여 작동한다(그림 4.2). 일반적으로 지상의 한 위치에서 접촉 가능한 위성은 4대에서 12대뿐이다. 접촉 가능한 위성 각각에서 오는 전파 신호는 그 위성의 위치와 그 신호가 송출된 시각을 스마트폰에 알려준다. 스마트폰은 그 신호가 도착한 시각을 측정하고 이를 송출 시각과 비교하여 그 신호가 얼마나 먼 거리를 이동했는지 알아낸다. 그 거리는 위성과 스마트폰 사이의 거리와 같다. 이런 식으로 여러 위성들의 위치와 그것들로부터 떨어진 거리를 알아내면, 스마트폰은 자신의 위치를 삼각측량법으로 계산할 수 있다.

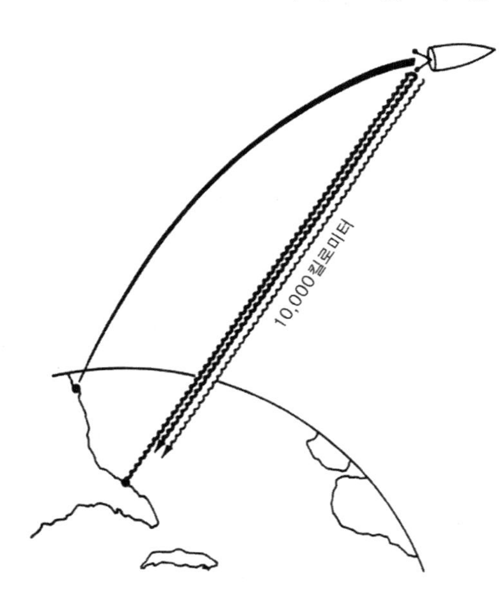

그런데 만약 신호 송출 시각을 위성에서 실제로 측정한 시각으로 설정한다면, 이 시스템은 멍텅구리가 되고 말 것이다. 2만 킬로미터 상공에서 시간은 지상에서보다 하루당 40마이크로초만큼 더 빠르게 흐르므로, 위성은 이를 감안하여 신호 송출 시각을 수정해야 한다. 즉 자신이 보유한 시계로 시각을 측정한 다음에 지상에서 시간이 흐르는 속도에 맞게 그 시각을 수정하여 우리의 스마트폰에 전송해야 한다.

아인슈타인은 천재였다. 어쩌면 역사를 통틀어 가장 위대

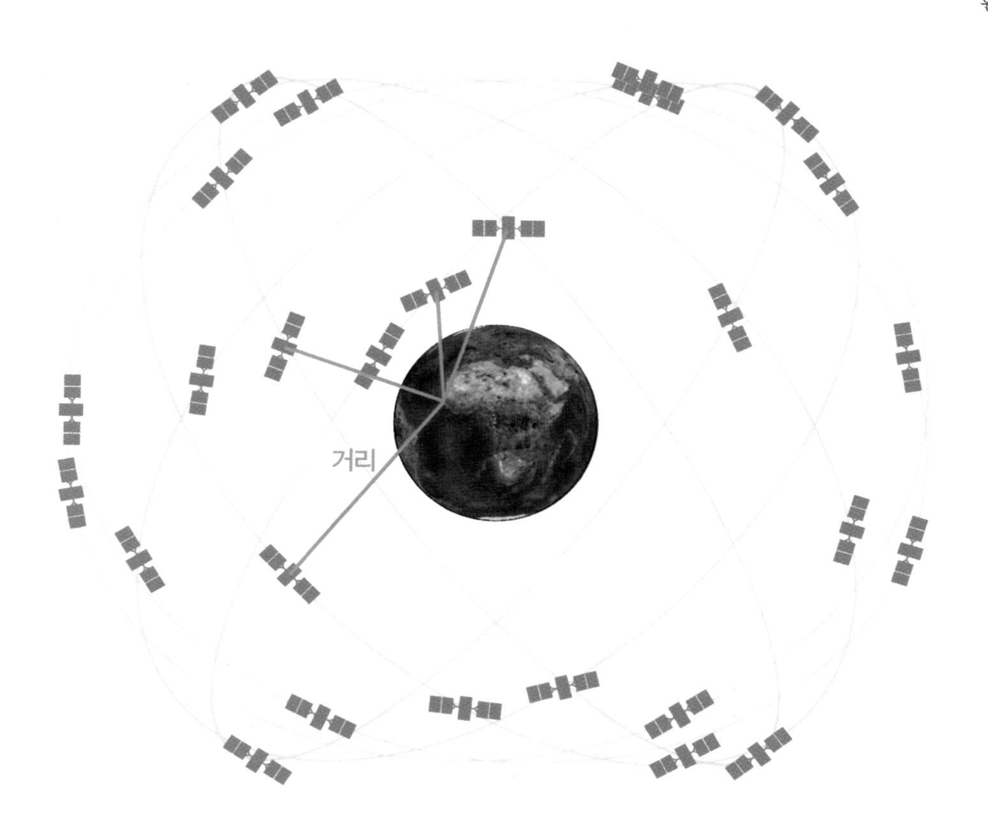

그림 4.2 지구위치확인 시스템(GPS)

한 과학자였을 것이다. 지구위치확인 시스템은 물리학 법칙들에 관한 아인슈타인의 통찰을 이제야 검증할 수 있게 되었음을 보여주는 수많은 사례들 중 하나이다. 정확한 검증을 위한 기술이 개발되는 데에 반세기가 걸렸고, 아인슈타인이 서술한 현상이 일상의 한 부분이 되는 데에 또 반세기가 걸렸다. 다른 사례들을 들자면, 레이저, 핵 에너지, 양자암호 등이 있다.

공간의 굴곡 : 벌크와 우리 브레인

1912년에 아인슈타인은 무거운 물체에 의해서 시간이 휠 수 있다면 공간도 휘어야 함을 깨달았다. 그러나 일생일대의 정신적 노력에도 불구하고 공간 굴곡에 관한 완전한 세부 이론은 오랫동안 그의 손아귀를 빠져나갔다. 1912년부터 1915년 후반까지 그는 애쓰고 또 애썼다. 마침내 1915년 11월, 위대한 유레카의 순간이 찾아왔고, 그는 "일반상대론 장방정식(field equation of general relativity)"을 세웠다. 공간의 굴곡을 포함한 그의 상대론 법칙들 모두를 요약한 공식을 정립한 것이다.

이 공식 앞에서도 인류의 기술은 역시나 정확한 검증을 시도하기에는 너무 보잘것없었다.[2] 이번에는 60년 동안 기술이 발전한 끝에 드디어 결정적인 실험이 여러 건 이루어졌다. 내가 가장 좋아하는 실험은 하버드 대학의 로버트 리젠버그와 어윈 샤피로가 지휘한 것이다. 1976–77년에 그들은 화성 주위를 도는 우주선 두 대로 전파 신호를 보냈다. 이름이 바이킹 1호와 바이킹 2호인 그 우주선들은 그 신호를 증폭하여 다시 지구로 보냈고, 지구의 연구진은 그 신호의 왕복여행에 걸린 시간을 측정했다. 지구와 화성은 둘 다 각자의 궤도로 태양 주위를 돌고 있으므로, 전파 신호들의 이동경로는 시시각각 변한다. 처음에 그 경로는 태양에서 멀리 떨어져 있었고, 다음에는 태양 근처를 통과했고, 그 다음에는 다시 태양에서 멀리 떨어졌다(그림 4.3의 아랫부분 참조).

만약 공간이 평평했다면, 신호의 왕복 이동 시간은 점진적으로 일정하게 변화했을 것이다. 그러나 실제로는 그렇지 않았다. 전파가 태양 근처를 통과했을 때는 이동 시간이 예상보다 수백 마이크로초만큼 더 길었다. 그림 4.3의 윗부분은 이 추가 이동 시간을 우주선의 위치와 관련지어 보여준다.

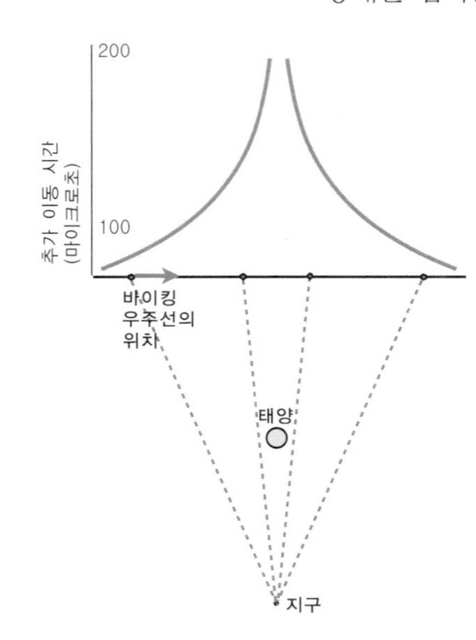

그림 4.3 전파 신호가 지구와 우주선 바이킹 사이를 왕복하는 데에 걸린 시간

추가 이동 시간은 증가했다가 다시 감소했다. 이제 생각해보자. 아인슈타인의 상대론 법칙들 중 하나에 따르면, 전파와 빛은 절대적으로 일정한 불변의 속도로 이동한다.[3] 따라서 이런 식으로 추가 이동 시간이 발생하려면, 지구와 우주선 사이의 경로가 태양 근처를 통과할 때 그 경로의 길이가 광속 곱하기 수백 마이크로초만큼, 그러니까 약 50킬로미터만큼 더 길어야 한다.

이 같은 길이 증가는, 만약 공간이 책상 위에 놓인 새 복사지처럼 평평하다면, 불가능할 것이다. 다시 말해서 그 길이 증가는 태양이 공간을 휘기 때문에 발생한다. 전파 신호의 추가 이동 시간을 측정하고 그것이 우주선의 위치에 따라 어떻게 달라지는지 분석함으로써 리젠버그와 샤피로는 공간이 휜 모양을 추론했다. 더 정확히 말해서 그들은 바이킹 전파 신호의 경로들에 의해서 형성된 2차원 곡면의 모양을 추론했다. 그 곡면은 태양의 적도면과 거의 같았다. 그

2. 그러나 제24장의 첫 절을 보라.

3. 행성들 사이 공간에 존재하는 전자들과의 상호작용 때문에 전파와 빛의 속도가 약간 느려지기는 하지만, 잘 알려져 있는 이 현상을 감안하여 이른바 "플라스마 수정(plasma correction)"을 하고 나면 그 속도는 절대적으로 일정하다.

래서 나도 그렇게 묘사하겠다.

그림 4.4는 리젠버그 팀이 측정한 곡면(태양의 적도면)의 모양을 굴곡을 과장하여 보여준다. 측정된 모양은 아인슈타인의 상대론 법칙들이 예측하는 바와 정확히, 실험의 오차 내에서 정확히 일치했다. 이 실험의 오차는 실제 굴곡의 0.001배, 즉 1,000분의 1배였다. 중성자별 근처에서는 공간의 굴곡이 더 크다. 블랙홀 근처에서는 어마어마하게 크다.

본래 태양의 적도면은 3차원 공간을 동일한 두 부분으로 나눈다. 즉 적도면 위쪽 공간과 아래쪽 공간은 똑같아야 한다. 그럼에도 그림 4.4를 보면, 그 적도면이 마치 대접의 표면처럼 아래로 휘어졌다. 적도면의 중심부 태양 근처가 우묵하게 휘어 있어서, 거기에 원을 그리고 그 지름에 π(3.14159……)를 곱하면 그 둘레보다 더 큰 값이 나온다. 얼마나 큰 값이 나오느냐면, 태양만큼 큰 원을 그린다면, 약 100킬로미터 더 큰 값이 나온다. 이 정도면 큰 차이는 아니지만, 정확도가 1,000분의 1인 실험에서는 쉽게 측정할 수 있는 수준이다. 리젠버그 팀이 얻은 결과는 태양 주위의 공간이 마치 그림 4.4가 보여주는 태양의 적도면처럼 휘어 있다는 것이다.

그런데 어떻게 공간이 “우묵하게 휠(bend down)” 수 있을까? 철판이 공간 속에서 휘는 것처럼, 공간도 휘려면 **무엇인가** 속에 들어 있어야 할 것 아닌가. 공간은 더 높은 차원의 초공간, 이른바 “벌크” 속에서 휜다. 그리고 벌크는 우리 우주의 일부가 아니다.

더 정확히 이야기해보자. 그림 4.4에서 태양의 적도면은 3차원 벌크 속에서 우묵하게 휜 2차원 곡면이다. 이 상황을 단초로 삼아서 우리 물리학자들은 우리 우주 전체에 대해서 생각한다. 우리 우주는 공간 차원을 3개(동서 방향, 남북 방향, 상하 방향) 가졌다. 그리고 우리는 그 우주를 고차원 벌크 속에서 휘어 있는 3차원 막(membrane), 줄여서 3차원 **브레인**(brane)으로 생각한다. 그렇다면 **벌크**는 얼마나 많은 차원을 가졌을까? 나는 이 문제를 제21장에서 조심스럽게 논하겠지

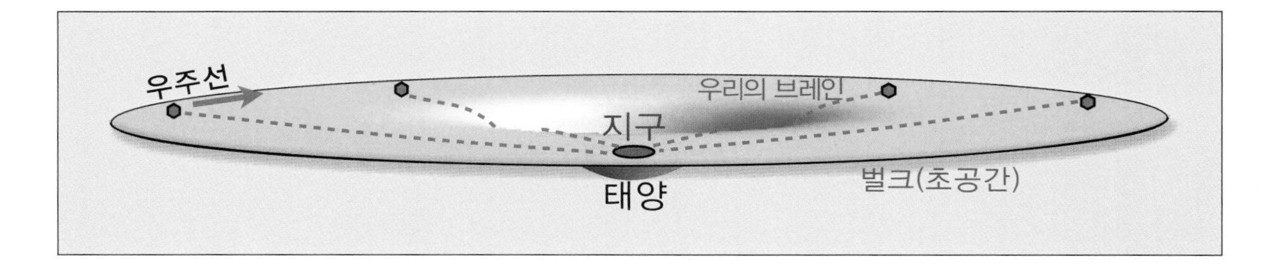

그림 4.4 바이킹 전파 신호가 태양의 휜 적도면에서 그리는 경로들

만, 우리의 관심을 「인터스텔라」에 국한한다면, 벌크는 공간 차원을 딱 하나만 더 가졌다. 즉 벌크의 공간 차원은 4개이다.

그런데 우리 인간으로서는 우리가 사는 3차원 곡면, 4차원 벌크 속에 깃들어 휘어지는 우리 브레인 전체를 시각적으로 상상한다는 것이 몹시 어려운 일이다. 그런 연유로 이 책 전체에서 나는 우리 브레인과 벌크를 묘사할 때 그림 4.4에서처럼 차원을 하나 제거하고 그릴 것이다.

「인터스텔라」에서 등장인물들은 5차원을 자주 언급한다. 그런 언급에서 3개의 차원은 우리 우주, 곧 브레인의 공간 차원들(동서 방향, 남북 방향, 상하 방향)을 의미한다. 네 번째 차원은 시간이며, 다섯 번째 차원은 벌크가 추가로 가진 공간 차원 하나를 뜻한다.

벌크가 정말로 존재할까? 인류가 경험해보지 못한 5차원, 심지어 더 높은 차원이 진짜로 있을까? 그럴 가능성이 매우 높다. 이 문제는 제21장에서 논의될 것이다.

공간(우리 브레인)의 굴곡은 「인터스텔라」에서 핵심적인 구실을 한다. 예컨대 공간의 굴곡은 우리의 태양계와 가르강튀아가 사는 머나먼 우주를 연결하는 웜홀의 존재를 위해서 필수적이다. 또한 공간의 굴곡은 웜홀 근처와 가르강튀아 블랙홀

그림 4.5 우리 브레인에서 벌크로 뻗어나간 블랙홀들과 벌크를 관통하는 웜홀들. 우리 브레인과 벌크에서 차원을 하나씩 제거하고 표현한 그림이다. 화가 리아 할로런

근처의 하늘을 일그러뜨린다. 이것이 그림 3.3이 표현하는 중력 렌즈 효과이다.

그림 4.5는 공간 굴곡의 극단적인 예를 보여준다. 나의 친구이자 화가인 리아 할로런이 그린 이 상상화는 우리 브레인에서 그 바깥의 벌크를 향해 뻗어나간 블랙홀(제5장)과 심지어 벌크를 관통하는 웜홀(제14장)을 다수 포함한, 우리 우주의 가상적인 한 구역을 표현한다. 블랙홀은 "특이점(singularity)"이라는 뾰족한 끝점에서 막다른 곳에 이른다. 웜홀은 우리 브레인의 한 구역과 다른 구역을 연결한다. 늘 그렇듯이 나는 우리 브레인의 세 차원 가운데 하나를 제거하고 그림을 그렸다. 따라서 우리 브레인은 2차원 곡면처럼 보인다.

기조력(起潮力)

아인슈타인의 상대론 법칙들에 따르면, 블랙홀 근처의 행성, 별, 엔진을 끈 우주선은 블랙홀의 휜 공간과 시간이 허용하는 가장 곧은 경로를 따라 이동하기 마련이다. 그림 4.6은 그런 경로의 네 가지 예를 보여준다. 블랙홀 속으로 향하는 보라색 경로 두 개는 처음에 서로 평행하다. 각 경로가 곧게 뻗으려고 애쓰는 가운데, 두 경로는 서로 접근한다. 공간과 시간의 굴곡이 그 경로들을 수렴시키는 것이다. 블랙홀의 둘레를 따라 뻗은 녹색 경로 두 개도 처음에는 서로 평행하다. 그러나 이 경로들은 공간과 시간의 굴곡에 의해서 서로 멀어진다.

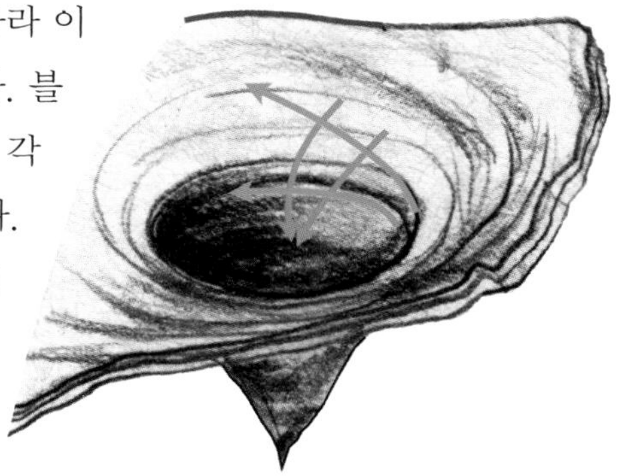

그림 4.6 블랙홀 근처에서 행성의 운동 경로 네 가지. 블랙홀의 그림은 리아 할로런의 드로잉(그림 4.5)에서 따왔다.

여러 해 전에 나의 학생들과 나는 이 행성 경로들을 보는 새로운 관점을 발견했다. 아인슈타인의 상대론에는 리만 텐서(Riemann tensor)라는 수학적 양이 나온다. 이 양은 공간과 시간의 굴곡을 상세히 알려준다. 우리는 일부 행성 경로들을 수렴시키고 다른 행성 경로들을 발산시키는 역선들(lines of force)이 리만 텐서의 수학 속에 숨어 있음을 발견했다. 나의 학생 데이비드 니컬스는 "잡아늘이다(stretch)"를 뜻하는 라틴어 "텐데레(tendere)"에 착안하여 그 역선들을 "텐덱스 선들(Tendex lines)"로 명명했다.

그림 4.7은 그림 4.6에 텐덱스 선 몇 개를 추가한 것이다. 녹색 경로들은 오른쪽 끝에서 서로 평행하게 출발한다. 그러나 빨간색 텐덱스 선들이 그 경로들을 잡아늘여놓는다.

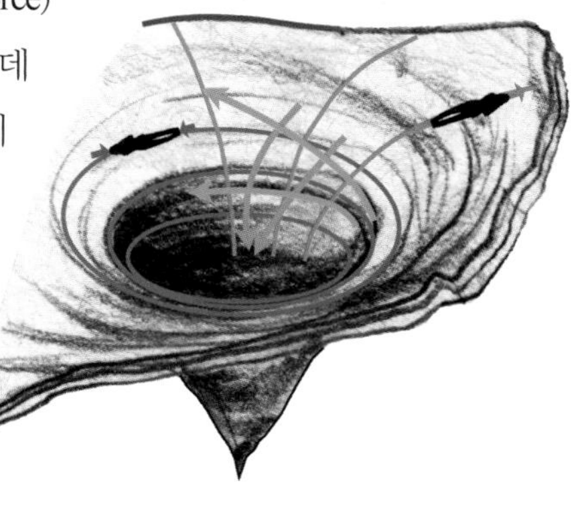

그림 4.7 블랙홀 주변의 텐덱스 선들. 블랙홀의 그림은 리아 할로런의 드로잉(그림 4.5)에서 따왔다.

나는 오른쪽 끝의 빨간색 텐덱스 선 위에 한 여성을 그려놓았다. 그 선은 그녀도 잡아늘인다. 그녀는 자신의 머리와 발을 잡아늘이려는 힘을 느낀다. 그 빨간색 텐덱스 선이 발휘하는 힘이다.

보라색 경로들은 위쪽 끝에서 서로 평행하게 출발한다. 그러나 이 경로들은 파란색 텐덱스 선들에 의해서 서로 접근한다. 파란색 텐덱스 선 위에 누운 여성의 몸도 찌그러든다.

이와 같은 잡아늘이기와 찌그리기는 공간과 시간의 굴곡이 일으키는 효과를 다르게 생각하는 한 방식일 뿐이다. 한 관점에서 보면, 그 경로들이 잡아늘여지며 서로 멀어지거나, 찌그러들며 서로 가까워지는 것은 그 행성 경로들이 휜 공간과 시간 속에서 최대한 곧게 뻗어나가기 때문이다. 또다른 관점에서 보면, 공간과 시간의 굴곡을 텐덱스 선들이 (어떤 매우 심오한 방식으로) 대표해야 한다. 그리고 리만 텐서의 수학이 가르쳐주듯이 텐덱스 선들은 실제로 공간과 시간의 굴곡을 대표한다.

오직 블랙홀만 잡아늘이는 힘과 찌그리는 힘을 산출하는 것은 아니다. 별과 행성과 위성도 산출한다. 1687년에 아이작 뉴턴은 나름의 중력이론에 기초하여 이 사실을 발견하고 바다의 밀물과 썰물을 설명했다.

달의 중력은 지구의 표면 중에서도 달과 마주한 앞면을 반대쪽 뒷면보다 더 강하게 끌어당긴다고 뉴턴은 추론했다. 또한 지구의 양쪽 옆면에 작용하는 달의 중력은 방향이 아주 약간 안쪽으로(지구의 중심 쪽으로) 기울어진다. 왜냐하면 달의 중력은 달의 중심을 향하는데, 그 방향이 지구의 옆면에서 볼 때는 지구의 중심 쪽으로 아주 약간 기울기 때문이다. 이것이 달의 중력을 보는 일반적인 관점이다(그림 4.8의 왼쪽 참조).

이번에는 관점을 바꿔보자. 지구는 방금 언급한 중력들의 **평균을 느끼지 못한다.** 왜냐하면 지구는 자신의 궤도를 따라 자유낙하하는 중이기 때문이다[4](이것은 인듀어런스 호가 가

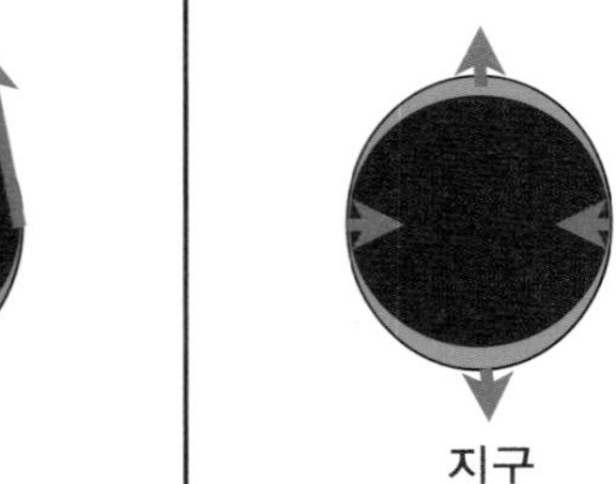

그림 4.8 지구의 바다에서 생기는 밀물과 썰물에 대한 뉴턴의 설명

4. 1907년에 아인슈타인은 만약 자신이 이를테면 자택 지붕에서 떨어진다면 떨어지는 동안에는 중력을 느끼지 못하리라는 것을 깨달았다. 그는 이 깨달음을 "내 삶에서 가장 행복한 생각"으로 칭했다. 왜냐하면 그는 이 깨달음을 계기로 중력을 이해하기 위한 노력에 착수했고 그 결실로 휜 시간과 공간의 개념과 그 휨을 지배하는 법칙들에 도달했기 때문이다.

르강튀아 블랙홀 상공의 정박궤도[parking orbit]에 머물 때, 그 우주선의 승무원들이 가르강튀아의 중력을 느끼지 못하는 것과 마찬가지이다. 그들은 인듀어런스 호의 회전으로 인한 원심력만 느낀다). 지구가 **실제로** 느끼는 것은 그림 4.8의 오른편에 빨간색 화살표들로 표시한 힘들이다. 이 힘들은 위의 단락에서 언급한 중력들 각각에서 그것들의 평균을 뺀 결과이다. 요컨대 지구는 앞면을 달 쪽으로 당기고 뒷면을 반대쪽으로 당겨 늘이는 힘과 양쪽 옆면이 서로 가까워지도록 찌그리는 힘을 느낀다(그림 4.8의 오른쪽). 이것은 블랙홀 주위에서 일어나는 일과 질적으로 동일하다(그림 4.7).

실제로 느껴지는 이 힘들은 지구 표면의 바닷물을 지구의 앞면과 뒷면으로 당겨 벌림으로써 그 두 곳에서 만조가 일어나게 한다. 또한 지구의 양쪽 옆면에서는 바닷물을 쥐어짜듯이 찌그려서 간조가 일어나게 한다. 지구는 24시간마다 한 바퀴 자전한다. 따라서 우리는 24시간 동안 두 번의 만조와 두 번의 간조를 맞는다. 이것이 밀물과 썰물에 대한 뉴턴의 설명이었다. 물론 태양의 중력이 밀물과 썰물에 미치는 효과도 고려해야 하겠지만, 이 효과는 비교적 미미하다. 달의 중력과 더불어 태양의 중력도 지구의 바닷물을 잡아늘이고 찌그리는 작용을 한다.

이처럼 밀물과 썰물을 일으키기 때문에, 중력에서 유래한 이와 같은 찌그리는 힘과 잡아늘이는 힘—지구가 느끼는 힘들—을 일컬어 기조력(起潮力, tidal force)이라고 한다. 뉴턴의 중력 법칙들을 써서 계산한 기조력과 아인슈타인의 상대론 법칙들을 써서 계산한 기조력은 매우 높은 정확도로 일치한다. 따지고 보면, 그럴 수밖에 없다. 왜냐하면 상대론 법칙들과 뉴턴 법칙들은 중력이 약하고 물체들이 광속보다 훨씬 더 느리게 운동하는 상황에서는 항상 동일한 예측을 내놓기 때문이다.

달의 기조력을 상대론의 관점에서 서술하면(그림 4.9), 그 힘은 지구의 양쪽 옆면을 찌그리는 파란색 텐덱스 선들과 지구의 앞면과 뒷면을 잡아늘이는 빨간색 텐덱스 선들에 의해서 생겨난다. 이는 블랙홀의 텐덱스 선들(그림 4.7)과 마찬가지이다. 달의 텐덱스 선들은 달이 공간과 시간을 어떻게 휘는지 구체적으로 보여준다. 그 미세한 굴곡이 대양의 밀물과 썰물을 너끈히 일으키는 거대한 힘을 산출한다는 것은 정말 놀라운 일이다!

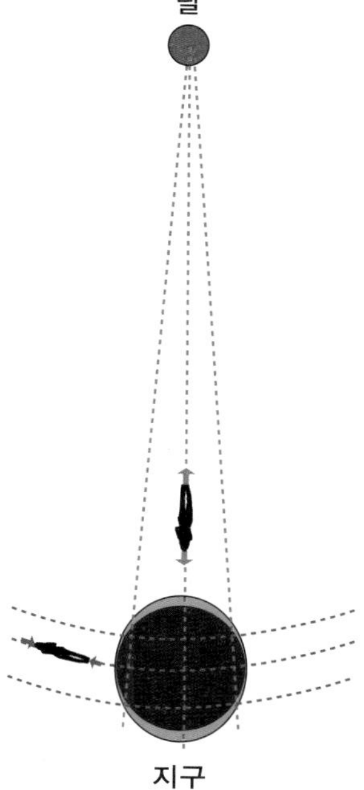

그림 4.9 상대론의 관점에서 본 밀물과 썰물. 달의 텐덱스 선들이 밀물과 썰물을 일으킨다.

밀러 행성(제17장)에서 기조력은 지구에서보다 엄청나게 크다. 쿠퍼와 일행이 맞닥뜨린 거대한 파도를 이해하는 열쇠는 그 어마어마한 기조력이다.

지금까지 우리는 기조력을 보는 세 가지 관점을 거론했다.

- **뉴턴의 관점**(그림 4.8) : 지구는 달이 발휘하는 온전한 중력을 그대로 느끼는 것이 아니라 (지구의 각 지점마다 다른) 그 온전한 중력에서 평균 중력을 뺀 나머지를 느낀다.
- **텐덱스 선 관점**(그림 4.9) : 달의 텐덱스 선들은 지구의 바닷물을 잡아늘이고 찌그린다. 블랙홀의 텐덱스 선들도 블랙홀 주위 행성과 별의 경로들을 잡아늘이고 찌그린다(그림 4.7).
- **가장 곧은 경로 관점**(그림 4.6) : 블랙홀 주위의 별과 행성의 경로는 그곳의 휜 공간과 시간에서 가능한 가장 곧은 경로이다.

동일한 현상을 서로 다른 세 가지 관점에서 볼 수 있다는 것은 대단히 이로운 상황일 수 있다. 과학자와 공학자는 생애의 대부분을 수수께끼 풀이에 바친다. 수수께끼는 우주선 설계에 관한 것일 수도 있다. 혹은 블랙홀의 행동에 관한 것일 수도 있다. 수수께끼가 무엇이든지 간에, 한 관점에서 활로가 열리지 않는다면, 다른 관점에서 열릴지도 모른다. 수수께끼를 한 관점에서 고찰한 다음에 다른 관점에서 다시 고찰하면 흔히 새로운 아이디어를 얻을 수 있다. 「인터스텔라」에서 브랜드 교수는 중력이상을 이해하고 활용하기 위해서 애쓰면서 이런 관점 바꾸기를 실행한다(제24장, 제25장). 그것은 내가 어른이 된 이래로 거의 모든 시간을 바쳐 해온 일이기도 하다.

5
블랙홀

블랙홀 가르강튀아는 「인터스텔라」에서 주연급 출연자이다. 이 장에서는 블랙홀에 관한 기초 사실들을 살펴보고, 가르강튀아는 다음 장에서 집중적으로 다루기로 하자.

먼저 이 기괴한 주장을 들어보라. 블랙홀은 휜 공간과 휜 시간으로 이루어졌다. 다른 성분은 없다. 어떤 물질도 없다.

이제 설명을 들을 차례이다.

트램펄린 위의 개미 : 블랙홀의 공간 굴곡

당신이 개미라고 상상해보라. 당신이 사는 곳은 아이들이 좋아하는 트램펄린(trampoline) 위이다. 높은 기둥들을 세우고 그 위에 잘 늘어나는 고무막을 걸쳐서 만드는 트램펄린 말이다. 무거운 돌을 트램펄린 위에 놓으면 그림 5.1에서처럼 고무막이 아래로 휜다. 당신은 눈먼 개미여서 트램펄린의 기둥도 돌도 휜 고무막도 보지 못한다. 그러나 당신은 영리한 개미이다. 고무막은 당신의 우주 전체이며, 당신은 그 우주가 휘어졌다고 짐작한다. 당신의 우주가 어떤 모양인지 알아내기 위해서 당신은 위쪽 구역에서 원을 그리며 걸어가면서 원의 둘레를 측정한다. 그런 다음에 원의 한쪽 끝에서 중심을 거쳐 반대쪽 끝까지 걸어가면서 원의 지름을 측정한다. 만약 당신의 우주가 평평하다면, 그 원의 둘레는 지름 곱하기 π(= 3.14159……)와 같을 것이다. 그런데 당신이 실제로 측정해보니, 둘레가 지름보다 훨씬 더 작다. 그리하여 당신은 이런 결론을 내린다.

그림 5.1 휜 트램펄린 위의 개미. 내가 손수 그린 그림

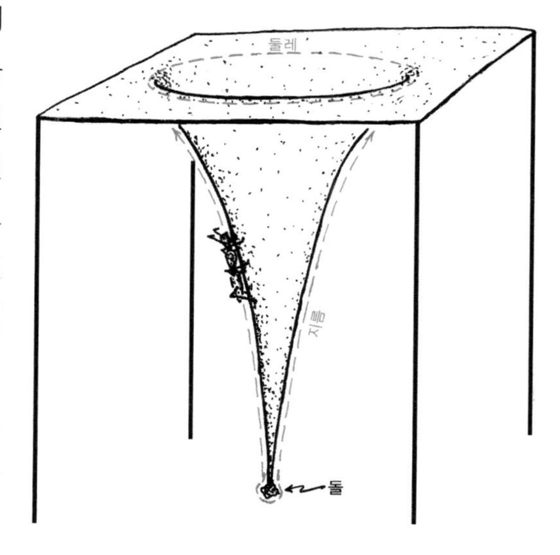

나의 우주는 심하게 휘어 있다!

회전하지 않는 블랙홀 주위 공간은 트램펄린과 똑같은 방식으로 휘어 있다. 무슨 말이냐면, 블랙홀과 그 주위 공간을 블랙홀의 적도면을 따라 자른다고 해보자. 그러면 단면이 나올 텐데, 그 단면은 2차원 곡면이다. 벌크에서 보면, 이 곡면은 트램펄린과 똑같은 방식으로 휘어 있다. 그림 5.2는 그림 5.1에서 기둥들과 개미를 제거하고 돌을 블랙홀 중심의 **특이점**으로 바꾼 결과이다.

이 특이점은 곡면이 점을 이루는, 따라서 "무한히 휘는" 미세한 구역이다. 이 특이점에서는 중력에서 비롯된 기조력이 무한히 강하다. 따라서 우리가 아는 형태의 물질은 잡아늘여지고 찌그러져 소멸한다. 제26장, 제28장, 제29장에서 보겠지만, 가르강튀아의 특이점은 이 특이점과는 약간 다르다. 그 이유도 거기에서 설명할 것이다.

트램펄린에서 공간의 굴곡은 돌의 무게에 의해서 산출된다. 마찬가지로 블랙홀의 공간 굴곡도 그 중심의 특이점에 의해서 산출되리라는 생각이 들 법한데, 이것은 틀린 생각이다. 실제로 블랙홀의 공간은 그 공간 자체가 가진 엄청난 휨 에너지에 의해서 휜다. 지금 농담하느냐고 묻고 싶은 분도 있을 텐데, 나는 진지하다. 당신이 느끼기에 나의 설명이 어딘가 순환적이라면, 나도 그 느낌을 수긍할 수 있다. 그러나 깊은 의미가 담긴 설명이다.

화살을 쏘아 보낼 수 있을 정도로 활을 구부리려면 많은 에너지가 필요한 것과 마찬가지로, 공간을 구부리는(휘는) 데도 많은 에너지가 든다. 또한 구부림 에너지가 (활시위를 놓아서 활의 에너지를 화살에 전달하기 전까지는) 구부려진 활에 저장되는 것과 마찬가지로, 휨 에너지도 블랙홀의 휜 공간에 저장된다. 그리고 블랙홀에서는 그 휨 에너지가 막대해서 휨이 일어난다.

그림 5.2 벌크에서 본 블랙홀 내부와 주변의 휜 공간. [내가 그린 그림]

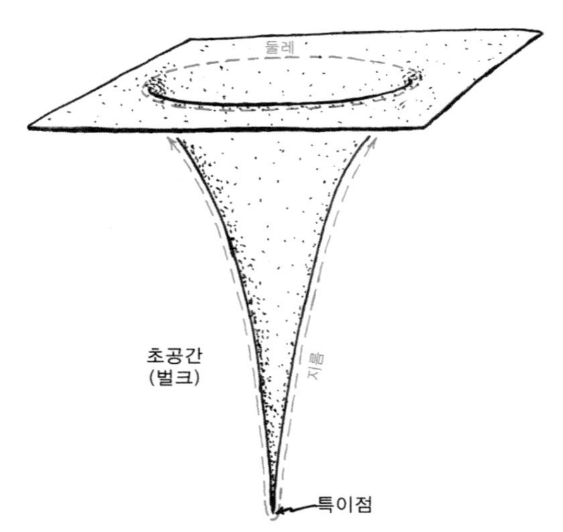

휨이 휨을 비선형적이며(nonlinear) 자발적인(self-bootstrapping) 방식으로 낳는다. 일상 경험과 영 딴판이지만, 이것은 아인슈타인의 상대론 법칙들이 가진 근본 특징의 하나이다. 과거로 되돌아가서 자기 자신을 낳는 과학소설 속 인물과도 크게 다르지 않다.

이와 같은 "휨이 휨을 낳는다(Warping begets warping)"는 시나리오는 우리 태양계에서는 실현될 가능성이 극히 희박하다. 우리 태양계의 모든 곳에서 공간의 휨은 미세하고 휨 에너지는 극히 작아서 자발적인 휨을 산출하기에는 턱없이 부족하다. 우리 태양계에서 공간의 휨은 거의 모두 물질에 의해서 직접 산출된다. 태양을 이루는 물질, 지구를 이루는 물질, 기타 행성들을 이루는 물질이 공간을 휜다. 반면에 블랙홀에서는 전적으로 휨이 휨을 일으킨다.

사건지평과 휜 시간

"블랙홀" 하면 당신이 가장 먼저 떠올리는 것은 아마도 블랙홀의 휜 공간이 아니라 그림 5.3이 표현하는 블랙홀의 구속력일 것이다.

만약 내가 마이크로파 통신기를 가지고 블랙홀로 뛰어든다면, 그래서 블랙홀의 사건지평(event horizon)을 통과한다면, 나는 가차 없이 아래로, 블랙홀의 특이점 속으로 끌려내려간다. 그리고 내가 어떤 식으로 신호 송출을 시도하더라도, 그 신호 역시 나와 함께 끌려내려간다. 사건지평 위에 있는 관찰자는 그 누구도 내가 지평을 통과한 후에 보낸 신호를 영원히 포착할 수 없다. 나의 신호와 나는 블랙홀 내부에 갇힌다(이런 구속 현상이 「인터스텔라」에서 어떻게 표현되는지에 대해서는 제28장을 참조하라).

이 구속은 실은 블랙홀의 시간 굴곡에 의해서 발생한다. 만약 내가 블랙홀의 사건지평 위에서 로켓 엔진을 가동하여 급격한 추락을 막으면서 떠돈다면, 내가 사건지평에 더 가까이 접근할수록, 나의 시간은 더 느리게 흐른다. 내가 사건지평에 도달하면, 나의 시간은 멈춘다. 그러므로 아인슈타인의 시간 굴곡 법칙에 따라서 나는 무한히 강한 중력을 경험해야 한다.

사건지평을 통과하여 블랙홀의 내부에 이르면 어떻게 될까? 그곳에서는 시간이 극단적으로 휘어져서 당신이 공간적이라고 생각할 만한 방향으로 흐른다. 즉 특이점을 향해 아래로 흐른다. 아무것도 블랙홀에서 빠져나갈 수 없는 것은 다름 아니라 이런 시간의 하향 흐름 때문이다. 만물은 가차 없이 미래로 끌려간다.[1] 그런데 블랙홀 내부에

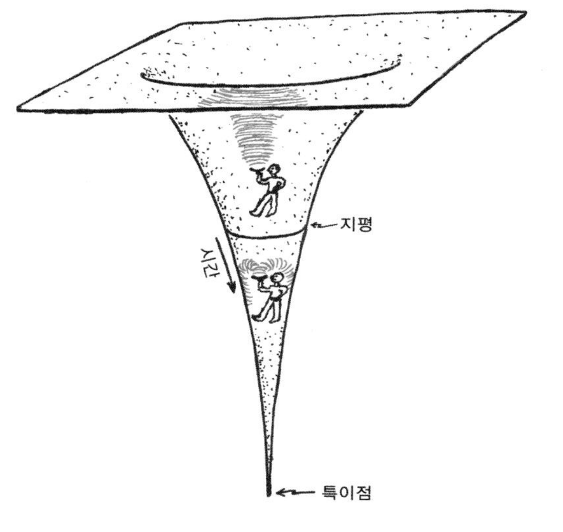

그림 5.3 내가 사건지평을 통과한 다음에 보내는 신호는 밖으로 나갈 수 없다. 주의사항: 공간 차원 하나를 제거하고 그린 이 그림에서 나는 2차원 킵이다. 2차원 킵이 (우리 브레인의 일부인) 휜 2차원 곡면을 미끄러져 내려간다. [내가 그린 그림]

1. 과거로 거슬러오르는 것이 가능하다면, 오로지 공간 속에서 멀리 떠났다가 다시 출발점으로 돌아옴을 통해서만 가능하다. 고정된 위치에서—그곳에서 당신을 지켜보는 타인들이 미래로 가는 동안—당신이 과거로 가는 것은 불가능하다. 더 자세한 이야기는 제30장 참조.

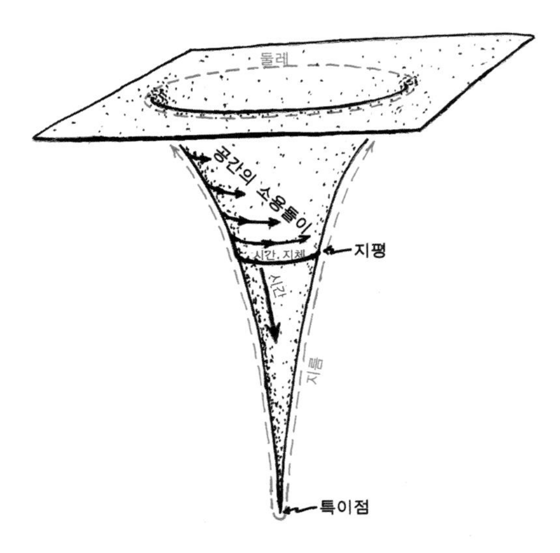

서는 미래의 방향이 사건지평에서 멀어지는 아래 방향이므로, 아무것도 위로 올라가서 사건지평을 통과함으로써 블랙홀을 탈출할 수 없다.

우주 소용돌이

블랙홀은 지구가 자전하는 것과 똑같은 방식으로 회전할 수 있다. 회전하는 블랙홀은 주위 공간을 소용돌이치게 한다(그림 5.4). 토네이도 속의 공기와 마찬가지로 공간은 블랙홀의 중심 근처에서 가장 빠르게 소용돌이치고, 블랙홀에서 멀어질수록 소용돌이가 느려진다.

그림 5.4 회전하는 블랙홀 주위의 공간은 소용돌이 운동에 휘말린다. [내가 그린 그림]

블랙홀의 사건지평을 향해 떨어지는 모든 것은 공간의 소용돌이에 휩쓸려 토네이도의 바람에 날리는 지푸라기처럼 블랙홀 주위를 돌고 또 돈다. 사건지평 근처에 이르면, 이 소용돌이 운동에서 벗어날 길이 전혀 없다.

블랙홀 주위의 휜 공간과 시간을 정확히 묘사함

시공 굴곡의 이와 같은 세 측면, 곧 공간 굴곡, 시간의 느려짐과 왜곡, 공간의 소용돌이는 모두 수학 공식들에 의해서 서술된다. 그 공식들은 아인슈타인의 상대론 법칙들에서 도출되는데, 그림 5.5는 그 법칙들이 예측하는 바가 정확히 무엇인지를 (그림 5.1, 5.4가 단지 정성적으로 보여준 것과 달리) 정량적으로 보여준다.

우리가 벌크에서 블랙홀의 적도면을 바라본다면, 우리는 정확히 그림 5.5의 휜 곡면을 보게 될 것이다. 색깔들은 사건지평 위의 고정된 높이에 떠 있는 관찰자가 측정한 시간이 얼마나 느려지는지 나타낸다. 파란색과 녹색의 경계선에서 시간은 블랙홀에서 멀리 떨어진 곳에서 흐르는 속도의 20퍼센트로 흐른다. 노란색과 빨간색의 경계선에서는 시간의 속도가 멀리 떨어진 곳에서의 정상 속도에 비해 10퍼센트에 불과하다. 곡면의 맨 아래 검은색 원에서는 시간이 멈춘다. 거기가 바로 사건지평이다. 사건지평이 구면이 아니라 원으로 보이는 것은 우리가 적도면만, 우리 우주(우리 브레인)의 공간 차원 두 개만 바라보고 있기 때문이다. 세 번째 공간 차원을 보충하면, 사건지평은 찌그러진 구면, 곧 회전타원면(spheroid)으로 보일 것이다. 흰색 화살표들은 블랙홀 주위에서 공간이 소용돌이치는 속도

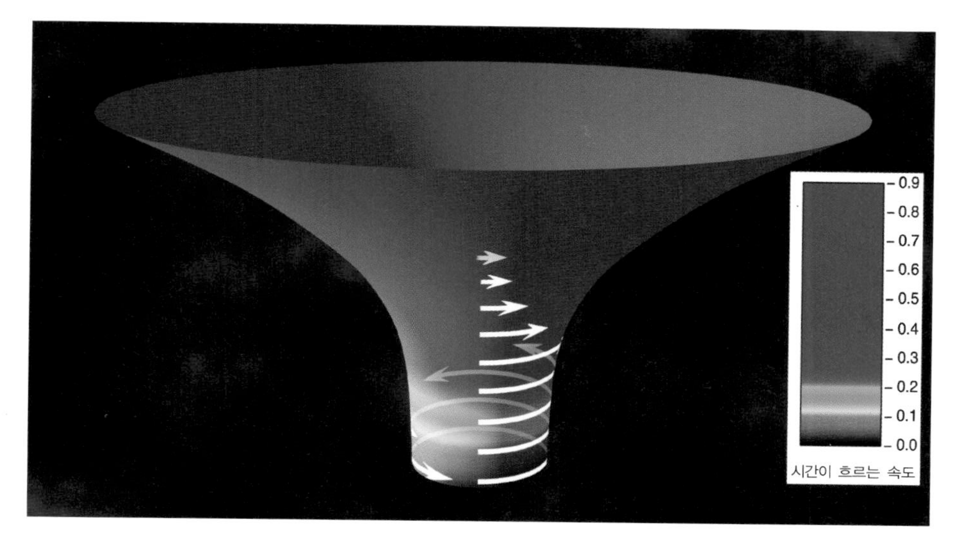

그림 5.5 빠르게 회전하는 블랙홀 주위의 휜 공간과 시간을 정확히 묘사한 그림. 블랙홀의 회전속도는 가능한 최대속도의 99.8퍼센트이다. [나의 스케치에 기초한 돈 데이비스의 그림]

를 나타낸다. 그 소용돌이는 사건지평에서 빠르고, 우리가 우주선을 타고 위로 올라갈수록 느려진다.

완벽하게 정확한 묘사인 그림 5.5에서 나는 블랙홀 내부를 배제했다. 그 부분은 나중에 제26장과 제28장에서 다룰 것이다.

블랙홀의 본질은 그림 5.5가 보여주는 굴곡이다. 수학적으로 표현되는 그 굴곡의 세부사항들에서 물리학자는 블랙홀에 관한 모든 것을 도출할 수 있다. 단, 블랙홀 중심에 위치한 특이점의 본성만큼은 예외이다. 특이점을 이해하려면 아직 잘 밝혀지지 않은 양자중력 법칙들이 필요하다(제26장).

우리 우주에서 본 블랙홀의 모습

우리 인간은 우리 브레인에 갇혀 있다. 우리는 우리 브레인을 벗어나 벌크에 진입할 수 없다(문명이 초고도로 발전하여 「인터스텔라」의 쿠퍼처럼 테서랙트나 뭐 그런 탈것을 이용할 수 있게 되지 않는 한 그렇다. 제29장 참조). 그러므로 우리는 블랙홀의 휜 공간을 그림 5.5와 같은 모습으로 볼 수 없다. 영화에 자주 나오는 블랙홀 깔때기와 소용돌이, 예컨대 디즈니 사의 1979년 작 「블랙홀(The Black Hole)」에 등장하는 블랙홀의 모습은 우리 우주에 사는 존재가 볼 수 있는 모습이 아니다.

「인터스텔라」는 블랙홀을 정확하게(즉 인간이 실제로 보고 경험할 수 있을 만한 방식으로) 묘사한 최초의 할리우드 영화이다. 그림 5.6은 그런 정확한 묘사의

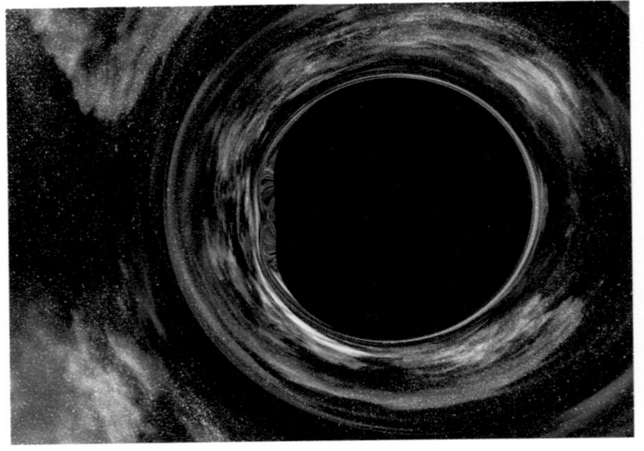

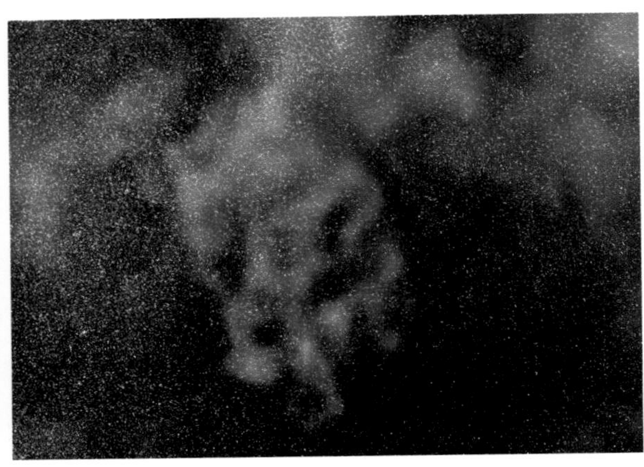

그림 5.6 별들로 수놓인 배경(오른쪽) 앞에서 빠르게 회전하는 블랙홀의 모습(왼쪽) [더블 네거티브 시각효과 팀이 이 책을 위해서 제작한 시뮬레이션]

한 예인데, 「인터스텔라」에서 따온 장면은 아니다. 그림 속 블랙홀은 별들로 수놓인 배경에 검은 그림자를 드리운다. 블랙홀 주위의 별들에서 나온 광선은 블랙홀의 휜 공간에 의해서 구부러진다. 다시 말해 그 광선들은 **중력 렌즈 효과**를 겪고, 그 결과로 원형 대칭성을 띤 왜곡된 패턴이 형성된다. 검은 그림자의 왼쪽 가장자리에서 우리에게 오는 광선들은 블랙홀 주위 공간이 소용돌이치는 방향과 같은 방향으로 운동하므로 공간의 소용돌이에서 추진력을 얻는다. 따라서 그 광선들은 검은 그림자의 오른쪽 가장자리에서 오는(공간의 소용돌이를 거슬러 운동하는) 광선들보다 사건지평에 더 가까이 접근했다가도 탈출할 수 있다. 이런 연유로, 검은 그림자의 윤곽은 왼쪽이 납작하고 오른쪽이 불룩하다. 제8장에서 나는 우리 우주(우리 브레인)에서 블랙홀에 가까이 접근하여 관찰하면 블랙홀이 어떻게 보일까에 대해서 더 많은 설명을 보충할 것이다.

우리는 이것이 **진실**임을 어떻게 알까?

아인슈타인의 상대론 법칙들은 매우 정확하게 검증되었다. 나는 그 법칙들이 옳다고 확신한다. 단, 그 법칙들이 양자물리학과 마주칠 때만 빼면 말이다. 「인터스텔라」에 나오는 가르강튀아처럼 큰 블랙홀에서는 오직 블랙홀의 중심 근처, 곧 특이점에서만 양자물리학을 고려할 필요가 있다. 그러므로 우리 우주에 아무튼 블랙홀들이 존재한다면, 그 블랙홀들은 아인슈타인의 상대론 법칙들이 강제하는 속성들을 가져야 하고, 나는 지금까지 바로 그런 속성들을 서술했다.

내가 서술한 속성들과 그밖에 많은 속성들은 지적으로 서로의 어깨 위에 올라탄 수많은 물리학자들에 의해서 아인슈타인의 방정식들에서 도출되었다(그림 5.7). 가장 중요한 인물들은 카를 슈바르츠실트, 로이 커, 스티븐 호킹이다. 슈바르츠실트는 1915년, 제1차 세계대전 중 독일-러시아 전선에서 비극적으로 생을 마감하기 직전에 회전하지 않는 블랙홀 주위의 휜 시공에 관한 세부사항들을 도출했다. 그 세부사항들을 물리학자들의 전문용어로 "슈바르츠실트 계량(Schwarzschild metric)"이라고 한다. 뉴질랜드 수학자 커는 1963년에 회전하는 블랙홀에 대해서 똑같은 일을 해냈다. 즉 회전하는 블랙홀의 "커 계량(Kerr metric)"을 도출했다. 그리고 1970년대 초에 스티븐 호킹을 비롯한 몇몇 사람들은 블랙홀이 별을 삼킬 때, 블랙홀과 블랙홀이 충돌하여 합쳐질 때, 블랙홀이 다른 천체의 기조력을 받을 때에 따라야 하는 법칙들을 도출했다.

블랙홀은 확실히 존재한다. 아인슈타인의 상대론 법칙들은 무거운 별이 핵연료를 소진하면 반드시 쪼그라든다고 단언한다. 1939년, 로버트 오펜하이머와 그의 학생인 하틀랜드 스나이더는, 만약 그 쪼그라듦이 정확히 구형 대칭을 이룬다면, 쪼그라드는 별은 자기 주위에 블랙홀이 생겨나게 하고, 그 블랙홀의 중심에 특이점이 생겨나게 하고, 그 특이점 속으로 삼켜져야 함을 아인슈타인의 법칙들을 이용하여 발견했다. 결국 물질은 남지 않는다. 어떤 물질도 전혀 남지 않는다. 결국 남는 블랙홀은 오로지 휜 공간과 시간만으로 이루어진다. 1939년 이후 몇십 년에 걸쳐 물리학자들은, 쪼그라드는 별이 찌그러지고 회전하더라도 역시 블랙홀이 산출됨을 아인슈타인의 법칙들을 이용하여 증명했다. 컴퓨터 시뮬레이션들은 그 산출 과정을 아주 세밀하게 보여준다.

천문학자들은 우리 우주에 블랙홀이 많이 있음을 뒷받침하는 강력한 관찰 증거들을 확보했다. 가장 아름다운 예는 우리 은하의 중심에 있는 거대한 블랙홀이다. 로스앤젤레스 소재 캘리포니아 대학의 안드레아 게즈는 천문학자들로 구성된 소규모 팀의 지휘자로서 그 블랙홀 주위 별들의 운동을 오랫동안 관찰했다. 그림 5.8에서 각 별의 궤도에 찍힌 점들은 1년 간격으로 측정한 그 별의 위치를 나타낸다. 나는 블랙홀의 위치를 흰색 오각 별표로 나타냈다. 그 별들의 운동

그림 5.7 블랙홀 연구에 크게 기여한 과학자들. 왼쪽부터 카를 슈바르츠실트(1873-1916), 로이 커(1934-), 스티븐 호킹(1942-), 로버트 오펜하이머(1904-1967), 안드레아 게즈(1965-)

을 관찰하여 얻은 데이터를 토대로 게즈는 그 블랙홀의 중력이 얼마나 강한지 계산했다. 결과는 태양의 중력보다 410만 배 강하다는 것이었다. 그 블랙홀의 질량이 태양의 410만 배라는 뜻이다!

그림 5.9는 여름 밤하늘에서 그 블랙홀의 위치가 어디인지 보여준다. 그 블랙홀은 찻주전자처럼 생긴 궁수자리(Sagittarius) 오른쪽 아랫부분에 있다. 그림에서 "우리 은하의 중심"이라는 설명이 붙은 X표가 그 위치를 나타낸다.

우리 우주에 있는 대형 은하의 중심에는 거의 예외 없이 블랙홀이 있다. 그 블랙홀들 중 다수는 무게가 가르강튀아 수준(태양의 1억 배)이거나 심지어 그 이상이다. 현재까지 측정된 블랙홀 무게의 최고기록은 태양의 170억 배이다. 이 최고기록 보유자는 NGC1277이라는 은하의 중심에 있다. 이 은하는 지구에서 2억 5,000만 광년 떨어져 있다.

우리 은하에는 중심의 거대한 블랙홀보다 작은 블랙홀들이 대략 1억 개 있다.

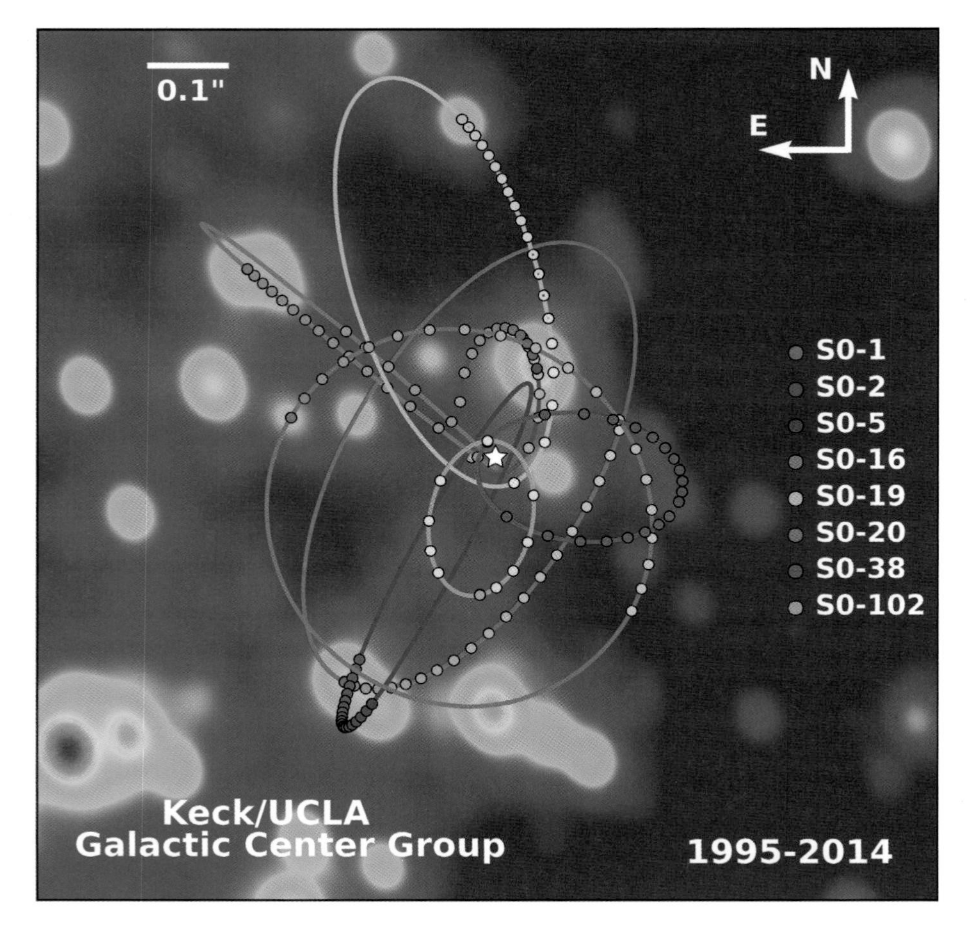

그림 5.8 우리 은하의 중심에 있는 거대한 블랙홀 주위 별들의 궤도를 안드레아 게즈와 동료들이 관찰하고 측정한 결과

그림 5.9 밤하늘에서 우리 은하의 중심의 위치. 그 위치에 거대한 블랙홀이 있다.

그 블랙홀들의 무게는 대개 태양의 3배에서 30배 정도이다. 우리가 이 사실을 아는 것은 그 모든 블랙홀들에 대한 관찰 증거를 확보했기 때문이 아니라, 핵연료를 소진하면 블랙홀이 될 무거운 별들의 개수에 대해서 천문학자들이 합의에 도달했기 때문이다. 그 합의에 기초하여 천문학자들은 이미 연료를 소진하고 블랙홀이 된 별들이 얼마나 많을지 추론했다.

이처럼 우리 우주에 블랙홀은 없는 곳이 없다고 할 만큼 널려 있다. 다행히 우리 태양계에는 없지만 말이다. 만약 있었다면, 그 블랙홀의 중력이 지구의 궤도를 엉망진창으로 만들었을 것이다. 지구는 태양 근처로 내던져져 펄펄 끓는 곳이 되거나 반대 방향으로 내던져져 얼어붙었을 것이다. 심지어 태양계 바깥이나 그 블랙홀 속으로 내던져졌을 수도 있다. 그런 지구에서는 어떤 인간도 1년 넘게 생존할 수 없었을 것이다!

천문학자들의 추정에 따르면, 지구에서 가장 가까운 블랙홀은 약 300광년 떨어져 있다. 가장 가까운(태양을 제외한) 별 프록시마 센타우리보다 100배 더 멀리 있는 셈이다.

이제 우주, 장, 휜 시간과 공간, 특히 블랙홀에 관한 기본 지식을 갖추었으니, 드디어 「인터스텔라」에 나오는 가르강튀아를 탐구할 준비가 되었다.

II

가르강튀아

6
가르강튀아의 해부학

블랙홀의 질량과 회전속도를 알면, 아인슈타인의 상대론 법칙들을 써서 그 블랙홀의 다른 모든 속성들을 도출할 수 있다. 그 블랙홀의 크기, 중력의 세기, 그 블랙홀의 적도 근처에서 사건지평이 원심력에 의해서 얼마나 많이 부풀었는지, 그 블랙홀 너머에 있는 천체들의 빛이 겪는 중력 렌즈 효과에 관한 세부사항들까지, 모든 것을 알 수 있다.

이것은 정말 놀라운 사실이다. 일상 경험과 전혀 다르다. 나의 몸무게와 내가 움직이는 속도에서 나에 관한 모든 것을 도출할 수 있다고 상상해보라. 나의 눈동자 색깔, 코의 길이, 지능지수…….

존 휠러(나의 스승, "블랙홀"이라는 이름을 지은 장본인)는 이 사실을 "블랙홀은 털이 없다(A black hole has no hair)"는 문구로 표현했다. 블랙홀은 질량과 회전 외에 다른 독립적인 속성을 가지고 있지 않다는 뜻이다. 생각해보면, 존은 이렇게 말했어야 옳다. "블랙홀은 털이 두 가닥만 있는데, 그 두 가닥에서 블랙홀에 관한 모든 것을 도출할 수 있다." 하지만 이 말은 "털이 없다" 만큼 확 와닿지 않는다. "털이 없다"는 블랙홀에 관한 속담 목록과 과학자들의 사전에 신속하게 자리잡았다.[1]

아인슈타인의 상대론 법칙들을 알고 있는 물리학자라면 「인터스텔라」에 나오는 밀러 행성의 속성들로부터 가르강튀아의 질량과 회전을 도출할 수 있고, 이것들로부터 가르강튀아에 관한 모든 것을 도출할 수 있다. 어떻게 도출하는지 알아보자.[2]

1. "블랙홀은 털이 없다"를 프랑스어로 직역하면 몹시 외설적으로 들리기 때문에 프랑스 출판업자들은 이 문구를 강력하게 거부했지만, 결국 부질없는 짓이었다.

2. 수치에 관한 세부사항 일부는 이 책 말미의 "전문적인 주석" 참조.

가르강튀아의 질량

Ⓣ

(제17장에서 길게 언급할) 밀러 행성은 가능한 최대 한계까지 가르강튀아에 접근해 있다. 만약 둘 사이의 거리가 더 가까웠다면, 밀러 행성은 존속할 수 없었을 것이다. 밀러 행성에 도착한 승무원들의 시간은 극단적으로 느려진다. 이런 일은 가르강튀아에 매우 근접한 곳에서만 일어날 수 있다. 따라서 우리는 밀러 행성과 가르강튀아 사이의 거리가 아주 가깝다는 것을 알 수 있다.

그렇게 가까운 거리에서는 가르강튀아의 중력에서 비롯된 기조력(起潮力, tidal force)(제4장)이 대단히 강하다. 그 기조력은 밀러 행성을 가르강튀아 방향과 그 반대 방향으로 잡아늘이고 그 행성의 양쪽 옆면을 찌그린다(그림 6.1).

이 잡아늘임과 찌그림의 세기는 가르강튀아의 질량의 제곱에 반비례한다. 왜 그럴까? 가르강튀아의 질량이 클수록, 가르강튀아의 둘레가 더 커진다. 따라서 가르강튀아의 중력이 밀러 행성의 다양한 부위에 더 일정하게 미치게 되고, 결과적으로 기조력은 더 약해진다(기조력에 대한 뉴턴의 관점, 그림 4.8 참조). 상세한 계산을 통해서 내가 얻은 결론은, 가르강튀아의 질량이 최소한 태양의 1억 배여야 한다는 것이다. 만일 가르강튀아의 질량이 그보다 더 작다면, 밀러 행성은 찢어져버릴 것이다.

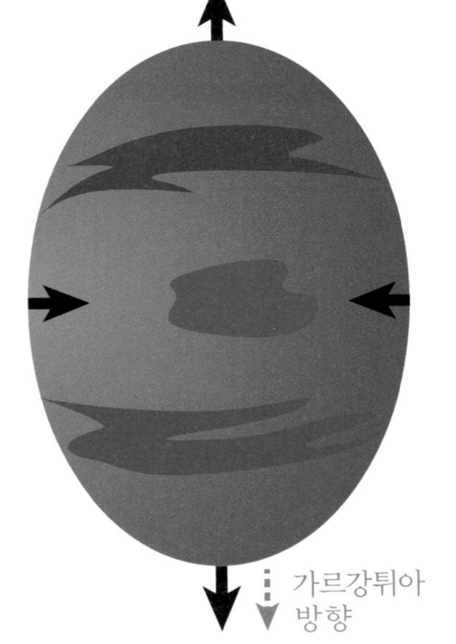

그림 6.1 가르강튀아의 중력에서 비롯된 기조력이 밀러 행성을 잡아늘이고 찌그린다.

「인터스텔라」에서 벌어지는 일에 대한 모든 과학적 해석에서 나는 항상 이 최솟값, 곧 태양 질량의 1억 배가 가르강튀아의 실제 질량이라고 전제할 것이다.[3] 예컨대 제17장에서 어떻게 가르강튀아의 기조력이 밀러 행성에서 거대한 파도를 일으켜 레인저 호를 덮칠 수 있는지 설명할 때 나는 이 질량 값을 전제로 삼을 것이다.

블랙홀 사건지평의 둘레는 블랙홀의 질량에 비례한다. 가르강튀아는 질량이 태양의 1억 배이므로, 둘레를 계산해보면 대략 태양 주위를 도는 지구의 궤도의 길이와 같은 약 10억 킬로미터라는 결과가 나온다. 한 마디로, 크다! 나에게 조언을 구한 폴 프랭클린의 시각효과 팀은 이 둘레 값을 전제로 삼아 「인터스텔라」의 장면들을 제작했다.

물리학자들은 블랙홀 사건지평의 둘레를 2π(약 6.28)로 나눈 값을 블랙홀의 반지름으로 정의한다. 블랙홀 내부의 공간은 극단적으로 휘어 있으므

3. 태양 질량의 2억 배가 더 합리적인 값일 수도 있지만, 나는 수치들을 단순화하고 싶다. 그래서 1억 배를 선택했다.

로, 이 값은 블랙홀의 실제 반지름이 아니다. 우리 우주에서 측정한, 블랙홀의 중심에서부터 사건지평까지의 실제 거리가 아니라는 뜻이다. 대신에 이 값은 벌크에서 측정한 사건지평의 반지름(지름의 절반)이다. 아래 그림 6.3을 참조하라. 아무튼 통상적인 정의를 채택하면, 가르강튀아의 반지름은 약 1억5,000만 킬로미터로, 지구가 태양 주위를 돌 때 따르는 궤도의 반지름과 같다.

가르강튀아의 회전

밀러 행성에서는 시간이 무척 느리게 흘러서 **그곳에서의 1시간은 지구에서의 7년과 같기**를 바란다고 크리스토퍼 놀런이 말했을 때, 나는 충격을 먹었다. 나는 그것은 불가능하다고 생각했고 크리스에게 그렇게 말했다. "이건 타협의 여지가 없습니다." 크리스는 완강했다. 그래서 나는 그 전과 후에도 몇 번 그랬듯이 집으로 돌아와 골똘히 생각하고 아인슈타인의 상대론 방정식들을 가지고 몇 가지 계산을 한 끝에 해결책을 발견했다.

만약 밀러 행성이 가르강튀아에 빨려들지 않으면서 최대한 접근해 있다면[4], 또 가르강튀아가 충분히 빠르게 회전한다면, 크리스가 요구한 "1시간 = 7년" 시간 지체가 가능함을 발견한 것이다. 하지만 이 가능성을 위해서 가르강튀아는 **무시무시하게 빨리** 회전해야 한다.

블랙홀의 회전속도에는 최댓값이 있다. 블랙홀이 그 최댓값보다 더 빠르게 회전하면, 블랙홀의 사건지평이 사라지고 내부의 특이점이 온 우주에 활짝 노출된다. 쉽게 말해서, 블랙홀이 **벌거숭이**가 된다. 그런데 물리학 법칙들은 이런 일이 벌어지는 것을 금지하는 듯하다(제26장).

나는 크리스가 요구한 엄청난 시간 지체가 발생하려면 가르강튀아의 회전속도가 그 최댓값과 거의 같아야 함을 발견했다. 정확히 그 최댓값의 **100조 분의 1만큼만** 그 최댓값보다 더 작아야 했다.[5] 나는 「인터스텔라」를 과학적으로 해석할 때 거의 늘 이 회전속도를 전제할 것이다.

그럴 마음만 먹었다면, 인듀어런스 호의 승무원들은 로봇 타스가 가르강튀아로 떨어지는 모습을 아주 멀리서 지켜보면서 가르강튀아의 회전속도를 직접 측정

4. 그림 17.2, 제17장에서의 논의 참조.

5. (가르강튀아의 회전속도) = (1−0.00000000000001).

할 수 있었다(그림 6.2).[6] 아주 먼 곳에서 보면, 타스는 사건지평을 끝내 통과하지 않는 것처럼 보인다(왜냐하면 타스가 사건지평을 통과한 뒤에 보내는 신호는 블랙홀에서 빠져나올 수 없기 때문이다). 대신에 타스의 추락이 점점 느려지는 것처럼, 타스가 사건지평 바로 위에 떠 있는 것처럼 보인다. 타스가 그렇게 떠 있는 동안, 가르강튀아의 소용돌이치는 공간은 그를 휩쓸어 가르강튀아 주위를 돌게 만든다. 멀리서 보면 그렇게 보인다는 이야기이다.

가르강튀아의 회전속도는 가능한 최댓값과 거의 같으므로, 아주 먼 곳에서 볼 때 타스의 궤도주기(orbital period : 궤도를 한 바퀴 도는 데 걸리는 시간/옮긴이)는 약 1시간이다.

당신도 직접 계산해보라. 가르강튀아를 둘러싼 궤도의 길이가 10억 킬로미터인데, 타스가 이 거리를 1시간에 주파한다면, 타스의 속도는 시속 10억 킬로미터, 대략 광속이다! 만일 가르강튀아가 최댓값보다 더 빠른 속도로 회전한다면, 타스는 광속보다 더 빠르게 운동할 테고, 이는 아인슈타인의 제한 속도 위반이다. 이것은 왜 블랙홀의 회전속도에 가능한 최댓값이 있는지 이해하는 한 방법이다.

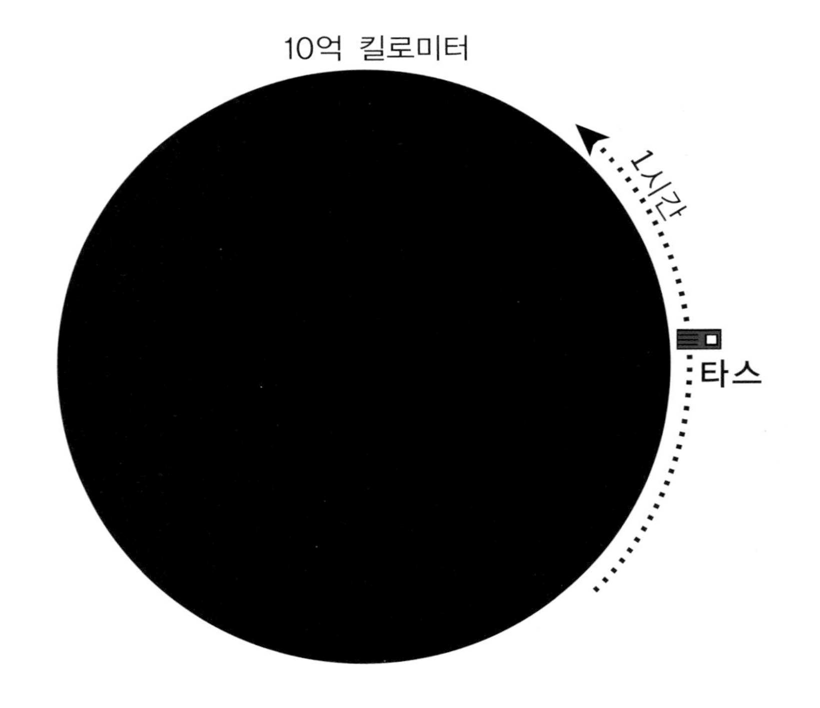

그림 6.2 아주 먼 곳에서 보면, 가르강튀아로 떨어지는 타스는 그 블랙홀의 둘레 10억 킬로미터를 한 시간에 한 바퀴씩 돈다.

6. 타스가 가르강튀아로 떨어질 때, 인듀어런스 호는 아주 멀리 떨어져 있기는커녕 사건지평에 매우 접근한 임계궤도(critical orbit)에서 거의 타스만큼 빠르게 블랙홀 주위를 돈다. 그래서 인듀어런스 호에 탄 아멜리아 브랜드가 보기에 타스는 빠른 속도로 회전하는 것처럼 보이지 않는다. 제27장 참조.

1975년에 나는 블랙홀이 그 최댓값보다 더 빠르게 회전하는 것을 막는 자연적인 메커니즘을 발견했다. 블랙홀의 회전속도가 최댓값에 접근하면, 블랙홀은 자신의 회전과 같은 방향으로 궤도 운동하는 물체들을 포획하기가 어려워지고 따라서 회전속도를 더 높이기가 어려워진다. 반면에 블랙홀의 회전과 반대 방향으로 궤도 운동하는 물체들은 쉽게 포획되고, 이 포획은 블랙홀의 회전을 늦춘다. 그러므로 블랙홀의 회전속도가 최댓값에 가까워지면, 블랙홀의 회전은 느려지기 십상이다.

이 발견을 할 때 나는 블랙홀의 회전과 같은 방향으로 궤도 운동하는 기체 원반을 집중적으로 연구했다. 토성의 고리들과 약간 유사한 그 원반을 일컬어 '강착원반(降着圓盤, accretion disk)'이라고 한다(제9장). 그 원반 내부에서의 마찰 때문에, 그 원반을 이루는 기체는 점차 나선을 그리며 블랙홀로 빨려들어가 블랙홀의 회전속도를 높인다. 또한 그 마찰은 기체를 가열하여 광자들을 방출하게 한다. 블랙홀 주위 공간의 소용돌이는 블랙홀의 회전과 같은 방향으로 운동하는 광자들을 낚아채 멀리 내던진다. 따라서 그 광자들은 블랙홀로 빨려들 수 없다. 반대로 그 소용돌이는 블랙홀의 회전과 반대 방향으로 운동하려는 광자들을 낚아채 블랙홀 속으로 쑤셔넣고, 그러면 블랙홀의 회전이 느려진다. 결과적으로 블랙홀의 회전속도가 최댓값의 0.998배에 이르면, 포획된 광자들에 의한 회전속도 감소 효과와 강착하는(블랙홀로 빨려드는) 기체에 의한 회전속도 증가 효과가 평형을 이루게 된다. 이 평형은 상당히 안정적인 것으로 보인다. 대부분의 천체물리학적 환경에서 블랙홀은 최댓값의 약 0.998배 이하의 속도로 회전한다고 나는 예측한다.

그러나 나는 블랙홀의 회전속도가 최댓값에 훨씬 더 접근하게 되는—실제 우주에서는 극히 드물거나 전혀 없는—상황들을 상상할 수 있다. 심지어 밀러 행성에서 시간 지체가 크리스의 요구만큼 일어나는 데 필요한 회전속도, 곧 최댓값의 100조 분의 1만큼만 최댓값보다 작은 회전속도가 실현되는 상황도 상상할 수 있다. 그런 상황은 개연성이 낮지만, 불가능하지는 않다.

영화에서는 그런 상황이 흔히 등장한다. 위대한 영화를 만들기 위해서, 탁월한 영화감독은 흔히 극단화를 감행한다. 「해리 포터」 같은 과학 환상 영화들에서 그 극단화는 과학적 가능성의 한계를 훌쩍 뛰어넘는다. 반면에 과학 허구에서는 일반적으로 가능성의 범위 안에서 극단화가 이루어진다. 이것이 과학 환상(fantasy)과 과학 허구(fiction)의 결정적인 차이이다. 「인터스텔라」는 과학 허구이지, 과학 환상이 아니다. 가르강튀아의 초고속 회전은 과학적으로 가능하다.

가르강튀아의 해부학

Ⓣ

가르강튀아의 질량과 회전을 따져본 다음에 나는 아인슈타인의 방정식들을 써서 가르강튀아의 해부학적 구조를 계산했다. 앞 장에서와 마찬가지로 여기에서도 외부 해부학에만 집중하고, 가르강튀아의 내부(특히 특이점)는 제26장과 제28장의 이야깃거리로 남겨두자.

그림 6.3의 윗부분은 벌크에서 바라본 가르강튀아의 적도면의 모습이다. 그림 5.5와 유사하지만, 가르강튀아의 회전은 가능한 최댓값에 훨씬 더 가깝기 때문에(그림 5.5에서 블랙홀의 회전속도는 최댓값의 1,000분의 2만큼 최댓값보다 작았다), 가르강튀아의 목(아래쪽 홀쭉한 부분)이 훨씬 더 길다. 가르강튀아의 목은

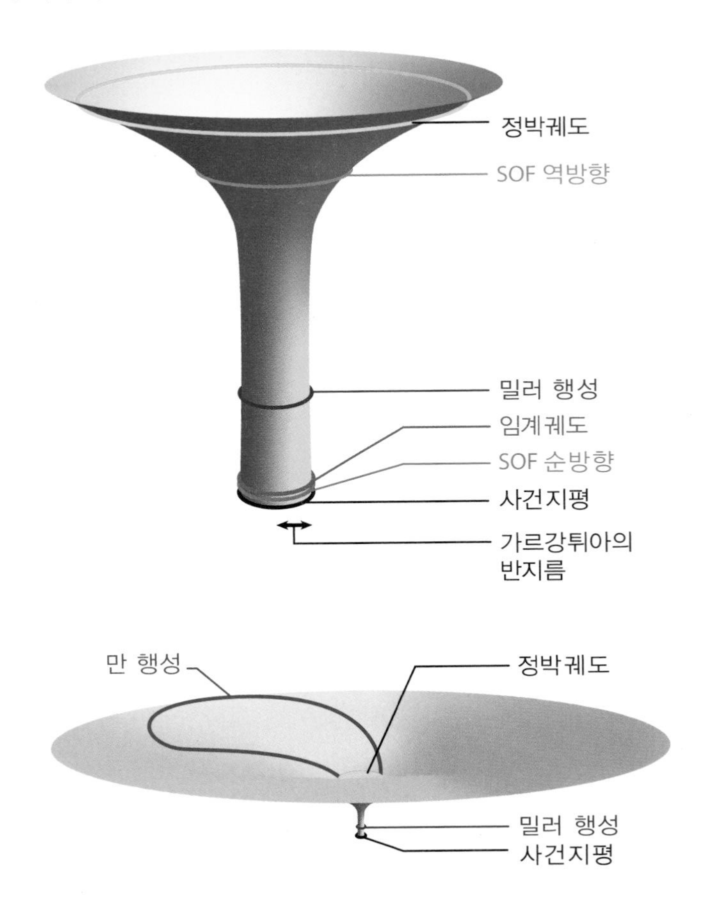

그림 6.3 밀러 행성에서 엄청난 시간 지체가 일어날 수 있도록 가르강튀아의 회전속도가 가능한 최댓값의 100조 분의 1만큼만 그 값보다 작다고 전제했을 때, 가르강튀아의 해부학적 구조

훨씬 더 길게 이어진 다음에 사건지평에 도달한다. 사건지평 근처는, 벌크에서 보면, 긴 원통처럼 보인다. 이 원통 구역의 길이는 사건지평의 둘레의 2배 정도, 다시 말해 약 20억 킬로미터이다.

그 원통의 단면은 그림에서는 원이지만, 우리가 가르강튀아의 적도면에서 벗어남으로써 우리 브레인의 세 번째 공간 차원을 복원한다면, 그 단면은 납작한 구면(회전 타원면)이 될 것이다.

나는 「인터스텔라」에 대한 나의 과학적 해석에서 등장하는 특별한 위치들을 가르강튀아의 적도면에 표시했다. 가르강튀아의 사건지평(검은색 원), 영화의 막바지 쿠퍼와 타스가 가르강튀아로 떨어지기 직전에 머물던 임계궤도(녹색 원, 제27장), 밀러 행성의 궤도(파란색 원, 제17장), 승무원들이 밀러 행성을 탐사하는 동안 인듀어런스 호가 정박한 궤도(노란색 원), 만 행성(Mann's planet)의 궤도를 가르강튀아의 적도면에 투사하여 얻은 곡선의 일부(보라색 곡선)가 표시되어 있다. 만 행성의 궤도의 바깥쪽 부분은 가르강튀아에서 아주 멀리(가르강튀아 반지름의 600배 이상, 제19장 참조) 떨어져 있기 때문에, 나는 그 부분을 포함시키기 위해서 훨씬 더 축소한 그림을 따로 그려야 했다(그림 6.3의 아랫부분). 그렇지만 제대로 그리지는 못했다. 내 그림에서 그 궤도의 바깥쪽 부분은 가르강튀아 반지름의 100배만큼 떨어진 곳에 있다. 제대로 그리려면 600배만큼 떨어진 곳에 있어야 하는데 말이다. 빨간색 원들에 붙은 약자 "SOF"는 "불의 껍질(shell of fire)"을 뜻한다(다음 절을 참조).

나는 어떻게 이 위치들을 알아냈을까? 여기에서는 한 예로 정박궤도(parking orbit)만 설명하고, 나머지는 나중에 논하겠다. 영화에서 쿠퍼는 정박궤도를 이렇게 서술한다. "그래, 더 큰 궤도로 가르강튀아를 돌자. 밀러 행성의 궤도와 평행하면서 약간 더 바깥쪽에 위치한 궤도로." 그리고 그는 그 궤도가 가르강튀아에서 충분히 멀리 떨어져 있어서 "시간 변형(time shift)을 면할" 수 있기를 바란다. 그 궤도에서의 시간이 지구에서의 시간에 비해 느려지는 정도가 전혀 심하지 않기를 바란다는 뜻이다. 이 대사에 착안하여 나는 사건지평에서 가르강튀아 반지름의 5배만큼 떨어진 궤도(그림 6.3의 노란색 원)를 선택했다. 레인저 호가 정박궤도에서 밀러 행성까지 가는 데에 두 시간 반이 걸린다는 설정도 나의 선택에 힘을 실어주었다.

그런데 이 선택에는 한 가지 문제가 있었다. 그 정도 떨어진 곳에서 보면, 가르강튀아가 정말 거대하게 보일 것이었다. 인듀어런스 호에 탄 승무원들의 시야에서 가르강튀아가 약 50도를 차지할 터였다. 정말 섬뜩한 광경이겠으나, 영화의 초반에 그런 장면이 나오는 것은 바람직하지 않았다! 그래서 크리스와 폴은 정박 궤도에서 본 가르강튀아를 훨씬 더 작게 표현하기로 했다. 가르강튀아가 시야에서 약 2.5도를 차지하도록 표현했는데, 이 각도는 지구에서 본 달이 차지하는 각도의 5배에 달한다. 이 정도 규모도 여전히 인상적이지만, 압도적이지는 않다.

불의 껍질

Ⓣ

가르강튀아 근처에서는 중력이 워낙 세고 공간과 시간이 워낙 심하게 휘어 있기 때문에, 사건지평 바깥에서도 빛(광자들)이 이른바 구속궤도에 갇혀 그 블랙홀을 여러 바퀴 돈 다음에야 멀리 탈출하는 상황이 벌어질 수 있다. 그렇게 갇힌 빛은 항상 결국에는 탈출한다. 이런 의미에서 구속궤도들(trapped orbits)은 **불안정하다**(대조적으로, 사건지평 내부에 갇힌 광자들은 영원히 탈출하지 못한다).

나는 그렇게 일시적으로 갇힌 빛을 "불의 껍질(shell of fire)"이라고 부르고 싶다. 이 불의 껍질은 「인터스텔라」에서 가르강튀아의 모습을 표현할 때 기초로 삼은 컴퓨터 시뮬레이션에서 중요한 역할을 한다(제8장).

회전하지 않는 블랙홀에서 불의 껍질은 구면이며, 이 구면의 둘레는 사건지평의 둘레보다 1.5배 크다. 갇힌 빛은 이 구면상의 대원들(great circles)(지구의 경선들과 유사하다)을 궤도로 삼아 돌고 또 돈다. 그러면서 일부는 블랙홀로 스며들고, 나머지는 바깥쪽으로 새어나와 탈출한다.

블랙홀이 회전하면, 불의 껍질은 안팎으로 확장되어 단지 구면에 머물지 않고 일정한 부피를 차지하게 된다. 초고속으로 회전하는 가르강튀아의 경우, 적도면에서 불의 껍질은 그림 6.3의 아래쪽 빨간색 원부터 위쪽 빨간색 원까지 확장된다. 불의 껍질이 밀러 행성과 임계궤도(critical orbit)뿐 아니라 훨씬 더 많은 것들을 삼키게 되는 것이다. 아래쪽 빨간색 원은 가르강튀아의 회전과 같은 방향(순방향)으로 가르강튀아를 돌고 또 도는 광선에 해당한다. 위쪽 빨간색 원은 가르강튀아의 회전과 반대 방향(역방향)으로 운동하는 광자의 궤도에 해당한다. 여기에서 명백히 알 수 있듯이, 공간의 소용돌이 때문에 순방향 빛은 역방향 빛보다 훨씬 더 가까이 사건지평에 접근하고도 블랙홀로 떨어지지 않고 탈출할 수 있다. 공간의 소용돌이가 어마어마한 효과를 일으키는 것이다.

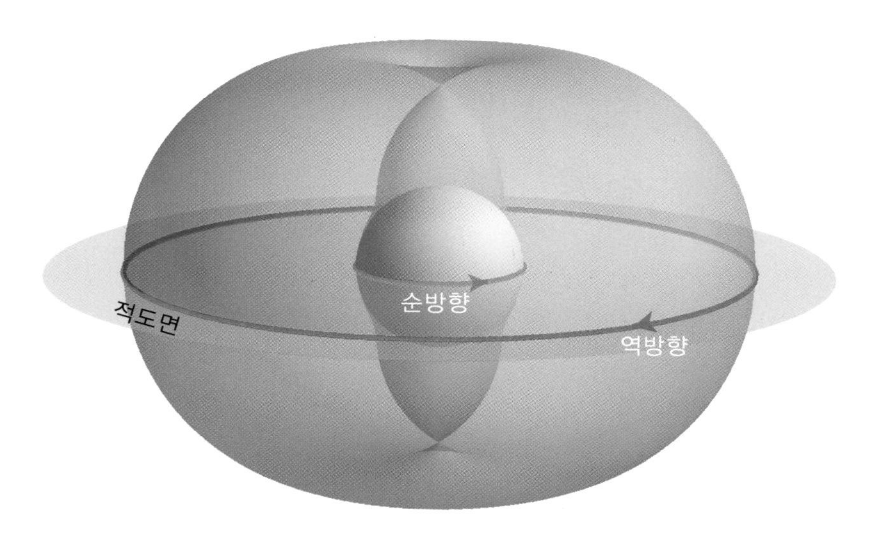

그림 6.4 가르강튀아를 둘러싼 불의 껍질이 차지하는 고리 모양의 구역

그림 6.4는 적도면 위쪽와 아래쪽에서 불의 껍질이 차지하는 구역을 보여준다. 큰 고리 모양의 구역이다. 이 그림에서 나는 공간의 휨을 생략했다. 생략하지 않았다면, 불의 껍질을 3차원으로 온전히 보여주는 데에 지장이 생겼을 것이다.

그림 6.5는 불의 껍질에 일시적으로 갇힌 광자의 궤도(광선)의 예들을 보여준다.

이 궤도들 각각의 중심에 블랙홀이 있다. 맨 왼쪽 궤도는 작은 구면의 적도 근처를 항상 순방향(가르강튀아의 회전과 같은 방향)으로 감고 또 감는다. 이 궤도는 그림 6.3의 아래쪽 빨간색 원, 그림 6.4의 안쪽 빨간색 궤도와 거의 같다. 그림 6.5의 그 다음 궤도는 조금 더 큰 구면을 거의 수직인 순방향으로 감는다. 셋째 궤도는 조금 더 크면서 방향은 거의 수직인 역방향이다. 넷째 궤도는 거의 수평인 역방향이다. 이 궤도는 그림 6.3의 위쪽 빨간색 원, 그림 6.4의 바깥쪽 빨간색 궤도와 거의 같다. 이 네 개의 궤도는 실제로는 포개져 있지만, 나는 그것들을 하나

그림 6.5 불의 껍질에 일시적으로 갇힌 광선의 예들. 아인슈타인의 상대론 방정식들을 써서 계산했다.

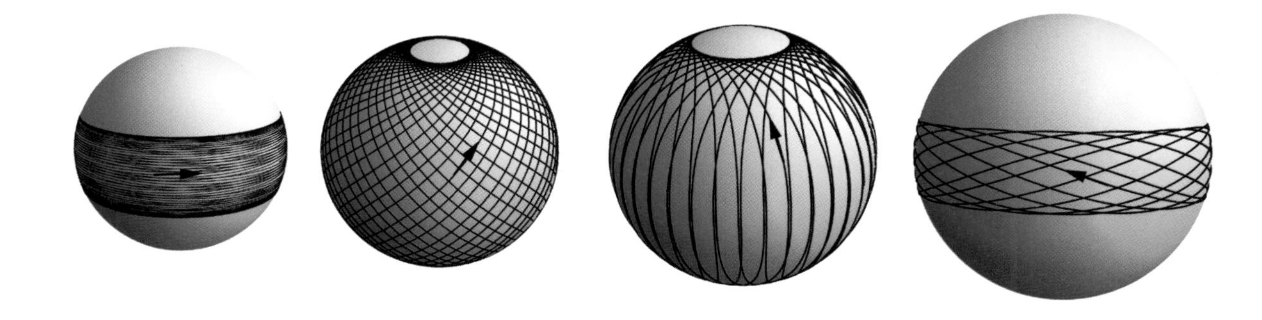

씩 나란히 놓아 보기 좋게 만들었다.

불의 껍질에 일시적으로 갇힌 광자들 중 일부는 바깥쪽으로 탈출한다. 그 광자들은 나선을 그리며 가르강튀아에서 멀어진다. 나머지 광자들은 안쪽으로 탈출한다. 이 광자들은 나선을 그리며 가르강튀아에 접근하여 사건지평을 통과한다. 거의 갇혔다가 탈출하는 광자들은 「인터스텔라」에 등장하는 가르강튀아의 모습에 큰 영향을 미친다. 그 광자들이 인듀어런스 호의 승무원들이 본 가르강튀아의 그림자의 윤곽을 산출한다. 가늘고 밝은 선으로 보이는 그 윤곽, 곧 "불의 고리(ring of fire)"를 말이다(제8장).

7
중력 새총 효과

Ⓣ

가르강튀아 근처에서 우주선을 조종하는 것은 어려운 일이다. 왜냐하면 모든 것이 아주 빠르게 움직이기 때문이다. 가르강튀아로 떨어지지 않고 존속하려면, 행성이든 별이든 우주선이든 가르강튀아의 거대한 중력을 그만큼 거대한 원심력으로 상쇄해야 한다. 쉽게 말해서, 아주 높은 속도로 운동해야 한다. 광속에 가까운 속도로. 「인터스텔라」에 대한 나의 과학적 해석에서, 승무원들이 밀러 행성을 탐사하는 동안 가르강튀아 반지름의 10배 고도에 정박한 인듀어런스 호의 운동 속도는 c/3, 곧 광속의 3분의 1이다(c는 광속을 나타내는 기호). 밀러 행성은 광속의 55퍼센트(0.55c)로 운동한다.

정박한 인듀어런스 호에서 밀러 행성까지 가려면(그림 7.1) 레인저 호는 자신의 순방향 운동속도를 c/3에서 그보다 훨씬 더 낮은 값으로 줄여서 가르강튀아의 중력이 자신을 끌어내릴 수 있게 해야 한다. 그리고 밀러 행성 근처에 이르면, 레인저 호는 아래로 향했던 선수를 순방향으로 돌려야 한다. 그리고 떨어지는 동안 너무 빨라진 자신의 속도를 약 c/4만큼 줄여서 밀러 행성의 속도 0.55c에 도달하여 그 행성과 랑데부해야 한다.

레인저 호의 조종사 쿠퍼는 과연 어떤 메커니즘을 이용하여 이 엄청난 속도 변화를 성취할 수 있을까?

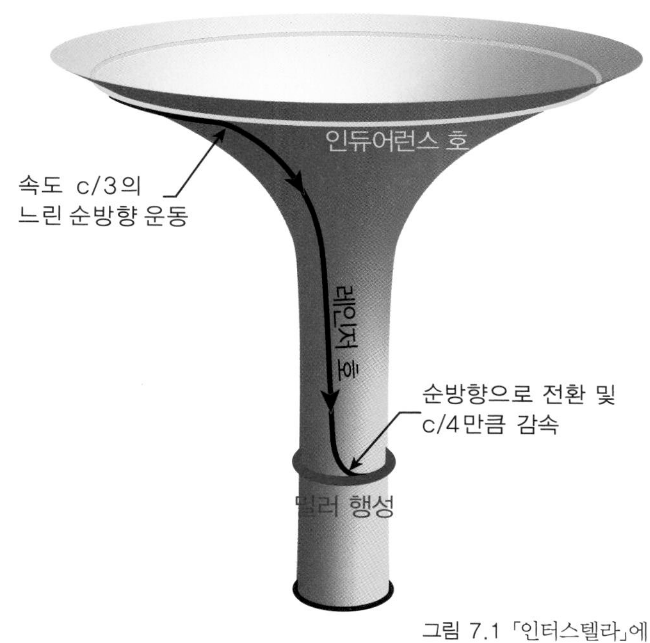

그림 7.1 「인터스텔라」에 대한 나의 해석에서 레인저 호가 밀러 행성까지 가는 과정

21세기의 기술

필요한 속도 변화량은 약 c/3, 초속(시속이 아니라 초속!) 10만 킬로미터이다.

그런데 오늘날 우리 인간이 가진 최고 성능의 로켓들로 도달할 수 있는 속도는 초속 15킬로미터이다. 초속 10만 킬로미터와 비교하면 7,000배나 느리다. 「인터스텔라」에서 인듀어런스 호는 지구에서 토성까지 갈 때 평균속도 초속 20킬로미터로 2년 동안 이동한다. 그런데 초속 20킬로미터도 c/3와 비교하면 5,000배나 느리다. 21세기에 인류의 우주선이 도달할 수 있는 최고속도는 아마도 초속 300킬로미터일 것이라고 나는 생각한다. 이 속도에 도달하려면 핵 로켓에 관한 대규모 연구개발 노력이 필요할 텐데, 이 속도 역시 「인터스텔라」의 요구에 부응하기에는 300배나 부족하다.

그러나 다행히 자연은 「인터스텔라」에서 필요한 c/3라는 엄청난 속도 변화량을 성취할 방법을 제공한다. 그 방법은 가르강튀아보다 훨씬 더 작은 블랙홀 근처를 지나면서 중력 새총 효과로 속도 변화를 얻는 것이다.

새총 효과를 이용한 조종으로 밀러 행성까지 이동하기

가르강튀아처럼 거대한 블랙홀 주위에는 별들과 작은 블랙홀들이 모여든다(다음 절에서 더 자세히 설명하겠다). 「인터스텔라」에 대한 나름의 과학적 해석에서 나는 쿠퍼와 그의 팀이 가르강튀아 주위를 궤도 운동하는 작은 블랙홀들을 모두 조사한다고 상상한다. 그들은 레인저 호를 거의 원형인 궤도에서 이탈하여 밀러 행성을 향해 하강하게 만들 중력을 발휘하기에 적당한 위치에 있는 블랙홀 하나를 발견한다(그림 7.2). 주위 천체의 중력을 이용하는 이런 비행을 일컬어 "중력 새총 비행(gravitational slingshot)"이라고 한다. 나사는 태양계에서 중력 새총 비행을 이미 자주 했다. 물론 블랙홀의 중력이 아니라 행성들의 중력을 이용했지만 말이다(이 장의 말미 참조).

이 새총 비행은 「인터스텔라」에서 장면으로 나오거나 대사로 언급되지 않지만, 적어도 이런 대사가 쿠퍼의 입에서 나온다. "봐, 저 **중성자별**을 휘감아 돌면서 감속할 수 있어." 레인저 호는 감속할 필요가 있다. 왜냐하면 인듀어런스 호의 궤도에서부터 밀러 행성의 궤도까지 가르강튀아의 엄청난 중력을 받으며 하강하는 동안 속도가 너무 빨라졌기 때문이다. 밀러 행성의 궤도에 이르렀을 때 레인저 호의

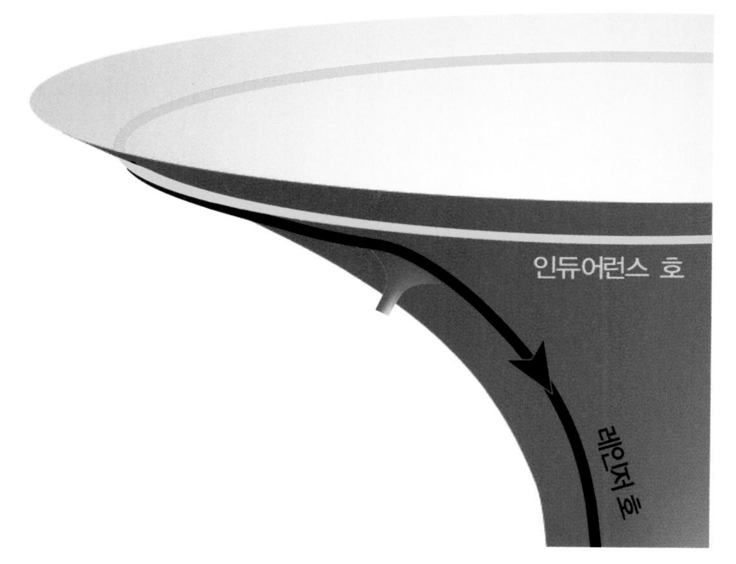

그림 7.2 레인저 호가 새총 비행으로 작은 블랙홀을 우회한다. 그 블랙홀은 레인저 호가 방향을 바꿔 밀러 행성을 향해 하강하게 만든다.

속도는 밀러 행성보다 c/4만큼 더 빠르다. 그림 7.3에서는, 밀러 행성을 기준으로 볼 때 왼쪽으로 이동하는 중성자별이 레인저 호의 운동 방향을 바꾸고 속도를 줄인다. 덕분에 레인저 호는 밀러 행성과 부드럽게 랑데부할 수 있다.

그런데 이 두 차례의 새총 비행과 결부된 문제 하나는 아주 고약할 수 있다. 사실상 치명적인 그 문제는 기조력이다(제4장).

무려 c/3나 c/4만큼 속도를 바꾸려면, 레인저 호는 작은 블랙홀과 중성자별에 충분히 접근하여 강한 중력을 받아야 한다. 그런데 만일 새총 비행에 쓰이는 블랙홀이나 중성자별의 반지름이 1만 킬로미터보다 더 작다면, 거기에 그렇게 충분히 접근한 레인저 호와 승무원들은 기조력에 의해서 찢어져버릴 것이다(제4장). 레인저 호와 승무원들이 살아남으려면, 새총 비행에 쓰이는 천체가 반지름 1만 킬로미터 이상의 블랙홀이어야 한다.

그런데 자연에는 그런 크기의 블랙홀들이 실제로 있다. "중간질량 블랙홀(intermediate-mass black hole)"(IMBH)로 불리는 그 블랙홀들은 가르강튀아보다 1만 배나 작다.

그러므로 크리스토퍼 놀런은 중성자별이 아니라 지구만한 IMBH를 이용하여 레인저 호를 감속시켰어야 옳다. 나는 크리스가 조나의 시나리오를 다듬기 시작했을 때, 이 문제를 그와 논의했다. 논의 후에 크리스는 중성자별을 선택했다. 왜냐고? 그는 영화에 블랙홀을 여러 개 등

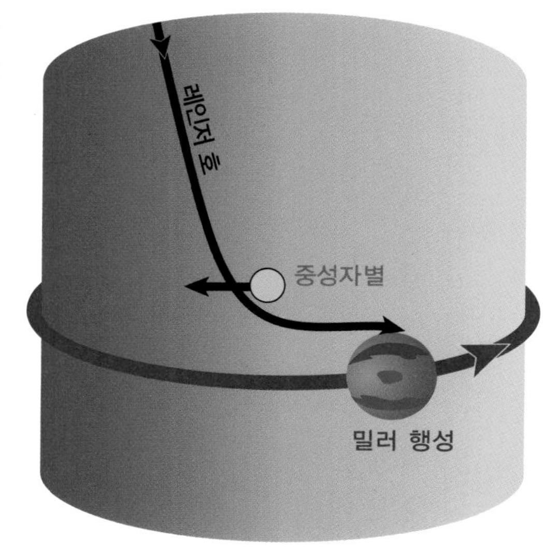

그림 7.3 중성자별을 휘감아 도는 새총 비행 덕분에 레인저 호는 밀러 행성에 연착륙할 수 있다.

장시켜 대중 관객에게 혼란을 주기 싫었다. 빠르게 진행되는 두 시간짜리 대중 영화에는 블랙홀 하나, 웜홀 하나, 중성자별 하나가 기타 풍부한 과학과 함께 등장하는 것이 적당하다고 그는 생각했다. 내가 제기한 문제는 그냥 넘어가도 된다고 여겼다. 그러나 가르강튀아 근처에서 우주선을 조종하려면 강한 중력 새총 효과를 이용할 필요가 있다는 점만큼은 인정하여 크리스는 쿠퍼의 대사에 한 차례의 새총 비행에 관한 언급을 삽입했다. 비록 블랙홀이 아니라 중성자별을 새총 비행에 이용한다는 설정으로 과학적 개연성을 해치기는 했지만 말이다.

은하핵에 있는 중간질량 블랙홀들

반지름 1만 킬로미터짜리 중간질량 블랙홀(IMBH)의 무게는 태양의 1만 배 정도이다. 가르강튀아보다 1만 배 가볍지만, 일반적인 블랙홀보다는 1,000배 무거운 셈이다. 쿠퍼의 새총 비행을 위해서는 바로 이런 규모의 블랙홀이 필요하다.

일부 IMBH는 "구상성단(球狀星團, globular cluster)"이라는 조밀한 별 집단의 중심에서 형성된다고 여겨진다. 다른 일부는 거대한 블랙홀이 자리잡은 은하의 핵으로 접근할 가능성이 높다.

한 예로 우리 은하에서 가장 가까운 대형 은하인 안드로메다 은하를 보자(그림 7.4). 안드로메다 은하의 핵에는 가르강튀아만 한(질량이 태양의 1억 배인) 블랙홀이 있다. 그렇게 거대한 블랙홀 주위에는 수많은 별들이 모여든다. 1세제곱

그림 7.4 왼쪽: 가르강튀아만한 블랙홀을 품은 안드로메다 은하. 오른쪽: IMBH는 동역학적 마찰에 의해서 점차 속도가 감소하면서 거대한 블랙홀에 접근할 것이다.

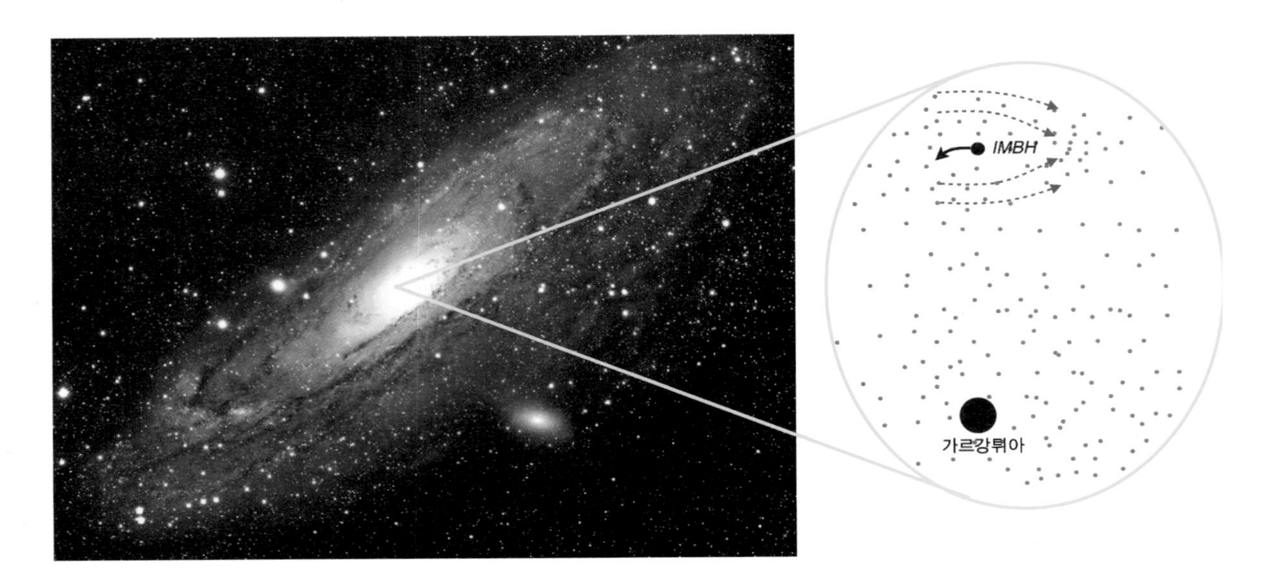

광년당 별 1,000개가 있을 정도로 빽빽하게 모여든다. 그렇게 밀도가 높은 공간을 통과하는 IMBH는 중력을 발휘하여 별들을 편향시킴으로써 (마치 항해하는 배가 흔적을 남기듯이) 자신의 뒤쪽에 밀도가 더 높은 구역이 일종의 항적(wake)으로 생기게 만든다(그림 7.4). 그 항적은 IMBH를 중력으로 끌어당겨 IMBH의 속도를 늦춘다. 이 과정을 "동역학적 마찰(dynamical friction)"이라고 한다. 따라서 IMBH는 점차 속도가 줄면서 거대한 블랙홀에 접근한다. 나의 「인터스텔라」 해석에서는 이런 식으로 자연이 쿠퍼에게 새총 비행에 필요한 IMBH들을 제공했을 수 있다.[1]

초고도 문명의 궤도 비행 : 덧붙이는 이야기

우리 태양계의 행성들과 혜성들의 궤도는 모두 굉장히 정확한 타원이다(그림 7.5). 뉴턴의 중력 법칙들은 당연히 그렇고 반드시 그래야 한다고 말한다.

반면에 가르강튀아 같은 거대한 회전(하는) 블랙홀 주위의 궤도들은 훨씬 더 복잡하다. 왜냐하면 그곳에서는 아인슈타인의 상대론 법칙들이 지배권을 행사하기 때문이다. 그림 7.6에서 그런 궤도의 한 예를 볼 수 있다. 이 궤도를 따라 운동하는 가르강튀아를 한 바퀴 도는 데에 걸리는 시간은 몇 시간에서 며칠까지 다양

그림 7.5 우리 태양계에 속한 행성들, 명왕성, 핼리 혜성의 궤도는 모두 타원이다.

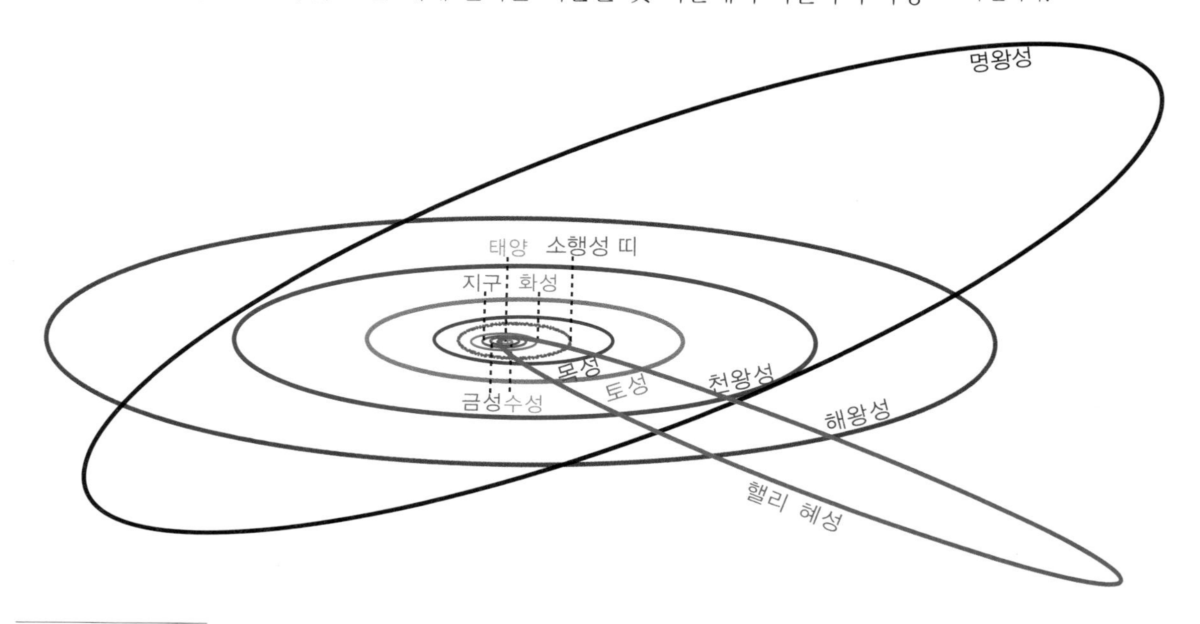

1. 적당한 때와 장소에 IMBH들이 있을 확률은 낮지만, 물리학 법칙이 그 가능성을 배제하지는 않으므로, 우리는 과학 허구의 정신에 입각하여 IMBH들을 활용할 수 있다.

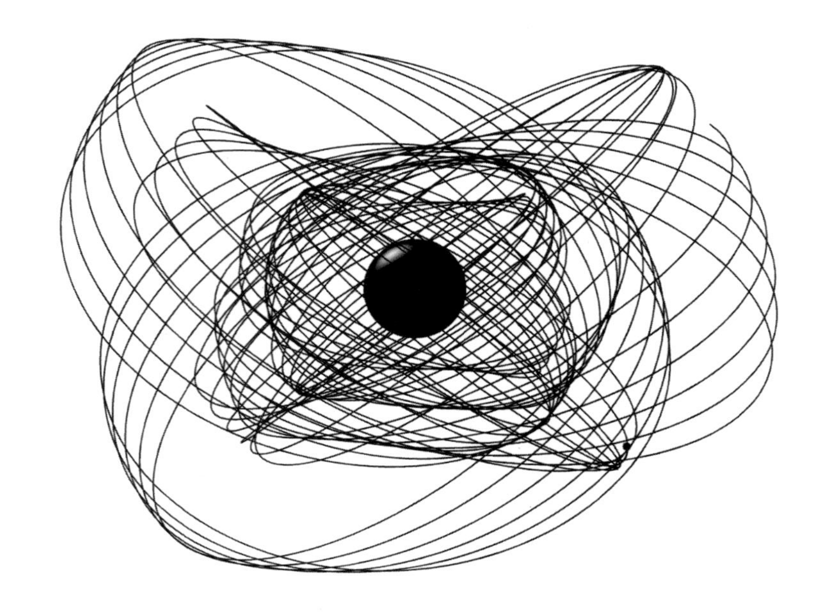

그림 7.6 가르강튀아처럼 거대하며 빠르게 회전하는 블랙홀 주위에서 우주선이나 행성이나 별이 취할 수 있는 궤도의 한 예. [스티브 드레이스코의 시뮬레이션]

하며, 그림 7.6에 나타난 패턴 전체를 완주하는 데에는 약 1년이 걸린다. 당신이 이 궤도를 따라 몇 년 동안 운동한다면, 당신은 원하는 지점들을 거의 다 통과하게 될 것이다. 물론 특정 지점에 도달했을 때, 당신의 속도는 당신의 바람과 다를 수 있겠지만 말이다. 그 지점에서 속도를 바꾸고 랑데부에 성공하려면, 새총 비행이 필요할 수도 있다.

초고도 문명에서는 이런 복잡한 궤도를 어떻게 이용해야 하는가를 상상하는 일은 당신에게 맡기겠다. 「인터스텔라」에 대한 과학적 해석에서 나는 단순성을 위하여 이런 복잡한 궤도를 대체로 배제하고 주로 원형 적도면 궤도들(인듀어런스 호의 정박궤도, 밀러 행성의 궤도, 임계궤도)에 초점을 맞춘다. 또한 인듀어런스 호가 원형 적도면 궤도 하나에서 다른 하나로 이동할 때에도 단순한 경로들에 초점을 맞춘다. 한 가지 예외는 제19장에서 논의되는 만 행성의 궤도이다.

우리 태양계에서 나사가 시행한 중력 새총 비행들

가능성(물리학 법칙들이 허용하는 것)의 세계에서 우리 태양계 안에 국한된 냉정하고 현실적인 중력 새총 비행들(gravitational slingshots)(2014년 현재 인류가 실제로 성취한 것)로 돌아오자.

어쩌면 당신도 나사의 우주선 카시니 호를 잘 알 것이다(그림 7.7). 이 우주선은 1997년 10월 15일 지구에서 출발했다. 목적지는 토성이었는데, 카시니 호가 보유

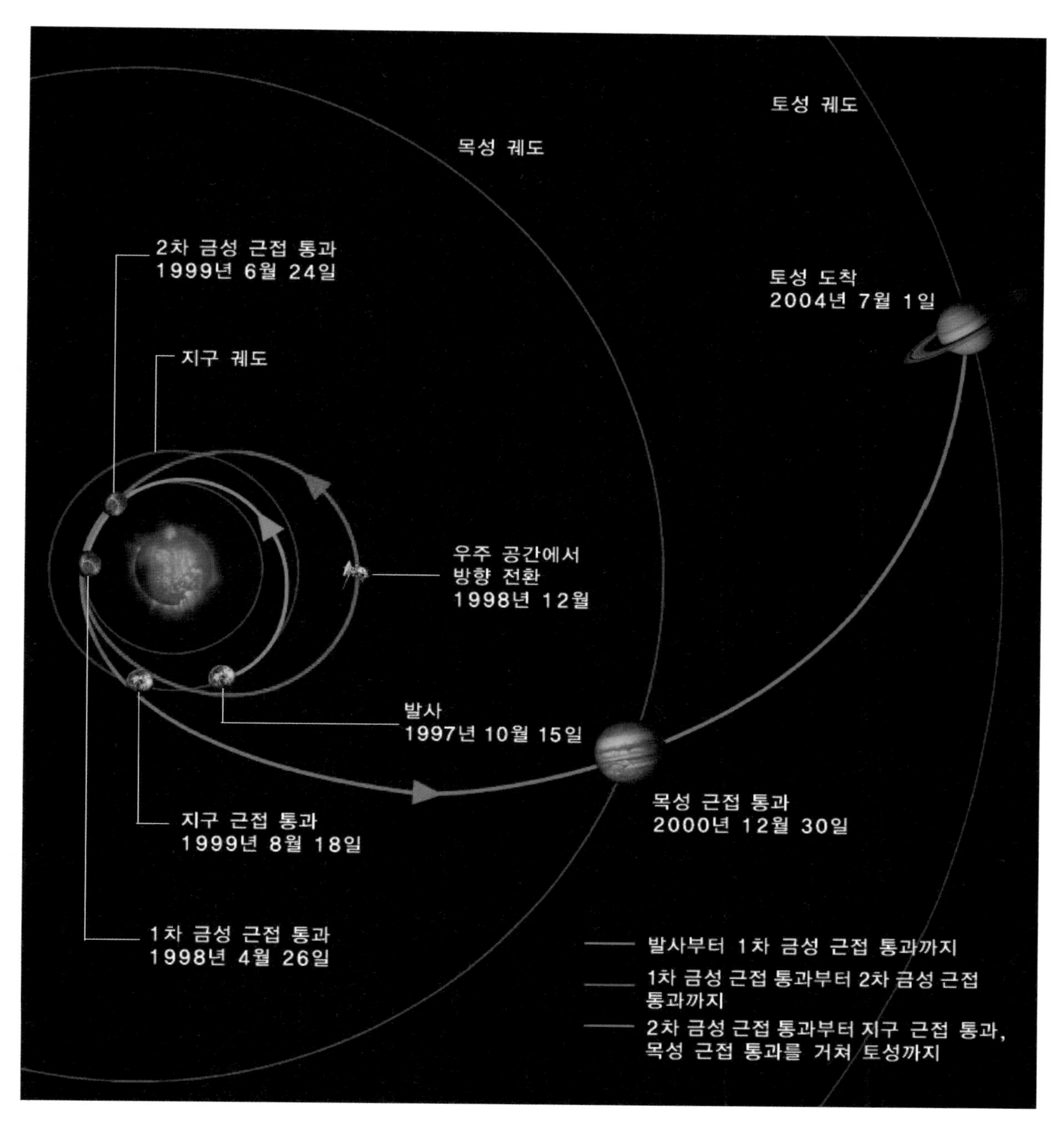

그림 7.7 카시니가 지구에서 토성까지 이동한 과정

한 연료는 거기에 도달하기에 부족했다. 부족분은 새총 비행들에 의해서 채워졌다. 1998년 4월 26일에 금성을 돈 새총 비행, 1999년 6월 24일에 다시 금성을 돈 새총 비행, 1999년 8월 18일에 지구를 돈 새총 비행, 2000년 12월 30일에 목성을 돈 새총 비행 끝에 2004년 7월 1일에 토성에 도착한 카시니 호는 토성에 가장 가까이 위치한 위성 이오(Io)를 도는 새총 비행의 도움으로 속도를 늦추었다.

이 새총 비행들은 내가 방금 서술한 새총 비행들과 유사하지 않았다. 금성, 지구, 목성, 이오는 우주선의 운동 방향을 크게 바꾸지 않고 약간만 바꾸었다. 왜 그랬을까? 이 천체들의 중력은 너무 약해서 큰 편향(偏向, deflection : 방향 변화)을 일으킬 수 없었다. 금성, 지구, 이오는 본래 중력이 약해서 작은 편향밖에 일으킬 수 없었다. 목성은 중력이 훨씬 더 강하지만, 목성을 이용하여 큰 편향을 일으켰다면, 카시니 호는 엉뚱한 곳으로 날아갔을 것이다. 토성에 도달하기 위해서는 작은 편향이 필요했다.

비록 편향들은 작았지만, 카시니 호는 행성들을 근접 통과하면서 상당한 추진력을 얻었다. 그 추진력은 부족한 연료를 보상하기에 충분할 만큼 컸다. 매번의 근접 통과(이오 근접 통과만 빼고)에서 카시니 호는 편향을 약간만 겪으면서 행성 곁을 스쳐지나갔다. 따라서 행성의 중력은 카시니 호를 최적의 방식으로 끌어당겨 가속시켰다. 「인터스텔라」에서 인듀어런스 호는 화성을 근접 통과하면서 이와 유사한 새총 비행을 한다.

카시니 호는 지난 10년 동안 토성과 그 위성들을 탐사하며 경이로운 영상과 정보를 보내왔다. 아름다움과 과학이 어우러진 그 보물들을 보려면 다음 웹페이지 http://www.nasa.gov/mission_pages/cassini/main/을 방문하라.

우리 태양계에서 시행된 이 약한 새총 비행들과 달리, 가르강튀아의 강한 중력은 초고속으로 운동하는 천체들도 낚아채 전혀 다른 방향으로 내던질 수 있다. 심지어 광선도 심하게 편향시킬 수 있다. 그러면 중력 렌즈 효과가 발생한다. 가르강튀아는 이 효과를 통해서 자신을 드러낸다.

8
가르강튀아의 모습

블랙홀은 빛을 내지 않으므로, 가르강튀아를 보는 유일한 길은 그 블랙홀이 다른 천체들에서 나온 빛에 미치는 영향을 통해서이다. 「인터스텔라」에서 그 다른 천체들이란 강착원반(降着圓盤, accretion disk)(제9장), 그리고 가르강튀아를 품은 은하이다. 그 은하는 성운들과 무수한 별들을 포함한다. 논의를 단순화하기 위해서 이 장에서는 별들만 고려하기로 하자.

가르강튀아는 별들로 수놓인 배경에 검은 그림자를 드리움과 동시에 각각의 별에서 나오는 광선을 구부려 카메라에 포착되는 별들의 패턴을 왜곡한다. 이 왜곡이 바로 제3장에서 언급된 중력 렌즈 효과이다.

그림 8.1은 만일 당신이 가르강튀아의 적도면에 있다면, 배경의 별들 앞에서 빠르게 회전하는 그 블랙홀이 당신의 눈에 어떻게 보일지를 알려준다. 가르강튀아의 그림자는 완전히 검은 구역이다. 그 구역의 경계에는 아주 가느다란 별빛의 고리, 이른바 "불의 고리"가 있다. 나는 그림자의 경계를 더 뚜렷하게 나타내기 위해서 손으로 덧칠하여 불의 고리를 더 도드라지게 만들었다. 불의 고리 바깥에는 조밀한 별들이 동심원들의 패턴을 이룬 것이 보인다. 이 패턴은 중력 렌즈 효과의 산물이다.

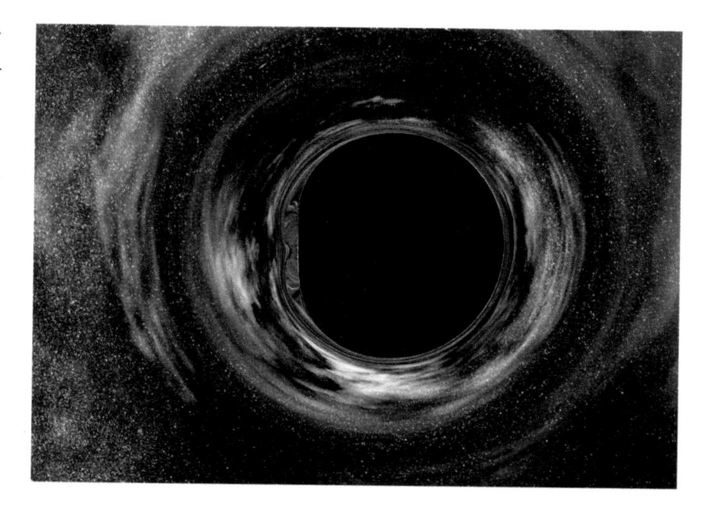

그림 8.1 가르강튀아처럼 빠르게 회전하는 블랙홀 주위의 별들의 빛이 중력 렌즈 효과를 겪으며 이룬 패턴. 먼 곳에서 보았을 때, 가르강튀아의 그림자의 각지름(angular diameter)은 (radian 단위로) 가르강튀아 반지름의 9배를 관찰자와 가르강튀아 사이의 거리로 나눈 값과 같다. [더블 네거티브 시각효과팀의 시뮬레이션]

카메라가 가르강튀아 주위를 돌면서 그 블랙홀을 촬영하면, 배경의 별들이 움직이는 것처럼 보인다. 이 움직임과 중력 렌즈 효과가 맞물려 극적으로 변화하는 빛의 패턴이 만들어진다. 일부 구역에서는 별들이 빠르게 흘러가고, 다른 구역에서는 천천히 떠가며, 또다른 구역에서는 얼어붙은 듯이 움직이지 않는다(이 책의 웹페이지 Interstellar.withgoogle.com에서 동영상 참조).

이 장에서 나는 이 모든 것들을 설명하려고 한다. 출발점은 검은 그림자와 불의 고리이다. 그 다음에는 「인터스텔라」에 나오는 블랙홀의 이미지들이 실제로 어떻게 제작되었는지 설명하겠다.

이 장에서 가르강튀아의 모습을 표현할 때, 나는 그 블랙홀을 빠르게 회전하는 블랙홀로 간주한다. 인듀어런스 호의 승무원이 경험하는 극도의 시간 지체를 일으키려면 가르강튀아는 빠르게 회전하는 블랙홀이어야만 하기 때문이다(제6장). 그러나 빠른 회전을 곧이곧대로 영상에 반영하면, 가르강튀아의 그림자는 왼쪽 가장자리가 납작해지고(그림 8.1), 별들의 흐름과 강착원반에도 몇 가지 특이한 면모가 나타나기 때문에 대중 관객의 혼란을 유발할 수 있다. 그래서 크리스토퍼 놀런과 폴 프랭클린은 가르강튀아의 회전속도를 낮추어 최댓값의 60퍼센트로 설정하고 영상을 제작하기로 결정했다(제9장의 마지막 절 참조).

경고: 다음 세 절에 나오는 설명들을 이해하려면 많은 생각이 필요할 수도 있다. 그 부분을 건너뛰고 책의 나머지 부분을 활기차게 읽는 것도 좋은 방법이다. 그래도 아무 문제없다!

그림자와 불의 고리

가르강튀아의 그림자와 그 윤곽의 가느다란 불의 고리를 표현할 때 핵심적인 구실을 하는 것은 불의 껍질이다(제6장). 불의 껍질은 그림 8.2에서 가르강튀아를 둘러싼 보라색 구역인데, 거의 갇힌 광자의 궤도들(광선들)이 그 구역 안에 들어 있다. 오른쪽 위의 작은 그림은 거의 갇힌 광자의 궤도 하나를 보여준다.[1]

당신이 노란색 점에 위치해 있다고 하자. 흰색 광선 A와 B(그리고 유사한 다른 광선들)는 당신에게 불의 고리의 이미지를 제공하고, 검은색 광선 A와 B는 그림자의 가장자리의 이미지를 제공한다. 예컨대 흰색 광선 A는 가르강튀아에서 멀리 떨어진 어느 별에서 발원하여 가르강튀아의 적도면에서 그 블랙홀에 접근한 후 불의 껍질의 안쪽 변방에 갇히고, 그렇게 갇힌 채로 공간의 소용돌이에 휩쓸려 돌고 또 돌다가 탈출하여 당신의 눈에 도달한다. 역시 A로 표기된 검은색 광선은 가르강튀아의 사건지평에서 발원하여 바깥쪽으로 이동하다가 역시 불의 껍질의 안쪽 변방에 갇혀 돌고 또 돈 후 탈출하여 흰색 광선 A와 나란히 당신의 눈에 도

1. 그림 6.4, 6.5 참조.

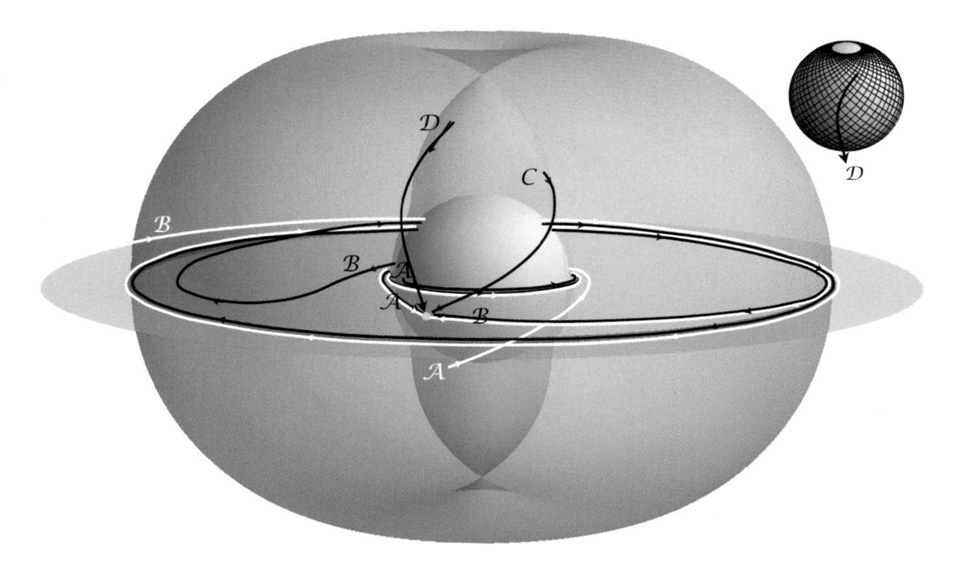

그림 8.2 가르강튀아(중앙의 회전 타원체), 가르강튀아의 적도면(파란색), 불의 껍질(보라색과 자주색), 당신에게 그림자의 가장자리의 이미지를 제공하는 검은색 광선들, 가느다란 불의 고리의 이미지를 제공하는 흰색 광선들

달한다. 흰색 광선은 당신에게 가느다란 고리의 한 부분의 이미지를, 검은색 광선은 그림자의 가장자리의 한 부분의 이미지를 당신에게 제공한다. 이 두 광선은 불의 껍질 때문에 수렴하여 나란히 당신의 눈에 도달한다.

흰색 광선 B와 검은색 광선 B가 겪는 일도 이와 비슷하다. 다만, A 광선들은 불의 껍질의 안쪽 변방에 갇혀 (공간의 소용돌이에서 추진력을 얻으며) 반시계방향으로 도는 반면, B 광선들은 바깥쪽 변방에 갇혀 (공간의 소용돌이를 거슬러) 시계방향으로 돈다는 점이 다르다. 그림 8.1에서 그림자의 왼쪽 가장자리가 납작하고 오른쪽 가장자리가 둥근 것은, (왼쪽 가장자리의 이미지를 제공하는) A 광선들은 불의 껍질의 안쪽 변방(사건지평과 매우 가까운 위치)에서 오고 (오른쪽 가장자리의 이미지를 제공하는) B 광선들은 불의 껍질의 바깥쪽 변방(훨씬 더 바깥쪽 위치)에서 오기 때문이다.

그림 8.2에서 검은색 광선 C와 D는 사건지평에서 발원하여 바깥쪽으로 이동하다가 불의 껍질에 속한 비적도면 궤도들에 갇혔다가 탈출하여 당신의 눈에 도달한다. 그럼으로써 적도면 바깥에 놓인 그림자의 가장자리의 이미지를 제공한다. 오른쪽 위의 작은 그림은 광선 D가 따르는 구속궤도를 보여준다. 먼 별들에서 온 흰색 광선 C, D(그림에 없음)는 검은색 광선 C, D와 함께 갇혔다가 이들과 나란히 당신의 눈에 도달하여 일부 그림자의 가장자리와 나란히 불의 고리의 일부 이미지를 제공한다.

회전하지 않는 블랙홀이 일으키는 중력 렌즈 효과

그림자 바깥에 놓인 별들의 중력 렌즈 효과 패턴과 카메라의 움직임에 따른 그 별들의 흐름을 이해하기 위해서 회전하지 않는 블랙홀과 별 하나에서 나오는 광선들을 출발점으로 삼자(그림 8.3). 광선 두 개가 별에서부터 카메라까지 뻗어간다. 그 광선들 각각은 블랙홀의 휜 공간에서 최대한 곧게 뻗지만, 공간의 휨 때문에 휘어진다.

한 광선은 블랙홀의 왼쪽을 지나며 휘어져서 카메라에 도달하고, 다른 광선은 블랙홀의 오른쪽을 지나 카메라에 도달한다. 광선 각각이 카메라에 별의 이미지를 제공한다. 그림 8.3에 포함된 작은 사각형 그림은 카메라에 포착된 이미지 두 개를 보여준다. 나는 그 이미지들에 빨간색 동그라미를 쳐서 다른 별들의 이미지와 구별되게 만들었다. 오른쪽 이미지가 왼쪽 이미지보다 블랙홀의 그림자에 훨씬 더 가까이 있음을 주목하라. 이것은 오른쪽 이미지를 제공하는 광선이 블랙홀의 사건지평을 더 근접해서 통과했기 때문에 일어나는 현상이다.

다른 별들 각각도 이 그림에서 블랙홀의 한편과 그 반대편에 두 번 나타난다. 동일한 별에 대응하는 그런 이미지 쌍을 한번 찾아보라. 그림 속 블랙홀의 그림자는, 그 방향에서는 어떤 광선도 카메라에 도달할 수 없는 그런 방향들로 이루어졌다. 위쪽 그림에서 "그림자"라는 설명이 붙은 삼각형 모양의 구역을 보라. 그

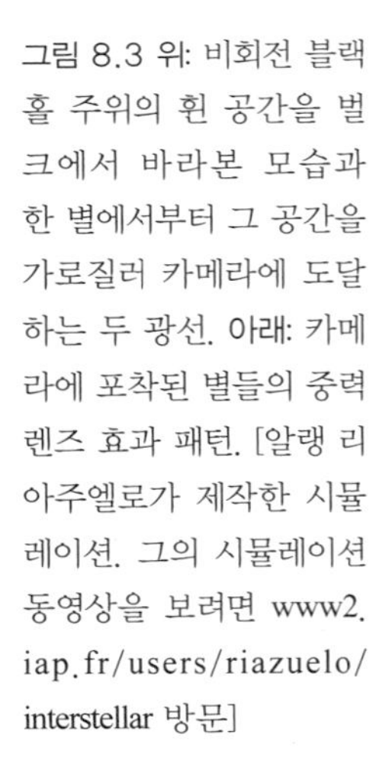
그림 8.3 위: 비회전 블랙홀 주위의 휜 공간을 벌크에서 바라본 모습과 한 별에서부터 그 공간을 가로질러 카메라에 도달하는 두 광선. 아래: 카메라에 포착된 별들의 중력 렌즈 효과 패턴. [알랭 리아주엘로가 제작한 시뮬레이션. 그의 시뮬레이션 동영상을 보려면 www2.iap.fr/users/riazuelo/interstellar 방문]

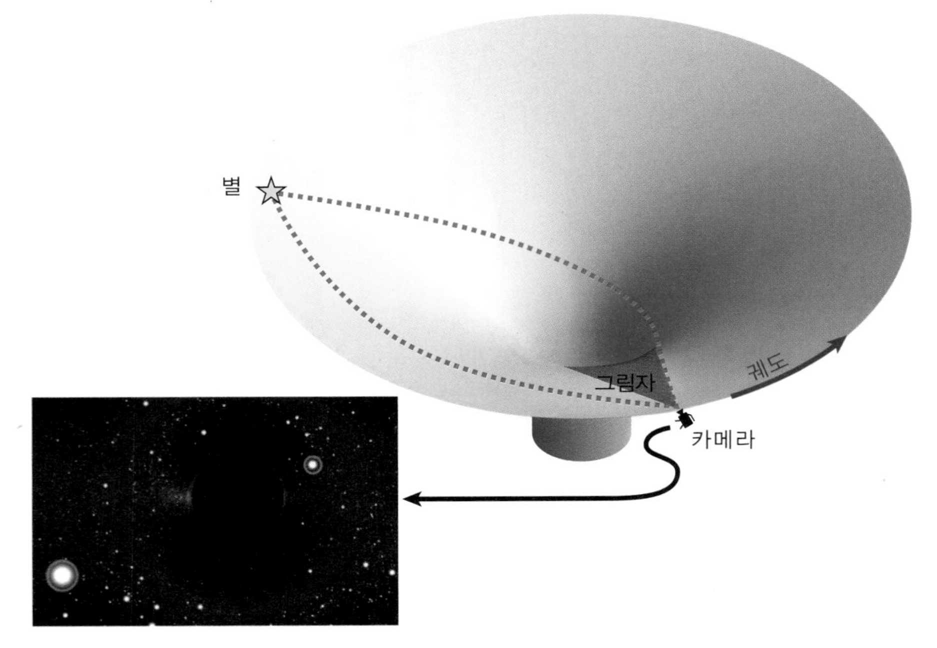

림자 속에 "있으려고 한" 모든 광선들은 블랙홀에 포획되고 삼켜졌다.

카메라가 궤도를 따라 오른쪽으로 움직이면(그림 8.3), 카메라에 포착되는 별들의 패턴은 그림 8.4가 보여주는 방식으로 변화한다.

이 그림에서 주목할 것은 특정한 별 두 개이다. 한 별의 이미지들에는 빨간색 동그라미가 쳐 있다(그림 8.3에서 본 바로 그 별이다). 다른 별의 이미지들에는 노란색 마름모가 쳐 있다. 별 각각이 두 개의 이미지를 가지는데, 한 이미지는 분홍색 원 바깥에 있고, 다른 이미지는 그 안에 있다. 이 분홍색 원을 일컬어 "아인슈타인 고리(Einstein ring)"라고 한다.

카메라가 오른쪽으로 움직이면, 그 이미지들은 노란색 곡선과 빨간색 곡선을 따라 이동한다.

아인슈타인 고리 바깥의 별 이미지들("1차 이미지"라고 하자)은 예상할 만한 방식으로 이동한다. 즉 왼쪽에서 오른쪽으로 매끄럽게 이동하면서 블랙홀 근처에서는 편향을 겪어 더 바깥쪽으로 밀려난다. (왜 이 이미지들이 편향을 겪으면서 블랙홀에 더 접근하지 않고 더 물러나는지를 당신은 이해할 수 있겠는가?)

반면에 아인슈타인 고리 안의 2차 이미지들은 예상 밖의 방식으로 운동한다.

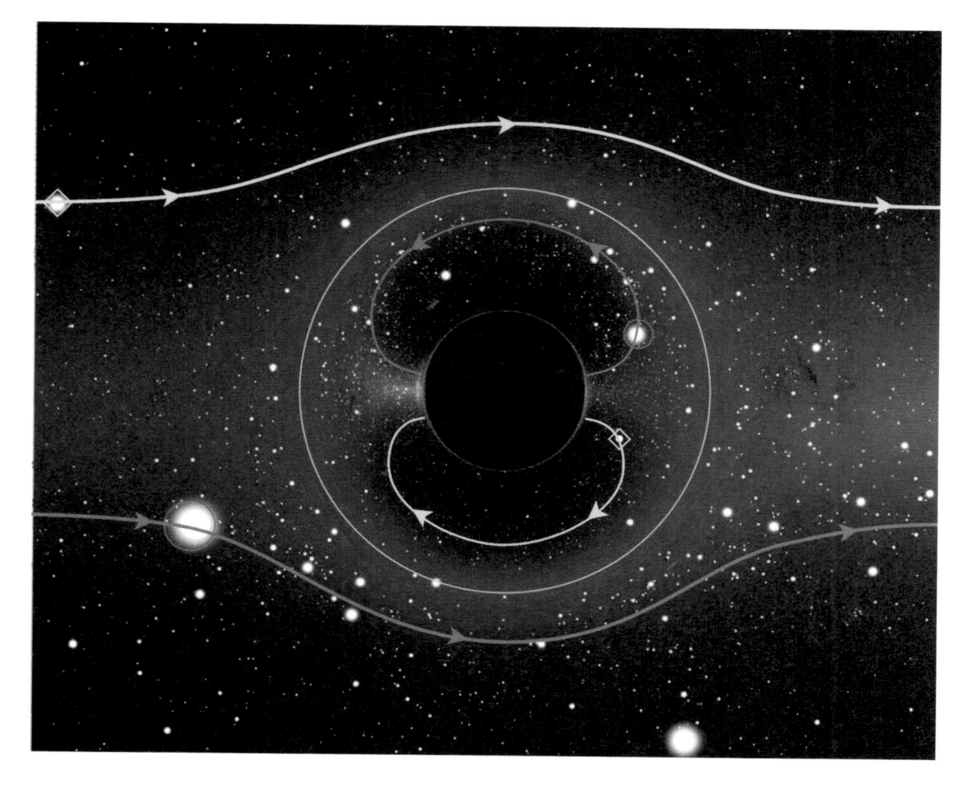

그림 8.4 카메라가 그림 8.3에서처럼 궤도를 따라 오른쪽으로 움직일 때 일어나는 별 패턴의 변화. [알랭 리아주엘로가 제작한 시뮬레이션. www2.iap.fr/users/riazuelo/interstellar 참조]

그것들은 그림자의 오른쪽 가장자리에서 튀어나와 그림자와 아인슈타인 고리 사이에서 둥글게 돌아 그림자의 왼쪽 가장자리에서 그림자 속으로 들어가는 것처럼 보인다.

이 운동을 이해하려면, 그림 8.3의 윗부분으로 돌아가야 한다. 오른쪽 광선은 블랙홀 근처를 통과한다. 그래서 오른쪽 이미지가 그림자 근처에 있는 것이다. 더 이른 시점, 즉 카메라가 더 왼쪽에 있었을 때, 이 광선이 카메라에 도달하려면, 더 근접해서 블랙홀을 통과하면서 더 심하게 휘어져야 했다. 따라서 그때 오른쪽 이미지는 그림자의 경계에 아주 가까이 있었다. 반면에 그 이른 시점에 왼쪽 광선은 블랙홀을 충분히 멀리 떨어져서 통과했고 따라서 거의 휘지 않은 채로 블랙홀의 그림자에서 충분히 멀리 떨어진 이미지를 만들어냈다.

이 설명을 이해했다면, 이제 그림 8.4가 묘사하는 이미지들의 운동을 살펴보라. 충분한 시간을 두고 깊이 생각하면, 당신 스스로 이 운동을 이해할 수 있을 것이다.

빠르게 회전하는 블랙홀이 일으키는 중력 렌즈 효과 : 가르강튀아의 모습

가르강튀아의 초고속 회전이 일으키는 공간의 소용돌이는 중력 렌즈 효과를 변화시킨다. 그림 8.1의 별 패턴(가르강튀아의 모습)은 그림 8.4의 별 패턴(회전하지 않는 블랙홀의 모습)과 약간 다르다. 또한 카메라가 움직일 때 별 패턴의 변화는 더 많이 다르다.

가르강튀아의 모습에서는, 별 패턴의 변화에서 아인슈타인 고리가 2개 나타난다. 그림 8.5에 있는 분홍색 곡선 2개가 그것이다. 바깥쪽 아인슈타인 고리 바깥에서 별들은 오른쪽으로(예컨대 빨간색 곡선 2개를 따라서) 흐른다. 이것은 그림 8.4의 비회전 블랙홀에서와 마찬가지이다. 그러나 공간의 소용돌이 때문에 별들의 흐름이 집중되어 고속으로 이동하는 좁은 띠들을 형성한다. 그 띠들은 블랙홀 그림자의 오른쪽 경계를 따라 휘다가 적도에서 상당히 급격하게 반대 방향으로 휜다. 공간의 소용돌이 때문에 회오리 흐름(빨간색 폐곡선들)도 만들어진다.

별 각각의 2차 이미지는 2개의 아인슈타인 고리 사이에서 나타난다. 2차 이미지는 폐곡선(예컨대 노란색 폐곡선 2개)을 따라 순환하는데, 순환 방향은 바깥쪽 아인슈타인 고리 바깥의 빨간색 흐름의 방향과 반대이다.

그림 8.5 가르강튀아처럼 빠르게 회전하는 블랙홀 근처의 카메라가 포착한 별 패턴의 흐름. 더블 네거티브 시각효과 팀이 제작한 이 시뮬레이션에서 블랙홀의 회전속도는 가능한 최댓값의 99.9퍼센트이며, 카메라는 적도면에서 원형 궤도를 돈다. 그 궤도의 둘레는 블랙홀 사건지평의 둘레보다 6배 크다. [이 시뮬레이션 동영상 전체는 이 책의 웹페이지 Interstellar.withgoogle.com 참조]

가르강튀아의 하늘을 보면 (중력 렌즈 효과는 잠시 잊어버리자) 아주 특별한 별 두 개가 보인다. 별 하나는 정확히 가르강튀아의 북극 위에 있다. 다른 별은 정확히 남극 아래에 있다. 이 별들은 정확히 지구의 북극 위에 있는 북극성과 유사하다. 그림 8.5에서 나는 가르강튀아의 극성들(極星, polar stars)의 1차 이미지(빨간색)와 2차 이미지(노란색)를 오각 별들로 표시했다. 지구에서 밤하늘을 보면, (지구의 자전 때문에) 모든 별들이 북극성을 중심으로 순환하는 것처럼 보인다. 이와 유사하게 가르강튀아의 모습에서 모든 별의 1차 이미지들은, 카메라가 그 블랙홀 주위를 돌면, 빨간색 극성 이미지들 주위를 순환한다. 그러나 순환경로들(예컨대 빨간색 폐곡선 2개)은 공간의 소용돌이와 중력 렌즈 효과에 의해서 심하게 왜곡된다. 마찬가지로 모든 별의 2차 이미지들은 노란색 극성 이미지들 주위를(예컨대 뒤틀린 노란색 폐곡선 2개를 따라) 순환한다.

가르강튀아의 모습(그림 8.5)에서는 2차 이미지들이 폐곡선을 따라 순환하는데, 왜 비회전 블랙홀의 모습(그림 8.4)에서는 2차 이미지들이 블랙홀의 그림자에서 튀어나와 그 주위를 돌다가 다시 그림자 속으로 들어갈까? 실은 비회전 블랙홀의 모습에서도 2차 이미지들은 폐곡선을 따라 순환한다. 그러나 그 폐곡선의

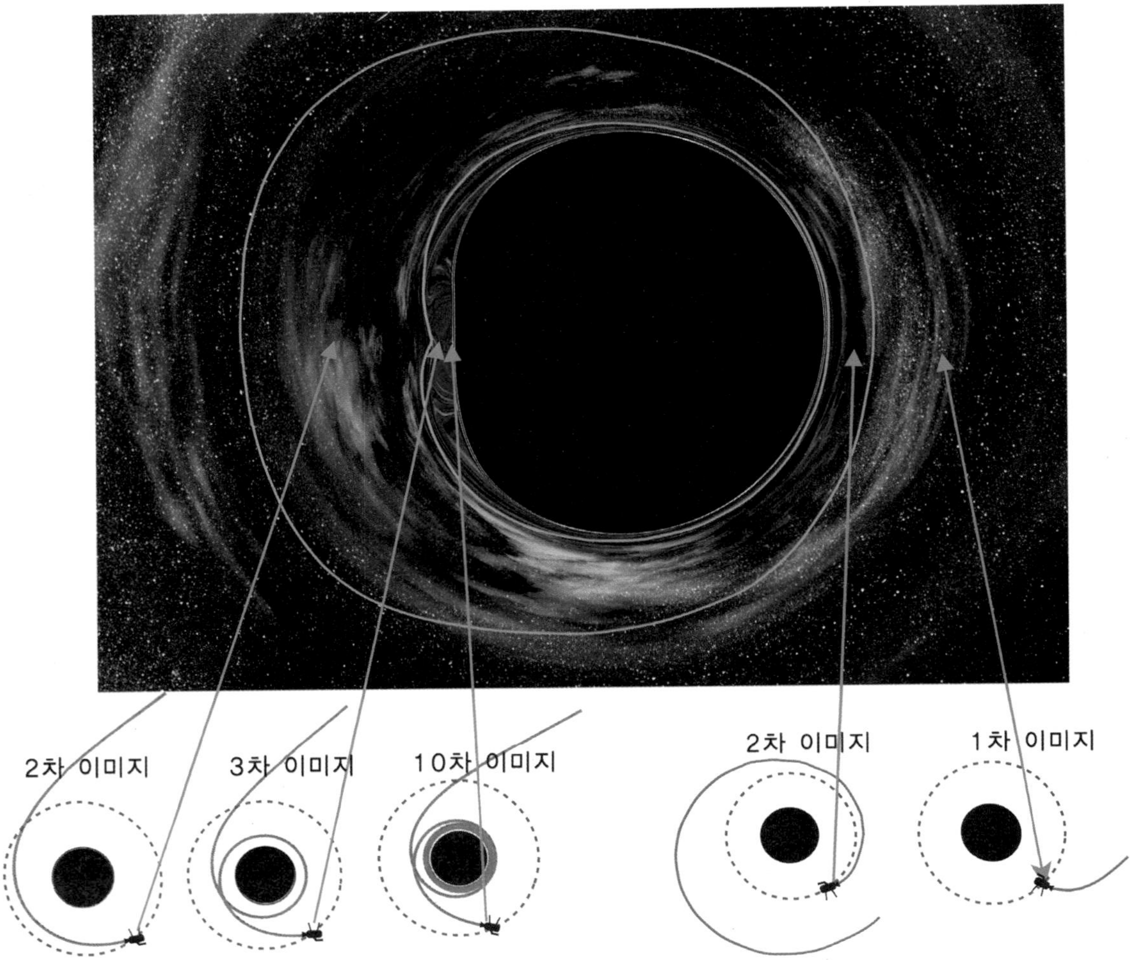

2차 이미지 3차 이미지 10차 이미지 2차 이미지 1차 이미지

그림 8.6 파란색 화살표들의 끝에 위치한 별 이미지들을 제공하는 광선들. [그림 8.1, 8.5와 동일한, 더블 네거티브 시각효과 팀의 시뮬레이션]

안쪽 부분이 그림자의 경계에 너무 접근하여 보이지 않을 뿐이다. 가르강튀아의 회전은 공간의 소용돌이를 일으키고, 그 소용돌이는 안쪽 아인슈타인 고리를 바깥쪽으로 움직여 2차 이미지들의 순환 패턴(그림 8.5의 노란색 곡선들)이 온전히 드러나게 한다. 또한 안쪽 아인슈타인 고리가 드러나게 한다.

안쪽 아인슈타인 고리 내부에서 별 패턴의 흐름은 더 복잡하다. 이 구역에 있는 별들은 우주에 있는 모든 별들의 3차와 그 이상의 이미지들이다. 바깥쪽 아인슈타인 고리 바깥에서 1차 이미지로, 2개의 아인슈타인 고리 사이에서 2차 이미지로 나타나는 별들이 안쪽 아인슈타인 고리 내부에서도 나타나는 것이다.

그림 8.6의 작은 그림 5개는 가르강튀아의 적도면을 위에서 내려다본 모습이다. 가르강튀아는 검은 원반, 카메라의 궤도는 보라색 점선, 광선은 빨간색으로 표시

되어 있다. 광선은 파란색 화살표 끝에 있는 별 이미지를 카메라에 제공한다. 카메라는 가르강튀아 주위를 반시계방향으로 돈다.

당신 스스로 이 그림들을 하나씩 유심히 살펴보면 중력 렌즈 효과에 대해서 많은 통찰을 얻을 수 있을 것이다. 다음 사항들에 유의하라. 이 이미지들의 원천인 별의 방향은 위 오른쪽이다(빨간색 광선들이 어디로 뻗어나가는지를 살펴보라). 카메라와 광선의 시작 부분은 별 이미지를 향한다. 10차 이미지는 그림자의 왼쪽 가장자리에 아주 가까이 있고, 오른쪽의 2차 이미지는 그림자의 오른쪽 가장자리에 가까이 있다. 이 이미지들을 향하는 카메라의 방향들을 비교하면, 그림자의 방향이 위쪽으로 약 150도에 대응함을 알 수 있다. 실제로 카메라에서 가르강튀아의 중심으로 향하는 방향은 위 왼쪽인데도 말이다. 중력 렌즈 효과 때문에 그림자의 방향과 가르강튀아의 실제 방향이 달라진 것이다.

「인터스텔라」의 블랙홀 및 웜홀의 시각효과 제작 과정

크리스는 빠르게 회전하는 블랙홀을 **실제로** 가까이에서 보았을 때의 모습대로 가르강튀아를 표현하고 싶어서 폴에게 나의 조언을 얻을 것을 요청했다. 폴은 런던에 중심을 둔 시각효과 제작사 더블 네거티브의 직원들로 구성된 「인터스텔라」 팀과 나를 연결시켜주었다.

나는 주임 과학자 올리버 제임스와 긴밀하게 협조하게 되었다. 올리버와 나는 전화와 스카이프(Skype : 메신저 프로그램의 일종/옮긴이)로 대화하고 이메일과 전자 파일을 주고받았으며 로스앤젤레스와 런던의 그의 사무실에서 직접 만났다. 올리버는 광학과 원자물리학 전공으로 학사학위를 받았고, 아인슈타인의 상대론 법칙들에 정통하다. 그래서 우리는 서로 잘 통하는 전문용어를 사용한다.

블랙홀 주위를 도는 관찰자, 심지어 블랙홀로 떨어지는 관찰자가 보게 될 광경의 컴퓨터 시뮬레이션은 여러 물리학자들에 의해서 이미 제작되어 있었다. 최고의 전문가들은 파리 천체물리학연구소의 알랭 리아주엘로, 불더 소재 콜로라도 대학의 앤드류 해밀턴이다. 앤드류는 세계 곳곳의 천체투영관(planetarium)에서 상영되는 블랙홀 동영상들을 제작했고, 알랭은 가르강튀아처럼 초고속으로 회전하는 블랙홀들을 시뮬레이션했다.

그래서 처음에 나는 알랭과 앤드류에게 올리버를 소개해주면서 그를 도와주라고 부탁할 계획이었다. 그런데 그렇게 결정하고 나니, 여러 날이 지나도록 마음이 편치 않았다. 결국 나는 생각을 바꾸었다.

반세기 동안 물리학자로 활동하면서 나는 스스로 새로운 발견을 하고 새로운 발견을 향해서 나아가는 학생들을 지도하는 일에 많은 노력을 쏟아왔다. 다른 사람들이 이미 해놓은 일이라도 한번쯤 그저 재미 삼아 해볼 수도 있지 않겠는가라고 나는 자문했다. 그리고 해보기로 했다. 해보니 재미가 있었다. 또한 뜻밖에도 (상당히) 새로운 발견들을 부산물로 얻었다.

아인슈타인의 상대론적 물리학 법칙들을 이용하고 기존 연구들(특히 프랑스 우주이론연구소의 브랜든 카터의 연구, 컬럼비아 대학의 제나 레빈의 연구)에 많이 의지하여 나는 올리버에게 필요한 방정식들을 세웠다. 그 방정식들은 특정 광원, 예컨대 먼 별에서 발원하여 가르강튀아의 휜 공간과 시간을 거쳐 카메라에 도달하는 광선의 궤적을 계산한다. 그런 다음에 그 광선들을 기초로 삼아서 카메라에 포착되는 이미지들을, 광원과 가르강튀아의 휜 시공뿐 아니라 카메라의 움직임까지 감안하여 계산한다.

그 방정식들을 도출한 다음에 나는 사용하기 편한 컴퓨터 소프트웨어 매스매티카를 써서 직접 시뮬레이션을 제작했다. 나의 매스매티카 시뮬레이션과 알랭 리아주엘로의 시뮬레이션들을 비교하고 서로 일치함을 발견했을 때, 나는 환호성을 질렀다. 그리고 나의 방정식들을 상세히 설명하는 문서를 작성하여 나의 매스매티카 시뮬레이션과 함께 런던의 올리버에게 보냈다.

나의 시뮬레이션은 아주 느리고 해상도가 낮았다. 올리버의 과제는 영화에 필요한 초고화질 아이맥스 이미지들을 산출할 수 있도록 나의 방정식들을 적당한 컴퓨터 코드로 변환하는 것이었다.

올리버와 나는 이 작업을 여러 단계에 걸쳐 진행했다. 우리는 비회전 블랙홀과 고정된 카메라에서 출발했다. 그 다음에 블랙홀의 회전을 추가했다. 이어서 카메라의 운동을 추가했다. 처음에는 원형 궤도 운동을 추가했고, 그 다음에는 블랙홀로 떨어지는 운동을 추가했다. 이 모든 작업을 마치고 우리는 웜홀 주위에서 운동하는 카메라로 관심을 돌렸다.

이 대목에서 올리버가 나에게 자그마한 폭탄을 투척했다. 더 미묘한 몇 가지 효과를 구현하려면 광선의 궤적을 기술하는 방정식들뿐 아니라, 광선 다발(beam)이 블랙홀을 지나는 동안에 그 단면의 크기와 모양이 어떻게 변화하는지를 기술하는 방정식들도 필요할 것 같다고 그는 말했다.

나는 그가 요구하는 바를 대충 알았지만, 그 방정식들은 끔찍하게 복잡했고,

나는 실수를 할까봐 두려웠다. 그리하여 전문적인 문헌을 검색한 나는 1977년에 토론토 대학의 세르주 피노와 롭 뢰더가 그 방정식들을 나에게 필요한 것과 거의 같은 형태로 도출했음을 발견했다. 나 자신이 머리가 나빠 3주일 동안 고생한 끝에 나는 그들의 방정식들을 정확히 필요한 형태로 변환하여 매스매티카 시뮬레이션을 만들어본 후에 올리버에게 전달했다. 올리버는 그 방정식들을 자신의 컴퓨터 코드에 추가했다. 드디어 그의 코드는 영화에 필요한 양질의 이미지들을 산출할 수 있게 되었다.

더블 네거티브 팀에서 올리버의 컴퓨터 코드는 출발점에 불과했다. 그는 그 코드를 유제니 폰 툰첼만이 이끄는 미술 팀에 건넸다. 유제니는 강착원반(제9장) 하나를 추가하고, 가르강튀아가 일으키는 중력 렌즈 효과를 겪을 배경 은하의 별들과 성운들을 창조했다. 이어서 그녀의 팀은 인듀어런스 호, 레인저 호, 착륙선들, 카메라 애니메이션(카메라의 운동, 방향, 시야 등의 변화)을 추가하고 이미지들을 아주 그럴싸하게 다듬었다. 실제로 영화에 등장하는 기막힌 장면들을 만들어낸 것이다(더 많은 이야기는 제9장을 참조).

그러는 사이에 나는 올리버와 유제니가 보내준 고해상도 동영상들을 보면서 머리를 쥐어짰다. 왜 그 이미지들이 그렇게 보이는지, 왜 별 패턴이 그렇게 흘러가는지 이해하려고 갖은 애를 썼다. 나에게 그 동영상들은 실험 데이터와 마찬가지였다. 그것들은 내가 혼자서는 결코 알아내지 못했을 만한 것들을 보여주었다. 예컨대 내가 앞 절에서 서술한 내용(그림 8.5, 8.6)이 그러하다. 우리는 우리가 알게 된 새로운 사실들을 서술하는 전문적인 논문을 한 편, 또는 여러 편 출판할 예정이다.

중력 새총 비행의 시각화

비록 크리스는 「인터스텔라」에서 중력 새총 비행을 보여주지 않기로 결정했지만, 나는 쿠퍼가 레인저 호를 조종하여 밀러 행성으로 갈 때 어떤 광경을 볼지 궁금했다. 그래서 나는 나의 방정식들과 매스매티카를 이용하여 그 광경을 시뮬레이션하고 이미지들을 산출했다(내 이미지들은 올리버와 유제니의 시뮬레이션보다 해상도가 훨씬 낮다. 나의 코드가 느리기 때문이다).

그림 8.7은 「인터스텔라」에 대한 나의 해석에서 쿠퍼의 레인저 호가 중간질량 블랙홀(IMBH)을 휘감아 돌며 밀러 행성을 향해서 하강하기 시작할 때(즉 그림

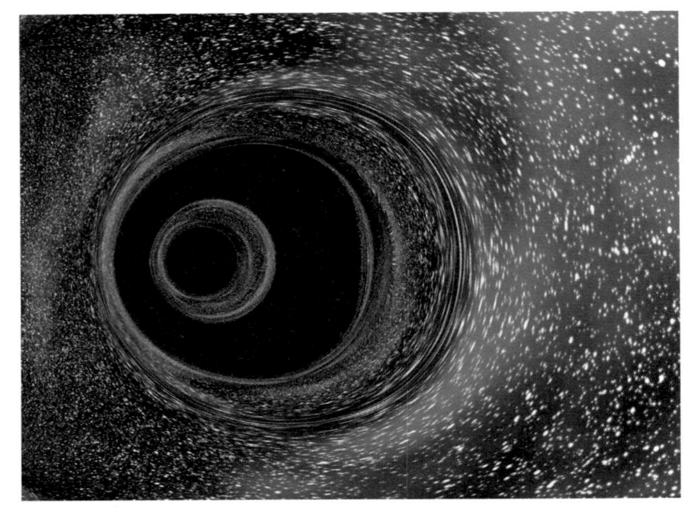

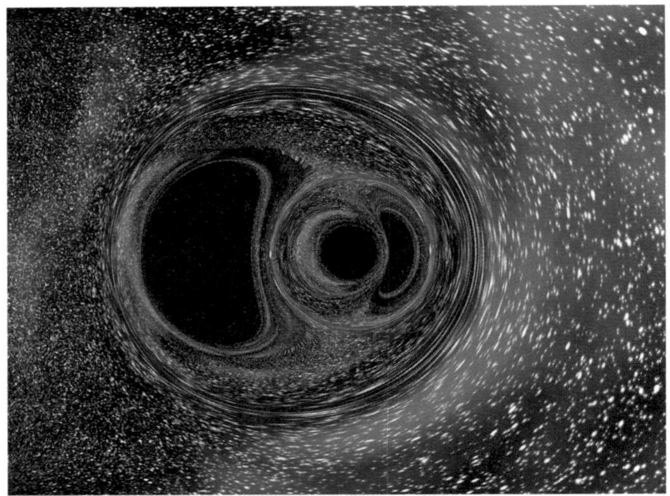

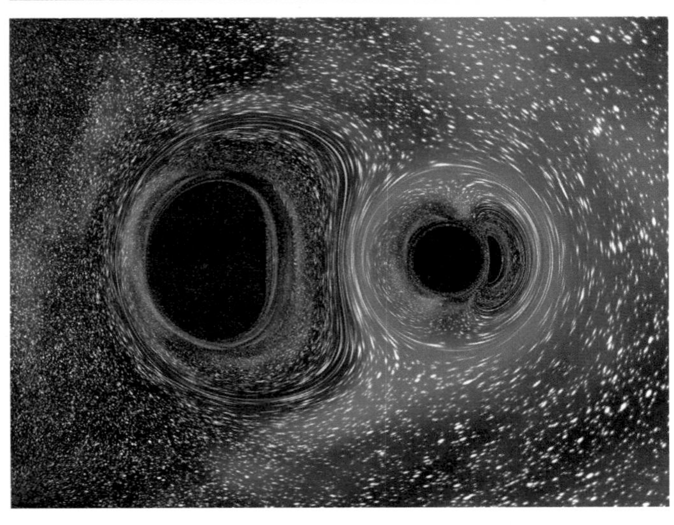

7.2가 묘사하는 새총 비행에서) 쿠퍼가 보게 될 이미지들의 연쇄이다.

맨 위 이미지에서 가르강튀아는 배경에 있고 그 앞을 IMBH가 지나간다. 그 IMBH는 먼 별들에서 나와 가르강튀아로 향하는 광선들을 낚아채서 그것들이 자신을 휘감아 돈 후에 카메라를 향하게 한다. 이 때문에 IMBH의 그림자를 둘러싼 도넛 모양의 별빛이 생겨난다. 이 IMBH는 가르강튀아보다 1,000배나 작지만 레인저 호에 훨씬 더 가까이 있기 때문에 가르강튀아보다 적당히 작게 보인다.

쿠퍼가 보기에 그 IMBH는 오른쪽으로 이동한다. 그러면서 그 IMBH는 가르강튀아의 1차 그림자(그 그림자의 1차 이미지)를 벗어나서(그림 8.7의 가운데 이미지) 2차 그림자를 밀고 간다. 이 그림자들은 블랙홀에 의해서 중력 렌즈 효과를 겪는 별의 1차, 2차 이미지와 완벽하게 유사하다. 다만, 지금은 가르강튀아의 그림자가 IMBH에 의해서 중력 렌즈 효과를 겪는다. 아래 그림에서는 가르강튀아의 2차 그림자가 찌그러들고, IMBH는 계속 전진한다. 이때에 이르면, 새총 비행은 거의 완결된 상태이다. 레인저 호에 탑재된 카메라는 아래, 곧 밀러 행성을 향한다.

이 인상적인 이미지들은 IMBH와 가르강튀아 근처에서만 볼 수 있다. 멀리 떨어

그림 8.7 중간질량 블랙홀을 휘감아 도는 중력 새총 비행. 배경에 가르강튀아가 보인다. [내가 제작한 시뮬레이션과 이미지]

진 지구에서는 볼 수 없다. 지구의 천문학자들이 거대한 블랙홀과 관련해서 시각적으로 포착할 수 있는 가장 인상적인 이미지는 블랙홀에서 뻗어나가는 제트와 블랙홀 주위를 도는 뜨겁고 찬란한 기체 원반이다. 이제 그 제트와 원반으로 눈을 돌리자.

9
원반과 제트

퀘이사

전파망원경에 포착되는 천체의 대다수는 거대한 기체구름이다. 그 기체구름들은 어떤 별과 비교해도 훨씬 더 크다. 그러나 1960년대 초에 아주 작은 천체 몇 개가 발견되었다. 천문학자들은 그것들에 퀘이사(quasar), 즉 "준성 전파원(準星電波源, quasi-stellar radio source)"이라는 이름을 붙였다.

1962년에 캘리포니아 공대의 천문학자 마틴 슈미트는 당시 세계 최대였던 팔로마 산 천문대 광학망원경으로 하늘을 관측하다가 3C273으로 명명된 퀘이사에서 오는 빛을 발견했다. 밝은 별에서 희미하게 제트가 뿜어져 나오는 것 같았다(그림 9.1). 기이한 광경이었다!

3C273의 빛을 (예컨대 프리즘에 통과시켜서) 다양한 색깔들로 분해한 슈미트는 그림 9.1의 아랫부분이 보여주는 스펙트럼선들을 보았다. 처음 보았을 때 그 선들은 그가 이제껏 보아온 어떤 스펙트럼선과도 유사하지 않았다. 그러나 1963년 2월, 몇 달 동안 고생한 끝에 그는 그 선들이 단지 일반적인 스펙트럼선보다 파장이 16퍼센트 더 길기 때문에 낯설다는 사실을 깨달았다. 이렇게 파장이 길어지는 현상을 일컬어 도플러 효과(Doppler's effect)라고 한다. 그 퀘이사가 광속의 16퍼센트, 약 c/6로 지구에서 멀어지고 있기 때문에 도플러 효과가 나타난 것이었다. 그 초고속 운동의 원인은 대체 무엇일까? 슈미트가 생각할 수 있는 가장 합리적인 설명은 우주의 팽창이었다.

우주가 팽창하면, 지구에서 멀리 떨어진 천체들은 고속으로 멀어지고, 가까운 천체들은 더 느리게 멀어진다. 3C273의 엄청난 속도, 광속의 6분의 1에 달하는 그 속도는 그 퀘이사가 지구에서 20억 광년 떨어져 있음을 의미했다. 당시까지 관측된 천체들을 통틀어 3C273보다 더 멀리 있는 것은 거의 없었다. 그 거리와 밝기에 기초하여 슈미트는 3C273이 태양보다 4조 배 더 많은 에너지를 빛으로 내뿜는다고 결론지었다. 가장 밝은 은하들보다 100배 더 밝은 셈이었다!

이 막대한 출력(단위시간당 내뿜는 에너지/옮긴이)은 겨우 한 달 주기로 요동했다. 따라서 퀘이사가 내는 빛의 대부분은 빛이 한 달이면 가로지를 수 있을 만큼 작은 (지구에서 가장 가까운 별 프록시마 센타우리까지 거리보다 훨씬 더 작은) 천체에서 나온다는 결론이 불가피했다. 3C273의 출력과 거의 같은 다른 퀘이사들의 출력도 몇 달 주기로 요동했다. 따라서 그것들도 우리 태양계보다 훨씬 더 클 수는 없었다. **밝은 은하의 출력보다 100배 큰 출력이 우리 태양계만 한 구역에서 나온다니, 가히 엽기적인 일이었다!**

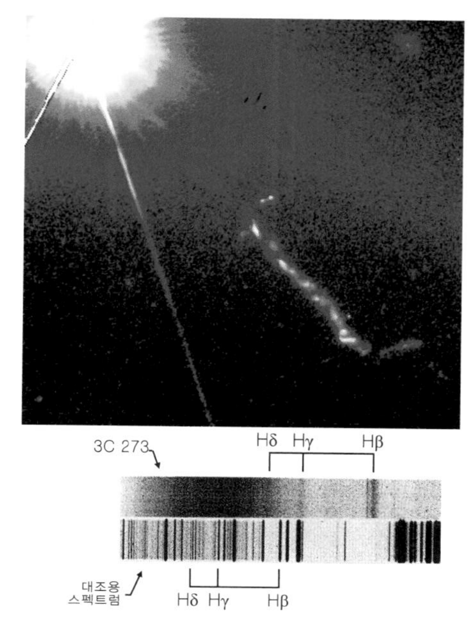

그림 9.1 위: 나사의 허블 우주망원경으로 촬영한 3C273의 모습. 이 퀘이사(위 왼쪽)가 크게 보이는 것은 단지 희미한 제트(아래 오른쪽)를 드러내기 위해서 다중 노출 촬영을 했기 때문이다. 3C273의 실제 크기는 측정이 불가능할 정도로 작다. 아래: 마틴 슈미트가 3C273의 빛을 분해하여 얻은 스펙트럼 선들(위쪽 띠)과 지상의 실험실에서 측정한 수소의 스펙트럼 선들(아래쪽 띠)을 비교한 결과. 퀘이사의 빛에 들어 있는 3개의 선은 수소의 스펙트럼선 Hβ, Hγ, Hδ와 동일하다. 단지, 파장이 16퍼센트 더 길다는 점만 다르다.(스펙트럼선들의 이미지는 흑백이 거꾸로이다. 실제로는 밝은 선들인데 검게 나타나 있다)

블랙홀과 강착원반

어떻게 그리 작은 구역에서 그리 많은 에너지가 나올 수 있을까? 자연의 근본적인 힘들을 생각해보면, 가능성은 세 가지이다. 화학 에너지, 핵 에너지, 또는 중력 에너지.

화학 에너지는 분자들이 결합하여 새로운 분자를 형성할 때 방출되는 에너지이다. 한 예로 휘발유의 연소를 살펴보자. 휘발유가 연소될 때는 공기 중의 수소와 휘발유 분자가 결합하여 물과 이산화탄소를 이루면서 많은 열이 발생한다. 그러나 이 반응으로 얻을 수 있는 출력은 퀘이사의 출력에 미치기에 터무니없이 부족하다.

핵 에너지는 원자핵들이 결합하여 새로운 원자핵을 형성할 때 나온다. 원자폭탄, 수소폭탄, 별 내부에서 일어나는 핵반응을 예로 들 수 있다. 핵 에너지는 화학 에너지보다 훨씬 더 클 수 있다(휘발유에 붙은 불과 핵폭탄의 차이를 생각해보라). 그러나 천체물리학자들은 퀘이사의 출력을 핵 에너지로 설명할 길을 발견할 수 없었다. 핵 에너지도 너무 하찮것없었다.

따라서 유일하게 남은 가능성은 **중력 에너지**였다. 쿠퍼가 가르강튀아 근처에서 인듀어런스 호를 조종할 때 그에게 추진력을 제공하는 바로 그 에너지 말이다. 인듀어런스 호는 중간질량 블랙홀을 휘감아 도는 새총 비행을 통해서 중력 에너지를 활용한다(제7장). 그 블랙홀의 강한 중력이 열쇠였다. 이와 유사하게 퀘이사의 출력도 블랙홀에서 나와야 한다.

몇 년 동안 천체물리학자들은 어떻게 블랙홀이 그 역할을 할 수 있는지 알아내려고 노력했다. 그 해답은 1969년에 영국 왕립 그리니치 천문대의 도널드 린든-벨이 발견했다. 그는 퀘이사는 뜨거운 기체로 된 원반(강착원반)을 두른 거대한 블랙홀이며, 자기장이 그 원반을 관통한다는 가설을 내놓았다(그림 9.2).

우리 우주에 있는 뜨거운 기체는 거의 항상 자기장에 의해서 관통된다(제2장). 그 자기장과 기체는 단단히 맞물려서 발 맞추어 걷듯이 함께 운동한다.

강착원반을 관통하는 자기장은 중력 에너지를 열과 빛으로 변환하는 촉매의 구실을 한다. 그 자기장은 엄청나게 강한 마찰[1]을 일으켜 기체의 원주 방향 운동을 늦추고, 블랙홀의 중력에 맞서 기체를 붙드는 원심력을 줄인다. 따라서 기체는 블랙홀을 향해서 안쪽으로 이동한다. 그러면 블랙홀의 중력 때문에 기체의 궤도 운동이 마찰력에 의한 감속을 보상하고도 남을 만큼 가속된다. 바꾸어 말하면, 중력 에너지가 운동 에너지로 변환되는 것이다. 이어서 자기적 마찰력이 그 새로운 운동 에너지의 절반을 열과 빛으로 변환하고, 이 과정은 계속해서 반복된다.

에너지의 출처는 블랙홀의 중력이며, 자기적 마찰과 강착원반의 기체가 그 에너지를 뽑아낸다.

천문학자들이 관찰한 퀘이사의 밝은 빛은 강착원반을 이루는 뜨거운 기체에서 나온다고 린든-벨은 결론지었다. 더 나아가서 자기장은 기체에 속한 일부 전자들을 가속시켜 높은 에너지에 도달하게 한다. 그 전자들은 자기력선들을 중심으로 나선을 그리며 돌면서 퀘이사의 전파를 방출한다.

린든-벨은 뉴턴 물리학 법칙들, 상대론 물리학 법칙들, 양자 물리학 법칙들을 조합하여 이 모든 것을 상세히 밝혀냈다. 퀘이사에 관한 모든 관측 자료를 쉽게 설명해낸 것이다. 그러나 퀘이사의 제트만큼은 예외였다. 린든-벨의 추론과 계산을 담은 전문적인 논문(린든-벨, 1979)은 역사를 통틀어 가장 위대한 천체물리학 논문들 중 하나로 꼽힌다.

---

1. 이 마찰은 복잡한 과정을 통해서 발생한다. 운동하는 기체는 자기장을 휘감으며 강화함으로써 운동 에너지를 자기 에너지로 변환한다. 그러면 (인접한 구역들에서 방향이 반대인) 자기장이 다시 연결되고, 이 과정에서 자기 에너지가 열로 변환된다. 이처럼 운동을 열로 변환하는 것은 마찰의 본성이다.

제트 : 소용돌이치는 공간에서 출력을 뽑아내기

이어진 몇 년 동안, 천문학자들은 퀘이사가 내뿜는 제트를 훨씬 더 많이 발견하고 아주 세밀하게 연구했다. 머지않아 그 제트는 퀘이사 자체(즉 블랙홀과 강착원반)에서 방출되는 뜨겁고 자성을 띤(자화된) 기체의 흐름이라는 것이 밝혀졌다(그림 9.2). 그 제트는 엄청나게 강력하다. 뿜어지는 기체의 속도가 거의 광속과 맞먹는다. 그렇게 고속으로 이동하면서 퀘이사에서 멀리 떨어진 물질과 충돌할 때, 그 기체는 빛, 전파, X선, 심지어 감마선을 방출한다. 그 제트는 때때로 퀘이사 자체만큼 밝다. 가장 밝은 은하들보다 100배 더 밝다는 뜻이다.

그림 9.2 블랙홀을 둘러싼 강착원반과 블랙홀의 양극 근처에서 방출되는 제트의 상상도

천체물리학자들은 그 제트가 어떻게 출력을 얻는지, 왜 그토록 빠르고 좁고 곧은지 설명하기 위해서 거의 10년 동안 애썼다. 다양한 대답들이 나왔는데, 가장 흥미로운 것은 1977년에 영국 케임브리지 대학의 로저 블랜퍼드와 그의 학생 로만 즈나엑이 옥스퍼드의 물리학자 로저 펜로즈의 이론을 토대로 삼아 제시한 대답이다(그림 9.3 참조).

강착원반의 기체는 나선을 그리며 차츰 블랙홀에 접근한다. 기체 집단 각각은 블랙홀의 사건지평을 통과할 때 자신의 자기장을 그곳에 내려놓는다. 그러면 사건지평을 둘러싼 원반이 그 자기장을 획득한다고 블랜퍼드와 즈나엑은 결론지었다. 블랙홀이 회전하면, 주위 공간이 소용돌이치고(그림 5.4, 5.5), 소용돌이치는 공간은 자기장을 소용돌이치게 한다(그림 9.3). 소용돌이치는 자기장은 마치 수력발전소의 발전기처럼 강한 전기장을 산출한다. 그 전기장과 소용돌이치는 자기장이 합작하여 플라스마(plasma : 뜨겁고 이온화된 기체)를 위아래 방향으로 거의 광속으로 내뿜음으로써 두 개의 제트를 만들어내고 유지한다. 그 제트들의 방향은 블랙홀의 회전에 의해서 안정화된다. 블랙홀의 회전은 자이로스코프 작용(gyroscopic action) 때문에 안정적이다.

3C273에서는 제트 하나만이 충분히 밝아서 관측되었지만, 다른 많은 퀘이사들

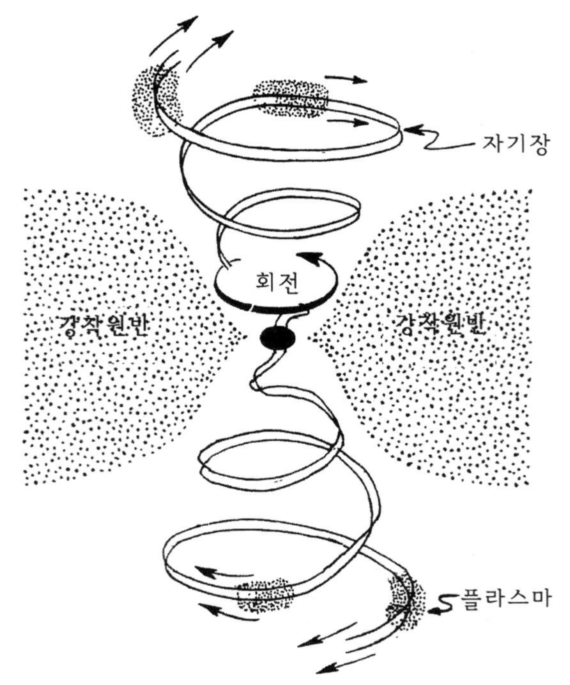

그림 9.3 블랜퍼드-즈나엑 제트 산출 메커니즘. [나의 스케치에 기초한 매트 지메트의 그림. 나의 책 『블랙홀과 시간굴절』에서 따옴]

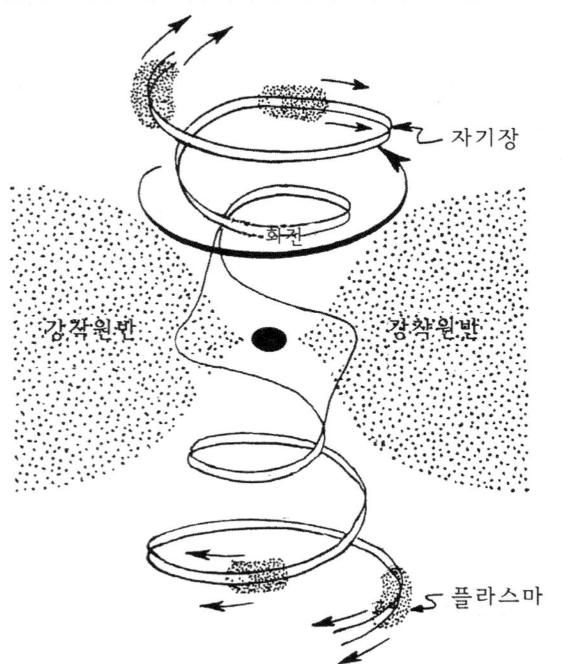

그림 9.4 그림 9.3과 유사하지만, 자기장이 강착원반 속에 정박해 있다. [나의 스케치에 기초한 매트 지메트의 그림. 나의 책 『블랙홀과 시간굴절』에서 따옴]

에서는 제트 두 개가 모두 관측된다.

블랜퍼드와 즈나엑은 아인슈타인의 상대론 법칙들에 크게 의지하여 세부사항들을 밝혀냈다. 그들은 천문학자들이 관찰한 제트들에 관해서 거의 모든 것을 설명할 수 있었다.

약간 다른 두 번째 설명(그림 9.4)에서는 소용돌이치는 자기장이 블랙홀이 아니라 강착원반 속에 정박해 있으며 그 원반의 궤도운동에 휩쓸린다. 나머지는 첫 번째 설명과 같다. 발전기 작용이 일어나고, 플라스마가 뿜어져 나온다. 이 변형된 설명은 블랙홀이 회전하지 않더라도 잘 통한다. 그러나 우리는 거의 모든 블랙홀이 빠르게 회전한다고 상당한 정도로 확신한다. 따라서 나는 블랜퍼드-즈나엑 메커니즘(그림 9.3)이 퀘이사들에서 가장 흔하게 작동한다고 추측한다. 나는 1980년대에 많은 시간을 투자하여 블랜퍼드-즈나엑 이론의 여러 가지 측면들을 탐구했으며, 그 결과를 담은 전문적인 책까지 썼다.

원반은 어디에서 왔을까? 기조력에 찢어진 별들

1969년에 린든-벨은 은하의 중심들에 퀘이사가 있을 것이라고 추측했다. 우리는 퀘이사를 둘러싼 은하를 보지 못하는데, 그 이유는 그 은하의 빛이 퀘이사의 빛보다 훨씬 더 희미하기 때문이라고 그는 말했다. 퀘이사의 빛이 그 은하의 빛을 압도하는 것이다. 그후 몇십 년 동안 기술이 발전하는 가운데 천문학자들은 많은 퀘이사 주변에서 은하의 빛을 발견하여 린든-벨의 사변을 입증했다.

최근 몇십 년 동안 우리는 강착원반을 이루는 기체의 대부분이 어디에서 나오는지도 알아냈다. 가끔씩 별이 길을 잃고 퀘이사의 블랙홀에 접근하는 경우가 있다. 그러면 블랙홀의 기조력이 그 별을 찢어발긴다(제4장). 별을 이루었던, 이제 산산 조각난 기체의 대부분은 블랙홀에 붙들려 강착원반을 이루지만, 일부 기체는 탈출한다.

그림 9.5 가르강튀아와 유사한 블랙홀이 기조력으로 적색거성(赤色巨聖)을 찢어버리는 과정

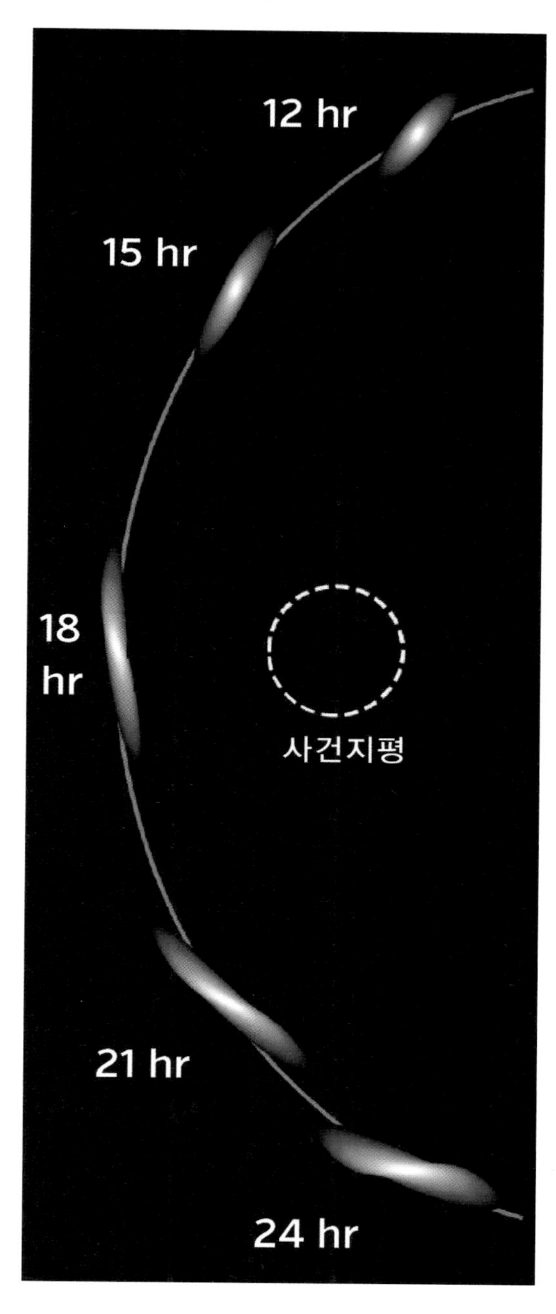

발전하는 컴퓨터 기술 덕분에 최근 몇 년 동안 천체물리학자들은 이 과정을 시뮬레이션했다. 그림 9.5는 제임스 길로콘, 엔리코 라미레스-루이스, 대니얼 케이슨(산타크루즈 소재 캘리포니아 대학), 슈테판 로스복(브레멘 대학)이 최근에 제작한 시뮬레이션의 일부이다.[2] 시간 0(그림에 나오지 않음)에서 별은 거의 똑바로 블랙홀을 향했고, 블랙홀의 기조력은 그림 6.1에서처럼 별을 블랙홀 방향으로는 잡아늘이고 옆 방향으로는 찌그리기 시작했다. 12시간 뒤에 별은 심하게 변형된 채로 그림 9.5에 표시된 위치에 있다. 그후 몇 시간 동안 별은 파란색 중력 새총 궤도를 따라 블랙홀을 휘감아 돌면서 그림에서 보듯이 더 심하게 변형된다. 24시간이 지났을 때, 별은 찢어지기 시작한다. 별이 자체 중력으로 자신을 유지할 수 없게 된 것이다.

이후 별의 운명은 그림 9.6이 보여준다. 이 그림은 제임스 길로콘이 수비 게자리(존스 홉킨스 대학)와 함께 제작한 시뮬레이션이다. 이 시뮬레이션의 동영상을 보려면 http://hubblesite.org/newscenter/archive/releases/2012/18/video/a/를 방문하라.

맨 위의 두 장면은 그림 9.5 직전과 직후이다. 나는 블랙홀과 별을 눈에 띄게 하려고 이 장면들을 다른 장면들보다 10배 확대했다.

2. 그림 9.5에서 나는 블랙홀의 크기를 가르강튀아만 하게 바꾸고, 별의 크기를 적색거성만 하게 바꾸었으며, 그에 맞게 시간 표시들도 바꾸었다.

장면들 전체에서 알 수 있듯이, 별을 이루었던 물질의 대부분이 몇 년에 걸쳐 블랙홀 주위의 궤도에 구속되어 강착원반을 형성하기 시작한다. 나머지 물질은 제트와 유사한 궤적을 그리며 블랙홀의 중력장에서 탈출한다.

가르강튀아의 강착원반과 제트의 부재

전형적인 강착원반과 제트는 복사—X선, 감마선, 전파, 빛—를 방출한다. 그 복사는 근처에 있는 인간을 모조리 태워버릴 만큼 강력하다. 그런 불상사를 피하기 위해서 크리스토퍼 놀런과 폴 프랭클린은 가르강튀아에 대단히 빈약한 원반을 부여했다.

물론 전형적인 퀘이사의 기준에서 "빈약하다"는 것이지, 인간적인 기준에서 그렇다는 뜻은 아니다. 전형적인 퀘이사의 원반은 온도가 1억 도인 반면, 가르강튀아의 원반은 온도가 겨우 몇천 도여서 태양의 표면과 유사하다. 따라서 그 원반은 빛을 많이 내뿜고 X선이나 감마선은 거의, 또는 전혀 내뿜지 않는다. 기체의 온도가 그렇게 낮기 때문에, 원자들의 열운동도 느리다. 그래서 가르강튀아의 원반은 그리 큰 구역을 차지하지 않는다. 다시 말해 그 원반은 얇으며 거의 전적으로 가르강튀아의 적도면에 국한된다. 그 평면을 벗어난 부분은 조금밖에 없다.

이런 원반은 지난 수백만 년 동안 별을 찢어발긴 적이 없는—오랫동안 "굶은"—블랙홀들 사이에서는 흔할지도 모른다. 과거에 원반의 플라스마에 국한되었던 자기장은 대부분 새어나갔을 수 있다. 그리고 그 자기장에서 에너지를 얻던 제트는 소멸했을 수 있다. 가르강튀아의 원반이 그러하다. 그 원반은 제트가 없고 얇으며 상대적으로 인간에게 안전하다. 상대적으로 그렇다는 말이다.

가르강튀아의 원반은 당신이 인터넷이나 전문적인 천체물리학 문헌에서 보는 얇은 강착원반의 모습들과 전혀 다르게 보인다. 왜냐하면 그 모습들은 그 원반이 블랙홀에 의해서 겪는 중력 렌즈 효과를 생략하고 표현한 것이기 때문이다. 반면에 크리스가 시각적 정확성에 중점을 두고 제작한 「인터스텔라」에서는 그 효과가 생략되지 않았다.

제8장에서 언급한 올리버 제임스의 중력 렌즈 효과 컴퓨터 코드에 강착원반을 삽입하는 것은 유제니 폰 튠첼만의 임무였다. 첫 단계로, 중력 렌즈 효과가 대충 어떻게 나타나는지 한번 보려고 유제니는 무한히 얇은 원반을 정확히 가르강튀아의 적도면에 배치했다. 이 책을 위해 그녀는 그 원반을 교육 목적에 더 적합하

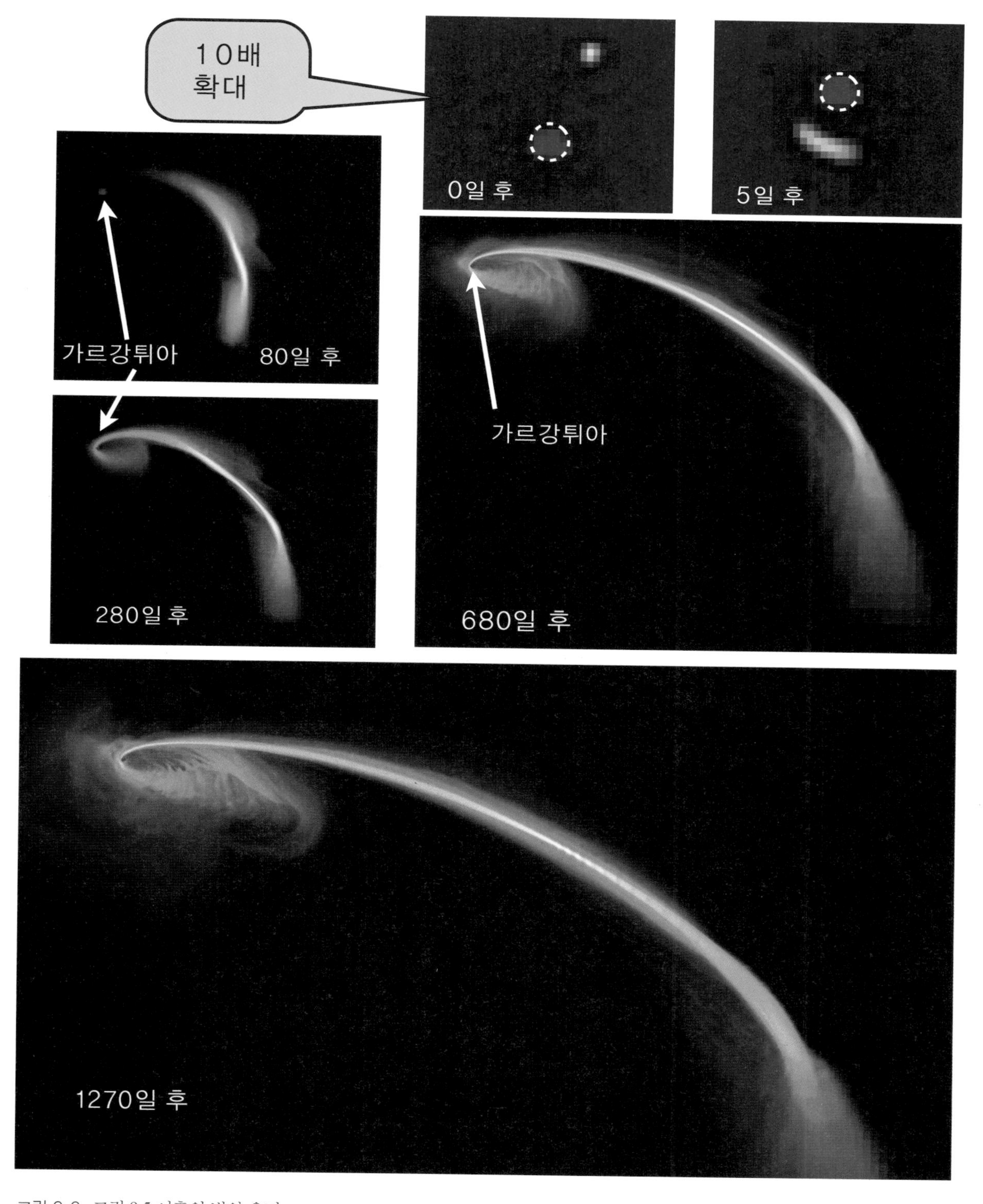

그림 9.6 그림 9.5 이후의 별의 운명

게 색동 버전으로 제작해주었다(그림 9.7의 작은 그림).

만약 중력 렌즈 효과가 없다면, 그 원반은 그림 9.7의 작은 그림처럼 보였을 것이다. 하지만 중력 렌즈 효과가 엄청난 변화를 일으킨다(그림 9.7의 큰 그림). 아마 당신은 원반의 뒷부분이 블랙홀에 가려지리라고 예상했을 것이다. 그 예상은 틀렸다. 오히려 그 뒷부분은 중력 렌즈 효과에 의해서 두 개의 이미지를 산출한다. 한 이미지는 가르강튀아 위에 나타나고, 다른 이미지는 아래에 나타난다(그림 9.8). 가르강튀아 뒤편 디스크의 윗면에서 나온 광선들은 블랙홀을 위로 타넘어 카메라에 도달함으로써 그림 9.7에서처럼 가르강튀아의 그림자 위에 둥글게 걸친 이미지를 산출한다. 마찬가지로 가르강튀아의 그림자를 아래에서 둥글게 감싸는 이미지도 생겨난다.

이 1차 이미지들의 안쪽에는 원반의 얇은 2차 이미지들이 그 그림자 위와 아래를 (그림자의 가장자리 근처에서) 감싼 모습이 보인다. 더 나아가 이 그림이 훨씬 더 크다면, 당신은 그 그림자에 점점 더 접근하는 3차 이상의 이미지들도 보게 될 것이다.

가르강튀아의 원반이 중력 렌즈 효과를 겪으면 왜 이런 모습으로 보이는지 당

그림 9.7 가르강튀아의 적도면에 놓인 무한히 얇은 원반이 가르강튀아의 휜 공간과 시간에 의해서 겪는 중력 렌즈 효과. 이 그림에서 가르강튀아는 아주 빠르게 회전한다. 작은 그림: 블랙홀이 없을 때 원반의 모습. [더블 네거티브 사의 유제니 폰 툰첼만이 이끄는 미술팀 제공]

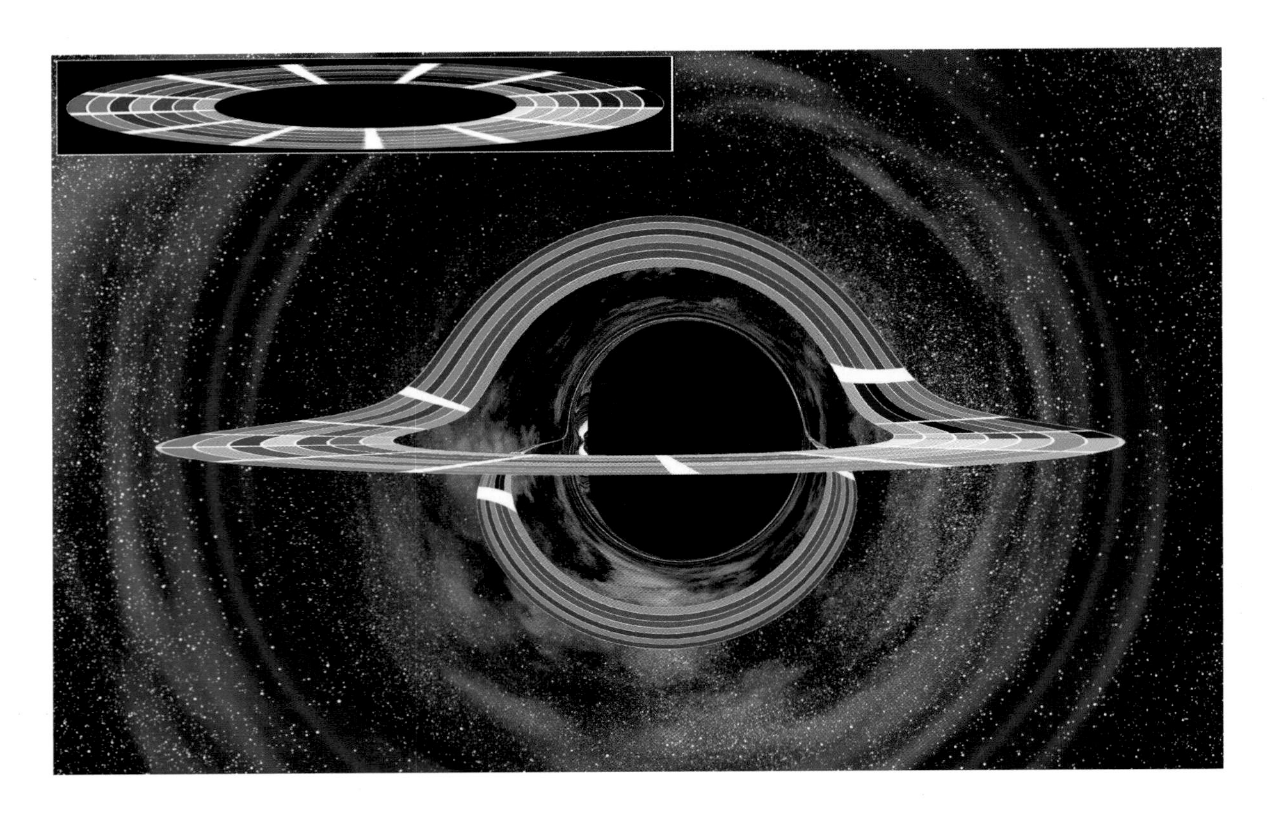

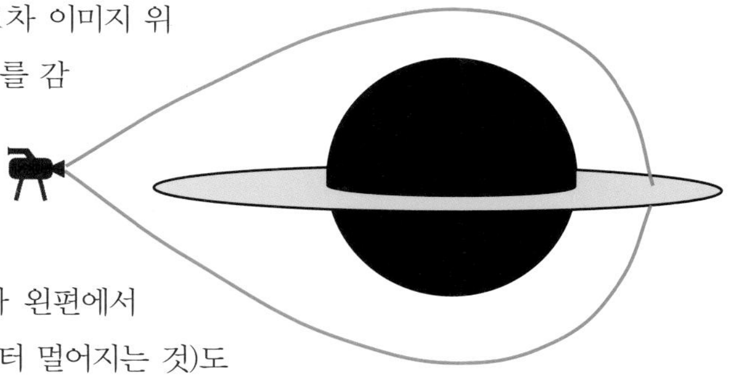

신은 이해할 수 있을까? 왜 그림자 아래를 감싼 1차 이미지 위에 얇은 2차 이미지가 덧붙을까? 왜 그림자 위아래를 감싼 이미지들에서는 색 조각들의 폭이 심하게 확대되고 그림자의 양옆 이미지들에서는 심하게 축소될까?……

가르강튀아의 공간 소용돌이(공간이 가르강튀아 왼편에서는 우리를 향해 다가오고, 오른편에서는 우리로부터 멀어지는 것)도 원반의 이미지를 왜곡한다. 그래서 원반의 왼쪽 부분은 가르강튀아의 그림자에서 멀어지고 오른쪽 부분은 그 그림자에 접근한다. 결과적으로 원반이 약간 비대칭으로 보인다. (왜 그런지 이해가 가는가?)

더 나아간 통찰을 얻기 위해서 유제니 폰 툰첼만과 그녀의 팀은 색동 원반(그림 9.7)을 더 현실적인 얇은 강착원반으로 교체했다(그림 9.9). 그리하여 훨씬 더 아름다운 광경을 얻었지만, 여러 문제가 생겼다. 크리스는 대중 관객이 그 원반과 블랙홀 그림자의 비대칭성, 그 그림자의 왼쪽 경계가 납작한 것, 그 경계 근처의 복잡한 (제8장에서 논의된) 별빛 패턴 때문에 혼란을 느끼는 것을 원하지 않았다. 그리하여 그와 폴은 가르강튀아의 회전속도를 최댓값의 0.6배로 낮춰 이 기이한 특징들이 덜 도드라지게 만들었다. (원반이 왼쪽에서는 우리를 향해 운동하고 오른쪽에서는 우리에게서 멀어지는 방향으로 운동하기 때문에 발생하는 도플러 효

그림 9.8 가르강튀아 뒤편에 놓인 강착원반 뒷부분의 이미지들을 카메라에 제공하는 광선들. 한 이미지는 블랙홀의 그림자 위에, 다른 이미지는 아래에 나타난다.

그림 9.9 가르강튀아를 둘러싼 무한히 얇은 색동 원반(그림 9.7)을 더 현실적이며 무한히 얇은 강착원반으로 교체했을 때의 광경. [더블 네거티브사의 유제니 폰 툰첼만이 이끄는 미술팀 제공]

과는 유제니에 의해서 일찌감치 생략되었다. 그 효과까지 감안했다면, 원반의 비대칭성은 더 심해졌을 것이다. 즉, 원반의 왼쪽 부분은 밝은 파란색으로 보이고 오른쪽 부분은 희미한 빨간색으로 보였을 테고, 대중 관객은 몹시 혼란스러웠을 것이다.)

다음 단계로 더블 네거티브 미술팀은 빈약한 실제 강착원반이 가지리라고 예상되는 질감과 표면 굴곡을 부여하고 그 원반을 곳에 따라 다르게 약간 부풀렸다. 또한 원반에서 가르강튀아에 가까운 부분은 더 뜨겁게(밝게), 먼 부분은 더 차갑게(어둡게) 만들었다. 원반의 두께는 가르강튀아에서 먼 부분을 더 두껍게 만들었다. 왜냐하면 그 원반을 적도면에 국한시키는 식으로 찌그리는 힘은 가르강튀아의 중력에서 비롯된 기조력인데, 그 기조력은 블랙홀에서 먼 곳에서 훨씬 더 약하기 때문이다. 뿐만 아니라 미술팀은 배경 은하를 추가했다. 여러 단계를 거쳐 그림들(먼지, 성운, 별)이 추가되었다. 또한 "렌즈 플레어(lens flare)"를 추가했다. 즉, 그 원반의 밝은 빛이 카메라 렌즈에서 산란할 때 발생할 만한 빛의 번짐과 번득임과 줄무늬를 추가했다. 그 결과는 경이롭고 실감 나는 영화 속 이미지들이었다(그림 9.10, 9.11).

그림 9.10 가르강튀아와 그것의 강착원반. 밀러 행성이 원반의 왼쪽 가장자리 위에 보인다. 강착원반이 워낙 밝아서 별들과 성운들은 거의 보이지 않는다. [워너브라더스 사의 허가로 「인터스텔라」에서 따옴]

유제니와 그녀의 팀은 당연히 강착원반의 기체가 가르강튀아 주위를 돌게 만들었다. 그 기체가 가르강튀아로 떨어지지 않으려면, 반드시 그렇게 돌아야 한다. 그 기체의 궤도 운동이 중력 렌즈 효과와 결합되자 영화에서 인상적인 흐름이 만들어졌다. 그림 9.11은 그 흐름을 엿볼 수 있게 해준다.

내가 이 이미지들을 처음 보았을 때 얼마나 기뻤는지 모른다. 사상 최초로 할리우드 영화에서 블랙홀과 그것의 강착원반이, 우리 인간이 항성 간 여행의 능력을 획득하면 실제로 보게 될 모습대로 묘사되었다. 또한 나도 물리학자로서 생애 최초로 중력 렌즈 효과를 겪은 현실적인 강착원반의 모습을 보았다. 블랙홀의 그림자에 가려지는 대신에 그 그림자의 위와 아래를 감싼 강착원반의 모습을 말이다.

가르강튀아는 강착원반이 (물론 너무나 아름답지만) 빈약한 데다가 제트도 없으니, 가르강튀아의 주위 환경은 인간에게 정말로 우호적일까? 아멜리아 브랜드는 그렇다고 생각하는데……

그림 9.11 가르강튀아의 원반의 일부를 가까이에서 본 모습. 인듀어런스호가 원반 위로 날아가고 있다. 검은 구역은 가르강튀아이며, 원반은 그 구역을 둘러싸고 있다. 그림 앞쪽으로는 산란된 빛이 흰색으로 보인다. [워너브라더스 사의 허가로 「인터스텔라」에서 따옴]

10
진화의 주춧돌은 우연이야

Ⓣ

「인터스텔라」에서 밀러 행성이 불모지임을 발견한 아멜리아 브랜드는 다음으로 더 가까운 만 행성 대신에 가르강튀아에서 훨씬 더 멀리 떨어진 에드먼드 행성(Edmunds' planet)으로 가자고 주장한다. "진화의 주춧돌은 우연이야." 그녀는 쿠퍼에게 말한다. "블랙홀 주위를 돌고 있으면, 우연이 충분히 많이 일어날 수 없어. 우리에게 올 소행성, 혜성 같은 우연들을 블랙홀이 빨아들이잖아. 저 바깥으로 멀리 나가야 해."

이 장면은 「인터스텔라」에서 등장인물들이 과학을 오해하는 몇 곳 안 되는 대목 중 하나이다. 크리스토퍼 놀런은 아멜리아의 주장이 옳지 않음을 알았지만 조나의 시나리오 초고에 나오는 이 대사를 그대로 두기로 했다. 어떤 과학자도 판단력이 완벽할 수는 없으니까.

가르강튀아는 소행성과 혜성뿐 아니라 행성과 별과 작은 블랙홀도 빨아들이려고 하지만 성공하는 경우는 드물다. 왜 그럴까?

가르강튀아에서 멀리 떨어진 곳에 있는 천체는, 그것의 궤도가 거의 똑바로 블랙홀을 향하지 않는 한, 각운동량(angular momentum)[1]이 크다. 천체가 궤도를 따라 블랙홀에 접근할 때마다, 그 큰 각운동량이 산출하는 원심력은 가르강튀아의 중력을 쉽게 능가한다.

그림 10.1은 그런 천체의 전형적인 궤도를 보여준다. 이 천체는 가르강튀아의 중력에 끌려 그 블랙홀 쪽으로 이동한다. 그러나 사건지평에 도달하기 전에 원심력이 충분히 커져서, 그 천체는 다시 바깥쪽으로 튀어나간다. 이런 일이 거듭해서, 거의 끝없이 일어난다.

1. 각운동량은 천체의 원주 방향 속력에다가 가르강튀아에서 떨어진 거리를 곱한 값이다. 각운동량은 천체가 궤도를 따라 운동하는 동안 일정하게 보존되기 때문에 중요하다. 궤도가 복잡하더라도 천체의 각운동량은 보존된다.

이 상황은 다른 무거운 천체(작은 블랙홀이나 별, 또는 행성)와의 우연한 마주침에 의해서만 바뀔 수 있다. 그러면 그 천체는 그 다른 천체를 휘감아 돌며 새총 궤적(제7장)을 그린다. 이때 그 천체의 각운동량이 변화하고, 그 천체는 새로운 궤도에 진입한다. 새 궤도도 거의 항상 옛 궤도와 마찬가지로 큰 운동량을 가진다. 따라서 그 천체는 가르강튀아로 빨려들지 않는다. 아주 드문 경우에는 새 궤도가 그 천체를 거의 곧장 가르강튀아로 이끈다. 이런 궤도에서는 각운동량이 충분히 작으므로 원심력이 가르강튀아의 중력을 능가하지 못한다. 따라서 그 천체는 가르강튀아의 사건지평을 통과하여 그 블랙홀의 내부로 진입한다.

천체물리학자들은 가르강튀아처럼 거대한 블랙홀 주위를 별 수백만 개가 동시에 궤도 운동하는 상황을 시뮬레이션했다. 모든 궤도들은 중력 새총 효과 때문에 차츰 변화하고, 이와 함께 별들의 밀도(특정한 구역 안에 있는 별의 개수)도 변화한다. 가르강튀아 근처의 별 밀도는 낮아지지 않고 높아진다. 또한 소행성과 혜성의 밀도도 높아진다. 따라서 소행성이나 혜성과 무작위로 마주치는 빈도는 더 줄어들기는커녕 더 많아진다. 가르강튀아 근처는 인간을 비롯한 개별 생물에게 더 위험한 환경이 되고, 만일 충분히 많은 개체들이 살아남는다면, 진화의 속도가 빨라진다.

가르강튀아와 그 근처의 위험한 환경을 염두에 두고 잠시 눈길을 돌려 지구와 우리 태양계를 살펴보자. 우리가 다음으로 다룰 주제들은 지구에 닥친 재앙과 항성간 여행을 통해서 그 재앙을 벗어나는 극한의 모험이다.

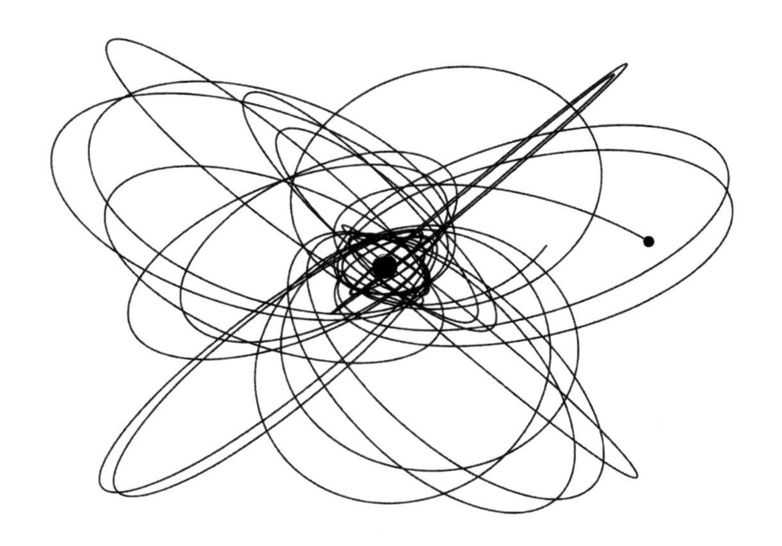

그림 10.1 가르강튀아처럼 빠르게 회전하는 블랙홀 주위를 도는 천체의 전형적인 궤도. [스티브 드레이스코의 시뮬레이션]

III
지구에 닥친 재앙

11
병충해

2007년에 시나리오 작가로 「인터스텔라」 제작팀에 합류했을 때, 조너선(조나) 놀런이 설정한 영화의 시대 배경은 현재의 문명이 허름한 흔적만 남긴 상태에서 인류에게 병충해(blight)가 최후의 일격을 가한 때였다. 그후에 감독을 맡은 조나의 형 크리스토퍼 놀런은 이 아이디어를 그대로 채택했다.

그러나 린다 옵스트와 조나, 그리고 나는 조나가 상상한 쿠퍼의 세계가 과학적 개연성을 가졌는지에 대해서 약간 걱정이 되었다. 어떻게 인류 문명이 그렇게까지 몰락할 수 있고, 또 어떻게 그런 상황에서도 많은 측면에서 그토록 정상적으로 보일 수 있을까? 병충해가 모든 식용 작물을 휩쓴다는 것이 과학적으로 가능할까?

나는 병충해에 대해서 아는 바가 많지 않다. 그래서 우리는 전문가들에게 조언을 구했다. 나는 2008년 7월 8일 캘리포니아 공대 교수식당 애서니엄에서 저녁 식사 자리를 마련했다. 음식은 훌륭하고 포도주는 최고였다. 조나, 린다, 나, 그리고 캘리포니아 공대의 생물학자 4명이 모였다. 생물학자들의 전공은 적절히 안배되었다. 엘리엇 마이어로비츠는 식물 전문가, 자레드 리드베터는 식물에 해를 끼치는 다양한 미생물에 관한 전문가, 멜 사이먼은 식물세포, 그리고 미생물이 식물세포에 미치는 영향에 관한 전문가, 데이비드 볼티모어는 생물학 전반에 폭넓은 안목을 가진 노벨상 수상자였다. (캘리포니아 공대는 멋진 곳이다. 지난 3년 내내 「타임스」가 세계 최고로 꼽은 그 대학은 적절하게 작다. 교수 300명, 학부생 1,000명, 대학원생 1,200명이 전부이다. 나는 캘리포니아 공대에서 일하는 과학 전문가들을 분야를 막론하고 모두 안다. 우리의 '병충해 저녁 식사 모임'에 필요한 전문가들을 찾아내고 동원하는 것은 어려운 일이 아니었다.)

나는 모임을 시작할 때 원형 식탁의 중앙에 마이크를 설치하여 우리가 두 시간 반 동안 자유롭게 나눈 대화를 녹음했다. 이 장은 그 녹음을 기초로 삼았다. 하지만 내가 그들의 발언을 다듬었고, 그들은 나의 손질을 점검하고 승인했다.

우리가 쉽게 도달한 최종 합의는 쿠퍼의 세계가 과학적으로 가능하지만, **개연성이 매우 낮다**는 것이다. 그런 세계는 실현될 가능성이 매우 낮지만 불가능하지는 않다. 그래서 나는 이 장에 막연한 사변을 뜻하는 기호 Ⓢ를 붙였다.

쿠퍼의 세계

포도주와 전채요리를 앞에 두고 조나는 자신이 상상한 쿠퍼의 세계에 대해서 이야기했다(그림 11.1). 몇 가지 재난이 중첩되어 북아메리카 인구는 10배 이상 감소했다. 다른 모든 대륙에서도 비슷한 수준의 인구 감소가 생겼다. 이제 인류는 주로 농업에 의지하여 식량과 거처를 마련하려고 애쓴다. 그러나 쿠퍼의 세계는 지옥이 아니다. 삶은 여전히 견딜 만하고 어떤 면에서는 유쾌하다. 계속되는 야구경기를 비롯해서 소소한 즐길거리들이 있다. 그러나 사람들은 이제 더는 큰 생각을 하지 않는다. 위대한 것을 열망하지 않는다. 단지 삶을 이어가는 것보다 약간 더 많은 것을 열망할 뿐이다.

대다수의 사람들은 재난이 끝났다고, 인류는 새로운 세계에서 안정을 되찾는 중이며 앞으로 형편은 더 나아지리라고 생각한다. 그러나 현실의 병충해는 매우 치명적이다. 이 작물에서 저 작물로 신속하게 옮아간다. 인류는 쿠퍼의 손자 세대가 끝나기 전에 멸망할 운명이다.

어떤 재난들일까?

어떤 재난들이 쿠퍼의 세계를 뒤에 남겼을까? 모임에 참석한 생물학 전문가들은 가능하지만 개연성이 낮은 대답 여러 개를 내놓았다.

리드베터 : 오늘날(2008년) 대다수의 사람들은 자신이 먹을 식량을 스스로 경작하지 않는다. 우리는 식량을 생산해서 유통하고 물을 분배하는 전 지구적인 시스템에 의존해서 살아간다.

그 시스템이 생물학적이거나 지구물리학적인 어떤 재난에 의해서 마비되는 것을 상상해볼 수 있다. 작은 규모의 예를 들자면, 미국의 경우, 만일 시에라네바다 산맥에 몇 년 연속으로 눈이 오지 않는다면, 로스앤젤레스에서는 식수가 부족해

그림 11.1 쿠퍼의 세계에서 삶의 여러 측면. 위: 수평선에서 모래 폭풍이 부는 가운데 야구 경기가 진행된다. 아래: 모래 폭풍이 지나간 뒤 쿠퍼의 집과 트럭. [워너브라더스 사의 허가로 「인터스텔라」에서 따옴]

질 것이다. 천만 명이 이주해야 할 테고, 캘리포니아 주의 농업 생산은 급감할 것이다. 훨씬 더 큰 규모의 재난들도 쉽게 상상할 수 있다. 인구가 대폭 줄어들고 농경 사회로 회귀한 쿠퍼의 세계에서는 식량 생산과 분배의 문제가 완화되었다.

사이먼 : 가능한 재난이 하나 더 있다. 인류 역사 내내 우리는 **병원체**(인체나 식물

이나 기타 동물을 공격하는 미생물들)와 끊임없이 싸워왔다. 우리 인간은 우리를 직접 공격하는 병원체들에 대처하기 위해서 정교한 면역체계를 발달시켰다. 그러나 병원체들은 계속 진화하고, 우리는 약간 뒤처지기 마련이다. 언젠가는 병원체들이 아주 빠르게 변화하여 우리의 면역계가 그것들을 따라잡지 못하는 재난이 발생할 수도 있다.

볼티모어 : 이를테면 에이즈(AIDS) 바이러스가 전염성이 훨씬 더 강한 형태로 신속하게 진화할 수도 있을 것이다. 성행위를 통해서가 아니라 기침이나 호흡을 통해서 전염되는 형태로 말이다.

사이먼 : 지구 온난화로 남극과 북극의 얼음이 녹는 현상도 마지막 빙하시대 이래로 오랫동안 휴면 중이던 어떤 치명적인 병원체가 활동을 재개하는 결과를 가져올 수 있다.

리드베터 : 다른 시나리오도 있다. 사람들이 지구 온난화 앞에서 공황 상태에 빠져 사태를 더 악화시킬 수도 있다. 온난화의 주원인은 대기 중의 이산화탄소의 증가이다. 인류를 구하겠다는 생각으로 사람들이 바다에 영양분을 투입하여 조류를 생산할 수도 있을 것이다. 조류가 광합성을 통해서 대기 중의 이산화탄소를 왕성하게 섭취하기를 바라면서 말이다. 바다에 철을 다량으로 투입하면 효과가 있을 것이다. 그러나 의도하지 않은 심각한 부작용들이 일어날 수도 있다. 이를테면 독소(치명적인 생물이 아니라 독성을 지닌 화학물질)를 생산하는 새로운 조류가 생겨 바다가 오염될 수 있다. 그러면 어류와 바다 식물이 대량으로 폐사될 것이다. 인류 문명은 바다에 크게 의존한다. 이런 일은 인간에게도 치명적일 수 있다. 불가능한 일일까? 전혀 그렇지 않다. 바다에 철을 투입하여 조류를 생산하는 실험들이 이미 이루어졌다. 철을 투입한 구역은 조류가 증가하여 우주에서 보면 녹색 점으로 보일 정도였다(그림 11.2). 게다가 번성한 조류들 중 일부는 과학계에 알려진 적이 전혀 없는 것들이었다. 생각해보면 천만다행이었다. 그 새로운 조류들은 해롭지 않았다. 그러나 해로운 조류가 생겨날 가능성은 열려 있다.

마이어로비츠 : 우리 대기의 오존 구멍(오존홀[ozone hole])으로 들어오는 자외선이 그 번성한 조류에서 돌연변이를 유발하여 새로운 병원체들을 만들어낼 수도

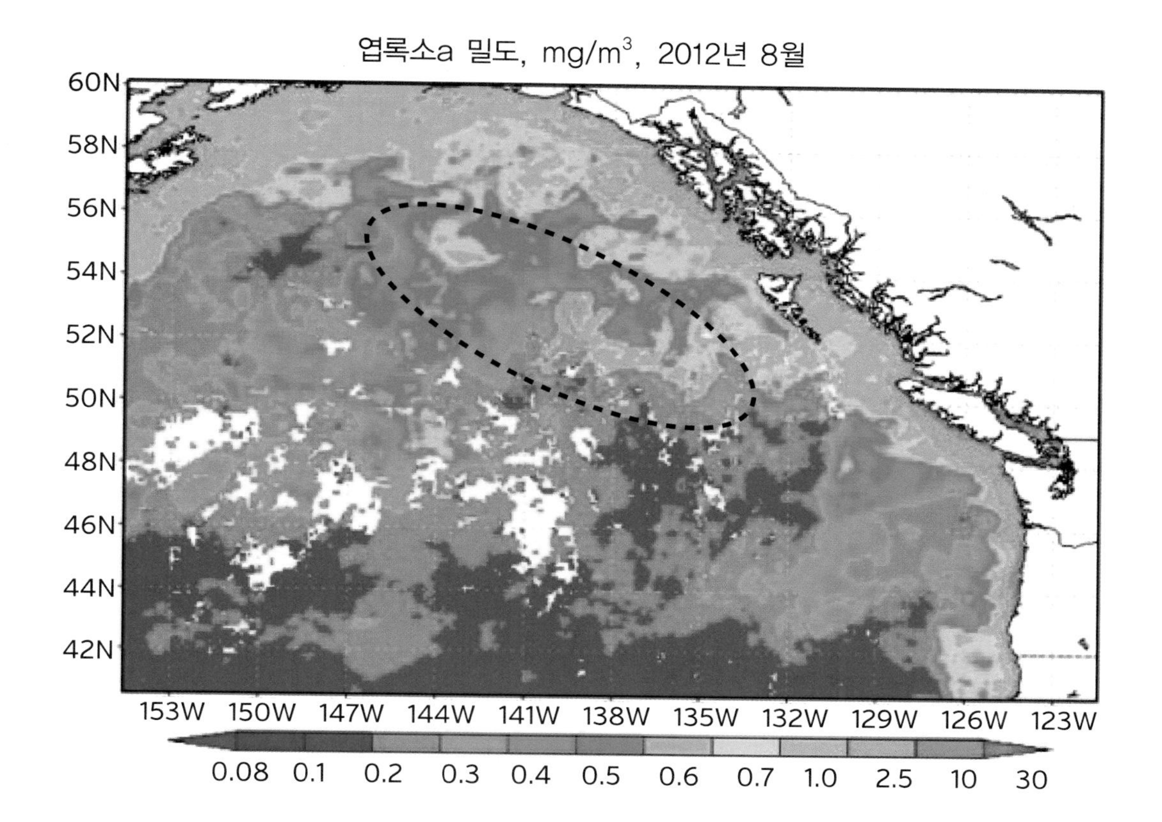

그림 11.2 캐나다 브리티시 컬럼비아 주 해안에서 멀리 떨어진 바다에 황화철 100톤을 투입한 후 작성한 엽록소(조류) 밀도 지도. 철이 유발한 조류의 성장으로 점선 타원 내부의 조류 밀도가 높아졌다. [조반니/고다드 지구과학 데이터 정보 서비스 센터/나사]

있다. 그 병원체들이 바다 식물을 멸종시킨 다음에 상륙하여 농작물을 휩쓸기 시작할 수 있을 것이다.

볼티모어 : 이런 재난들이 닥친다면, 우리의 유일한 희망은 과학과 기술이다. 만일 우리가 정치적인 이유로 과학과 기술에 투자하지 않거나 진화론 부정과 같은 반지성적 이데올로기 때문에 과학과 기술에 족쇄를 채운다면 (실은 이런 조치가 재난의 진짜 원인이다) 우리는 필요한 해법을 발견하지 못할 수도 있다.

다음으로 이 시나리오들 중 다수의 귀착점인 **병충해**에 대한 논의가 이어졌다.

병충해

병충해(blight)란 병원체가 식물에서 일으키는 병의 대다수를 가리키는 일반적인 명칭이다.

볼티모어 : 인류를 멸종시킬 원인을 찾는다면, 식물을 공격하는 병충해만큼 적당한 것은 없을 것이다. 우리는 식물을 먹고 산다. 물론 육류와 생선도 먹는다. 하지만 육류가 되고 생선이 될 동물과 어류도 식물을 먹고 산다.

마이어로비츠 : 병충해가 풀만 죽여도 충분할 것 같다. 우리가 짓는 농사의 대부분은 풀을 기반으로 한다. 벼, 옥수수, 보리, 수수, 밀이 다 풀이다. 우리가 잡아먹는 동물의 대다수도 풀을 먹고 산다.

마이어로비츠 : 이미 우리가 경작하는 식량의 50퍼센트가 병충해에 의해서 파괴된다. 아프리카에서는 이 비율이 훨씬 더 높다. 균류, 박테리아, 바이러스 등등, 모든 것이 병원체일 수 있다. 과거에 미국 동해안 지역에는 밤나무가 수두룩했는데, 지금은 없다. 병충해 때문에 다 죽었다. 18세기에 대다수 사람들이 선호한 바나나 종도 병충해로 멸종되었다. 그 종을 대체한 캐번디시 바나나도 현재 병충해의 위협을 받고 있다.

킵 : 나는 병충해가 일부 식물만 선택해서 공격하고 다른 식물로 옮아가지는 않는다고 생각했다.

리드베터 : 다양한 식물을 **두루** 공격하는 병충해도 있다. 많은 종들을 공격하는 일반 병충해와 소수의 종들만 공격하는 전문 병충해는 제각각 장단점이 있는 듯하다. 전문 병충해는 치사율이 아주 높을 수 있다. 이를테면 특정 식물의 99퍼센트를 죽일 수 있다. 일반 병충해는 다양한 식물을 공격하는 대신에 치사율은 훨씬 더 낮은 경향이 있다. 우리는 이런 패턴을 자연에서 거듭 발견한다.

린다 : 치사율이 아주 높은 일반 병충해도 있을까?

마이어로비츠 : 그런 병충해가 과거에 있었다. 지구 역사의 초기, 시아노박테리아가 산소를 생산하여 지구 대기의 조성을 근본적으로 바꾸기 시작했을 때, 그 박테리아는 지구에 사는 생물을 거의 모두 죽였다.

리드베터 : 그렇지만 산소는 시아노박테리아가 생산한 치명적인 부산물, 그러니

까 독소였지, 일반 병원체가 아니었다.

볼티모어 : 우리가 생전에 목격할지는 몰라도, 나는 치사율이 매우 높은 전문 병원체가 일반 병원체로 변화하는 것을 상상할 수 있다. 그런 병원체는 곤충의 도움을 받아 많은 식물 종들로 옮아갈 수 있을 것이다. 예컨대 일본에 사는 어떤 딱정벌레는 200가지 식물 종을 먹고 자신이 보유한 병원체를 많은 종들에 감염시킬 수 있다. 또 그 병원체는 그 식물 종들을 치명적으로 공격하기에 적합하게 진화할 수도 있다.

마이어로비츠 : 나는 모든 식물에 치명적인 일반 병원체를 상상할 수 있다. 엽록체를 공격하는 병원체. 엽록체가 없는 식물은 없다. 엽록체는 광합성(식물이 햇빛과 공기 중의 이산화탄소와 뿌리에서 올라온 물을 결합하여 성장에 필요한 탄수화물을 생산하는 과정)에 필수적이다. 엽록체가 없다면, 식물은 죽을 것이다. 그런데 어떤 새로운 병원체가 이를테면 바다에서 진화하여 엽록체를 공격한다고 상상해보라. 그 병원체는 바다에 사는 모든 조류와 식물을 싹쓸이하고 상륙하여 모든 육지 식물을 멸종시킬 수 있을 것이다. 그러면 온 세상이 사막이 된다. 불가능한 이야기가 아니다. 나는 이런 재난을 막을 방법을 모르겠다. 물론 이런 재난의 개연성이 높은 것은 아니다. 영영 일어나지 않을 가능성이 높다. 그러나 이런 재난을 쿠퍼의 세계를 만든 원인으로 삼을 수 있을 것이다.

이 사변들을 들어보면 어떤 악몽 같은 시나리오들이 생물학자를 잠 못 들게 할 수 있는지 어느 정도 감을 잡을 수 있다. 「인터스텔라」에서는 지구 전역으로 신속하게 번지는 치명적인 일반 병충해가 핵심적인 역할을 한다. 그러나 브랜드 교수는 걱정거리가 하나 더 있다. 그는 인류가 호흡할 산소가 바닥날 것을 근심한다.

12
산소 고갈

「인터스텔라」의 첫 부분에서 브랜드 교수는 쿠퍼에게 이렇게 말한다. "지구 대기는 80퍼센트가 질소라네. 우리는 질소를 호흡하지 않아. 병원체도 그렇다네. 병원체가 번성하면, 공기 속 산소가 점점 더 줄어들 거야. 굶어죽지 않고 버틴 사람들이 가장 먼저 질식사하겠지. 자네 딸의 세대는 지구에서 살아남는 마지막 세대가 될 걸세."

브랜드 교수의 예측은 과연 과학적 근거가 있을까?

이 질문은 두 가지 과학 분야, 곧 생물학과 지구물리학에 걸쳐 있다. 그래서 나는 우리의 병충해 저녁식사 모임에 참석한 생물학자들, 특히 엘리엇 마이어로비츠에게 조언을 구했다. 또 지구물리학자들인 캘리포니아 공대의 제럴드 와서버그 교수(지구, 달, 태양계의 기원 및 역사에 관한 전문가)와 육 융(지구 대기의 물리학과 화학, 기타 행성들의 대기에 관한 전문가)에게도 문의했다. 그들과 그들이 알려준 전문 논문들에서 나는 다음 내용을 배웠다.

호흡 가능한 산소의 창출과 파괴

우리가 호흡하는 산소는 O_2, 즉 산소 원자 두 개가 전자들에 의해서 결합하여 이룬 분자이다. 지구에는 다른 형태의 산소도 많이 있다. 몇 가지만 대면, 이산화탄소, 물, 지각의 광물들에 산소가 들어 있다. 그러나 인체는 이 산소들을 이용할 수 없다. 이 산소들은 다른 생물에 의해서 추출되고 O_2로 변환되어야 비로소 인체가 이용할 수 있는 산소가 된다.

대기 중의 O_2는 호흡, 연소, 부패에 의해서 **파괴된다**. 우리가 O_2를 호흡할 때, 우리 몸은 O_2와 탄소를 결합하여 이산화탄소(CO_2)를 생산하는데, 우리 몸은 이때 나오는 다량의 에너지를 이용한다. 나무가 탈 때, 불꽃은 대기 중의 O_2와 나무

속의 탄소를 신속하게 결합하여 CO_2를 생산한다. 이때 열이 발생하여 연소 과정을 지속시킨다. 죽은 식물이 숲 바닥에서 부패할 때는 식물 속의 탄소가 대기 중의 O_2와 천천히 결합하면서 CO_2와 열이 생산된다.

대기 중의 O_2는 주로 광합성에 의해서 창출된다. 식물의 엽록체(제11장)[1]는 햇빛의 에너지를 이용하여 CO_2를 C와 O_2로 분해한다. O_2는 대기로 방출되고, 탄소는 물에서 유래한 수소 및 산소와 결합하여 식물이 성장하는 데에 필요한 탄수화물을 이룬다.

O_2의 파괴와 CO_2 중독

앞 장 말미에서 엘리엇 마이어로비츠가 상상한 대로 엽록체를 파괴하는 병원체가 진화에 의해서 생겨난다고 가정해보자. 그러면 광합성이 종결될 것이다. 하지만 한꺼번에 종결되지는 않고, 식물들이 죽어감에 따라서 차츰 종결될 것이다. 결국 O_2가 창출되지는 않고 호흡, 연소, 부패에 의해서 파괴되기만 하는 상황이 도래할 것이다. 따져보면, O_2 파괴의 가장 큰 원인은 부패이다. 살아남은 인류에게는 다행스럽게도, 지구 표면에서 부패하는 식물은 O_2를 모조리 삼켜버릴 정도로 많지 않다.

부패의 대부분은 30년 후에 종결될 텐데, 그때까지 소모되는 O_2는 약 1퍼센트에 불과할 것이다. 따라서 쿠퍼의 자식과 손자가 굶어죽지 않는다면, 그들이 호흡할 O_2는 여전히 많다.

그러나 대기 중 O_2의 1퍼센트가 이산화탄소로 변환되었을 테고, 이는 대기의(주성분은 질소이지만) 0.2퍼센트가 CO_2임을 의미한다. 이 정도면 매우 예민한 사람들은 호흡에 불편을 느끼고, 어쩌면 (온실효과로 인해서) 지구의 온도가 섭씨로 10도(화씨로 18도) 만큼 올라갈 것이다. 완곡하게 표현하더라도, 누구에게나 불쾌한 상황이 되는 것이다.

모든 사람이 호흡 곤란과 졸음을 느끼려면 그보다 10배 더 많은 대기 중의 O_2가 CO_2로 변환되어야 하고, 모든 사람이 CO_2 중독으로 사망하려면 다시 이보다 5배 많은 대기 중의 O_2가 변환되어야 한다. 즉 대기 중 O_2의 50퍼센트가 CO_2로 변환되어야 모든 사람이 죽는다. 나는 이런 일을 일으킬 만한 메커니즘을 발견하

1. 조류와 바다 속의 시아노박테리아도 엽록체를 가졌고 광합성을 한다. 나는 단순한 서술을 위해서 이 두 가지 생물을 식물로 간주한다(시아노박테리아는 어떤 의미에서 엽록체의 한 형태이다).

지 못했다.

그렇다면 브랜드 교수가 틀린 것일까? (물리학자도 실수를 범할 수 있다. 특히 이론물리학자가 그렇다. 나 자신이 이론물리학자여서 잘 안다) 아마도 그런 것 같지만, 그렇지 않을 수도 있다. 만일 바다 밑바닥에 대한 지구물리학자들의 지식에 심각한 결함이 있다면, 브랜드 교수의 예측이 옳을 수도 있다.

부패하지 않은 유기물질은 지상뿐 아니라 바다 밑바닥에도 있다. 지구물리학자들은 바다 밑바닥에 있는 양을 지상에 있는 양의 20분의 1로 추정한다. 만약 그들이 틀렸다면, 즉 부패하지 않은 유기물질이 지상보다 바다 밑바닥에 50배 더 많다면, 그리고 만약 그 바다 밑바닥 유기물질을 신속하게 퍼올리는 메커니즘이 존재한다면, 그 물질이 부패하면서 생산하는 CO_2가 모든 사람의 호흡 곤란과 CO_2 중독에 의한 사망을 유발할 수 있다.

바닷물은 어떤 불안정성 때문에 수천 년에 한번씩 뒤집힌다. 수면의 물이 밑바닥으로 가라앉고, 밑바닥의 물이 수면으로 올라온다. 쿠퍼의 시대에는 이런 뒤집힘이 한 차례 격렬하게 일어나서 바다 밑바닥의 물이 올라오면서 그곳에 있는 유기물질의 대부분이 딸려 올라온다고 상상해볼 수 있다. 갑자기 대기에 노출된 그 유기물질이 부패하면, 대기 속 O_2가 변환되어 만들어진 CO_2가 치사량에 이를 수 있을 것이다.

물론 가능한 이야기이지만, 두 가지 이유에서 개연성이 매우 낮다. 우선, 바다 밑바닥에 부패하지 않은 유기물질이 지구물리학자들의 추정보다 1,000배 많이 있을 개연성이 매우 낮다. 또 바다 밑바닥의 물질을 퍼올릴 정도로 격렬한 바닷물의 뒤집힘이 발생할 개연성도 매우 낮다.[2]

아무튼 「인터스텔라」에서 지구는 확실히 죽어가는 중이고 인류는 새로운 거처를 발견해야 한다. 지구를 제외하면, 태양계에는 거주할 수 있는 곳이 없다. 그리하여 사람들은 우리 태양계 너머를 탐색하기 시작한다.

---

2. 지구물리학적 추정의 거대한 불확실성에 관한 몇 가지 수량적 세부사항과 설명을 보려면, 이 책 말미의 "전문적인 주석"을 참조하라.

13
다른 별로 가는 여행

처음 만난 자리에서 브랜드 교수는 쿠퍼에게 인류의 새 거처를 찾기 위한 노력이 "나사로 미션(Lazarus Missions)"이라는 이름으로 이미 시작되었다고 말한다. 쿠퍼는 이렇게 대꾸한다. "우리 태양계에는 생명이 살 수 있는 행성이 없고, 가장 가까운 별에 가려고 해도 천 년이 걸릴 겁니다. 쓸데없는 짓이라는 말조차 아깝죠. 대체 탐사대를 어디로 보냈단 말입니까? 교수님."

웜홀을 이용하지 않는다면, 쓸데없는 짓이라는 말도 아깝다는 쿠퍼의 평가는 백번 옳다. 가장 가까운 별들까지의 거리를 알면 당신도 동의할 것이다(그림 13.1).

가장 가까운 별들까지의 거리

거주 가능한 행성을 거느린 가장 가까운 (태양을 제외한) 별은 11.9광년 떨어진 타우 세티(Tau Ceti)라고 생각된다. 광속으로 여행하면, 그 별까지 가는 데에 11.9년이 걸린다는 뜻이다. 그보다 더 가까운 곳에 거주 가능한 행성들이 있다고 하더라도, 그 행성들까지 거리도 훨씬 더 가까울 수는 없다.

타우 세티가 얼마나 멀리 있는지 감을 잡기 위해서 거기까지의 거리를 엄청나게 축소해보자. 그 거리가 뉴욕 시에서 오스트레일리아 퍼스까지의 거리, 대략 지구 둘레의 절반과 같다고 상상하자.

태양을 제외한 가장 가까운 별 프록시마 센타우리는 지구에서 4.24광년 떨어져 있다. 그러나 그 별에 거주 가능한 행성들이 딸려 있다는 증거는 없다. 타우 세티까지 거리를 뉴욕에서 퍼스까지 거리로 상상하면, 프록시마 센타우리까지 거리는 뉴욕에서 베를린까지 거리와 비슷하다. 타우 세티나 프록시마 센타우리나 멀기는

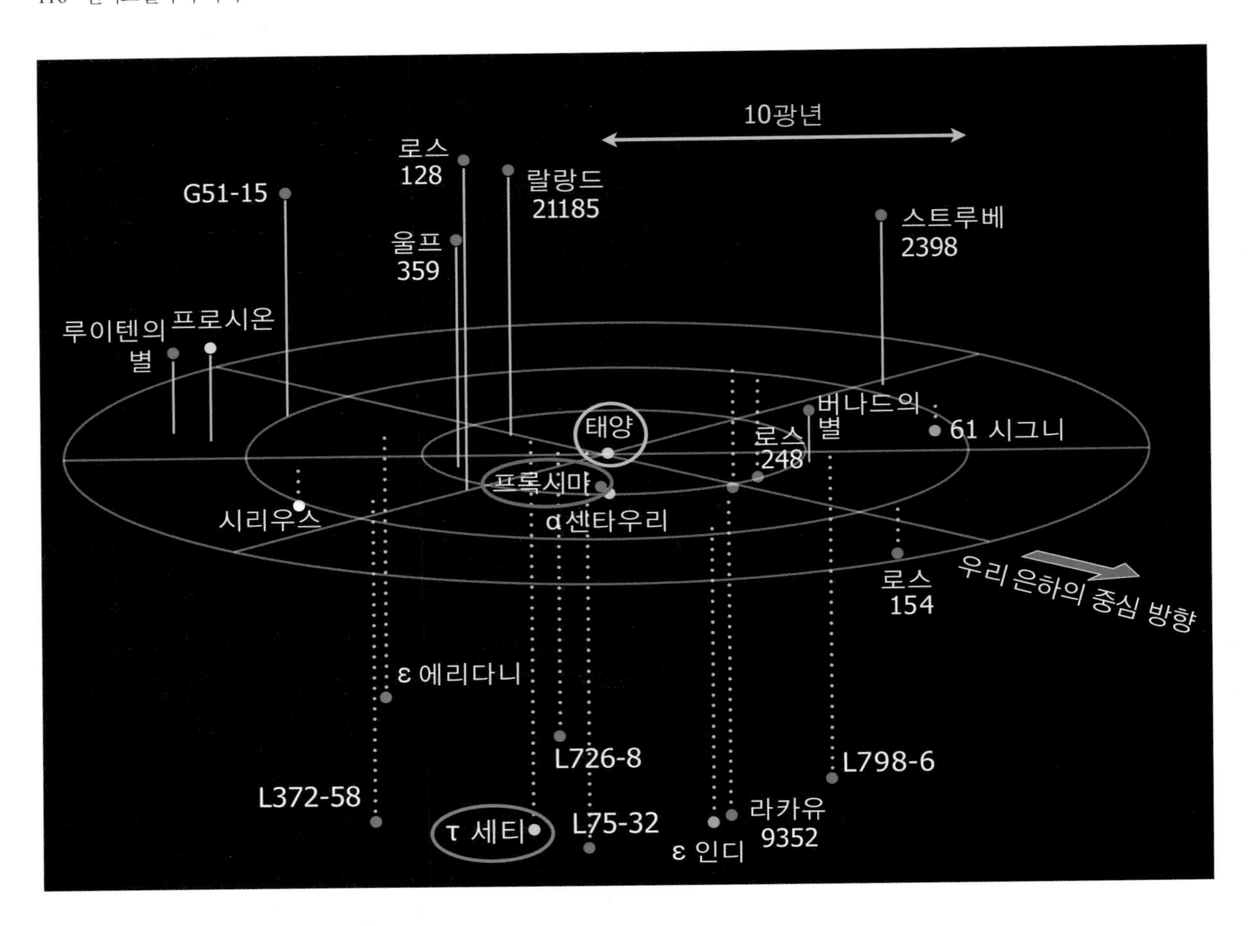

그림 13.1 지구에서 12광년 이내에 있는 모든 별들. 태양, 프록시마 센타우리, 타우 세티에는 노란색, 보라색, 빨간색 동그라미를 쳤다. [리처드 포웰의 www.atlasoftheuniverse.com에서 따옴]

매한가지이다!

참고로 인류가 별들 사이의 공간으로 보낸 무인우주선 중에서 가장 멀리 간 것은 보이저 1호이다. 이 우주선은 현재 지구에서 약 18광시(light-hour) 떨어져 있다. 거기까지 가는 데에 37년이 걸렸다. 타우 세티까지 거리를 뉴욕에서 퍼스까지 거리로 상상하면, 지구에서 보이저 1호까지 거리는 약 3킬로미터이다. 엠파이어 스테이트 빌딩에서 그리니치 빌리지의 남쪽 끝까지의 거리와 같다. 뉴욕에서 퍼스까지의 거리와 비교하면, 정말 한걸음도 안 된다.

지구에서 토성까지 거리는 그보다 더 가까운 200미터이다. 뉴욕 시에서 동서 방향으로 두 블럭, 엠파이어 스테이트 빌딩에서 파크 애비뉴까지의 거리와 같다. 지구에서 화성까지 거리는 고작 20미터이다. 지구에서 달까지의 거리는 (지금까지 인간이 여행한 가장 먼 거리인데) 7센티미터에 불과하다.

7센티미터 전진하여 달에 도달한 우리의 성취와 지구를 반 바퀴 도는 과제를 비교해보라. 인간이 우리 태양계 외부의 거주 가능한 행성에 가려면 7센티미터와

지구 반 바퀴의 차이만큼 기술이 도약해야 한다!

21세기 기술로 여행할 때 걸리는 시간

Ⓣ

보이저 1호는 태양계 바깥에서 초속 17킬로미터로 날아가는 중이다. 이 우주선은 목성과 토성을 휘감아도는 중력 새총 비행을 통해서 추진력을 얻었다. 「인터스텔라」에서 인듀어런스 호는 지구에서 토성까지 초속 20킬로미터 정도의 평균 속도로 2년 동안 이동한다. 내가 생각하기에 21세기에 로켓 기술과 태양계에서의 중력 새총 효과를 이용하여 도달할 수 있는 최고 속도는 초속 300킬로미터 정도이다.

이 최고 속도로 여행한다면, 프록시마 센타우리까지 5,000년, 타우 세티까지 1만3,000년이 걸릴 것이다. 그리 유쾌한 전망은 아니다.

21세기 안에 그 별들까지 더 빨리 가려면, 웜홀이나 그 비슷한 것이 필요하다(제14장).

먼 미래의 기술

Ⓔⓖ

기술에 밝은 과학자들과 공학자들은 광속에 가까운 여행을 가능케 할 만한 먼 미래의 기술들을 상상하는 일에 많은 노력을 기울여왔다. 인터넷을 검색하면 그들의 아이디어에 대해서 많은 것을 배울 수 있다. 그러나 인류가 그 아이디어들 중에서 하나라도 실현하려면 몇백 년이 걸릴 것이라고 나는 생각한다. 그러나 그들 덕분에 나도 초고도 문명들은 광속의 10분의 1 이상의 속도로 별들 사이를 여행할 가능성이 높다는 확신에 이르렀다.

이제부터 내가 흥미를 느끼는 전위적인 광속 근접 추진 기술의 예 세 가지를 살펴보자.

열핵융합

Ⓔⓖ

열핵융합을 이용한 추진 기술은 세 가지 아이디어 중에서 가장 전통적이다. 지상에서 통제된 열핵융합을 일으켜 전력을 생산하기 위한 연구개발은 1950년대에 시작되었지만, 완전한 성공은 2050년대에나 이루어질 것이다. 연구개발에 에누리 없이 한 세기가 걸린다는 뜻이다! 현실적인 시각으로 난점들을 고려하면 그런 예상이 나온다.

2050년대의 핵융합 발전소들은 우주선용 핵융합 추진 기술에 어떤 의미가 있을까? 가장 실용적으로 설계된 핵융합 추진 장치들을 갖춘 우주선은 초속 100킬로미터에 도달할 가능성이 있고, 21세기 말에는 어쩌면 초속 300킬로미터에도 도달할 수 있을 것이다. 하지만 광속에 근접하려면, 전혀 새로운 핵융합 활용 방법이 필요할 것이다.

간단한 계산을 해보면 핵융합의 잠재력을 알 수 있다. 중수소(deuterium : 무거운 수소) 원자 두 개가 융합하여 헬륨 원자 하나를 이루면, 중수소 원자들의 정지질량의 0.0064배(거의 1퍼센트)가 에너지로 변환된다. 이 에너지를 모두 헬륨 원자의 운동 에너지로 변환한다면, 그 원자는 광속의 약 10분의 1로 운동할 것이다.[1] 이 결론은, 만일 우리가 중수소 연료에서 얻은 융합에너지 전부를 우주선의 제어된 운동으로 변환할 수 있다면, 우주선의 속도를 대략 광속의 10분의 1까지(또한 우리가 영리하다면, 더 높은 속도까지) 높일 수 있다는 것을 시사하고 있다.

내가 대단히 존경하는 걸출한 물리학자 프리먼 다이슨은 1968년에 충분히 발전한 문명이 그런 높은 속도에 도달하기 위해서 사용할 만한 추진 시스템을 대략적으로 서술하고 분석했다.

열핵폭탄("수소폭탄")이 지름 20킬로미터짜리 반구형 완충 장치 바로 뒤에서 폭발한다(그림 13.2). 폭탄의 파편이 우주선을 떠밀어, 다이슨의 가장 낙관적인 추정에 따르면, 우주선의 속도를 광속의 30분의 1까지 높인다. 추진 장치를 더 정교하게 설계하면, 더 높은 속도를 성취할 수 있을 것이었다. 1968년에 다이슨은 그런 추진 시스템이 현재보다 150년 뒤인 22세기 후반에 실용화될 것이라고 예상했다. 나는 그가 너무 낙관적이었다고 생각한다.

1. 운동 에너지는 $Mv^2/2$이다. 이때 M은 헬륨 원자의 질량, v는 속도를 나타낸다. 이 운동 에너지와 핵융합에서 방출되는 에너지 $0.0064Mc^2$(c는 광속)이 서로 같다는 의미의 등식을 세워라. (나는 질량을 에너지로 변환하면, 산출되는 에너지의 양은 질량에 광속의 제곱을 곱한 값과 같다는 아인슈타인의 유명한 공식을 사용했다. 그 등식에서 나오는 결과는 $V^2 = 2 \times 0.0064c^2$, 따라서 v는 거의 c/10라는 것이다)

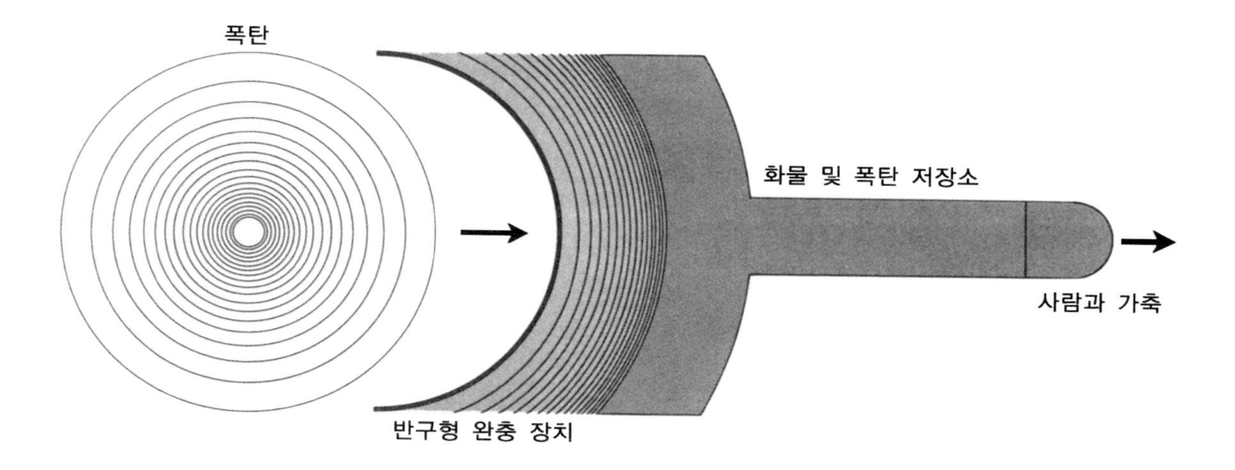

그림 13.2 폭탄에서 출력을 얻는 프리먼 다이슨의 추진 시스템. [다이슨(1968)에서 따옴]

레이저 빔과 빛의 범선

내가 존경하는 또다른 물리학자 로버트 포워드는 1962년에 돛을 단 우주선에 관한 짧은 글을 대중잡지에 발표했다. 그 우주선은 멀리 떨어진 곳에서 우주선의 돛을 초점으로 하여 발사한 레이저 빔을 추진력으로 사용한다(포워드 1962). 1984년에 발표한 전문적인 논문에서 그는 이 개념을 더 정확하고 정교하게 다듬었다(그림 13.3).

태양광에서 에너지를 얻는 한 세트의 레이저들이 우주 공간이나 달 표면에서 출력 7.2테라와트(terawatt : 10^{12}와트/옮긴이)의 레이저 빔을 발사한다(7.2테라와트면 2014년 미국의 전력 소비 총량의 두 배이다!). 이 레이저 빔은 지름 1,000킬로미터짜리 프레넬 렌즈(Fresnel lens)에 의해서 초점이 맞추어진다. 초점은 멀리 떨어진 지름 100킬로미터짜리 돛이다. 돛은 무게가 약 1,000톤이며 이보다 더 가벼운 우주선에 달려 있다(레이저 빔의 방향은 약 100만 분의 1각초[arcsecond]까지 정확해야 한다). 레이저 빔의 광압이 돛을 떠밀어, 우주선은 40년 동안 프록시마 센타우리까지 가는 여행의 절반을 소화했을 때 광속의 약 5분의 1에 도달한다. 이 개념의 수정 버전에서 우주선은 여행의 나머지 절반 동안 감속하여 목적지에서는 행성과 랑데부할 수 있을 만큼 낮은 속도에 도달한다(우주선이 어떻게 감속할 수 있는지는 당신 스스로 생각해보라).

다이슨과 마찬가지로 포워드는 자신의 개념이 22세기에 실용화되리라고 상상했다. 기술적인 문제들을 직시할 때, 실용화까지는 더 많은 세월이 필요하다고

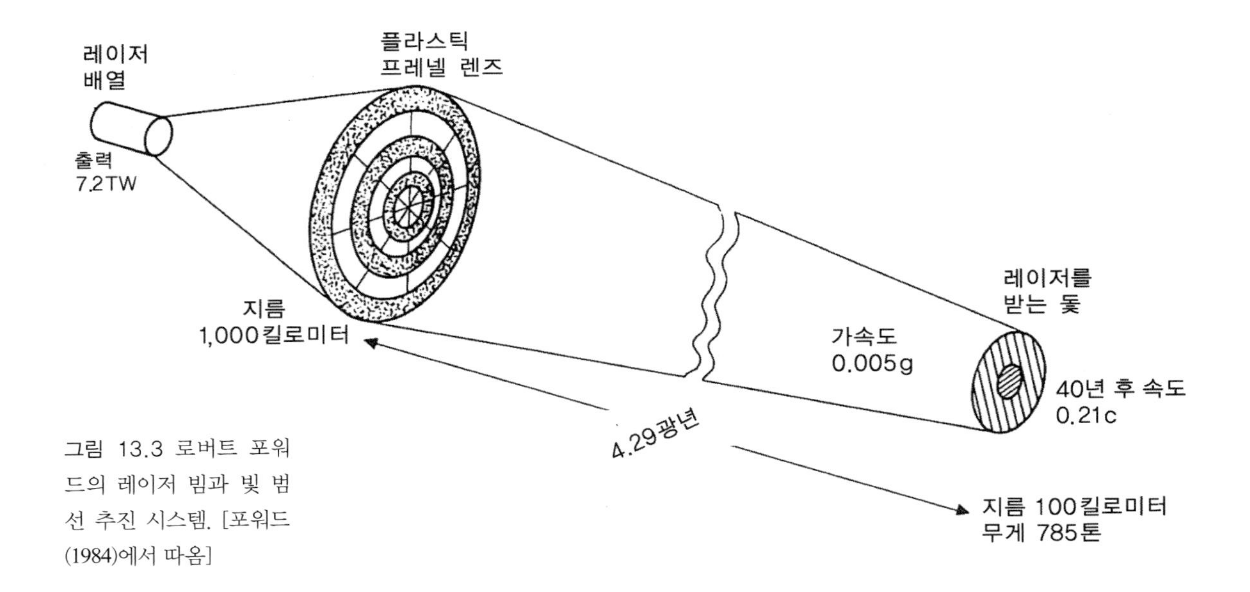

그림 13.3 로버트 포워드의 레이저 빔과 빛 범선 추진 시스템. [포워드(1984)에서 따옴]

나는 생각한다.

쌍 블랙홀에서 얻는 중력 새총 효과

Ⓢ

내가 세 번째로 거론하려는 예는 다이슨의 (1963년에 나온) 아이디어를 변형하여 나 자신이 구상한 파격적인, 매우 파격적인 추진 시스템이다.

당신이 생전에 몇 년 동안 거의 광속으로 우주의 대부분을 여행하려 한다고 해 보자(당신은 다른 별로 가는 여행 정도가 아니라 다른 은하로 가는 여행을 꿈꾼다). 서로의 주위를 도는 블랙홀 두 개, 즉 쌍 블랙홀(black-hole binary)의 도움을 받는다면, 당신은 그 꿈을 이룰 수 있다. 그 블랙홀들은 궤도가 심하게 찌그러진 타원이어야 하고 덩치가 충분히 커서 당신의 우주선을 기조력으로 파괴하지 않아야 한다.

화학연료나 핵연료를 사용하는 당신의 우주선은 한 블랙홀에 접근하는 궤도에 진입한다. 이 궤도를 "줌-맴돌기 궤도(zoom-whirl orbit)"라고 하자(그림 13.4). 당신의 우주선은 급격히 그 블랙홀에 접근하여 그 블랙홀을 몇 바퀴 맴돈 다음에, 그 블랙홀이 거의 똑바로 동반 블랙홀을 향해 움직일 때, 그 블랙홀을 떠나 동반 블랙홀로 간다. 이어서 그 동반 블랙홀을 맴돌기 시작한다. 만일 두 블랙홀의 운동이 여전히 서로를 향한다면, 당신의 맴돌기는 오래 지속하지 않는다. 당신은 다시 첫 번째 블랙홀로 이동한다. 만일 두 블랙홀의 운동이 더는 서로를 향하지 않는다면, 당신의 맴돌기는 훨씬 더 길어진다. 당신은 두 번째 블랙홀 주위에 정박하고 블랙홀들이 다시 서로를 향해 움직일 때를 기다리다가, 그때 다시 첫 번째 블랙홀을 향해 출발해야 한다. 이런 식으로 블랙홀들이 서로 접근할 때만 그것들 사이를 오가면, 당신의 우주선은 점점 더 높은 속도에 도달한다. 쌍 블랙홀의 궤도가 충분히 찌그러진 타원이라면, 당신의 우주선은 당신이 원하는 만큼 광속에 접근할 수 있다.

당신이 한 블랙홀 근처에 얼마나 오래 머물지를 소량의 로켓 연료만 가지고 제어할 수 있다는 것은 놀라운 사실이다. 열쇠는 블랙홀의 임계궤도에 진입하여 통제된 맴돌기를 하는 것이다. 임계궤도에 대해서는 제27장에서 논할 것이다. 지금은 임계궤도가 매우 **불안정한** 궤도라는 점을 지적하는 것으로 충분하다. 임계궤도에 머무는 것은 화산 분화구의 아주 미끄러운 테두리에서 오토바이를 타는 것과 유사하다. 당신이 임계궤도를 벗어나고 싶으면, 로켓을 조금만 가동하면 된다. 그러면 원심력이 주도권을 잡아, 당신의 우주선은 반대편 블랙홀로 날아갈 것이다.

당신이 원하는 만큼 광속에 접근했다면, 당신은 임계궤도에서 벗어나서 먼 우주의 목표 은하를 향해 출발할 수 있다(그림 13.5).

여행 거리는 멀 수도 있다. 무려 100억 광년일 수도 있다. 그러나 당신이 거의 광속으로 비행하면, 당신의 시간은 지구에서보다 훨씬 더 느리게 흐른다. 만일 당신의 속도가 광속에 충분히 가깝다면, 당신은 당신이 측정한 시간으로 몇 년 이내에 목표에 도달할 수 있다. 그러면 그 목표 은하에서 심하게 찌그러진 타원 궤도를 가진 쌍 블랙홀의 도움으로 (당신이 그런 쌍 블랙홀을 발견한다면!) 우주

그림 13.4 줌-맴돌기 궤도를 따라 비행하면 우주선의 속도를 거의 광속까지 높일 수 있다.

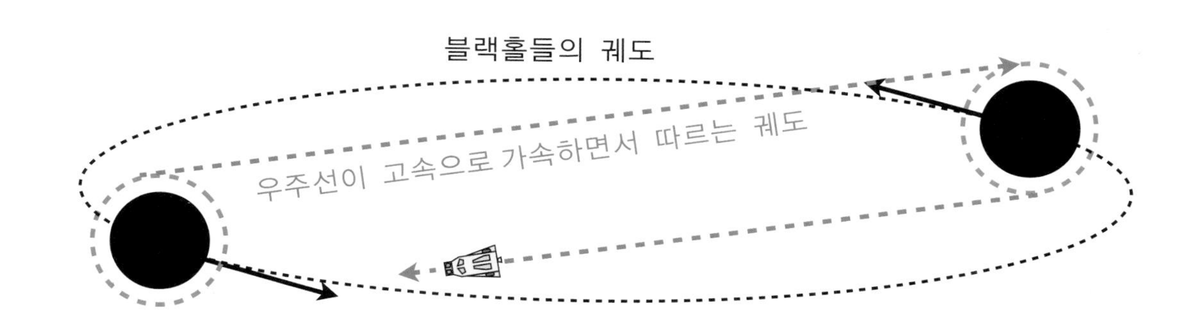

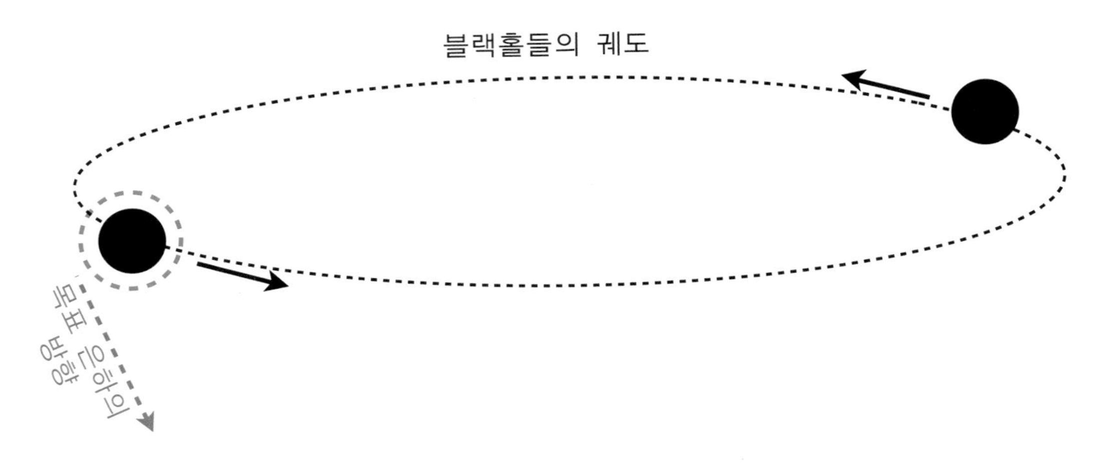

그림 13.5 임계궤도에서 먼 은하를 향해 출발하기

선을 감속할 수 있다(그림 13.6 참조).

우리 은하로 귀환하는 방법도 마찬가지이다. 그러나 당신의 귀환은 유쾌한 일이 아닐지도 모른다. 당신은 몇 년밖에 늙지 않았는데, 고향에서는 수십억 년이 흘렀을 테니까 말이다. 당신은 당신 눈앞에 어떤 광경이 펼쳐질지 상상해보기 바란다.

이와 같은 유형의 새총 비행은 머나먼 다른 은하로 문명을 퍼뜨리는 수단으로 쓰일 수 있을 것이다. 중요한 (어쩌면 극복할 수 없을 것 같은!) 난관은 필요한 쌍 블랙홀들을 발견하여 이용하는 것이다. 당신이 속한 문명이 충분히 발전했다면, 출발 지점의 쌍 블랙홀은 문제가 아닐 수도 있을 것이다. 그러나 목표 지점에서 또다른 쌍 블랙홀을 발견하여 감속에 이용할 수 있느냐 하는 것은 별개의 사안이다.

목표 지점에 감속용 쌍 블랙홀이 없다면, 또는 있는 데에도 불구하고 당신이 엉뚱한 방향으로 비행하는 바람에 그 쌍 블랙홀을 지나친다면 어떻게 될 것인가? 우주의 팽창을 감안하면, 이것은 까다로운 질문이 될 것이다. 왜 그런지 생각해보라.

그림 13.6 목표 쌍 블랙홀에서 새총 비행으로 감속하기

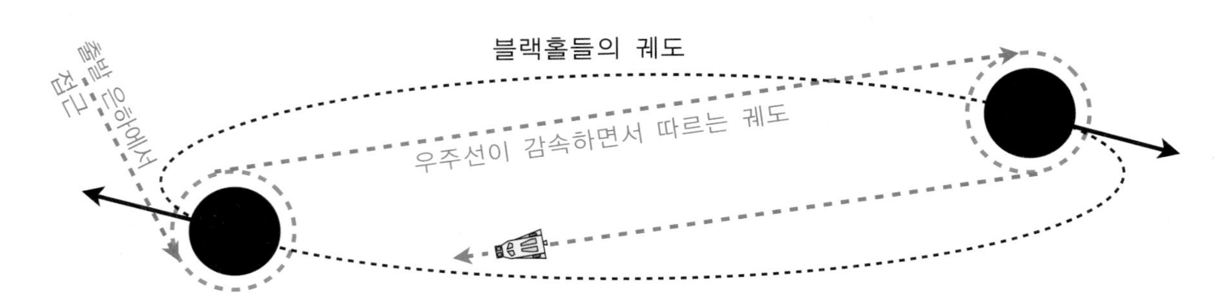

이 세 가지 먼 미래의 추진 시스템은 무척 흥미롭게 느껴질지 몰라도 말 그대로 먼 미래의 관심사이다. 우리가 21세기의 기술로 다른 태양계까지 가려면 수천 년이 걸린다. 만약 지구에 재앙이 닥쳤을 때 우리가 더 빠르게 다른 별로 여행할 가능성을 열어주는 유일한 (극도로 희박한) 희망은 「인터스텔라」에 나오는 것과 같은 웜홀이나 기타 극단적인 형태의 시공 굴곡이다.

IV

웜홀

14
웜홀

'웜홀'이라는 이름의 유래

Ⓣ

웜홀(wormhole : 벌레 구멍)이라는 이름은 나의 스승 존 휠러가 지었다. 그는 벌레가 사과에 뚫은 구멍(그림 14.1)을 작명의 기초로 삼았다. 사과 위에서 기어다니는 개미에게 사과 표면은 우주 전체이다. 만일 그 사과를 관통하는 벌레 구멍이 있다면, 개미가 사과 꼭대기에서 밑바닥까지 가는 길은 두 가지이다. 사과 표면을 따라 우회하는 (개미의 우주를 통과하는) 길, 그리고 벌레 구멍을 통해서 곧장 내려가는 길. 더 짧은 것은 벌레 구멍 길이다. 그 길, 곧 웜홀을 통한 길은 개미의 우주의 한편에서 반대편으로 가는 지름길이다.

웜홀이 통과하는 사과의 달콤한 속살은 개미의 우주의 일부가 아니다. 그 속살은 3차원 벌크, 혹은 초공간이다(제4장). 웜홀의 벽은 개미의 우주의 일부로 간주할 수 있다. 그 벽은 개미의 우주와 차원이 (2차원으로) 같을 뿐더러 웜홀의 입구에서 개미의 우주와 이어진다. 그러나 다른 관점에서 보면, 웜홀의 벽은 개미의 우주의 일부가 아니다. 웜홀과 그 벽은 개미가 자신의 우주의 한 지점에서 벌크를 통과하여 자신의 우주의 다른 지점으로 이동할 수 있게 해주는 지름길일 뿐이다.

그림 14.1 벌레 구멍이 뚫린 사과를 탐험하는 개미

플람의 웜홀

아인슈타인이 일반상대론 물리학 법칙들을 정립한 지 겨우 1년 뒤인 1916년, 빈의 루트비히 플람은 웜홀을 기술하는 아인슈타인 방정식들의 해를 발견했다(물론 그는 'wormhole'이라는 명칭을 사용하지 않았다). 오늘날 우리는 아인슈타인의 방정식들이 다양한 (모양과 행동이 다채로운) 웜홀들을 허용함을 안다. 그러나 정확히 구형이며 중력을 발휘하는 물질을 포함하지 않은 웜홀은 플람의 웜홀뿐이다. 우리가 플람의 웜홀의 적도면을 자른 뒤에 그 단면을 보면, 그 웜홀과 우리 우주(우리 브레인)는 3차원이 아니라 2차원이다. 그런 다음에 우리가 우리 우주와 그 웜홀을 벌크에서 바라보면, 그것들은 그림 14.2의 왼쪽처럼 보인다.

우리 우주의 차원 하나를 생략한 그림이므로, 당신은 자신을 흰 종이나 웜홀의 2차원 벽에 붙어 움직이는 2차원 존재로 상상해야 한다. 우리 우주의 위치 A에서 B로 이동하는 경로는 두 가지이다. 짧은 경로는 웜홀의 벽을 타고 내려가는 길(파란색 점선)이고, 긴 경로는 흰 종이, 즉 우리 우주를 따라가는 길(빨간색 점선)이다.

말할 필요도 없겠지만, 우리 우주는 실제로는 3차원이다. 그림 14.2 왼쪽의 동심원들은 실제로는 오른쪽의 포개진 구면들이다. 당신이 A 지점에서 파란색 경로를 따라 웜홀에 진입한다면, 당신은 점점 더 작아지는 구면들을 통과하는 것이다. 그 다음에는 포개진 구면들의 둘레가 일정하게 유지된다. 또 그 다음에는 구면들이 점점 더 커지고, 당신은 웜홀에서 나와 B 지점에 이르게 된다.

플람이 구한 아인슈타인 방정식들의 기이한 해, 곧 플람의 웜홀은 19년 동안 물리학자들의 관심을 거의 끌지 못했다. 그러나 1935년, 아인슈타인 자신과 동료 물리학자 네이선 로젠은 플람의 연구를 모르는 채로 그의 해를 재발견하여 그 속성들을 탐구하고 실제 세계에서 그 해가 가지는 의미에 대해서 숙고했다. 역시

그림 14.2 플람의 웜홀

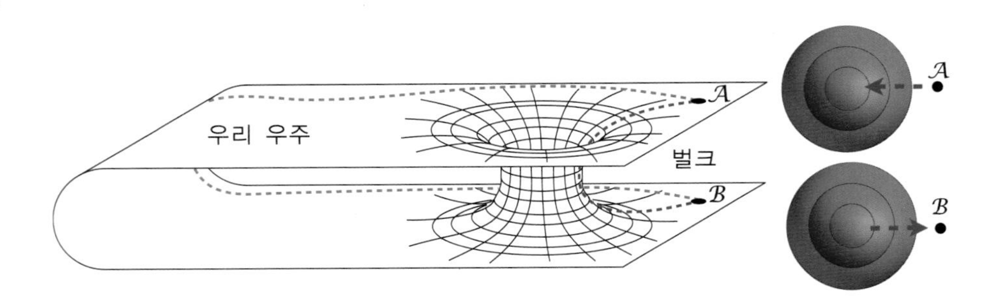

플람의 연구를 몰랐던 다른 물리학자들은 그의 웜홀을 "아인슈타인-로젠 다리(Einstein-Rosen bridge)"라고 부르기 시작했다.

웜홀 붕괴

Ⓣ

아인슈타인 방정식들의 수학에서 그것들이 예측하는 바를 온전히 이해하는 것은 어려운 일일 때가 많다. 주목할 만한 예로 플람의 웜홀을 들 수 있다. 1916년부터 1962년까지 거의 반세기 동안, 물리학자들은 웜홀이 정적(static)이라고, 영원히 변화하지 않는다고 생각했다. 그러나 존 휠러와 그의 학생 로버트 풀러가 그렇지 않음을 발견했다. 웜홀의 수학을 훨씬 더 꼼꼼하게 살펴본 그들은 웜홀이 그림 14.3이 보여주는 것처럼 태어나고 팽창하고 수축하고 죽는다는 것을 발견했다.

처음에, 즉 그림 a에서 우리 우주는 특이점 두 개를 가졌다. 시간이 흐르면서 그 특이점들이 벌크를 가로질러 서로에게 접근하고 만나서 웜홀을 이룬다(그림 b). 그 웜홀의 둘레가 팽창했다가(그림 c, d) 다시 줄어들어 특이점들의 연결이 끊긴다(그림 e). 결국 특이점 두 개가 남는다(그림 f). 이 같은 탄생, 팽창, 수축, 단절이 아주 신속하게 일어나기 때문에, 빛을 포함해서 그 무엇도 한편에서 웜홀을 통해서 반대편으로 이동할 시간적 여유가 없다. 무엇이든 혹은 누구든 웜홀 통과를

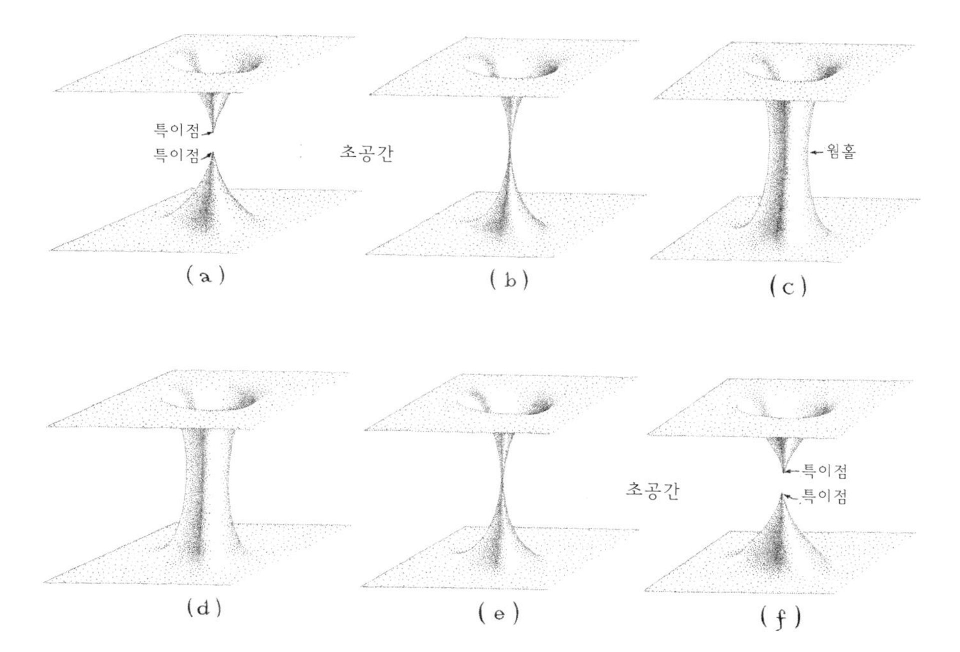

그림 14.3 플람의 웜홀(아인슈타인-로젠 다리)의 역동. [나의 스케치에 기초한 매트 지메트의 그림. 나의 책 『블랙홀과 시간굴절』에서 따옴]

시도하면 단절 지점에서 파괴될 것이다.

이 예측에 예외는 없다. 중력을 발휘하는 물질을 포함하지 않은 구형 웜홀이 언제 어떤 식으로든 이 우주에 생겨난다면, 그 웜홀은 이 예측대로 행동할 것이다. 그렇게 행동하라고 아인슈타인의 상대론 법칙들이 명령한다.

휠러는 이 결론에 실망하지 않았다. 정반대로 기뻐했다. 그는 특이점(공간과 시간의 골곡이 무한대가 되는 지점)을 물리학 법칙들의 "위기"로 여겼다. 그런데 위기는 훌륭한 선생이다. 특이점을 지혜롭게 탐구함으로써 우리는 물리학 법칙들에 대해서 많은 통찰을 얻을 수 있다. 이 얘기는 제26장에서 다시 하겠다.

『콘택트』

신속하게 사반세기를 전진하여 1985년 5월로 가자. 칼 세이건이 나에게 전화를 걸어 곧 출판될 그의 소설 『콘택트(*Contact*)』에 등장하는 상대론 관련 과학에 대해서 비판해줄 것을 요청했다. 나는 기쁜 마음으로 수락했다. 우리는 친한 친구였고, 나는 그 일이 재미있으리라고 생각했다. 뿐만 아니라 그가 나에게 린다 옵스트를 소개해준 것에 대한 보답도 해야 했다.

칼은 자신의 원고를 나에게 보냈다. 읽어보니 내 마음에 꼭 들었다. 그러나 한 가지 문제가 있었다. 그는 여주인공 엘러너 애로웨이 박사를 우리 태양계에서 베가(Vega) 별로 블랙홀을 통해서 보냈다. 그러나 블랙홀의 내부는 여기에서 베가나 그밖에 우리 우주의 다른 곳으로 통하는 경로가 **될 수 없다는** 것을 나는 알았다. 애로웨이 박사는 블랙홀의 사건지평을 통과한 다음에 특이점 근처에서 죽을 것이었다. 신속하게 베가에 도달하려면, 블랙홀이 아니라 웜홀이 필요했다. 그것도 단절되지 않는 웜홀, **통과 가능한** 웜홀이.

그래서 나는 스스로에게 물었다. 어떻게 하면 플람의 웜홀을 단절되지 않고 열려 있는 웜홀, 통과 가능한 웜홀로 만들 수 있을까? 간단한 사고실험(thought expriment) 하나가 나에게 답을 주었다.

플람의 웜홀처럼 구형이지만, 그 웜홀과 달리 단절되지 않는 웜홀이 당신 앞에 있다고 하자. 그 웜홀 속으로 광선 다발 하나를 반지름 방향으로 발사해보자. 그 다발 속의 모든 광선은 반지름 방향으로 뻗어나가므로, 그 다발은 그림 14.4가 보여주는 모양이어야 한다. 즉 웜홀에 진입할 때는 수렴하고(단면적이 줄어들

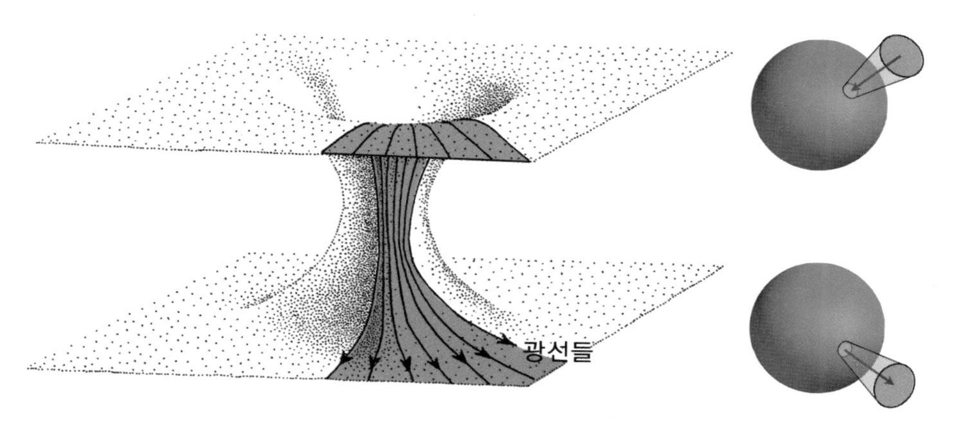

그림 14.4 구형이며 통과 가능한 웜홀을 통과하는 반지름 방향의 광선 다발. **왼쪽**: 차원 하나를 제거하고, 벌크에서 본 모습. **오른쪽**: 우리 우주에서 본 모습. [나의 스케치에 기초한 매트 지메트의 그림을 개작함. 나의 책 『블랙홀과 시간굴절』에서 따옴]

고) 웜홀을 벗어날 때는 발산해야(단면적이 늘어나야) 한다. 요컨대 웜홀은 마치 오목렌즈처럼 광선들을 바깥쪽으로 휘게 한다.

반면에 태양이나 블랙홀처럼 중력을 발휘하는 천체들은 광선들을 안쪽으로 휜다(그림 14.5). 그 천체들은 광선을 바깥쪽으로 휠 수 없다. 광선들을 바깥쪽으로 휘게 하려면, 천체가 음의 질량을 가져야 한다(바꿔 말해, 음의 에너지를 가져야 한다. 아인슈타인의 질량-에너지 등가원리를 상기하라). 이 근본적인 사실에서 출발하여 나는 구형이며 통과 가능한 웜홀은 음의 에너지를 가진 어떤 물질에 의해서 관통되어 있어야 한다는 결론에 도달했다. 그 물질의 에너지는, 적어도 그 웜홀을 통과하는 광선 다발의 입장에서 볼 때, 또는 거의 광속으로 그 웜홀을 통과하는 무엇인가나 누군가의 입장에서 볼 때, 음수여야 한다.[1] 나는 그런 물질을 "별난 물질(exotic matter)"이라고 부른다. (더 나중에 알았지만, 아인슈타인의 상대론 법칙들에 따르면, 구형이든 아니든 상관없이 임의의 웜홀은 오직 별난 물질에 의해서 관통되어 있어야만 통과 가능하다. 이 결론은 1975년에 데이비스 소재 캘리포니아 대학의 데니스 개넌이 증명한 정리에서 도출된다. 1985년 당시에 아직

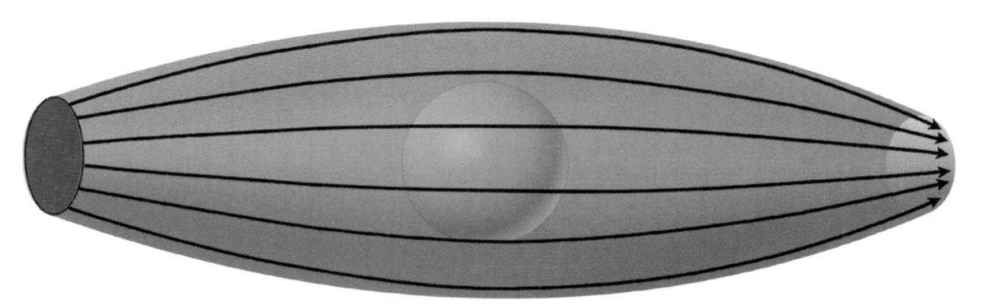

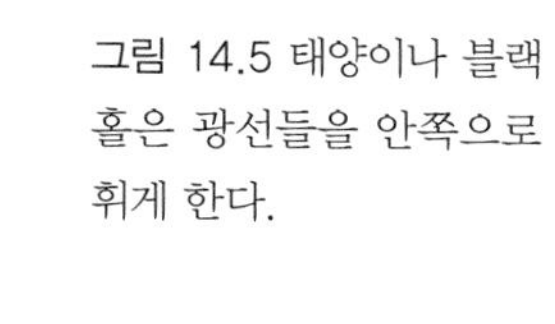
그림 14.5 태양이나 블랙홀은 광선들을 안쪽으로 휘게 한다.

1. 상대론 물리학에서 에너지는 기묘한 개념이다. 한 관찰자가 측정한 에너지는 그 관찰자가 어느 방향으로 얼마나 빨리 운동하느냐에 따라 달라진다.

문맹 수준이었던 나는 개넌의 정리를 몰랐다.)

그런데 별난 물질이 과연 존재할 수 있을까? 놀랍게도, 양자물리학 법칙들의 기이함 덕분에, 존재할 수 있다. 심지어 물리학 실험실에서 별난 물질이 미량이나마 만들어지기까지 했다. 전기 전도성을 띤 판 두 장을 아주 좁은 간격으로 나란히 놓으니, 그 좁은 틈에서 별난 물질이 만들어졌다. 이 현상을 일컬어 "카시미르 효과(Casimir effect)"라고 한다. 그러나 1985년 당시 나에게는 웜홀이 열린 상태를 유지하기에 **충분할 만큼 많은** 별난 물질을 포함할 수 있는지가 몹시 불분명했다. 그래서 나는 두 가지 일을 했다.

첫째, 내 친구 칼에게 편지를 써서 엘러너 애로웨이를 블랙홀이 아니라 웜홀을 통해서 베가로 보내라고 제안하면서, 그 웜홀은 별난 물질에 의해서 관통되어 있어야 함을 증명하는 계산을 덧붙였다. 칼은 나의 제안을 받아들였다(그리고 소설에 딸린 감사의 말에서 나의 방정식들을 언급했다). 이것이 현대 과학 허구—소설, 영화, 텔레비전—에 웜홀이 등장하게 된 사연이다.

둘째, 나의 학생들인 마크 모리스, 울비 유르체버와 함께 통과 가능한 웜홀에 관한 전문적인 논문 두 편을 출판했다. 그 논문들에서 우리는, 매우 발전한 문명이 충분히 많은 별난 물질을 웜홀 내부에 모아놓음으로써 웜홀의 열린 상태를 유지하는 것을 양자 법칙들과 상대론 법칙들이 허용하는지 알아보라는 과제를 동료 물리학자들에게 제시했다. 이를 계기로 많은 물리학자들이 많은 연구를 했다. 그러나 거의 30년이 지난 오늘날에도 정답은 여전히 밝혀지지 않았다. 증거의 우열을 따지면, 정답은 "허용하지 않는다"인 것도 같다. 그렇다면 통과 가능한 웜홀은 불가능하다. 그러나 최종 정답은 여전히 오리무중이다. 세부적인 논의를 보려면, 나의 동료 물리학자 앨런 에버렛과 토머스 로만이 쓴 『시간여행과 워프 항법(*Time Travel and Warp Drives*)』(에버렛과 로만 2012)을 참조하라.

통과 가능한 웜홀은 어떤 모습일까?

EG

우리 우주에 사는 우리 같은 사람이 보면, 통과 가능한 웜홀은 어떤 모습으로 보일까? 나도 확실히 대답할 수는 없다. 웜홀이 열린 상태를 유지할 수 있다고 하더라도, 어떻게 그럴 수 있는지에 관한 세부사항은 여전히 수수께끼이다. 따라서 그런 웜홀의 모양에 관한 세부사항도 알려져 있지 않다. 반면에 블랙홀에 대해서

캘리포니아 사막 쪽 입구

더블린 쪽 입구

그림 14.6 웜홀의 두 입구를 통해서 본 이미지들. [왼쪽 사진은 캐서린 맥브라이드 촬영, 오른쪽 사진은 마크 인터랜트 촬영]

는 로이 커가 정확한 세부사항을 제시했다. 덕분에 나는 제8장에서 서술한 예측들을 확실히 내놓을 수 있었다.

그러므로 웜홀에 대해서 나는 지식에 기초한 추측만 할 수 있다. 하지만 나는 그 추측을 상당한 정도로 확신한다. 그래서 이 절의 첫머리에 EG 기호를 붙였다.

여기 지상에 웜홀이 하나 있다고 상상하자. 그 웜홀은 더블린의 그라프턴 가에서부터 벌크를 가로질러 캘리포니아 남부의 사막으로 이어진다. 웜홀을 통과하는 경로의 길이는 겨우 몇 미터일 수도 있다.

웜홀의 입구를 영어로는 "마우스(mouth)"라고 부른다. 당신은 더블린 쪽 입구 근처 길가의 카페에 앉아 있다, 나는 캘리포니아 쪽 입구 근처 사막에 서 있다. 양쪽 입구는 꼭 수정구처럼 보인다. 내가 캘리포니아 쪽 입구 속을 들여다보면, 더블린 그라프턴 가의 왜곡된 이미지가 보인다(그림 14.6). 그 이미지는 마치 광섬유를 통해서 이동하듯이 웜홀을 통해서 더블린에서 캘리포니아로 이동한 광선에 의해서 제공된다. 당신이 더블린 쪽 입구를 들여다보면, 캘리포니아 사막에 있는 여호수아나무(선인장)가 보인다.

웜홀이 자연적인 천체로서 존재할 수 있을까?

「인터스텔라」에서 쿠퍼는 이렇게 말한다. "웜홀은 자연적으로 발생하는 현상이 아냐." 나는 전적으로 동의한다. 물리학 법칙들이 통과 가능한 웜홀을 허용한다고 하더라도, 그런 웜홀이 실제 우주에 자연적으로 존재할 개연성은 지극히 낮다

고 나는 생각한다. 하지만 이 생각은 막연한 사변보다 더 나을 것이 거의 없음을, 지식에 기초한 추측조차 아님을 고백하지 않을 수 없다. 어쩌면 풍부한 지식에 기초한 사변이라고 하겠는데, 그래도 사변은 사변이다. 그래서 나는 이 절에 Ⓢ 기호를 붙였다.

자연적인 웜홀에 대한 나의 견해는 왜 이리도 비관적일까?

우리가 우리 우주에서 보는 천체들 중에는 세월이 지나면 웜홀이 될 수 있을 만한 것이 전혀 없다. 반면에 나중에 핵연료를 소진하면 쪼그라들어 블랙홀이 될 무거운 별은 엄청나게 많이 관찰된다.

다른 한편, 극히 작은 웜홀들이 "양자 거품더미(quantum foam)"의 형태로 자연적으로 존재하리라는 희망을 품을 근거가 있다(그림 14.7). 이 거품더미는 제대로 밝혀지지 않은 양자중력 법칙들의 지배하에 끊임없이 요동하면서 생겨나고 사라지는 웜홀들의 가설적인 연결망이다(제26장). 그 거품더미는 이런 형태를 띨 확률이 정해져 있고 저런 형태를 띨 확률도 정해져 있다는 의미에서 확률적이다. 또한 이 확률들은 끊임없이 변화한다. 그리고 그 거품더미는 정말 엄청나게 작다. 일반적인 웜홀의 길이는 이른바 "플랑크 길이(Planck length)", 곧 0.0000000000000000000000000000000001센티미터일 것이다. 원자핵보다 10억 배 곱하기 10억 배 곱하기 100배 더 작은 셈이다!

일찍이 1950년대에 존 휠러는 양자 거품더미를 옹호하는 설득력 있는 논증들을 제시했지만, 오늘날 물리학자들은 양자중력 법칙들이 그 거품더미를 억누르고 심지어 그것의 발생을 막을 가능성이 있다는 증거를 가지고 있다.

만일 양자 거품더미가 존재한다면, 거기에 속한 웜홀들 중 일부가 자발적으로 인간적인 규모나 그 이상으로 성장할 수 있게 해주는 자연적인 과정이 존재하기

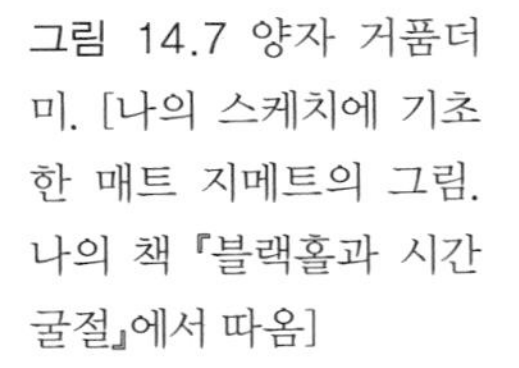
그림 14.7 양자 거품더미. [나의 스케치에 기초한 매트 지메트의 그림. 나의 책 『블랙홀과 시간 굴절』에서 따옴]

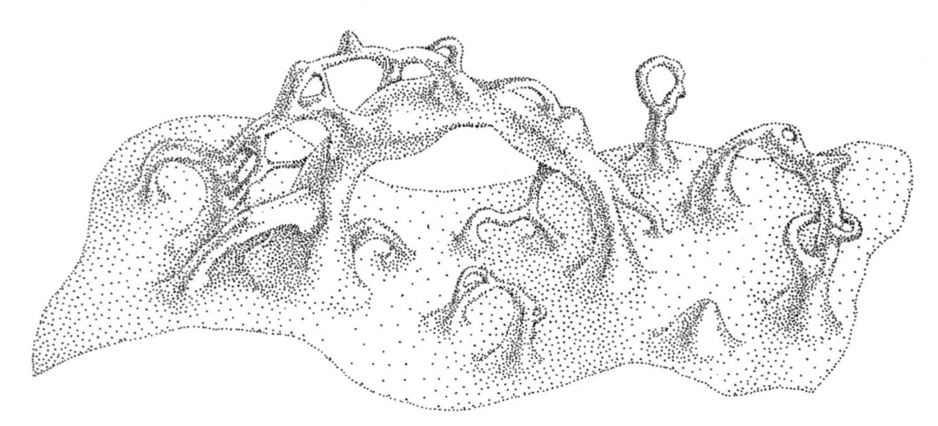

를 나는 바란다. 심지어 우주가 아주 어렸을 때 있었던 (우주 팽창이 급속도로 일어난) "인플레이션(inflation)" 기간에 그 자연적인 과정이 실제로 작동했기를 바란다. 그러나 우리 물리학자들은 그런 자연적인 확대가 일어날 수 있다거나 일어났다는 단서를 확보하지 못했다.

자연적인 웜홀의 존재에 대한 또다른 희박한 희망은 우주를 창조한 빅뱅이다. 비록 개연성은 아주 낮지만, 빅뱅 자체와 더불어 통과 가능한 웜홀들이 생겨났을 가능성이 있다. 그런데 이 가능성은 단지 우리가 빅뱅을 잘 모른다는 사실에서 유래한다. 빅뱅에 대한 우리의 지식에서는 빅뱅과 더불어 통과 가능한 웜홀들이 생겨났을 수 있다는 단서를 발견할 수 없다. 이것이 내가 "개연성이 아주 낮다"는 표현을 쓴 이유이다.

초고도 문명이 웜홀을 창조할 수 있을까?

내가 진지하게 품어보는 유일한 희망은 초고도 문명이 통과 가능한 웜홀을 만드는 것이다. 그러나 그 작업은 지독한 난관들에 봉착할 것이다. 따라서 나는 비관적이다.

기존에 없던 웜홀을 만드는 한 방법은 (만일 양자 거품더미가 존재한다면) 양자 거품더미에서 지극히 작은 웜홀 하나를 떼어내서 인간적인 규모 이상으로 확대하고 별난 물질로 관통하여 열린 상태를 유지하게 하는 것이다. 이것은 초고도 문명에게 요구하기에도 무리한 작업처럼 들리지만, 어쩌면 단지 우리가 양자 거품더미, 웜홀 떼어내기, 확대의 초기 단계(제26장)를 지배하는 양자중력 법칙들을 모르기 때문에 그렇게 들리는 것일지도 모른다. 따로 말할 필요도 없겠지만, 우리는 별난 물질도 그리 잘 알지 못한다.

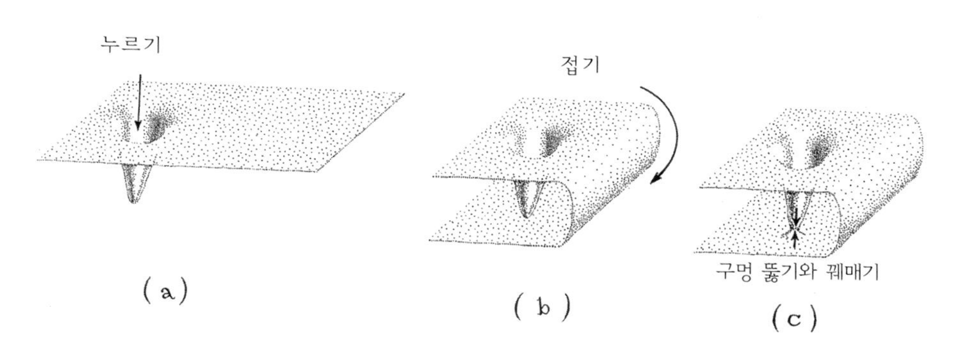

그림 14.8 웜홀 만들기. [나의 스케치에 기초한 매트 지메트의 그림. 나의 책 『블랙홀과 시간굴절』에서 따옴]

그림 14.9 웜홀을 설명하는 로밀리. **왼쪽:** 로밀리가 종이를 구부린다. **오른쪽:** 연필(웜홀)로 종이를 뚫어 종이의 양쪽 가장자리를 연결한다. [워너브라더스 사의 허가로 「인터스텔라」에서 따옴]

얼핏 생각하면 웜홀 만들기는 쉬울 것 같다(그림 14.8). 우리 브레인(우리 우주)의 한 부분을 아래쪽 벌크 속으로 눌러 구덩이를 만들고, 우리 브레인을 접고, 구덩이 바로 아래의 브레인에 구멍을 뚫고, 구덩이 밑바닥에도 구멍을 뚫고, 그 뚫린 부위들을 꿰매 붙이면 된다. 간단하다!

「인터스텔라」에서 로밀리는 이 과정을 종이와 연필을 가지고 시연한다(그림 14.9). 연필과 종이로 하는 이 작업을 3차원 공간에서 보면 더할 나위 없이 쉽게 보이겠지만, 종이가 우리 브레인이고 이 작업을 우리 브레인에 속한 문명이 우리 브레인 안에서 수행해야 한다면, 이 작업은 끔찍하게 어렵다. 솔직히 나는 우리 브레인 안에서 이 작업 단계들을 수행하는 방법을 전혀 모르겠다. 단 하나, 우리 브레인에 구덩이를 만드는 첫 단계를 수행하는 방법만 안다(이 단계는 중성자별처럼 밀도가 매우 높은 천체만 있으면 수행할 수 있다). 뿐만 아니라 우리 브레인에 구멍을 뚫는 것이 가능하다고 하더라도, 이 작업은 양자중력 법칙들의 도움을 받아야만 수행할 수 있다. 아인슈타인의 상대론 법칙들은 우리 브레인을 찢는 것을 금지한다. 따라서 그런 찢기를 수행할 희망은 그의 법칙들이 무력해지는 곳, 즉 양자중력의 영역에서만 품어볼 수 있다. 이로써 우리는 거의 미지의 영역으로 다시 돌아왔다(그림 3.2).

우리가 아는 최소한의 것들

물리학 법칙들이 통과 가능한 웜홀을 허용하는지에 대해서 나는 회의적이지만, 이것은 순전히 선입견일 수도 있다. 내가 잘못 생각하는 것일 수도 있다. 만일 그

런 웜홀들이 존재할 수 있다면, 그것들이 천체물리학적으로 자연스럽게 형성될 수 있는지에 대해서 나는 몹시 회의적이다. 그것들의 형성에 대해서 내가 사실상 유일하게 품어보는 희망은 초고도 문명에 의한 인공적 제작이다. 그러나 그런 문명이 이 제작을 어떻게 해낼 수 있을지에 대해서 우리는 거의 아는 바가 없다. 통과 가능한 웜홀을 적어도 우리 브레인(우리 우주) 안에서 제작하는 일은 가장 발전한 문명에게도 터무니없이 벅찬 과제인 듯하다.

그러나 「인터스텔라」에서는 웜홀이 벌크에 속한 문명에 의해서 이미 만들어졌고 열려 있으며 토성 근처에 위치해 있다고 상정된다. 그 문명을 이룬 존재들은 벌크와 마찬가지로 4차원이다.

이것은 무지의 안개가 극도로 짙게 드리운 영역에 대한 이야기이다. 그럼에도 나는 벌크에 사는 존재들을 제22장에서 논할 것이다. 그전에 먼저 「인터스텔라」에 등장하는 웜홀을 살펴보자.

15
「인터스텔라」에 나오는 웜홀의 모습

「인터스텔라」에 등장하는 웜홀은 어떤 초고도 문명에 의해서 제작되었다고 상정된다. 그 문명은 벌크에 속해 있을 가능성이 매우 높다. 이 점에 착안하여 올리버 제임스[1]와 나는 「인터스텔라」를 위한 웜홀 시각화의 기초 단계에서 마치 우리가 초고도 문명의 공학자들인 것처럼 굴었다. 우리는 물리학 법칙들에 의해서 웜홀이 허용된다고 전제했다. 또 「인터스텔라」의 웜홀을 만든 제작자들이 별난 물질을 넉넉히 마련하여 그 웜홀을 열린 상태로 유지한다고 전제했다. 또한 그 제작자들이 웜홀 내부와 주위의 공간과 시간을 우리가 바라는 대로 휠 수 있다고 전제했다. 이것들은 상당히 극단적인 전제들이다. 그래서 나는 이 장에 막연한 사변을 뜻하는 Ⓢ 기호를 붙였다.

웜홀의 중력과 시간 굴곡

크리스토퍼 놀런은 「인터스텔라」의 웜홀이 적당한 중력을 발휘하기를 원했다. 그 중력은 인듀어런스 호를 웜홀 주위의 궤도에 붙들어둘 만큼 강하면서도, 인듀어런스 호가 로켓을 적당히 가동하면 속도가 줄면서 부드럽게 웜홀로 떨어질 수 있을 만큼 약해야 했다. 두 번째 조건은 그 웜홀의 중력이 지구의 중력보다 훨씬 더 약해야 함을 의미했다.

아인슈타인의 시간 굴곡 법칙에 따르면, 웜홀 내부에서의 시간 지체는 웜홀의 중력에 비례한다. 웜홀의 중력이 지구의 중력보다 더 약하다면, 웜홀 내부에서 시간이 느려지는 정도는 지구에서보다 더 작아야 한다(지구에서의 시간 지체는 10억 분의 1 수준이다. 다시 말해서 지구에서 시간은 10억 초, 곧 30년

1. 기억하겠지만, 더블 네거티브 사의 과학 팀장 올리버 제임스는 「인터스텔라」를 위한 웜홀 및 블랙홀 시각화 작업의 기초가 된 컴퓨터 코드를 작성했다. 제1장, 제8장 참조.

동안 1초만큼 느려진다). 그렇게 작은 시간 지체는 무시해도 좋다고 판단하여 올리버와 나는 「인터스텔라」의 웜홀을 설계할 때에 시간 지체를 고려하지 않았다.

웜홀의 모양을 조정하기 위한 매개변수들

웜홀의 모양에 관한 최종 결정은 크리스토퍼 놀런(영화감독)과 폴 프랭클린(시각효과 감독)의 몫이었다. 나의 임무는 그 모양을 조절하기 위해서 변화시킬 수 있는 매개변수들을 더블 네거티브 사의 올리버와 동료들에게 알려주는 것이었다. 이어서 그들은 그 매개변수들을 다양하게 바꿔가면서 웜홀의 모습을 시뮬레이션하여 크리스와 폴에게 보여주었고, 이들은 가장 그럴싸한 모습 하나를 선택했다.

나는 웜홀의 모양에 매개변수 세 개를 부여했다. 그 모양을 조정하는 방법 세 개를 부여했다는 뜻이다(그림 15.1).

첫째 매개변수는 벌크에 속한 초고도 문명의 공학자가 측정한 웜홀의 반지름이다(가르강튀아의 반지름과 유사하게 정의된다). 그 반지름에 $2\pi = 6.28318\cdots\cdots$를 곱하면, 쿠퍼가 인듀어런스 호를 타고 웜홀 주위를 돌거나 웜홀을 통과할 때 측정한 웜홀의 둘레가 나온다. 크리스는 내가 작업에 착수하기도 전에 그 반지름을 결정했다. 그는 「인터스텔라」의 웜홀로 인해서 별빛들이 겪는 중력 렌즈 효과가 영화 속의 시대에 나사가 보유한 최고 성능의 망원경으로 지구에서 관찰하면 보일까 말까 한 정도이기를 원했다. 이 요구에 부응하려면 그 웜홀의 반지름은 약 1킬로미터여야 했다.

둘째 매개변수는 쿠퍼가 측정하거나 벌크에 사는 공학자가 측정하거나 마찬가지인 웜홀의 길이이다.

셋째 매개변수는 웜홀이 그 너머의 천체들에서 오는 빛을 얼마나 심하게 구부리느냐를 결정한다. 이 중력 렌즈 효과의 세부사항은 웜홀의 양쪽 입구 근처 공간의 모양에 의해서 결정된다. 나는 그 모양을 비회전 블랙홀의 사건지

그림 15.1 벌크에서 본 웜홀의 모습. 내가 웜홀의 모양 조정에 이용하라고 알려준 매개변수들이 표시되어 있다(왼쪽 작은 그림은 동일한 웜홀을 벌크에 속한 훨씬 더 먼 곳에서 본 모습이다. 그래서 웜홀 주위가 더 많이 보인다).

평 바깥쪽 공간과 유사한 모양으로 선택했다. 내가 선택한 모양을 조정하는 매개변수는 단 하나, 강한 중력 렌즈 효과를 일으키는 구역의 폭뿐이다. 나는 이 매개변수를 **중력 렌즈 효과 폭**(lensing width)[2]으로 명명하고 그림 15.1에 표시했다.

매개변수들이 웜홀의 모습에 미치는 영향

가르강튀아를 시각화할 때와 마찬가지로(제8장) 나는 아인슈타인의 상대론 법칙들을 이용하여, 웜홀 주위와 내부에서 광선들의 경로를 기술하는 방정식들을 도출했다. 그리고 웜홀의 중력 렌즈 효과를, 따라서 웜홀 주위를 돌거나 내부를 통과하는 카메라에 포착될 광경을 계산하기 위해서 내 방정식들을 조작하는 방법을 개발했다. 그 방정식들과 조작 방법이 내가 예측한 이미지들을 산출하는 것을 확인한 후, 나는 그것들을 올리버에게 보냈고, 그는 영화에 필요한 화질의 아이맥스 이미지들을 창조할 수 있는 컴퓨터 코드를 작성했다. 유제니 폰 툰첼만은 배경의 별들과 웜홀에 의한 중력 렌즈 효과를 겪을 천체들의 이미지를 추가했다. 이어서 그녀와 올리버, 폴은 내가 알려준 매개변수들의 영향을 살펴보기 시작했다. 나도 독자적으로 그 매개변수들을 바꿔가면서 웜홀의 모습이 어떻게 달라지는지를 실험했다.

유제니는 고맙게도 이 책을 위해서 그림 15.2와 15.4를 제공했다. 이 그림들에서 우리는 웜홀을 통해서 토성을 볼 수 있다(유제니가 제공한 그림들의 해상도는 나의 원시적인 컴퓨터 코드로 도달할 수 있는 해상도보다 훨씬 더 높다).

웜홀의 길이

우리는 먼저 웜홀의 길이가 미치는 영향을 탐구했다. 이때, 중력 렌즈 효과는 적당한 정도로 설정했다(중력 렌즈 효과 폭을 좁게 잡았다)(그림 15.2 참조).

웜홀이 짧으면(첫째 그림), 일그러진 토성의 이미지 하나가 웜홀을 통해서 카메라에 포착된다. 그 1차 이미지는 수정구처럼 보이는 웜홀 입구의 오른쪽 절반에 나타난다. 더불어 극도로 얇은 렌즈 모양의 2차 이미지도 수정구의 왼쪽 가장자

2. 중력 렌즈 효과의 대부분은 벌크에서 본 웜홀의 모양이 심하게 휜 구역에서 일어난다. 그 구역은 웜홀의 경사가 45도보다 더 가파른 곳이다. 그래서 나는 벌크에서 보았을 때 웜홀의 목(의 벽)에서부터 경사가 45도인 지점까지의 반지름 방향 거리를 중력 렌즈 효과 폭으로 정의한다(그림 15.1).

리에 나타난다(오른쪽 아래의 렌즈 모양 이미지는 토성이 아니다. 그 이미지는 더 먼 우주의 일부가 왜곡된 모습이다).

웜홀이 길어지면(가운데 그림) 1차 이미지가 작아지면서 안쪽으로 이동하고, 2차 이미지도 안쪽으로 이동하며, 수정구의 오른쪽 가장 자리에 아주 얇은 렌즈

그림 15.2 왼쪽: 중력 렌즈 효과 폭이 (웜홀 반지름의 5퍼센트에 불과할 정도로) 좁은 웜홀을 벌크에서 본 모습. 오른쪽: 카메라에 포착되는 이미지들. 위에서부터 아래로: 웜홀의 길이가 웜홀 반지름의 0.01배, 1배, 10배로 증가한다. [나의 방정식들에 기초한 올리버 제임스의 코드를 써서 유제니 폰 툰첼만의 팀이 제작한 시뮬레이션]

모양의 3차 이미지가 나타난다.

웜홀이 더 길어지면(아래 그림), 1차 이미지는 더 작아지고, 모든 이미지들이 안쪽으로 이동하며, 4차 이미지가 수정구의 왼쪽 가장자리에, 5차 이미지가 오른쪽 가장자리에 나타나는 등, 더 많은 이미지들이 나타난다.

벌크에서 본 웜홀에 광선들을 그려보면, 이 행동들을 이해할 수 있다(그림 15.3). 1차 이미지는 검은색 광선(1)과 그것을 둘러싼 광선들의 다발에 의해서 제공된다. 이 광선은 토성에서부터 카메라까지 가능한 최단 경로로 이동한다. 2차 이미지는 빨간색 광선(2)을 둘러싼 광선들의 다발에 의해서 제공된다. 이 광선은 웜홀의 벽을 타고 내려오면서 검은색 광선과 반대 방향(반시계 방향)으로 돈다. 이 광선은 토성에서부터 카메라까지 이어진 반시계방향 광선들 중에서 가장 짧다. 3차 이미지는 녹색 광선(3)을 둘러싼 광선들의 다발에 의해서 제공된다. 이 광선은 웜홀을 시계방향으로 한 바퀴 넘게 도는 광선들 중에서 가장 짧다. 4차 이미지는 갈색 광선(4)을 둘러싼 광선들의 다발에 의해서 제공된다. 이 광선은 웜홀을 반시계방향으로 한 바퀴 넘게 도는 광선들 중에서 가장 짧다.

당신은 5차 이미지와 6차 이미지를 설명할 수 있겠는가? 웜홀이 길어질수록 이미지들이 작아지는 이유도 설명할 수 있겠는가? 이미지들이 수정구를 닮은 웜홀 입구의 가장자리에서 나타나서 안쪽으로 이동하는 것처럼 보이는 이유도 설명할 수 있겠는가?

그림 15.3 토성에서 발원하여 웜홀을 통해서 카메라에 도달하는 광선들

웜홀의 중력 렌즈 효과 폭

웜홀의 길이가 카메라에 잡히는 이미지에 어떤 영향을 미치는지 이해한 다음에 우리는 그 길이를 웜홀의 반지름과 같게 상당히 짧은 값으로 고정하고 중력 렌즈 효과를 변화시켰다. 구체적으로 웜홀의 중력 렌즈 효과 폭을 거의 0에서부터 대략 웜홀 반지름의 절반까지 증가시키면서 카메라에 어떤 이미지들이 포착될지 계산했다. 그림 15.4는 양극단의 두 사례를 보여준다.

중력 렌즈 효과 폭이 아주 작으면, 웜홀의

모양(위 왼쪽)은 외부 우주(수평면)와 웜홀의 목(수직 원통)이 거의 곧바로 이어지는 형태가 된다. 카메라로 촬영할 경우(위 오른쪽), 이런 웜홀은 배경의 별들과 위 왼쪽 검은 구름의 이미지를 웜홀의 가장자리 근처에서 약간만 왜곡한다. 그밖에는 배경의 별들이 그냥 가려진다. 행성이나 우주선처럼 중력이 약하고 불투명한 물체가 카메라 앞에 놓여 있을 때와 마찬가지이다.

그림 15.4의 아랫부분에서는 중력 렌즈 효과 폭이 대략 웜홀 반지름의 절반이다. 따라서 이 웜홀의 모양에서는 목(수직 원통)으로부터 외부 우주(근사적인 수평면)로의 이행이 천천히 이루어진다.

중력 렌즈 효과 폭이 이렇게 크면, 웜홀은 비회전 블랙홀(그림 8.3, 8.4)과 거의 마찬가지로 배경의 별들과 검은 구름의 이미지를 심하게 왜곡하여 여러 이미지들을 산출한다(그림 15.3의 아래 오른쪽). 또한 토성의 2차 이미지와 3차 이미지도 중력 렌즈 효과에 의해서 확대된다. 그림 15.3의 아래쪽 웜홀은 위쪽 웜홀보다 더 크게 보인다. 카메라의 시야에서 더 큰 각도를 차지하는 것이다. 이것은 카메라가 웜홀 입구에 더 다가갔기 때문이 아니다. 위쪽 그림과 아래쪽 그림에서 카메라의

그림 15.4 웜홀의 중력으로 인해서 배경의 별들과 토성이 겪는 중력 렌즈 효과. 위 그림은 중력 렌즈 효과 폭이 웜홀 반지름의 0.014배일 때, 아래 그림은 그 폭이 웜홀 반지름의 0.43배일 때를 나타낸다. [나의 방정식들에 기초한 올리버 제임스의 코드를 써서 유제니 폰 툰첼만의 팀이 제작한 시뮬레이션]

위치는 동일하다. 아래쪽 웜홀이 더 크게 보이는 것은 전적으로 중력 렌즈 효과 때문이다.

「인터스텔라」에 나오는 웜홀

웜홀의 길이와 중력 렌즈 효과 폭을 바꿔가면서 다양한 가능성들을 살펴본 크리스는 명확한 결정을 내렸다. 웜홀의 길이가 중간 수준이거나 길면, 웜홀을 통해서 여러 이미지들이 보여서 대중 관객의 혼란을 유발할 것이므로, 그는 「인터스텔라」에 나오는 웜홀의 길이를 반지름의 1퍼센트로 아주 짧게 설정했다. 또한 그 웜홀에 반지름의 약 5퍼센트와 같은 적당한 중력 렌즈 효과 폭을 부여했다. 따라서 그 웜홀 주위의 별들이 겪는 중력 렌즈 효과는 관객의 눈에 띄어 호기심을 유발하겠지만, 가르강튀아의 중력 렌즈 효과보다는 훨씬 더 작을 것이었다.

최종적인 웜홀의 모양은 그림 15.2의 맨 위 그림과 같다. 더블 네거티브 팀은 웜홀의 반대쪽 입구 주위에 아름다운 성운들과 먼지 띠들(dust lanes)과 별들을 포함한 은하를 배치했다. 그리하여 「인터스텔라」에 나오는 감탄할 만한 웜홀의 모습이 만들어졌다(그림 15.5). 개인적으로 나는 이 장면을 영화에서 가장 멋진 장면들 중 하나로 꼽는다.

웜홀 통과

2014년 4월 10일, 나는 긴급한 전화를 받았다. 크리스는 인듀어런스 호의 웜홀 통과를 시각화하느라 애를 먹고 있었다. 그는 나의 조언을 구했다. 나는 차를 몰고 그의 회사 신코피로 갔다. 그곳에서는 편집 작업이 진행되고 있었고, 크리스는 나에게 문제가 무엇인지 보여주었다.

폴의 시각효과 팀은 나의 방정식들을 써서 웜홀의 길이와 중력 렌즈 효과 폭을 다양하게 설정했을 때의 웜홀 통과 비행들을 시각화해놓았다. 영화에 등장하는, 길이가 짧고 중력 렌즈 효과가 적당한 웜홀의 경우에 그 통과 비행은 짧고 시시했다. 웜홀이 길면, 긴 터널을 통과하는 것과 같은 광경이 펼쳐졌다. 터널의 벽이 쏜살같이 지나가는 광경, 기존 영화들에서 본 것과 너무 유사한 광경이었다. 크리스는 갖가지 방법으로 멋을 부린 변형 광경들을 다양하게 보여주었지만, 나는 어떤 광경도 그가 원하는 확실한 신선함을 갖추지 못했다는 그의 말에 동의할

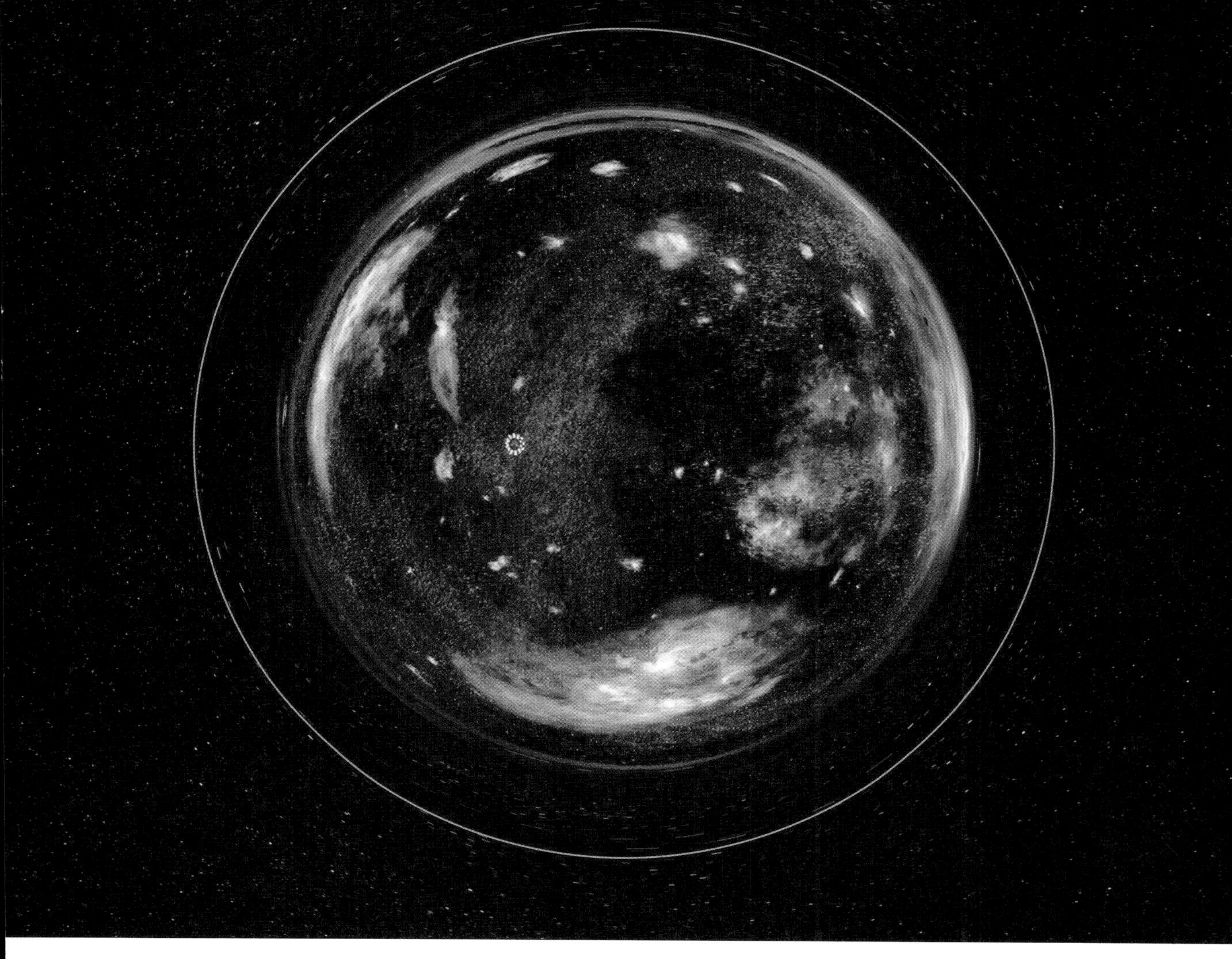

그림 15.5 「인터스텔라」 예고편의 웜홀 모습. 웜홀 앞쪽, 중심 근처에 인듀어런스 호가 보인다. 웜홀 주위의 분홍색이 아인슈타인 고리. 그림 8.4의 비회전 블랙홀에서와 같이 중력 렌즈 효과를 겪는 별들의 1차 및 2차 이미지는 그림 8.4에서처럼 움직인다. 이 책의 웹페이지 Interstellar.withgoogle.com에서 해당 예고편을 보라. 당신은 1차 및 2차 이미지들을 가려내고 그 움직임을 추적할 수 있는가? [워너브라더스 사의 허가로 「인터스텔라」에서 따옴]

수밖에 없었다. 이 문제를 고민하며 하룻밤이 지났지만, 나는 여전히 마법의 탄환 같은 해결책을 생각해낼 수 없었다.

이튿날 크리스는 런던으로 날아가서 폴의 더블 네거티브 팀과 머리를 맞대고 해결책을 궁래했다. 결국 그들은 나의 웜홀 방정식들을 어쩔 수 없이 버리고, 폴의 말을 빌리면 "웜홀의 내부를 훨씬 더 추상적으로 해석하기로" 했다. 그 해석은 나의 방정식들에 기초한 시뮬레이션을 출발점으로 삼지만, 예술적인 신선함을 위해서 그 시뮬레이션을 대폭 바꾼 것이었다.

「인터스텔라」의 예고편에서 그 웜홀 통과 광경을 보았을 때 나는 흡족했다. 비록 완벽하게 정확하지는 않지만, 그 광경은 실제 웜홀 통과 비행의 본질을 표현한다. 또한 그 비행의 느낌을 상당 부분 표현한다. 게다가 신선하고 그럴싸하다.

당신은 그 광경에서 어떤 인상을 받았는가?

16
웜홀 발견 : 중력파

Ⓣ

「인터스텔라」에 나오는 웜홀이 실제로 존재한다면, 우리는 그것을 어떻게 발견할 수 있을까? 나는 물리학자로서 한 가지 방법을 선호한다. 이 장에서 나는 「인터스텔라」의 스토리를 확장하면서 그 방법을 서술할 것이다. 당연한 말이지만, 이 확장은 나의 창작이며, 크리스토퍼 놀런과 무관하다.

라이고가 폭발적인 중력파를 탐지한다

영화가 시작되기 수십 년 전, 브랜드 교수가 20대였을 때, 그는 "라이고(LIGO)"라는 프로젝트의 부책임자였다고 나는 상상한다. "라이고"는 "레이저 간섭계 중력파 천문대(Laser Interferometer Gravitational Wave Observatory)"의 약자이다(그림 16.1). 라이고는 먼 우주에서 출발하여 지구에 도달하는 공간의 잔물결을 탐색하는 중이었다. 이 잔물결, 이른바 중력파(gravitating wave)는 블랙홀들이 서로 충돌할 때, 블랙홀이 중성자별을 찢어발길 때, 우주가 태어날 때, 그밖에 많은 경우에 발생한다.

2019년 어느 날, 과거에 관측된 어떤 중력파보다도 훨씬 더 강한 폭발적 중력파가 라이고에 포착되었다(그림 16.2). 그 중력파는 진폭이 증가하고 감소하기를 여러 번 반복하다가 갑자기 끊겼다. 중력파가 지속한 총 시간은 겨우 몇 초에 불과했다.

그 중력파의 모양("파형[波形, waveform]", 그림 16.2)을 슈퍼컴퓨터로 시행한 시뮬레이션들과 비교함으로써 브랜드 교수와 그의 팀은 그것의 출처를 알아냈다.

블랙홀 주위를 도는 중성자별

그 중력파는 블랙홀 주위를 도는 중성자별에서 나온 것이었다. 그 중성자별의

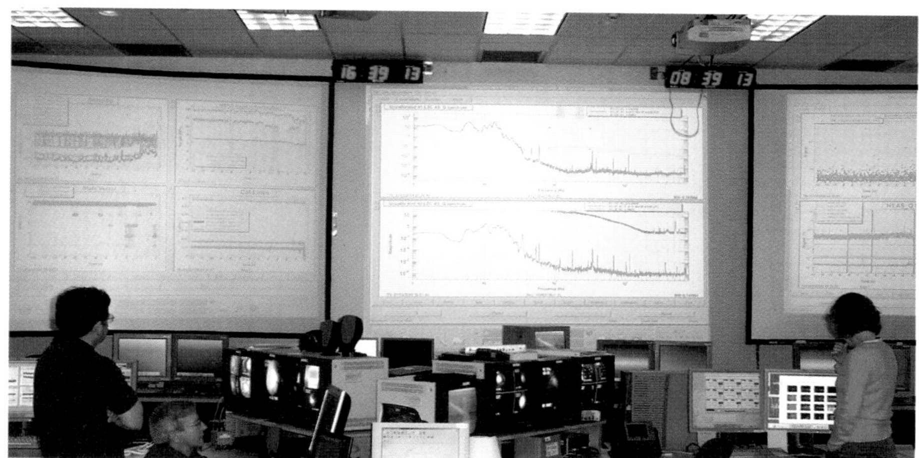

그림 16.1 위: 워싱턴 주 핸퍼드에 위치한 라이고 중력파 탐지기. 왼쪽: 중력파 탐지기를 제어하고 탐지되는 신호들을 감시하는 라이고 제어실

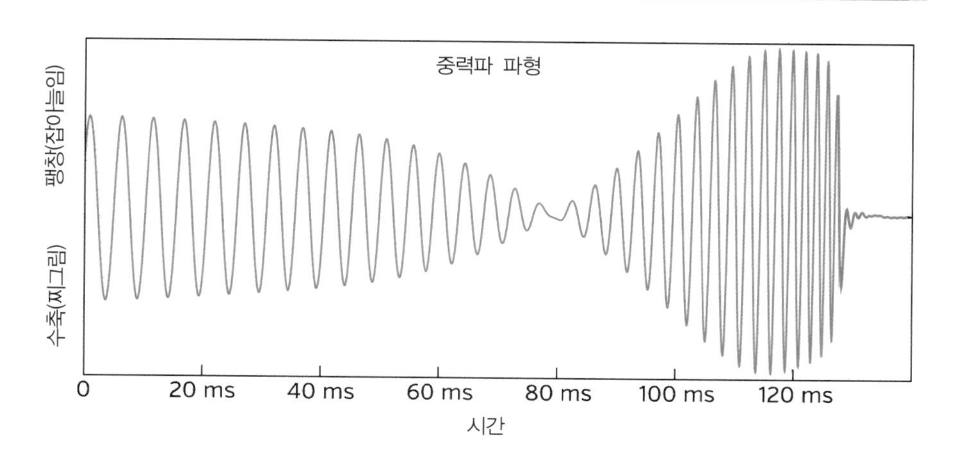

그림 16.2 라이고가 발견한 중력파의 마지막 120밀리초(ms) 동안의 파형. [얀베이 첸의 시뮬레이션과 푸카르 등(2011)의 시뮬레이션에 기초하여 킵이 그린 그림]

무게는 태양의 1.5배, 그 블랙홀의 무게는 태양의 4.5배였고, 그 블랙홀은 빠르게 회전하고 있었다. 그 회전이 공간의 소용돌이를 일으켰고, 중성자별의 궤도는 그 소용돌이에 휩쓸려 마치 기울어진 팽이처럼 천천히 세차운동(歲差運動, precession)을 했다. 그 세차운동 때문에 중력파의 진폭이 증가하고 감소한 것이었다(그림 16.2).

중력파는 에너지를 싣고 우주로 퍼져나갔다(그림 16.3). 중력파 방출로 점차 에너지를 잃는 중성자별은 나선을 그리며 블랙홀에 접근했다. 중성자별과 블랙홀 사이의 거리가 30킬로미터로 줄어들었을 때, 블랙홀의 기조력이 중성자별을 찢기 시작했다. 중성자별의 잔해는 97퍼센트가 블랙홀로 빨려들고 3퍼센트가 바깥쪽으로 내던져져 뜨거운 기체로 된 길쭉한 구름을 이루었다. 그 기체 구름은 다시 블랙홀 쪽으로 끌려가서 강착원반(降着圓盤, accretion disk)을 형성했다.

그림 16.4는 중성자별의 일생에서 마지막 몇 밀리초를 보여주는 컴퓨터 시뮬레이션이다. 최후를 10밀리초 앞두었을 때 블랙홀은 빨간색 화살표를 축으로 삼아 회전하고, 중성자별은 그림을 수직으로 관통하는 축을 중심으로 궤도 운동한다. 최후를 4밀리초 앞두었을 때, 블랙홀의 텐덱스 선들이 중성자별을 잡아늘여 찢기 시작한다. 최후를 2밀리초 앞두었을 때, 블랙홀의 소용돌이치는 공간이 중성자별의 잔해를 블랙홀의 적도면으로 내던진다. 0밀리초에 그 잔해는 강착원반을 형성하기 시작한다.

그림 16.3 서로의 주위를 도는 중성자별과 블랙홀에서 나오는 중력파를 벌크에서 본 모습. [나의 스케치를 기초로 라이고 실험실 소속 화가가 그린 그림]

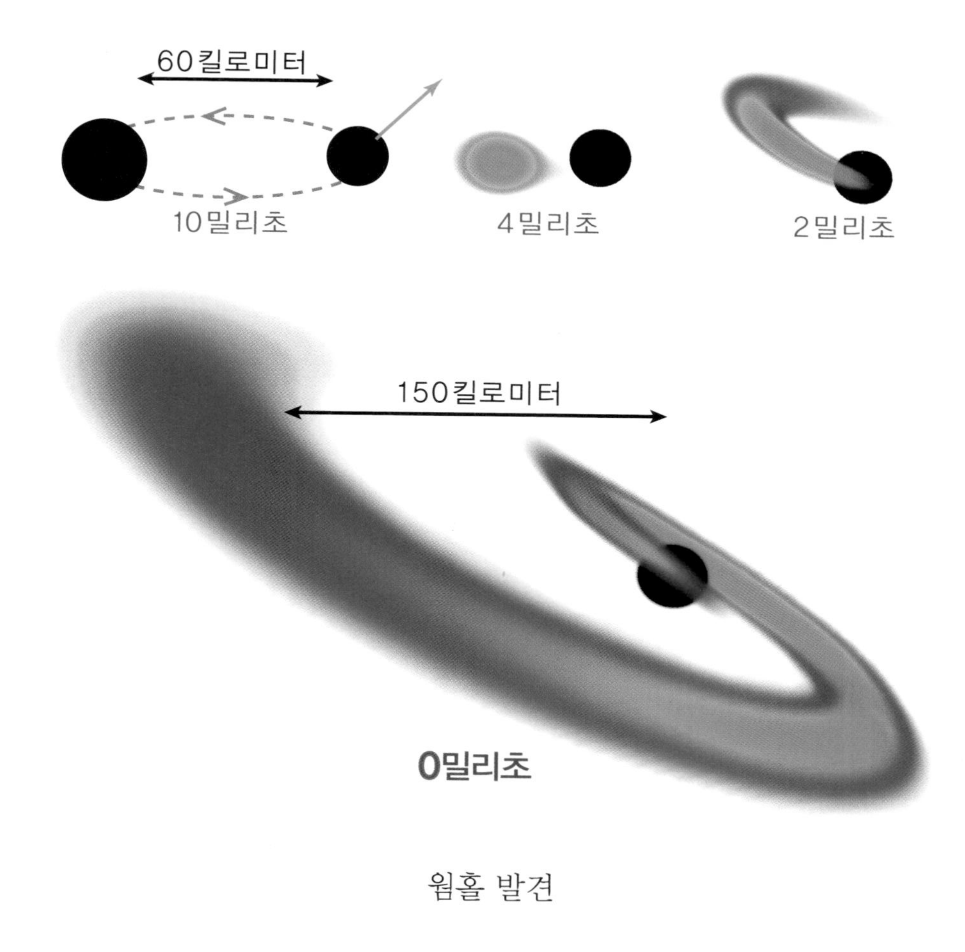

그림 16.4 중성자별의 일생에서 마지막 몇 밀리초를 보여주는 컴퓨터 시뮬레이션. [프랑수아 푸카르와 동료들의 시뮬레이션. http://www.black-holes.org/ 참조]

웜홀 발견

라이고는 그 세차운동에 관한 데이터를 2년 동안 수집했다. 그 데이터를 검토한 브랜드 교수와 그의 팀은 그 중성자별에서 나오는 아주 약한 중력파를 발견했다. 그 중성자별에는 높이가 1센티미터이고 폭이 몇 킬로미터인 아주 작은 산이 있었다(과학자들은 중성자별에 이런 산이 존재할 개연성이 있다고 본다). 별의 회전에 의해서 그 산이 돌고 또 돌면서 약하지만 일정하게 진동하는 중력파를 산출하는 것이었다.

이 일정한 중력파를 면밀히 분석함으로써 브랜드 교수는 그 파동이 나오는 파원(波源)의 방향을 알아냈다. 알고 보니, 믿기 어려운 방향이었다! 그 중력파는 토성 주위를 도는 무엇인가에서 나오고 있었다. 지구와 토성이 각자의 궤도를 도는 동안, 그 중력파의 파원은 항상 토성 근처에 머물렀다!

토성 주위를 도는 중성자별? 그것은 불가능하다! 블랙홀과 중성자별이 쌍을 이루어 함께 토성 주위를 돈다? 그것은 더 불가능하다! 그런 블랙홀과 중성자별이 있다면, 벌써 오래 전에 토성은 파괴되고 지구를 포함한 태양계 행성들의 궤도는 엉망이 되었을 것이다. 지구는 태양에 가까이 다가갔다가 아주 멀리 떨어지기를 반복했을 테고, 우리는 불지옥과 얼음지옥을 오가며 죽음을 맞았을 것이다.

그러나 엄연히 일정한 그 중력파가 있었고, 그것은 틀림없이 토성 근처에서 나오고 있었다.

브랜드 교수의 머리에 떠오르는 설명은 단 하나, 그 중력파가 토성 주위를 도는 웜홀에서 나온다는 것뿐이었다. 그 중력파의 원천인 블랙홀과 중성자별은 웜홀의 반대쪽 끝에 있는 것이 분명했다(그림 16.5). 그 중력파는 처음에 그 중성자별과 블랙홀에서부터 퍼져나갔다. 그 중력파의 작은 일부가 웜홀에 포획되어 웜홀을 통과한 후 우리 태양계에서 퍼져나갔다. 그렇게 우리 태양계에 도달한 중력파의 작은 일부가 지구에 도달하여 라이고 중력파 탐지기를 통과한 것이었다.

이 스토리의 기원

2006년에 린다 옵스트와 내가 쓴 「인터스텔라」에 관한 트리트먼트에는 이 스토리와 비슷한 내용이 간략하게 들어 있었다. 그러나 중력파는 그 트리트먼트의 나머지 부분에서도, 그후 조너선 놀런이 쓰고 크리스가 다듬은 시나리오에서도 중요한 역할을 하지 못했다. 또한 중력파를 제외하더라도, 「인터스텔라」에 포함된 진지한 과학은 엄청나게 풍부했다. 그리하여 크리스가 「인터스텔라」의 풍부한 과학을 단순화할 길을 모색할 때, 자연스럽게 중력파가 도마 위에 올랐다. 그는 중력파를 폐기했다.

개인적으로 나는 크리스의 결정이 뼈아팠다. 나는 1983년에 라이고 프로젝트(LIGO Project)를 (매사추세츠 공대의 라이너 바이스, 캘리포니아 공대의 로널드

그림 16.5 웜홀을 통해서 지구에 도달하는 중력파

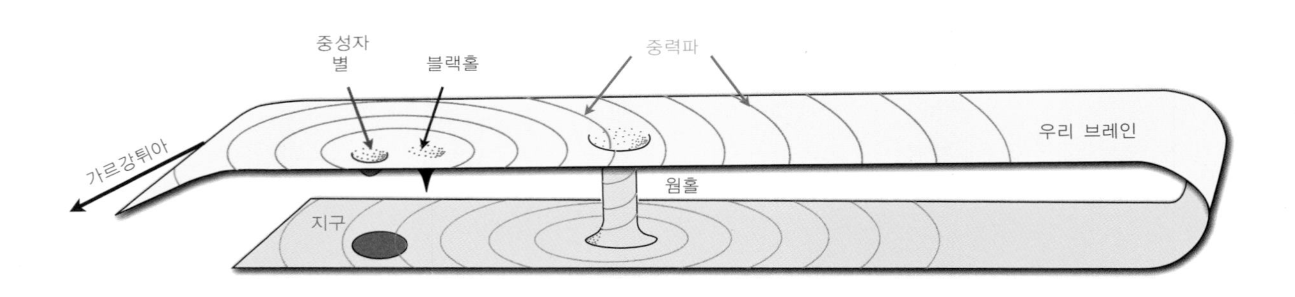

드레버와 함께) 공동 창립했다. 라이고의 과학적 전망을 제시했을 뿐만 아니라 20년 동안 그 프로젝트의 실현을 위해서 열심히 일했다. 현재 라이고는 성숙 단계에 접어드는 중이다. 최초의 중력파 탐지가 2020년 안에 이루어질 것으로 예상된다.

그러나 크리스가 중력파를 버리기로 한 이유는 설득력이 있었다. 그래서 나는 찍소리도 못했다.

중력파와 중력파 탐지기

다시 「인터스텔라」에 관한 논의로 돌아가기 전에, 나는 나름의 자부심과 고집으로 당신에게 중력파에 대해서 조금 더 이야기하려고 한다.

그림 16.6은 서로의 주위를 반시계방향으로 돌며 충돌하는 블랙홀 쌍에서 나오는 텐덱스 선들 중 일부를 보여주는 상상화이다. 기억하겠지만, 텐덱스 선들은 기조력을 산출한다(제4장). 블랙홀들의 양끝에서 나온 텐덱스 선들은 마주치는 모든 것을 잡아늘인다. 화가는 위쪽 텐덱스 선들 속에 자신의 친구를 그려넣었는데, 그 친구도 예외가 아니다. 충돌 부위에서 나온 텐덱스 선들은 마주치는 모든 것을 찌그린다. 블랙홀들이 서로의 주위를 돌기 때문에, 텐덱스 선들도 마치 회전하는 스프링클러에서 나오는 물줄기처럼 휘어지고 벌어진다.

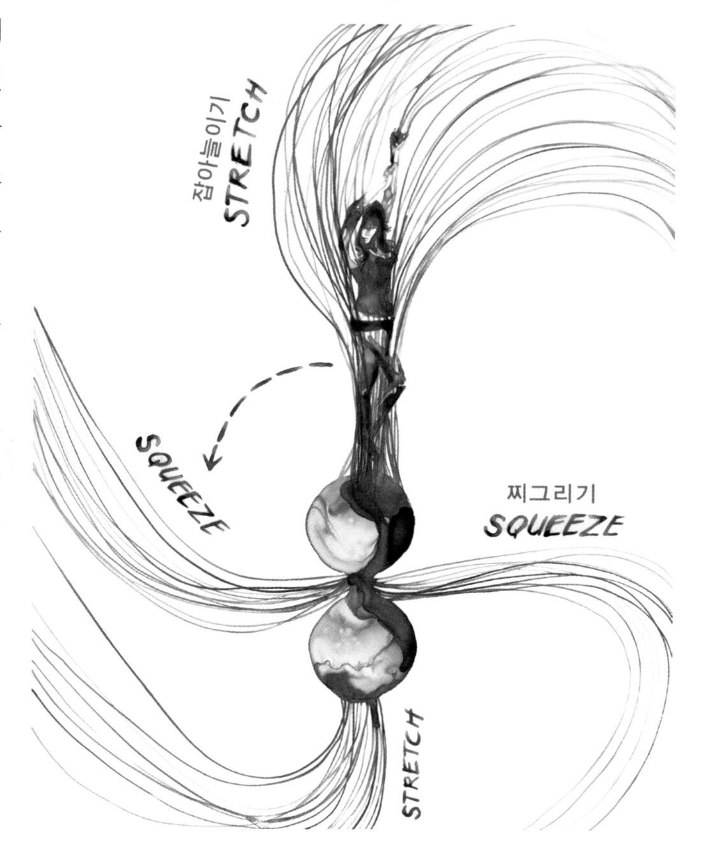

그림 16.6 서로의 주위를 반시계방향으로 돌면서 충돌하는 블랙홀 쌍에서 유래한 텐덱스 선들. [리아 할로런 그림]

블랙홀들은 합쳐져 더 큰 블랙홀 하나를 이룬다. 그 블랙홀은 찌그러진 채로 반시계방향으로 회전하고, 따라서 그것의 텐덱스 선들도 돌고 또 돈다. 그 텐덱스 선들은 스프링클러에서 나온 물줄기처럼 바깥쪽으로 뻗어나가면서 그림 16.7에서 보는 복잡한 패턴을 형성한다. 빨간색 선들은 잡아늘이고, 파란색 선들은 찌그린다.

그 블랙홀에서 아주 멀리 떨어져 멈추어 있는 관찰자는 텐덱스 선들이 자신을 통과하는 동안에 잡아늘임과 찌그림이 진동하듯이 반복되는 것을 경험한다. 텐덱스 선들이 중력파를 이룬 것이다. 그림에서 짙은 파란색을 띤(찌그리는 힘이 강하게 작용하는) 모든 곳에는 그림에서 나오는 방향으로 뻗은 빨간색 선들이 있다. 이 선들은 잡아늘이는 힘을 발휘한다. 마찬가지로 그림에서 짙은 빨간색 (잡아늘이는) 선들이 있는 모든 곳에는 제3의 방향, 곧 그림에서 나오는 방향으로 뻗은 파란색 (찌그리는) 선들이 있다. 중력파가 퍼져나가는 동안, 블랙홀의 찌그러짐은 점차 완화되고 중력파는 약해진다.

이 중력파가 지구에 도달하면, 그림 16.8의 윗부분이 보여주는 형태를 띤다. 즉 한 방향으로는 잡아늘이고, 또다른 방향으로는 찌그리는 힘을 발휘한다. 이 중력파가 그림 16.8의 아랫부분이 보여주는 중력파 탐지기를 통과하는 동안, 잡아늘임과 찌그림이 (좌우 방향 빨간색 선과 좌우 방향 파란색 선이 교대되는 방식으로) 진동한다.

중력파 탐지기는 서로 직각을 이룬 양팔의 끝에 큼직하고 정밀한 거울(무게 40킬로그램, 지름 34센티미터) 4개가 공중에 매달려 있는 구조이다. 중력파의 텐덱스 선들은 한 팔을 잡아늘이면서 다른 팔을 찌그리고, 그 다음에는 첫째 팔을 찌

그림 16.7 찌그러진 회전 블랙홀에서 나오는 텐덱스 선들. [롭 오언 그림]

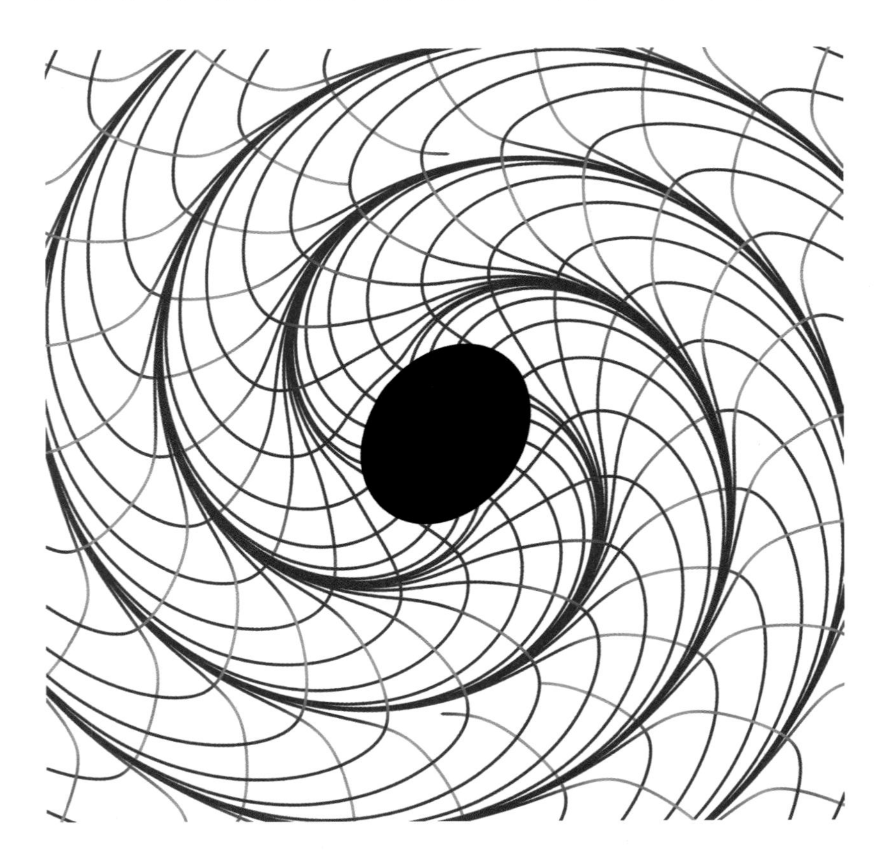

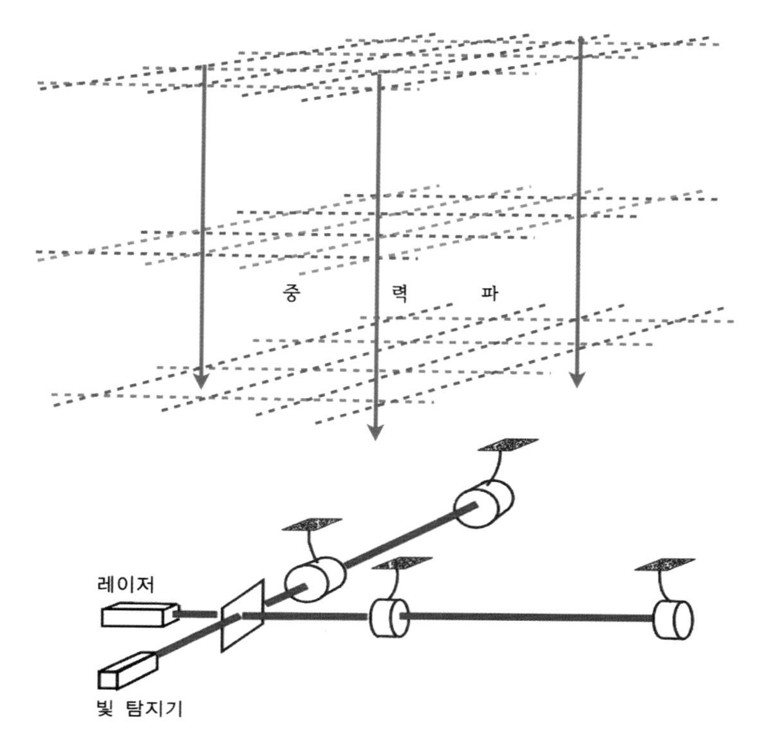

그림 16.8 중력파가 라이고 탐지기에 미치는 영향

그리면서 둘째 팔을 잡아늘이기를 계속 반복한다.

거울들 사이의 거리가 어떻게 진동하는지는 레이저 빔을 이용한 이른바 간섭측정(interferometry) 기술로 감시한다. 이것이 "라이고(LIGO)"라는 이름("레이저 간섭계 중력파 천문대"의 약자)에 "레이저 간섭계(Laser Interferometer)"가 들어 있는 이유이다.

현재 라이고는 17개국 900명의 과학자가 참여하는 국제적인 프로젝트이며, 캘리포니아 공대에 본부를 두고 있다. 현 지도부는 데이비드 라이체(책임자), 앨버트 라자리니(부책임자), 가브리엘라 곤잘레스(대변인)이다. 이 프로젝트가 우주에 대한 우리의 지식에 안겨줄 엄청난 잠재적 보상을 감안하여, 프로젝트의 자금은 주로 미국의 납세자들이 미국 국립 과학재단을 통해서 제공한다.

라이고는 워싱턴 주 핸퍼드와 루이지애나 주 리빙스턴에 각각 하나씩 2대의 중력파 탐지기를 보유하고 있으며, 인도에 세 번째 탐지기를 설치할 계획이다. 이탈리아, 프랑스, 네덜란드의 과학자들은 피사 근처에 유사한 간섭계를 건설했고, 일본 과학자들은 산 밑의 터널에 간섭계를 건설하는 중이다. 이 탐지기들은 다함께 거대한 전 세계적 연결망을 이루어 중력파를 이용해서 우주를 탐구하게 될 것이다.

나는 라이고에 참여할 많은 과학자들을 훈련시킨 후, 2000년에 나 자신의 연구

방향을 다른 쪽으로 돌렸지만, 라이고와 그 국제적 파트너들이 성숙 단계와 최초의 중력파 탐지에 접근하는 모습을 열심히 지켜보고 있다.

우주의 휘어진 구석

「인터스텔라」는 일종의 모험담이며, 그 속에서 인간들은 블랙홀, 웜홀, 특이점, 중력이상, 고차원 공간들과 마주친다. 이 모든 현상들은 휜 공간과 시간을 "재료"로 삼거나 그 휨과 밀접한 관련이 있다. 그래서 나는 이 현상들을 "우주의 휘어진 구석(warped side of the universe)"이라고 부르고 싶다.

우리 인간은 우주의 휘어진 구석에서 유래한 실험 데이터나 관찰 데이터를 아직 거의 확보하지 못했다. 바로 그렇기 때문에 중력파가 중요하다. 중력파의 재료는 휜 공간이다. 그래서 중력파는 우주의 휘어진 구석을 탐사하기에 딱 알맞은 도구이다.

당신이 아주 잔잔한 바다만 보았다고 가정해보자. 당신은 거대한 폭풍에 동반되는 성난 파도와 솟구치는 바닷물을 전혀 모를 것이다.

현재 우리가 휜 공간과 시간에 대해서 아는 바도 이와 유사하다. 우리는 "폭풍" 속에서, 곧 공간의 모양과 시간의 흐름이 격하게 진동할 때, 휜 공간과 시간이 어떻게 행동하는지에 대해서 아는 바가 거의 없다. 나에게는 이 분야가 매혹적인 지식의 최전선이다. 앞에서도 몇 번 언급한 창조적인 작명가 존 휠러는 이 분야를 "기하동역학(geometrodynamics)"이라고 명명했다. 공간과 시간의 기하학이 보이는 거친 역동적 행동을 탐구하는 분야라는 뜻이다.

내가 휠러의 학생이던 1960년대 초에 그는 나를 비롯한 학생들에게 기하동역학을 연구하라고 권했다. 우리는 시도했으나, 비참하게 실패했다. 우리는 아인슈타인 방정식들을 충분히 풀어서 예측들을 도출할 줄 몰랐다. 또한 천문학적 우주에서 기하동역학을 관찰할 길도 없었다.

나는 이 상황을 바꾸는 일에 과학자 경력의 많은 부분을 바쳤다. 나는 먼 우주의 기하동역학을 관찰하겠다는 목표로 라이고를 공동 창립했다. 2000년에 라이고에서 내가 맡은 역할을 다른 사람들에게 넘긴 뒤에는, 슈퍼컴퓨터를 이용한 수치해법으로 아인슈타인 방정식들을 풀어서 기하동역학을 시뮬레이션하는 것을 목표로 하는 연구팀을 캘리포니아 공대에 공동 창립했다. 우리는 이 프로젝트를 SXS, 즉 극한 시공 시뮬레이션(Simulating eXtreme Spacetimes)이라고 부른다. 코넬 대학의 솔 튜콜스키가 이끄는 연구팀 등이 이 프로젝트에 함께 참여하고 있다.

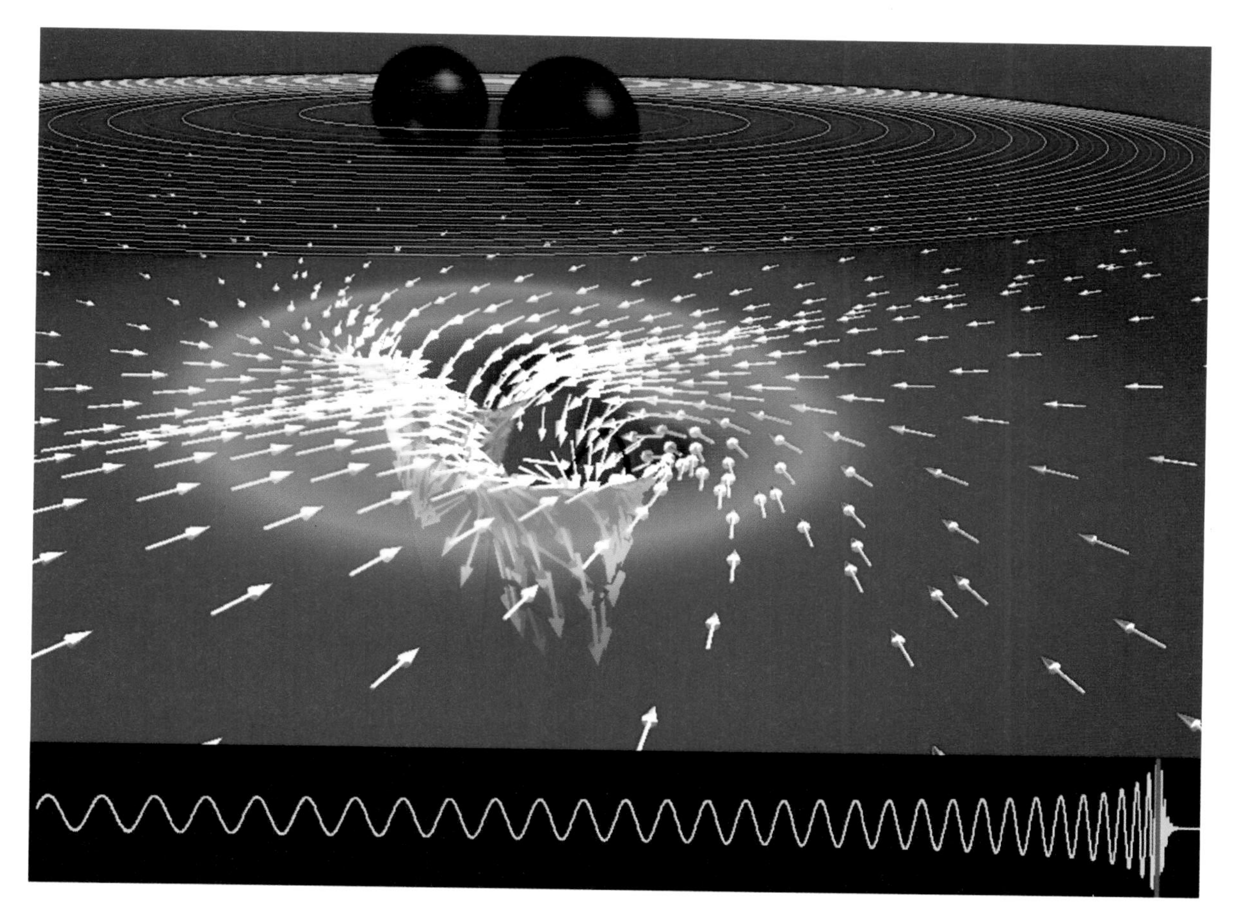

그림 16.9 블랙홀 두 개가 상호 충돌하는 순간의 시뮬레이션. 위: 우리 우주에서 본 블랙홀들의 궤도와 그림자. 가운데: 벌크에서 본 블랙홀들의 휜 공간과 시간. 화살표들은 공간의 운동을, 색깔들은 시간의 굴곡을 보여준다. 아래: 방출되는 중력파의 파형. 똑같은 비회전 블랙홀 두 개가 상호 충돌하는 순간의 시뮬레이션이다. [해럴드 파이퍼가 제작한, SXS 팀의 시뮬레이션에 관한 영화에서 따옴]

기하동역학이 관심을 기울이는 멋진 광경 하나는 블랙홀 두 개의 상호 충돌이다. 충돌하는 블랙홀들은 공간과 시간을 거칠게 회전시킨다. 우리의 SXS 시뮬레이션은 현재 성숙 단계에 도달하여 상대론의 예측들을 밝혀내기 시작했다(그림 그림 16.9). 라이고와 그 파트너들은 앞으로 몇 년 안에 충돌하는 블랙홀들에서 나온 중력파를 관찰하여 우리 시뮬레이션의 예측들을 검증하게 될 것이다. 지금은 기하동역학을 연구하기에 정말 좋은 시대이다!

빅뱅에서 유래한 중력파

1975년에 나의 소중한 러시아인 친구 레오니드 그리시처크는 매우 놀라운 예측을 내놓았다. 중력파가 기존에 알려지지 않은 어떤 메커니즘에 의해서 빅뱅 당시에 풍부하게 발생했다는 예측이었다. 빅뱅에서 유래한 중력의 양자요동이 우주의 초기 팽창에 의해서 엄청나게 증폭되어 원시 중력파(primordial gravitational wave)

가 되었다고 그는 설명했다. 만일 발견된다면, 원시 중력파에서 우리 우주의 탄생에 관한 정보를 얻을 수 있을 것이었다.

그후 몇 년 동안, 빅뱅에 관한 우리의 지식이 성숙하면서, 원시 중력파가 가시적인 우주(visible universe)의 크기와 거의 맞먹는 수십억 광년의 파장대에서 가장 강하다는 것과 라이고가 탐지하는 훨씬 더 짧은 (수백, 수천 킬로미터의) 파장대에서는 너무 약해서 탐지할 수 없을 가능성이 높다는 것이 명백해졌다.

1990년대 초에 여러 우주론자들은 파장이 수십억 광년의 원시 중력파가 우주에 충만한 "마이크로파 우주배경복사(CMB)"라는 전자기파에 독특한 흔적을 남겼어야 한다는 사실을 깨달았다. 그리하여 마치 성배를 찾듯이 그 CMB의 흔적을 찾아서 그것을 남긴 원시 중력파의 속성들을 알아내고, 우주의 탄생을 탐구하는 작업이 신속하게 시작되었다.

2014년 3월, 내가 이 책을 쓰고 있을 때, 그 CMB 흔적이 제이미 복이 꾸린 연구팀에 의해서 발견되었다(그림 16.10).[1] 복은 캘리포니아 공대 소속의 우주론자로, 나와 같은 건물, 같은 층에서 일한다.

그것은 환상적인 발견이었지만, 한 가지 주의할 점이 있다. 제이미와 그의 팀이 발견한 흔적은 중력파가 아닌 다른 원인에서 유래한 것일 수도 있다. 이 책의 인

그림 16.10 제이미 복의 연구팀이 제작하여 원시 중력파의 흔적을 발견하는 데에 사용한 바이셉 2(Bicep2) 망원경. 그림의 배경은 남극의 노을이다. 남극에서는 노을이 1년에 딱 두 번만 드리운다. 바이셉 2 망원경은 주위 얼음에서 나오는 복사를 막는 보호벽에 둘러싸여 있다. 오른쪽 위에 삽입한 패턴은 바이셉 2가 포착한 CMB 흔적을 보여준다. 이 패턴은 편광 패턴이며, 짧은 선들은 CMB의 전기장의 방향을 나타낸다.

1. 연구팀의 공식적인 지휘자는 제이미와 과거에 그의 박사후과정 학생이었던 존 코박(현재 하버드 대학), 귀차오린(현재 스탠퍼드 대학), 그리고 클렘 프라이크(현재 미네소타 대학)였다.

쇄가 임박한 지금, 확실한 진실을 밝혀내기 위한 노력이 활발히 진행 중이다.

만일 그 흔적이 정말로 빅뱅에서 유래한 중력파 때문에 생긴 것이라면, 이것은 우주론 분야에서 50년에 한 번 있을까 말까 한 발견이다. 그 흔적에서 우리는 나이가 1조의 세제곱 분의 1초였을 때의 우주를 엿볼 수 있다. 그 흔적은 우주 역사의 초기에 엄청나게 빠른 팽창이 일어났다는 이론가들의 예측을 입증한다. 그 급격한 팽창을 우주론의 전문용어로 "인플레이션 팽창"이라고 한다. 이 모든 것이 사실이라면, 우주론은 전혀 새로운 시대를 맞을 것이다.

중력파에 대한 나의 애정을 충분히 고백했고, 「인터스텔라」에서 중력파가 웜홀의 발견에 어떻게 기여할 수 있는지도 보았으므로—또한 웜홀들, 특히 「인터스텔라」에 나오는 웜홀의 속성들도 살펴보았으므로—이제 「인터스텔라」 웜홀의 반대편으로 가보자. 다음 주인공들은 밀러 행성, 만 행성, 그리고 쿠퍼를 그곳으로 싣고 가는 인듀어런스 호이다.

V

가르강튀아 주변 탐색

17
밀러 행성

Ⓣ

쿠퍼와 일행이 가장 먼저 방문하는 행성은 밀러 행성이다. 이 행성에서 가장 인상적인 것은 극단적인 시간 지체, 거대한 파도, 거대한 기조력이다. 이 세 가지 특징은 서로 관련이 있으며, 그 행성이 가르강튀아 근처에 있다는 사실에서 비롯된다.

밀러 행성의 궤도

「인터스텔라」의 과학에 대한 나의 해석에서 밀러 행성은 그림 17.1에서 파란색 원으로 표시된 위치, 가르강튀아의 사건지평에서 아주 가까운 곳에 있다(제6장, 제7장 참조).

그곳의 공간은 원통의 표면처럼 휘어져 있다. 그림에서 그 원통의 단면은 원인데, 그 원의 둘레는 우리가 가르강튀아에 더 접근하거나 반대로 더 멀어지더라도 변화가 없다. 생략한 차원 하나를 복구하여 실상을 말하면, 그 단면은 회전타원면이며, 그것의 둘레는 우리가 가르강튀아에 접근하거나 반대로 이동하거나 해도 변화하지 않는다.

그렇다면 밀러 행성의 위치는 원통 표면의 다른 위치들과 다를 것이 없는 듯한데, 다르다면 왜 다를까? 무엇이 이 위치를 특별하게 만들까?

대답의 열쇠는 그림 17.1에 나타나지 않는 시간의 굴곡이다. 가르강튀아 근처에서는 시간이 느려지며, 이 시간 지체는 우리가 가르강튀아의 사건지평에 접근할수록 더 심해진다. 그러므로 아인슈타인의 시간 굴곡 법칙(제4장)에 따라서, 우리가 그 사건지평에

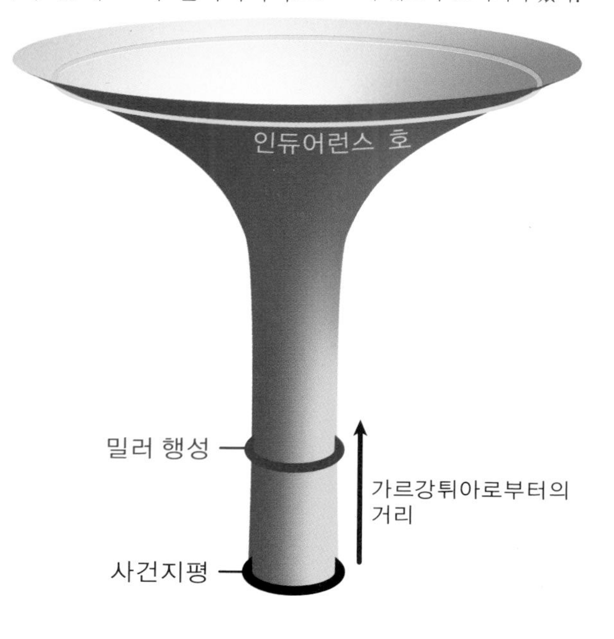

그림 17.1 벌크에서 본 가르강튀아 주위의 휜 공간. 공간차원 하나를 생략하고 표현했다. 밀러 행성의 궤도와 정박한 뒤에 승무원들이 돌아오기를 기다리는 인듀어런스 호의 궤도가 표시되어 있다.

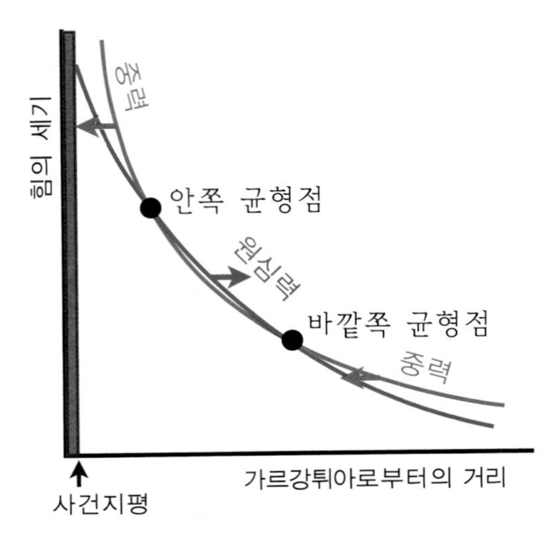

그림 17.2 밀러 행성이 받는 중력과 원심력

접근하면 중력이 엄청나게 강해진다. 그림 17.2의 빨간색 곡선은 중력의 세기를 나타낸다. 보다시피 사건지평 근처에서 이 곡선은 급격히 상승한다. 반면에 밀러 행성이 느끼는 원심력(파란색 곡선)은 더 완만하게 변화한다. 결과적으로 두 곡선은 두 점에서 만난다. 그 점들에 위치한 행성은 바깥쪽을 향하는 원심력과 안쪽을 향하는 중력이 균형을 이룬 상태에서 가르강튀아 주위를 돌 수 있다.

그런데 안쪽 균형점에 위치한 행성의 궤도는 불안정하다. 만약 그 행성이 (이를테면 지나가는 혜성의 중력 때문에) 약간만 바깥쪽으로 떠밀리면, 원심력이 중력을 능가하여 그 행성을 더 바깥쪽으로 떠민다. 만일 그 행성이 안쪽으로 떠밀리면, 중력이 원심력을 능가하여 그 행성을 가르강튀아 내부로 끌어당긴다. 이것은 밀러 행성이 안쪽의 균형점에 오랫동안 머물 수 없다는 것을 의미한다.

반면에 바깥쪽 균형점은 안정적이다. 만약 밀러 행성이 그곳에 있는데, 바깥쪽으로 떠밀린다면, 중력이 원심력을 능가하여 그 행성을 다시 안쪽으로 끌어당긴다. 만약 밀러 행성이 안쪽으로 떠밀리면, 원심력이 중력을 능가하여 그 행성을 다시 바깥쪽으로 떠민다. 따라서 「인터스텔라」에 대한 나의 해석에서 밀러 행성의 위치는 바깥쪽 균형점이다.[1]

시간 지체와 기조력

밀러 행성의 궤도는 가르강튀아 주위를 도는 모든 안정적 원형궤도들 중에서 그 블랙홀에 가장 근접한 궤도이다. 그것은 그 궤도가 최대의 시간 지체를 동반함을 의미한다. 밀러 행성에서의 1시간은 지구에서의 7년과 같다. 밀러 행성에서는 시간이 지구에서보다 6만 배 느리게 흐른다! 이것이 영화를 위해서 크리스토퍼 놀런

1. 원심력은 행성의 궤도 각운동량(orbital angular momentum)에 의해서 결정된다. 그리고 궤도 각운동량은 행성이 궤도 운동을 하는 동안 일정하게 유지된다(제10장). 그림 17.2에서 원심력이 가르강튀아에서 떨어진 거리에 따라 어떻게 변화하는지 보여주는 곡선을 그릴 때, 나는 그 각운동량을 상수로 설정했다. 만일 그 각운동량이 밀러 행성의 실제 각운동량보다 약간 더 작다면, 모든 위치에서 원심력이 중력보다 더 작을 터이고, 그림 17.2의 두 곡선은 만나지 않을 것이다. 따라서 균형점은 존재하지 않을 것이고, 행성은 가르강튀아로 떨어질 것이다. 그림 17.1과 17.2에서 밀러 행성의 위치는 행성이 안정적으로 궤도 운동할 수 있는 위치 중에서 가르강튀아에 가장 근접한 위치이다. 나는 최대의 시간 지체를 얻기 위해서 그 위치를 선택했다. 더 자세한 내용은 이 책 말미의 "전문적인 주석"을 참조하라.

이 원한 바이다.

그러나 가르강튀아에 그렇게 근접해 있으면, 밀러 행성은—「인터스텔라」에 대한 나의 해석에서는—엄청난 기조력을 받는다. 가르강튀아의 중력에서 유래한 그 기조력은 그 행성을 거의 찢어버릴 정도로 강하다(제6장). 그러나 완전히 찢어버릴 만큼 강하지는 않다. 그 기조력은 단지 행성의 모양을 변형한다. 변형의 정도는 심하다(그림 17.3). 행성은 가르강튀아 방향과 그 반대 방향으로 심하게 부푼다.

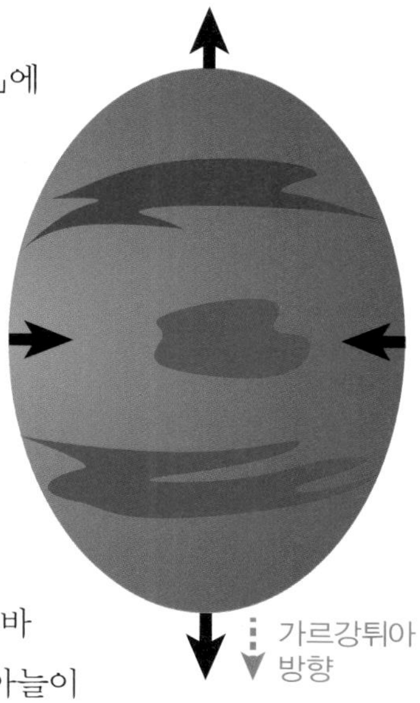

만약 밀러 행성이 가르강튀아를 기준으로 볼 때, 회전한다면(가르강튀아와 마주하는 밀러 행성의 면이 항상 동일하지 않다면), 밀러 행성의 입장에서 그 기조력은 회전할 것이다. 그래서 처음에 밀러 행성은 동서 방향으로 잡아늘여지고 남북 방향으로 찌그러질 것이다. 그 다음에 4분의 1바퀴 회전하고 나면, 남북 방향으로 찌그리는 힘을 받고 동서 방향으로 잡아늘이는 힘을 받을 것이다. 이 힘들은 밀러 행성의 맨틀(고체로 된 외곽 층)의 강도와 비교할 때 엄청나게 강할 것이다. 따라서 그 맨틀은 산산히 부서지고 이어서 마찰로 인해서 가열되고 융해될 것이다. 그리하여 행성 전체가 빨갛게 달아오를 것이다.

그런데 밀러 행성은 전혀 그런 모습이 아니다. 따라서 결론은 명확하다. 나의 과학적 해석에서 밀러 행성은 항상 동일한 면으로 가르강튀아를 마주해야 한다(그림 17.4). 혹은 (나중에 논할 텐데) 거의 그러해야 한다.

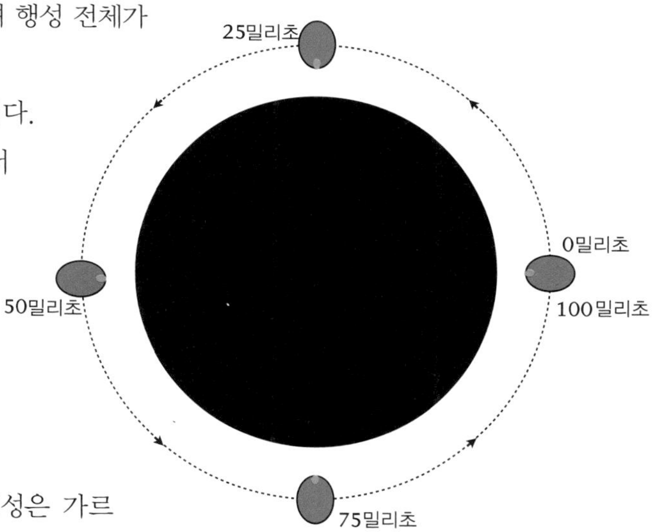

그림 17.3 기조력에 의한 밀러 행성의 변형

그림 17.4 먼 별들을 기준으로 삼을 때의 밀러 행성의 궤도 운동(공전)과 회전(자전). 행성 표면의 빨간 점과 기조력 때문에 부푼 부위가 항상 가르강튀아를 향한다.

공간의 소용돌이

멀리에서, 이를테면 만 행성에서 보면, 밀러 행성은 가르강튀아의 둘레 10억 킬로미터를 1.7시간에 한 바퀴씩 돈다. 이것은 아인슈타인 법칙들에 기초한 계산에서 나오는 수치이다. 밀러 행성의 속도는 대략 광속의 절반이다! 그런데 시간 지체 때문에 레인저 호의 승무원들은 밀러 행성의 궤도 주기를 1.7시간보다 6만 배 짧게, 즉 10분의 1초로 측정한다. 그들이 보기에 밀러 행성은 가르강튀아를 1초에 열 바퀴 돈다. 정말 빠르다! 혹시 빛보다 훨씬 더 빠를까? 그렇지 않다. 왜냐하면 가르강튀아의 빠른 회전이 일으키는 공간의 소용돌이 때문이다. 그 행성의 위치에서 소용돌이치는 공간을 기준으로 삼고 그곳에서 측정한 시간을 사용하면, 그 행성의 운동은 빛보다 더 느리다. 중요한 것은 이 운동이다. 아인슈타인의 제한 속도는 이 운동에 적용된다.

「인터스텔라」에 대한 나의 과학적 해석에서 밀러 행성은 항상 동일한 면으로 가르강튀아를 마주하므로(그림 17.4), 그 행성의 공전 속도와 자전 속도는 초당 10회전으로 동일해야 한다. 어떻게 이토록 빠르게 자전할 수 있을까? 이렇게 빨리 자전하면, 원심력 때문에 행성이 찢어지지 않을까? 그렇지 않다. 이번에도 공간의 소용돌이가 구원자의 구실을 한다. 밀러 행성이 근처 공간이 소용돌이치는 것과 정확히 똑같은 속도로 자전한다면, 그 행성은 파괴적인 원심력을 전혀 느끼지 않을 것이다. 실제로 밀러 행성은 거의 그 속도로 자전한다! 따라서 밀러 행성이 자전으로 인해서 느끼는 원심력은 약하다. 오히려 밀러 행성이 먼 별들을 기준으로 볼 때 자전하지 않는다면, 그 행성은 소용돌이치는 공간을 기준으로 볼 때 초당 10회 자전할 터이고, 따라서 원심력에 의해서 찢어질 것이다. 상대론 법칙들은 이런 기이한 상황들을 빚어낼 수 있다.

밀러 행성 표면의 거대한 파도

밀러 행성의 표면에 안착한 레인저 호를 두 번이나 덮치는 거대한 파도는 대체 무엇 때문에 발생했을까?(그림 17.5) 그 파도의 높이는 무려 1.2킬로미터이다.

나는 한동안 자료를 조사하고 물리학 법칙들을 동원하여 다양한 계산을 한 끝에 나의 과학적 해석에 부합할 수 있는 대답 두 가지를 발견했다. 그 대답들은 모두 그 행성이 가르강튀아의 기조력에 의해서 완전히 구속되어 있지는 않을 것을 요구한다. 대신에 그 행성은 가르강튀아 방향을 기준으로 볼 때 약간 흔들려야 한다. 그림 17.6의 왼쪽 자세에서 오른쪽 자세로 이행하고 이어서 다시 왼쪽 자세로 이행하는 식으로 흔들려야 한다는 말이다.

가르강튀아의 중력에서 비롯된 기조력을 살펴보면 알 수 있듯이, 이 흔들림은 자연스러운 현상이다.

그림 17.6에서 나는 그 기조력을 텐덱스 선들로 나타냈다(제4장). 밀러 행성이 어느 쪽으로 기울었든 간에(그림 17.6의 왼쪽 자세든, 오른쪽 자세든 상관없이) 가르강튀아의 파란색 찌그림 텐덱스 선들은 그 행성의 양옆을 밀어서 그 행성이 본래 선호하는 자세—가르강튀아에서 가장 가까운 부분과 가장 먼 부분이 부푼

그림 17.5 레인저 호를 덮치는 거대한 파도. [워너브라더스 사의 허가로 「인터스텔라」에서 따옴]

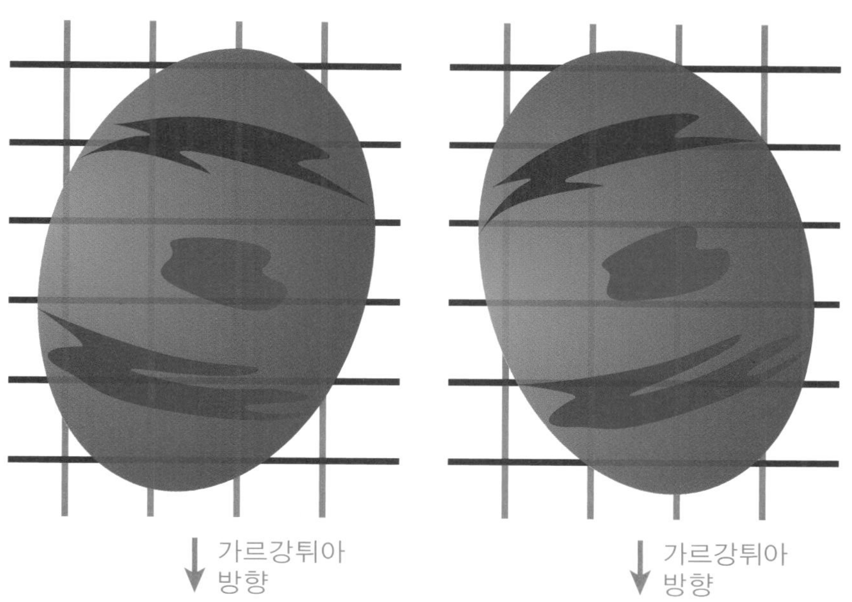

그림 17.6 가르강튀아의 중력에서 비롯된 기조력에 반응하여 일어나는 밀러 행성의 흔들림. 잡아늘여진 텐덱스 선들(빨간색)과 찌그러진 텐덱스 선들(파란색)이 표시되어 있다.

상태—로 복귀하게 한다(그림 17.3). 이와 유사하게 가르강튀아의 빨간색 잡아늘임 텐덱스 선들은 밀러 행성의 아래쪽 부푼 부분을 가르강튀아 방향으로 잡아당기고 위쪽 부푼 부분을 그 반대 방향으로 밀어낸다. 이 작용도 밀러 행성을 그 행성이 본래 선호하는 자세로 이끈다.

결과적으로, 만약 밀러 행성의 처음 자세가 약간 기울어져 있어서 그 행성의 맨틀이 분쇄되지 않는다면, 밀러 행성은 좌우로 흔들리는 단순한 운동을 할 것이다.

나는 이 흔들림의 주기, 즉 밀러 행성이 왼쪽 자세에서 오른쪽 자세로 이행했다가 다시 왼쪽 자세로 돌아오는 데에 걸리는 시간을 계산했고, 마음에 꼭 드는 답을 얻었다. 약 1시간이었다. 영화에서 두 번의 거대한 파도 사이의 시간 간격도 약 1시간이다. 크리스는 나의 과학적 해석을 모르는 채로 그 시간 간격을 선택했다.

나의 과학적 해석에서 그 거대한 파도들에 대한 첫 번째 설명은, 밀러 행성이 가르강튀아의 중력에서 비롯된 기조력의 영향으로 흔들리기 때문에 그 행성의 바닷물이 움직여 그런 거대한 파도가 발생한다는 것이다.

이와 유사한 바닷물의 움직임이 지구에서도 일어난다. "조진파(潮津波, tidal bore)"로 불리는 그 움직임은 거의 수평으로 흘러 바다와 만나는 강에서 발생한다. 바다에 밀물이 들면, 때때로 물이 벽처럼 솟구쳐 강을 거슬러올라간다. 그 벽은 대개 아주 작지만, 상당히 큰 벽이 형성되는 경우도 아주 드물게 발생한다. 그림 17.7의 위 그림은 한 예로 2010년 8월에 중국 항저우(杭州)의 첸탄 강(錢塘江)에서 발생한 조진파를 보여준다. 이 조진파는 인상적이기는 하지만 밀러 행성에서 일어난 1.2킬로미터 높이의 파도와 비교하면 아주 작다. 조진파를 일으키는 달의 기조력은 가르강튀아의 거대한 기조력에 비하면 정말 비교가 안 될 정도로 미약하다. 그러므로 조진파는 밀러 행성의 거대한 파도보다 훨씬 작을 수밖에 없다.

나의 두 번째 설명은 쓰나미(つなみ, 津波)이다. 밀러 행성이 흔들리는 동안, 가르강튀아의 기조력은 그 행성의 지각을 분쇄하지는 않더라도 변형한다. 한 시간 주기로 처음에는 이렇게, 그 다음에는 저렇게 일어나는 그 변형은 거대한 지진을 일으키기 십상이다(영어에서 지진을 뜻하는 단어 "earthquake"는 "지구(earth)"에 알맞으므로, 밀러 행성의 지진을 영어로 하려면 "밀러퀘이크(millerquake)"라고 해야 마땅할 것이다). 그리고 그 지진, 영어로 "밀러퀘이크"는 지구에서 관측된 어떤 쓰나미보다도 훨씬 더 큰 쓰나미를 밀러 행성의 바다에서 일으킬 수 있다. 예컨대 2011년 3월 11일에 일본 미야코 시(宮古市)를 덮친 쓰나미(그림 17.7 아래 그림)보다 훨씬 더 큰 쓰나미를 말이다.

밀러 행성의 과거 역사

밀러 행성의 과거와 미래를 상상하는 것은 흥미로운 일이다. 당신이 이미 알거나 인터넷 등에서 얻을 수 있는 물리학을 최대한 동원해서 한번 상상해보라. (물론 쉽지 않을 것이다!) 다음은 어쩌면 당신도 생각했을 법한 몇 가지 내용이다.

그림 17.7 위: 첸탄 강의 조진파. 아래: 미야코 시를 덮친 쓰나미

밀러 행성의 나이는 얼마일까? 극단적인 가설을 채택해보자. 만일 밀러 행성을 포함한 은하가 아주 어렸을 때(약 120억 년 전에), 그 행성이 현재의 궤도에서 태어났고 가르강튀아는 그때 이후 변함없이 초고속 회전을 해왔다면, 밀러 행성의 나이는 약 120억 년을 6만으로 나누면, 곧 20만 년이다(밀러 행성에서의 시간 지체 때문에 나눗셈이 필요하다). 20만 년이면 지구에서 일어나는 거의 모든 지질학적 과정과 비교할 때, 무척 짧은 세월이다. 밀러 행성은 나이가 이렇게 어린 데도 영화 속의 모습처럼 보일 수 있을까? 산소가 풍부한 대기와 바다가 그 행성에서

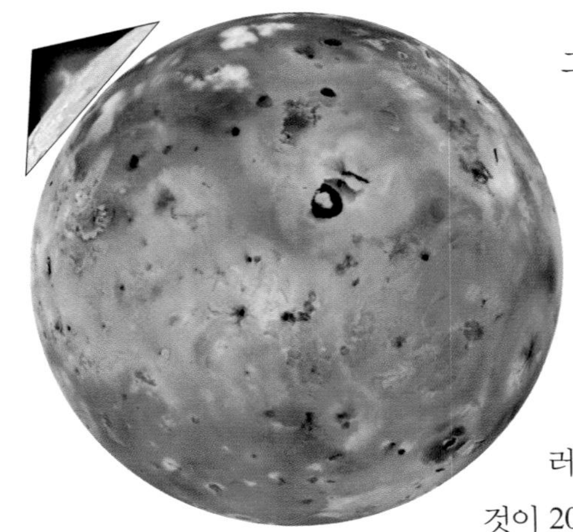

그림 17.8 우주선 갈릴레오 호가 촬영한 이오의 모습. 많은 화산과 용암류(lave flow)가 보인다. 위 오른쪽 작은 그림: 50킬로미터 높이까지 치솟은 화산재와 기체.

그토록 신속하게 생겼을 수 있을까? 이것이 불가능하다면, 밀러 행성이 어딘가 다른 곳에서 형성되어 가르강튀아에 아주 근접한 현재의 궤도로 이동했다고 보아야 할 텐데, 어떻게 그럴 수 있었을까?

밀러 행성의 흔들림 때문에 그 내부에서 마찰과 열이 발생할 터이고, 결국 흔들림 에너지 전체가 열로 변환될 텐데, 밀러 행성은 그때까지 얼마나 오래 흔들릴 수 있을까? 또 밀러 행성은 지금까지 얼마나 오래 흔들렸을까? 흔들림이 시작된 것이 20만 년 전보다 훨씬 더 나중이라면, 무엇인가가 그 흔들림을 일으켰을 것이다. 과연 무엇이 밀러 행성을 흔들리게 만들었을까?

마찰에 의해서 흔들림 에너지가 열로 바뀌면, 밀러 행성의 내부는 얼마나 뜨거워질까? 화산 폭발과 용암류가 발생할 정도로 뜨거워질까?

목성의 위성 이오(Io)는 주목할 만한 예이다. 목성 표면에서 가장 가까운 궤도를 도는 커다란 위성 이오는 흔들리지 않는다. 그러나 타원 궤도를 따라 돌면서 목성에 더 접근하기도 하고 더 멀어지기도 한다. 따라서 이오는 목성의 중력에서 비롯된 기조력이 강해졌다가 약해지고 다시 강해지는 것을 느낀다. 이는 밀러 행성이 가르강튀아의 중력에서 비롯된 기조력이 진동하는 것을 느끼는 것과 매우 유사하다. 그런 기조력의 변화 때문에 이오의 온도는 거대한 화산 폭발과 용암류가 발생하기에 충분할 만큼 상승한다(그림 17.8).

밀러 행성에서 본 가르강튀아의 모습

「인터스텔라」에서 레인저 호가 쿠퍼와 승무원들을 태우고 밀러 행성에 접근할 때, 우리는 하늘에서 가르강튀아의 모습을 본다. 그 블랙홀은 각지름이 10도이고(지구에서 본 달보다 20배 더 크고) 밝은 강착원반에 둘러싸여 있다(그림 17.9 참조). 감탄이 절로 나는 광경이겠지만, 그 장면에서 가르강튀아의 크기는 실제로 밀러 행성의 위치에서 그 블랙홀을 관찰했을 때 보이는 크기보다 훨씬 더 작다.

만일 밀러 행성이 영화 속의 극단적인 시간 지체가 일어나기에 충분할 만큼 가르강튀아에 근접했다면, 나의 과학적 해석에서 그 행성은 그림 17.1이 보여주는 가르강튀아의 휜 공간에서 원통형 구역 깊숙이 위치해야 한다. 그렇다면 당신이 밀러 행성에서 원통의 아래쪽을 내려다보면 가르강튀아가 보이고, 위쪽을 쳐다보

그림 17.9 앞쪽의 레인저 호가 착륙을 위해서 하강하는 동안, 가르강튀아와 그것의 강착원반은 밀러 행성에 조금 가려진 모습으로 보인다. [워너브라더스 사의 허가로 「인터스텔라」에서 따옴]

면 먼 우주가 보일 것으로 추정된다. 요컨대 그 행성을 둘러싼 하늘의 절반(180도)을 가르강튀아가 차지하고, 나머지 절반을 우주가 차지해야 할 것 같다. 실제로 아인슈타인의 상대론 법칙들은 그런 광경을 예측한다.

또한 밀러 행성은 가르강튀아로 떨어지지 않고 안정적인 궤도 운동을 하는 천체 중에서는 가장 가까이 그 블랙홀에 근접해 있으므로, 강착원반 전체가 밀러 행성의 궤도 바깥에 놓이는 것이 명백히 옳은 듯하다. 따라서 레인저 호가 그 행성에 접근할 때, 승무원들은 아래쪽에서 거대한 블랙홀의 그림자를 보고, 위쪽에서 거대한 원반을 보아야 옳다. 실제로 이것 역시 아인슈타인 법칙들이 예측하는 바이다.

만약 크리스가 이런 아인슈타인 법칙들의 예측들을 따랐다면, 영화를 망치는 결과가 되었을 것이다. 그런 환상적인 장면을 일찌감치 본 관객은 영화의 절정에서 쿠퍼가 가르강튀아로 떨어지는 광경을 볼 때, 별 감흥을 느끼지 못했을 것이다. 그래서 크리스는 그런 장면들을 의도적으로 영화의 막바지까지 유보했다. 또 예술가의 재량권을 행사하여 밀러 행성 근처에서 가르강튀아와 그것의 원반이 함께 보이도록, 그것도 지구에서 본 달보다 "겨우" 20배 크게 보이도록 만들었다.

과학자인 나는 과학 허구가 과학적 정확성을 갖추기를 간절히 바라지만, 크리스를 전혀 비난할 수 없다. 내가 영화감독이었다면, 나도 똑같이 결정했을 것이다. 그리고 당신을 비롯한 관객은 나의 결정을 고맙게 여겼을 것이다.

18
가르강튀아의 진동

쿠퍼와 아멜리아 브랜드가 밀러 행성을 탐사하는 동안, 로밀리는 후방의 인듀어런스 호에 머물며 가르강튀아를 관찰한다. 대단히 정확한 관찰을 통해서 중력이상에 대해서 더 많이 알게 되기를 그는 바란다. 무엇보다도 (내가 추측하는 바로는) 가르강튀아의 특이점에서 유래한 양자적 데이터(제26장)가 사건지평을 통해서 새어나와서 중력이상을 통제하는 법에 관한 정보(제24장)를 제공하기를 바란다. 로밀리 자신의 간결한 말을 빌리면, "중력을 푸는[解]" 데에 필요한 정보를 제공하기를 바란다.

아멜리아 브랜드가 밀러 행성에서 돌아오자, 로밀리는 그녀에게 말한다. "블랙홀을 관찰하다가 내가 무엇을 할 수 있는지 알아냈어. 하지만 당신의 아버지에게 아무것도 보내지 못했어. 수신은 계속 되는데, 송신이 전혀 안 돼."

로밀리는 무엇을 관찰했을까? 그는 구체적으로 말하지 않지만, 나는 그가 가르강튀아의 진동에 초점을 맞추었으리라고 짐작한다. 이 장에서 나는 영화의 스토리를 확장하면서 가르강튀아의 진동을 논하려고 한다.

블랙홀의 진동

1971년, 캘리포니아 공대에서 나의 지도를 받던 학생 빌 프레스는 블랙홀이 바이올린의 현과 비슷하게 특정한 **공명 진동수**(resonant frequency)로 진동할 수 있음을 발견했다.

바이올린의 현을 요령 있게 뜯으면, 현은 아주 맑은 음을 낸다. 그 음은 단일한 진동수의 음파이다. 약간 다른 방식으로 뜯으면, 현은 맑은 음과 더불어 더 높은 배음들을 낸다. 바꾸어 말하면 (왼손 손가락이 현을 단단히 누른 채 움직이지 않는다면) 바이올린의 현은 진동수들이 띄엄띄엄 떨어진 일련의 음들만을 낸다. 그 진동수들을 일컬어 공명 진동수라고 한다.

포도주 잔의 주둥이 테두리를 손가락으로 문지르거나, 종을 망치로 때릴 때도 마찬가지이다. 또한 무엇인가가 블랙홀 속으로 떨어져 블랙홀이 교란을 당할 때도 마찬가지임을 프레스는 발견했다.

1년 후, 역시 나의 지도를 받던 솔 튜콜스키는 아인슈타인의 상대론 법칙들을 이용하여 회전 블랙홀의 공명 진동수들을 수학적으로 기술했다. (이런 일이 캘리포니아 공대에서 가르치면서 얻는 최고의 보람이다. 우리는 믿기 어려울 정도로 유능한 학생들을 상대한다!) 튜콜스키의 방정식들을 풀면, 블랙홀의 공명 진동수들을 계산할 수 있다. 그러나 (가르강튀아처럼) 초고속으로 회전하는 블랙홀의 공명 진동수들을 계산하는 것은 매우 어려운 과제이다. 얼마나 어렵느냐 하면, 튜콜스키의 방정식들이 나오고 40년이 지난 뒤에도 풀이에 성공한 사례가 없었을 정도이다. 마침내 풀이에 성공한 팀의 지휘자들은 역시 캘리포니아 공대 학생들인 환 양과 아론 짐머만이었다.

2013년 9월, 「인터스텔라」의 소품 감독(소품 담당 책임자) 리치 크레머는 나에게 로밀리가 브랜드에게 어떤 관찰 데이터를 보여주면 적당하겠느냐고 물었다. 나는 당연히 세계 최고의 전문가들인 양과 짐머만에게 조언을 구했다. 그들은 가르강튀아의 공명 진동수들을 열거한 표와 에너지가 중력파로 방출됨에 따라서 그 진동들이 잦아드는 속도들을 열거한 표를 신속하게 작성했다. 튜콜스키의 방정식들을 이용하여 그들이 직접 계산한 결과에 기초한 표들이었다. 그런 다음에 그들은 이론적 예측과 일치하는 가짜 관찰 데이터 수치들을 덧붙였고, 나는 가르강튀아의 사건지평(정확히 말하면, 가르강튀아의 그림자의 경계)을 보여주는 그림들을 덧붙였다. 그 그림들의 출처는 더블 네거티브 사 소속의 「인터스텔라」 시각효과팀이 제작한 시뮬레이션이었다. 그리하여 로밀리의 관찰 데이터 세트가 만들어졌다.

로밀리가 아멜리아 브랜드에게 자신의 관찰에 대해서 이야기하는 장면을 크리스토퍼 놀런이 촬영할 때, 로밀리는 자신의 데이터 세트를 아멜리아에게 보여주지 않고 설명을 마무리했다. 그 데이터 세트가 탁자 위에 놓여 있었지만, 그는 그것을 집어들지 않았다. 그러나 내가 시도하는 「인터스텔라」 스토리의 확장에서는 그 데이터 세트가 열쇠의 구실을 한다.

가르강튀아의 공명 진동

그림 18.1은 그 데이터 세트의 첫 페이지이다. 각 행은 가르강튀아의 공명 진동수 하나에 관한 자료를 보여준다.

첫째 세로 칸은 가르강튀아가 진동하는 모양을 3개의 수로 표현한 부호들이며, 아래 그림은 로밀리가 촬영한 동영상에서 얻은 정지화면이다. 내가 확장한 「인터스텔라」의 스토리에서 그 동영상은 가르강튀아가 진동하는 모양이 이론의 예측과 일치함을 보여주었다. 둘째 세로 칸은 튜콜스키의 방정식들이 예측하는 진동 진동수들, 셋째 세로 칸은 각각의 진동이 잦아드는 속도이다.[1] 넷째, 다섯째 세로 칸은 로밀리의 관찰과 이론적 예측의 차이를 보여준다.

내가 확장한 스토리에서 로밀리는 몇 개의 이상을 발견한다. 즉, 자신의 관찰과 이론이 심하게 어긋나는 경우를 몇 개 발견한다. 그는 그 불일치들을 빨간색으로 출력한다. 데이터 세트의 첫 페이지(그림 18.1)에는 그런 이상이 하나밖에 없다. 그러나 그 이상은 심각하다. 로밀리의 관찰에 내재하는 불확실성보다 39배나 크다!

내가 확장한 스토리에서 로밀리는 이런 이상들이 "중력을 푸는 데"(그 이상들을 어떻게 활용할지 알아내는 데)에 유용할지도 모른다고 생각한다. 그는 자신이 알아낸 바를 지구의 브랜드 교수에게 전달할 수 있기를 바라지만, 송신 연결이 두절된 터라 속수무책이다.

뿐만 아니라 그는 가르강튀아의 내부를 들여다보고 그것의 특이점에 들어 있는 결정적인 양자 데이터(제26장)를 뽑아낼 수 있기를 바란다. 그러나 그는 그렇게 할 수 없다.

또한 그는 관찰된 이상들에 그 양자 데이터에 관한 정보가 들어 있는지 여부를 모른다. 가르강튀아는 초고속으로 회전하므로, 어쩌면 그 양자 데이터의 일부가 사건지평을 통해서 새어나와 그 이상들을 산출한 것일 수도 있다. 만약 로밀리가 그 데이터를 전송할 수 있었다면, 브랜드 교수는 이를 알아냈을지도 모른다.

나중에(제24장, 제26장) 나는 중력이상에 대해서, 그리고 가르강튀아 내부에서

---

1. 표에 열거된 공명 진동수 수치들은 익숙한 단위로 표현되어 있지 않다. 익숙한 단위로 변환하려면, 광속의 세제곱을 곱하고 $2\pi GM$으로 나눠야 한다(π = 3.14159……, G는 뉴턴의 중력상수, M은 가르강튀아의 질량). 이 변환 계수는 대략 시간당 1회 진동이다. 따라서 표에 나오는 첫 번째 예측 진동수는 시간당 약 0.67회이다. 진동이 잦아드는 속도를 익숙한 단위로 변환하는 데에 필요한 변환 계수도 마찬가지이다.

그림 18.1 로밀리가 아멜리아 브랜드에게 관찰 데이터를 보여주는 장면에서 사용하기 위해서 양과 짐머만이 만든 데이터의 첫 페이지. [「인터스텔라」의 소품. 워너브라더스사 제공]

가르강튀아

준정상(準正常) 진동 모드들 —전체 데이터의 평균

DM family

모드	이론		관찰/이론 −1	
(l,m,n)	**Re(ω) M**	**Im(ω) M**	**Re(ω) M**	**Im(ω) M**
(2,1,0)	**0.6664799**	**0.05541304**	**0.000054±23**	**0.00038±44**
(2,1,1)	**0.6665907**	**0.1662391**	**0.000008±8**	**0.00025±26**
(2,1,2)	**0.6667016**	**0.2770652**	**0.000040±17**	**0.00039±39**
(2,1,3)	**0.6668124**	**0.3878913**	**0.000016±24**	**0.00051±8**
(2,1,4)	**0.6669232**	**0.4987174**	**0.000003±25**	**0.00005±8**
(2,0,0)	**0.5235067**	**0.0809975**	**0.000057±10**	**0.00017±19**
(2,0,1)	**0.5236687**	**0.2429925**	**0.000029±9**	**0.00065±13**
(2,0,2)	**0.5238307**	**0.4049875**	**0.000005±31**	**0.00042±15**
(2,0,3)	**0.5239927**	**0.5669825**	**0.000023±12**	**0.00039±50**
(2,0,4)	**0.5241547**	**0.7289775**	**0.000041±61**	**0.00003±46**
(3,2,0)	**1.0749379**	**0.03192427**	**0.000014±91**	**0.00009±71**
(3,2,1)	**1.0750018**	**0.09577282**	**0.000019±32**	**0.00021±24**
(3,2,2)	**1.0750656**	**0.1596214**	**0.000004±25**	**0.00006±21**
(3,2,3)	**1.0751295**	**0.2234699**	**0.000024±14**	**0.0011±19**
(3,2,4)	**1.0751933**	**0.2873185**	**0.000032±38**	**0.00007±28**
(3,1,0)	**0.8623969**	**0.06574082**	**0.000004±74**	**0.00051±27**
(3,1,1)	**0.8625284**	**0.1972225**	**0.00039±1**	**0.00016±9**
(3,1,2)	**0.8626599**	**0.3287041**	**0.000019±35**	**0.00057±41**
(3,1,3)	**0.8627914**	**0.4601857**	**0.000030±35**	**0.00002±21**

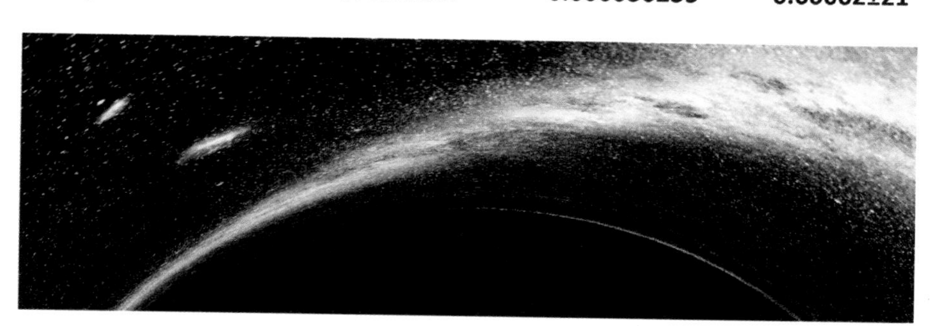

유래한 양자 데이터에 대해서(이 데이터는 중력이상을 활용하기 위한 열쇠이다) 훨씬 더 많은 이야기를 할 것이다. 지금은 가르강튀아 주변에 대한 탐사를 계속하자. 다음 주인공은 만 행성이다.

19
만 행성

밀러 행성은 인간이 거주할 수 있을 가망이 없음을 발견한 후, 쿠퍼와 일행은 만 행성으로 이동한다.

만 행성의 궤도와 태양의 부재

나는 「인터스텔라」의 두 대목에 기초하여 만 행성의 개연적인 궤도를 추론했다.

첫째, 도일은 만 행성까지 가려면 몇 달이 걸릴 것이라고 말한다. 이 대사에서 내가 추론한 바는 이렇다. 인듀어런스 호가 만 행성에 도착할 때, 그 행성은 쿠퍼 일행의 현재 위치인 가르강튀아 근처에서 멀리 떨어져 있어야 한다. 둘째, 인듀어런스 호가 만 행성 주위를 돌다가 폭발 사고를 당한 직후, 승무원들은 그 우주선이 가르강튀아의 사건지평으로 끌려가는 것을 발견한다. 이 대목에서 내가 추론한 바는, 그들이 만 행성을 떠날 때 그 행성은 가르강튀아 근처에 있어야 한다는 것이다.

이 두 가지 요건을 모두 충족하려면, 만 행성의 궤도는 심하게 찌그러진 타원이어야 한다. 또한 가르강튀아의 강착원반이 그 행성을 삼키는 일이 없으려면, 그 행성의 궤도는 가르강튀아의 (강착원반이 있는) 적도면에서 위나 아래로 최대한 멀리 떨어져 있어야 한다.

따라서 만 행성의 궤도는 그림 19.1이 보여주는 궤도와 유사해야 한다. 물론 만 행성은 가르강튀아에서 멀어질 때 그림 속 행성보다 훨씬 더 멀리, 가르강튀아 반지름의 600배 이상의 거리까지 나가야 하지만 말이다.[1] 우리 태양계에서 핼리 혜성

1. 영화에서 인듀어런스 호가 만 행성 주위를 돌 때, 하늘에서 가르강튀아가 차지하는 각도는 약 0.9도이다. 그 블랙홀이 지구에서 본 달보다 거의 두 배 크게 보이는 것이다. 내가 계산해보니, 그 장면에서 만 행성과 가르강튀아 사이의 거리는 그 블랙홀의 반지름의 약 600배이다. 그 거리에 있던 만 행성이 가르강튀아 근처로 이동하려면 최소한 40일이 필요한데, 쿠퍼 일행은 만 행성 주변과 표면에서 그보다 훨

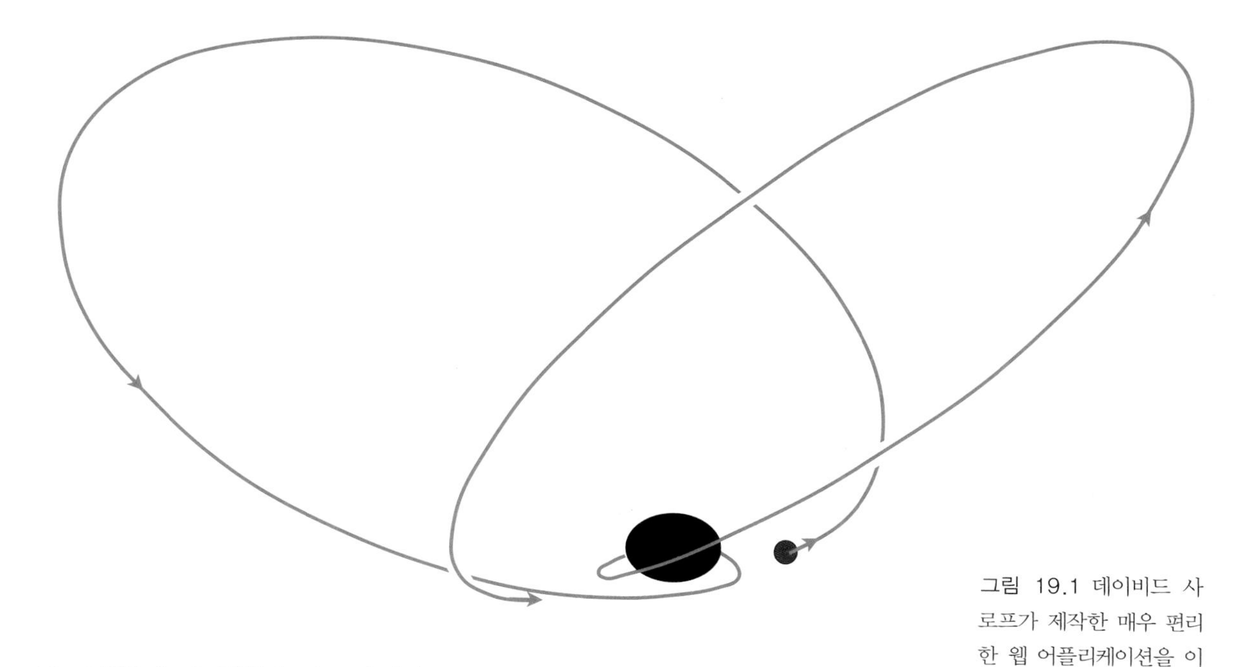

그림 19.1 데이비드 사로프가 제작한 매우 편리한 웹 어플리케이션을 이용하여 계산한 만 행성의 가능한 궤도 하나. http://demonstrations.wolfram.com/3DKerrBalckHoleOrbit 참조

이 그렇듯이, 만 행성은 가르강튀아를 근접하여 휘감아 돈 다음에 바깥쪽으로 멀리 날아갔다가 다시 돌아와서 다시 가르강튀아를 휘감아 돌기를 반복한다. 가르강튀아 근처 공간의 소용돌이는 그 행성이 가르강튀아에 접근할 때마다 그 블랙홀을 한두 바퀴 돌게 만들고, 그 행성의 궤도가 세차운동을 그림에서처럼 심하게 하게 만든다.

만 행성은 궤도의 안쪽 부분(가르강튀아 근처)이나 바깥쪽 부분에서 태양과 동행할 수 없다. 왜냐하면 그 행성이 태양과 동행한다면, 궤도의 안쪽 부분에서 거대한 기조력이 그 행성과 태양을 따로 떼어서 각각 다른 방향으로 내던질 것이기 때문이다. 그러므로 만 행성은 밀러 행성과 마찬가지로 가르강튀아의 빈약한 강착원반에서 열과 빛을 얻어야 한다.

만 행성으로 가는 여행

만 행성으로 가는 인듀어런스 호의 여행은 가르강튀아 근처에서 시작하여 그 블랙홀에서 멀린 떨어진 곳에서 끝난다. 영화에 대한 나의 과학적 해석에서 이런 여행은 두 번의 중력 새총 비행(제7장)을 필요로 한다. 중력 새총 효과를 이용하는

씬 더 짧은 시간 동안 머무는 것처럼 보인다. 하지만 밀러 행성에서 만 행성까지 가는 데에 여러 달이 걸린다는 대사는 그 거리와 잘 어울린다. 제7장 참조.

비행이 여행을 시작할 때 한번, 마칠 때 한번 필요하다.

여행을 시작할 때 해결해야 할 과제는 두 가지이다. 가르강튀아 근처의 정박 궤도에서 인듀어런스 호는 c/3, 곧 광속의 3분의 1로 가르강튀아 주위를 돈다. 이 운동의 방향은 가르강튀아의 둘레와 평행하므로, 만 행성으로 가는 여행에 부적합하다. 인듀어런스 호는 방향을 바꿔 반지름 방향으로 날아가며 가르강튀아에서 멀어져야 한다. 또한 인듀어런스 호는 속도가 충분히 빠르지 않다. 가르강튀아의 중력이 워낙 강하기 때문에, 만일 인듀어런스 호가 c/3의 속력을 유지하면서 방향을 바꿔 반지름 방향 경로에 진입한다면, 그 우주선은 만 행성에 도달하기는 커녕 조금 가다가 가르강튀아의 중력에 끌려 멈추고 말 것이다. 가르강튀아의 중력을 극복하고 만 행성에 (그 행성의 속도와 같은) 약 c/20의 최종속도로 도달하려면, 인듀어런스 호는 첫 번째 중력 새총 비행에서 거의 중력의 절반으로 가속해야 한다. 이를 위해서 쿠퍼는 적당한 위치에서 적당한 속도로 운동하는 중간질량 블랙홀(IMBH)을 발견해야 한다.

그런 IMBH를 발견하는 것은 쉬운 일이 아니다. 게다가 발견하더라도, 적절한 시간과 장소에서 그 IMBH에 도달하는 것도 어려운 일일 수 있다. 여러 달에 걸친 여행 기간의 대부분이 그 IMBH에 도달하는 데에 들 수도 있고, 그 IMBH가 가까이 오기를 기다리는 데에도 오랜 기간이 필요할 수 있다. 그 새총 비행이 완료되면, 인듀어런스 호는 만 행성을 향해서 처음 속도 약 c/2로 출발하여 점차 감속하다가 최종 속도 약 c/20으로 그 행성에 도달할 텐데, 이 비행에 약 40일이 추가로 필요할 것이다.

만 행성 근처에서 필요한 두 번째 새총 비행에서 인듀어런스 호는 적당한 IMBH를 휘감아 돈 다음에 그 행성과 랑데부해야 한다. 이 랑데부에는 로켓 연료가 많이 필요하지 않다.

만 행성에 도착하기 : 얼음 구름

영화에서 인듀어런스 호는 만 행성 주위의 궤도에 정박한다. 이어서 쿠퍼와 승무원들은 레인저 호를 타고 그 행성으로 하강한다. 만 행성은 얼음으로 뒤덮여 있다. (나의 해석에서) 그 행성은 가르강튀아의 강착원반이 발하는 온기로부터 아주 멀리 떨어진 곳에서 대부분의 시간을 보내므로, 충분히 예상할 만한 광경이다. 레인저 호가 그 행성에 접근할 때, 우리는 그 우주선이 구름처럼 보이는 것들 사

그림 19.2 만 행성에서 "얼음 구름"의 가장자리에 긁히는 레인저 호. [워너브라더스 사의 허가로 「인터스텔라」에서 따옴]

이로 날아가는 모습을 본다. 그런데 곧 레인저 호가 구름에 긁히는 장면이 나오고(그림 19.2), 우리는 그 구름이 실은 일종의 얼음으로 이루어졌음을 알게 된다.

폴 프랭클린과의 대화에서 얻은 단서를 근거로, 나는 그 구름들이 주로 동결된 이산화탄소("드라이아이스")로 이루어졌으며 만 행성이 그림 19.1에서처럼 강착원반을 향해 운동하면 온도가 높아지기 시작한다고 상상한다. 온도가 높아지면, 드라이아이스는 승화한다(곧장 기체로 된다). 따라서 영화 속의 구름은 드라이아이스와 기체 이산화탄소의 혼합물일 가능성이 있다. 어쩌면 주로 기체로 이루어졌을 수도 있다. 더 낮은 고도에서는 온도가 더 높다. 레인저 호의 착륙 지점에 있는 얼음은 모두 동결된 물로 추정된다.

만 박사의 지질학 데이터

영화에서 만 박사는 만 행성에서 유기물질을 찾는 일을 해왔다. 그는 고무적인 증거를 발견했다고 주장한다. 그 증거는 고무적이기는 하지만, 결정적이지는 않다. 그는 브랜드와 로밀리에게 자신의 데이터를 보여준다.

그 데이터는 암석 표본 각각을 어디에서 수집했고 그곳의 지질학적 환경이 어떠한지를 그 표본의 화학 분석 결과와 함께 알려주는 현장 메모들이다. 만 박사가 말하는 유기물질의 증거는 그 화학적 분석 결과이다.

그림 19.3은 그 분석 결과 중 한 페이지를 보여준다. 영화를 위해서 실제로 이 표를 작성한 사람은 캘리포니아 공대에서 지질학을 전공하는 유능한 박사과정 학생 에리카 스완슨이다. 에리카는 만이 한 것과 어느 정도 유사한 현장 연구와 화학 분석을 해왔다.

영화에서는 만 박사가 데이터를 조작했음이 밝혀진다. 이는 약간 역설적인 일이

그림 19.3 위: 로밀리(데이비드 오옐로워 분)와 브랜드(앤 해서웨이 분)가 만의 지질학 데이터를 놓고 그와 토론한다. 아래: 영화를 위해서 에리카 스완슨이 작성한 데이터의 한 페이지. 만 행성의 표면에서 수집했다는 암석들을 화학적으로 분석한 결과이다. 생물에서 유래했을 가능성이 있는 유기물질의 고무적인 증거가 여러 암석에서 나왔다. [워너브라더스 사의 허가로 「인터스텔라」에서 따옴]

표본	시토크롬	산화환 원효소	PA 탄화수소	포름알데히드
EBL-VR01	0.03	0.379	8.7	1.64
EBL-VR03	0.02	0.103	2.3	1.20
EBL-VR04	0.02	0.170	3.9	1.38
EBL-OS01	0.02	0.128	2.9	1.28
EBL-OS02	0.01	0.038	0.8	0.88
EBL-OS04	0.01	0.020	0.4	0.71
GBO-VR01	0.04	0.426	9.7	1.67
GBO-VR02	0.02	0.155	3.5	1.34
GBO-VR03	0.01	0.015	0.3	0.64
GBO-VR05	0.02	0.115	2.6	1.24
GBO-OS01	0.04	0.613	14.0	1.76
GBO-OS02	0.00	0.009	0.1	0.50
GBO-OS03	0.02	0.115	2.6	1.24
GBO-OS04	0.03	0.237	5.4	1.49
EFO-VR02	0.01	0.053	1.2	0.98
EFO-VR03	0.02	0.186	4.2	1.41
EFO-VR05	0.02	0.103	2.3	1.20
EFO-VR08	0.05	0.938	21.5	1.79
EFO-VR11	0.07	1.648	37.9	1.64
EFO-OS01	0.00	0.003	0.0	0.25
EFO-OS02	0.03	0.219	5.0	1.46
EFO-OS03	0.01	0.045	1.0	0.93
EFO-KS01	0.02	0.128	2.9	1.28

흥미로움

매우 유망함!

기도 하다. 왜냐하면 당연히 에리카도 데이터를 조작했기 때문이다. 그녀는 만 행성으로 현장 조사를 나간 적이 없다. 어쩌면 앞으로 언젠가는……

이 책에서 나는 만 박사의 비극에 대해서 아무 말도 하지 않을 것이다. 그것은 과학과 거의 관계가 없는 인간적인 비극이다. 그 비극의 절정은 인듀어런스 호를 심하게 손상시킨 폭발이다. 그 폭발, 그 손상, 인듀어런스 호의 구조는 과학과 공학의 관심사이다. 다음 장에서 그것들을 논하자.

20
인듀어런스 호

Ⓣ

중력에서 비롯된 기조력과 인듀어런스 호의 설계

인듀어런스 호는 고리 모양으로 배치된 모듈 12개와 고리 중앙의 조종 모듈 하나로 이루어졌다(그림 20.1). 착륙선 두 대와 레인저 호 두 대는 인듀어런스 호의 중앙 모듈에 도킹한다.

나의 과학적 해석에서 인듀어런스 호는 중력에서 비롯된 기조력이 아주 강한 곳에서도 파괴되지 않도록 설계되었다. 이런 설계는 인듀어런스 호의 웜홀 통과를 위해서 중요했다. 인듀어런스 호의 고리는 지름이 64미터로, 웜홀 둘레의 거의 1퍼센트이다. 강철을 비롯한 고체 재료들은 10분의 몇 퍼센트보다 큰 변형을 겪으면 깨지거나 녹아버린다. 따라서 우주선을 위험에 빠뜨릴 것이 뻔하다. 인듀어런스 호가 웜홀을 통과한 후 가르강튀아 근처에서 겪을 일에 대해서는 알려진 바가 거의 없었다. 따라서 그 우주선은 웜홀의 기조력보다 훨씬 더 강한 기조력에도 견딜 수 있게 설계되었다.

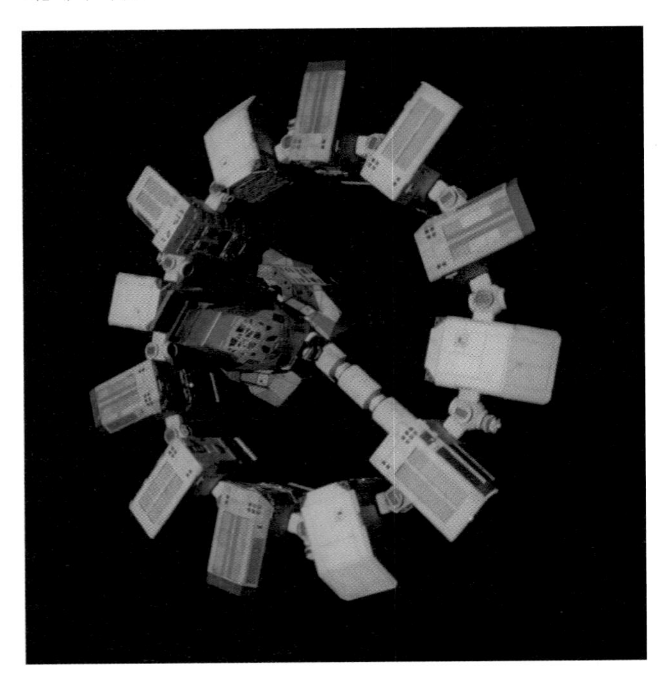

그림 20.1 인듀어런스 호. 중앙 조종 모듈에 레인저 호 두 대와 착륙선 두 대가 붙어 있다. 레인저 호들은 인듀어런스 호의 고리가 놓인 평면에서 돌출해 있고, 착륙선들은 그 평면과 나란히 놓여 있다. [워너브라더스 사의 허가로 「인터스텔라」에서 따옴]

가는 섬유를 이리저리 구부리면 복잡한 모양을 만들 수 있다. 이때 섬유를 이루는 재료는 어느 부위에서도 1퍼센트 가까이 변형되지 않는다. 이렇게 재료의 변형 없이 복잡한 모양을 이룰 수 있는 결정적인 이유는 섬유의 굵기가 가늘다는 점에 있다. 우리는 인듀어런스 호의 강도가 무수히 많은 가는 섬유들로 이루어진 고리에서 비롯된다고 상상할 수 있다. 그 섬유들은 현수교의 케이블을 이루는 철선 가닥들과 유사하다. 강한 바람이 불면, 현수교의 케이블은 파손되지 않고 구부러질 수 있다. 하지만 인듀어런스 호의 고리를 그 케이블처럼 만들면, 너무 유연해서 문제가 생길 것이다. 그 고리는 변형에 저항하는 힘이 강해서 기조력을 받더라도 모듈들이 서로 충돌할 정도로 심하게 변형되지 않아야 한다.

나의 해석에서 설계자들은 인듀어런스 호를 변형에 저항하는 힘이 강하면서도 예상보다 훨씬 더 강한 기조력을 받으면 파괴되지 않고 변형될 수 있게 만들려고 애썼다.

만 행성 주위를 도는 궤도에서 일어난 폭발 사고

이 설계 의도는 만 박사가 자신도 모르게 거대한 폭발을 유발하여 인듀어런스 호의 고리가 끊어지고 고리 모듈 두 개가 파괴되고 다른 두 개가 손상되는 장면에서 제몫을 톡톡히 한다(그림 20.2).

그 폭발로 고리가 빠르게 회전함에 따라서 고리 모듈들은 70g(지구 중력의 70배)에 달하는 원심력을 받는다. 끊어진 고리의 양끝은 바깥쪽으로 휘어지지만 부서지지 않고, 고리 모듈들은 서로 서로 충돌하지 않는다. 나의 과학적 해석에서 인듀어런스 호는 영리한 공학자들의 보수적인 설계가 낳은 걸작이다!

그림 20.2 왼쪽: 인듀어런스 호에서 발생한 폭발. 위쪽에 착륙선, 아래쪽에 만 행성이 보인다(방사상으로 뻗은 빛 다발 10개는 폭발지점에서 발생한 것이 아니라 빛이 카메라 렌즈에서 산란하기 때문에 생긴 렌즈 플레어이다). **오른쪽:** 폭발로 손상된 인듀어런스 호. [워너브라더스 사의 허가로 「인터스텔라」에서 따옴]

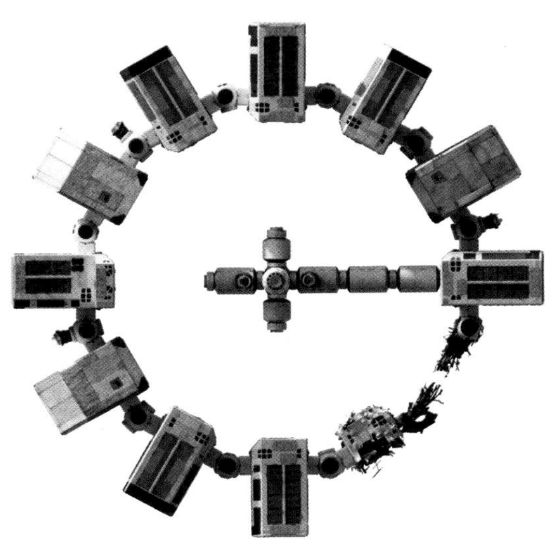

한 마디 덧붙이자면, 나는 영화 속의 폭발 장면을 인상 깊게 보았다. 우주에서 폭발이 일어나면, 소리가 나지 않는다. 소리 파동을 전달할 공기가 없기 때문이다. 인듀어런스 호의 폭발 장면에서도 소리가 나지 않는다. 그런 폭발에서 발생하는 불꽃은 곧바로 꺼져야 한다. 불꽃의 유지에 필요한 산소가 신속하게 우주 공간으로 흩어지기 때문이다. 실제로 영화 속의 불꽃도 곧바로 꺼진다. 폴 프랭클린의 말에 따르면, 그의 팀은 그 불꽃을 곧바로 끄느라 고생했다. 왜냐하면 그 불꽃은 컴퓨터로 만든 시각효과가 아니라 촬영 세트에서 일으킨 진짜 불꽃이었기 때문이다. 이것은 크리스토퍼 놀런이 과학적 정확성을 얼마나 중시하는지 보여주는 또 하나의 예이다.

가르강튀아 근처의 환경을 논하면서 우리는 행성의 물리학(기조력에 의한 변형, 쓰나미, 조진파……)부터 가르강튀아의 진동을 거쳐 생명의 흔적인 유기물질 탐색과 공학의 주제들(인듀어런스 호의 설계와 폭발 사고)까지 이야기했다. 나는 이 주제들을 즐겨 다루지만—나는 이것들 중 대다수에 대해서 연구하거나 교과서를 썼다—내가 가장 큰 열정을 기울이는 주제는 따로 있다. 그것은 극한의 물리학, 곧 인류가 확보한 지식의 경계나 바로 그 너머에 위치한 물리학이다. 이제 그곳으로 가자.

VI
극한의 물리학

21
4차원과 5차원

네 번째 차원으로서 시간

Ⓣ

우리 우주에서 공간은 3개의 차원을 가졌다. 그것들은 위아래 차원, 동서 차원, 남북 차원이다. 그러나 친구와 점심 약속을 하려면, 장소뿐 아니라 시간도 정해야 한다. 이런 의미에서 시간은 네 번째 차원이다. 그러나 시간은 공간 차원과는 종류가 다른 차원이다. 우리는 아무 어려움 없이 동쪽으로 이동할 수도 있고, 서쪽으로 이동할 수도 있다. 양쪽 방향 중 하나를 선택하고 그 방향으로 가면 그만이다. 반면에 점심 약속 때가 되면, 우리는 바로 그 자리, 그 시간에서 즉각 과거로 이동할 수 없다. 아무리 애쓰더라도, 우리는 미래로만 이동할 수 있다. 상대론 법칙들에 따라서 반드시 그러해야 한다.[1]

그럼에도 시간은 네 번째 차원, 우리 우주의 네 번째 차원이다. 우리의 삶이 펼쳐지는 무대는 4차원 시공(space-time)이다. 그 시공은 공간 차원 3개와 시간 차원 하나를 가졌다.

이 시공 무대를 실험과 수학으로 탐구하는 우리 물리학자들은 공간과 시간이 여러 방식으로 통합되어 있음을 발견한다. 가장 단순한 수준에서 말하면, 우리가 먼 우주를 내다보는 것은 먼 과거를 돌아보는 것과 마찬가지이다. 왜냐하면 먼 우주에서 출발한 빛은 오랜 시간이 지난 후에 우리에게 도착하기 때문이다. 우리는 10억 광년 떨어진 퀘이사를 10억 광년 전의 모습으로 본다. 그 퀘이사에서 나와 우리의 망원경에 도달한 빛은 10억 광년 전에 우리를 향해서 출발했다.

훨씬 더 깊은 수준에서도 공간과 시간의 통합을 발견할 수 있다. 만약 당신이

1. 그러나 상대론 법칙들은 순환 경로로 이동함으로써, 즉 먼 우주로 나갔다가 다시 출발점으로 돌아옴으로써 과거로 거슬러오를 가능성을 열어놓는다. 이 가능성은 제30장에서 다시 논할 것이다.

나에 대해 상대적으로 빠르게 운동한다면, 우리는 어떤 사건들이 동시에 일어났는지를 각자 다르게 판단하게 된다. 당신은 태양에서 일어난 폭발과 지구에서 일어난 폭발이 동시적이라고 판단하는데, 나는 지구에서의 폭발이 태양에서의 폭발보다 5분 먼저 일어났다고 판단할 수도 있다. 당신이 순전히 공간적이라고 여기는 대상(두 폭발 사이의 거리)을 나는 공간적 요소와 시간적 요소가 혼합된 대상으로 보는 것이다.

이와 같은 공간과 시간의 혼합은 직관에 반하는 듯할지 몰라도 우리 우주의 구조 자체에 근본적으로 내재하는 속성이다. 다행히 이 책에서 우리는 공간과 시간의 혼합을 대체로 무시할 수 있다. 단, 제30장에서만큼은 예외이다.

벌크 : 정말로 있을까?

EG

이 책 전체에서 나는 휜 공간을 시각화하고자 할 때 우리 우주를 3차원 벌크 속에 자리잡은 2차원의 휜 막(혹은 브레인)으로 표현하는 그림을 이용한다. 예컨대 그림 21.1을 보라. 말할 필요도 없겠지만, 실제로 우리 브레인은 공간 차원을 3개 가졌고, 벌크는 4개 가졌다. 그러나 나는 그런 브레인과 벌크를 그다지 잘 그리지 못하기 때문에 내 그림들에서는 대개 한 차원을 생략한다.

그림 21.1 작은 블랙홀이 나선을 그리며 큰 블랙홀 속으로 빨려드는 것을 벌크에서 본 모습. 공간 차원 하나를 생략했다. [나의 스케치에 기초한 돈 데이비스의 그림]

벌크는 정말 실제로 존재할까, 아니면 우리의 상상력이 지어낸 허구에 불과할까? 1980년대까지 나를 비롯한 대다수의 물리학자는 벌크가 허구라고 생각했다.

어떻게 벌크가 허구란 말인가? 우리는 우리 우주의 공간이 휘어 있음을 확실히 알지 않는가? 우주선 바이킹 호로 보낸 전파 신호들이 우리 우주 공간의 굴곡을 매우 정확하게 보여주지 않는가?(제4장) 그렇다…… 우리의 공간은 확실히 휘어 있다. 그럼 생각해보자. 우리의 공간이 정말로 휘어 있다면, 더 차원이 높은 어떤 공간, 어떤 벌크 속에서 휘어 있어야 할 것 아닌가?

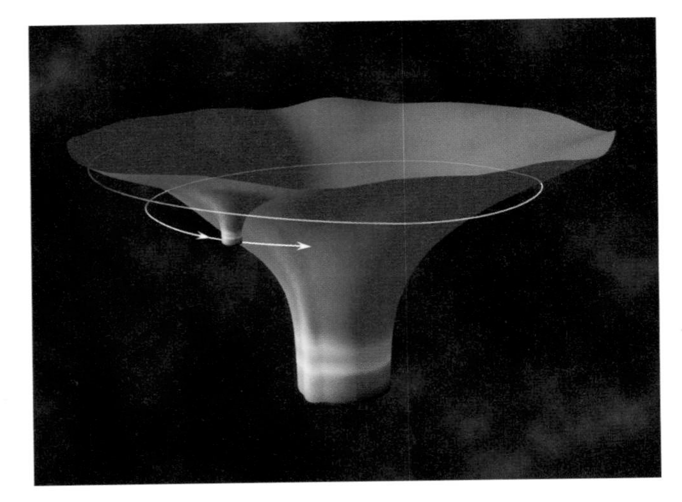

아니다, 이 생각은 옳지 않다. 더 높은 차원의 벌크가 없어도 우리 우주는 얼마든지 휠 수 있다. 우리 물리학자들은 우리 우주의 굴

곡을 벌크의 도움 없이 수학으로 기술할 수 있다. 우리는 그 굴곡을 지배하는 아인슈타인의 상대론 법칙들을 벌크의 도움 없이 정식화할 수 있다. 사실 우리는 연구할 때 거의 항상 그렇게 한다. 우리에게 벌크는 1980년대까지 시각적 보조수단에 불과했다. 우리의 수학에서 무슨 일이 일어나는지 직관하는 도움이 되는 보조수단, 물리학자가 다른 물리학자나 비물리학자와 소통하는 데에 도움이 되는 보조수단일 따름이었다. 시각적 보조수단이지, 실재하는 대상이 아니었다.

벌크가 실재한다는 것은 무슨 뜻일까? 벌크가 실재하는지 여부를 어떻게 알아낼 수 있을까? 벌크가 실재한다는 것은 벌크가 우리의 측정에 영향을 미칠 수 있다는 뜻이다. 그리고 1980년대까지 우리는 벌크가 우리의 측정에 영향을 미칠 길은 없다고 보았다.

그러나 1984년에 상황이 완전히 바뀌었다. 런던 대학의 마이클 그린과 캘리포니아 공대의 존 슈워즈가 양자중력 법칙들을 발견하기 위한 노력의 역사에서 엄청난 도약을 이룩한 것이다.[2] 그런데 기이하게도 그들의 도약은 오직 우리 우주가 공간 차원 9개와 시간 차원 한 개를 가진(우리 브레인보다 공간 차원이 6개 많은) 벌크 속에 들어 있어야만 유효했다. 그린과 슈워즈가 추구하던 수학적 체계인 이른바 "초끈이론(superstring theory)"에서 벌크의 추가 차원들은 여러 중요한 방식으로 우리 브레인에 영향을 미친다. 기술이 충분히 발전하면 우리는 물리학 실험을 통해서 그 영향을 측정할 수 있다. 그 영향은 양자물리학 법칙들과 아인슈타인의 상대론 법칙들의 조화를 가능케 할지도 모른다.

그린-슈워즈 도약 이후 우리 물리학자들은 초끈이론을 아주 진지하게 받아들

그림 21.2 **왼쪽**: 마이클 그린(왼쪽)과 존 슈워즈가 도약을 이룬 때인 1984년에 콜로라도 주 아스펜에서 도보 여행 중에 찍은 사진. **오른쪽**: 마이클 그린(왼쪽)과 존 슈워즈(오른쪽)가 그 도약의 공로로 상금 300만 달러의 2014년 기초물리학상을 받는 모습. 가운데 두 사람은 유리 밀너(기초물리학상 제정자)와 마크 주커버그(페이스북 공동 창립자).

2. 이 역사에 대한 간략한 서술은 제3장 참조.

이면서 그 이론을 탐구하고 확장하기 위해서 많은 노력을 기울여왔다. 따라서 우리는 벌크가 정말로 존재하며 정말로 우리 우주에 영향을 미칠 수 있다는 생각을 매우 진지하게 취급해왔다.

다섯 번째 차원

초끈이론은 벌크가 우리 우주보다 6개 많은 차원을 가졌다고 말하지만, 실질적인 관점에서 보면, 벌크의 추가 차원이 실은 하나뿐이라고 추정할 근거가 있다(이유는 제23장에서 설명하겠다).

그래서, 또한 추가 차원 6개는 과학 허구 영화에서 너무 부담스러운 감이 있기 때문에, 「인터스텔라」에 등장하는 벌크는 추가 차원을 하나만 가져서 총 5개의 차원을 가졌다. 그 벌크는 공간 차원 3개를 우리 브레인과 공유한다. 그것들은 동서 차원, 남북 차원, 상하 차원이다. 또한 그 벌크와 우리 브레인은 네 번째 차원인 시간 차원을 공유한다. 그리고 그 벌크는 다섯 번째 차원으로 **오지**(奧地, out-back) 차원을 가진다. 오지 차원은 우리 브레인에 대해서 수직으로 뻗어 있다. 즉, 그림 21.3에서 보듯이 우리 브레인 위쪽과 아래쪽으로 뻗어 있다.

오지 차원은 「인터스텔라」에서 중요한 역할을 한다. 비록 등장인물들은 "오지"라는 표현을 쓰지 않고 다만 "다섯 번째 차원"을 언급하지만 말이다. 오지 차원은 다음 두 장, 그리고 제25장, 제29장, 제30장의 핵심 주제이다.

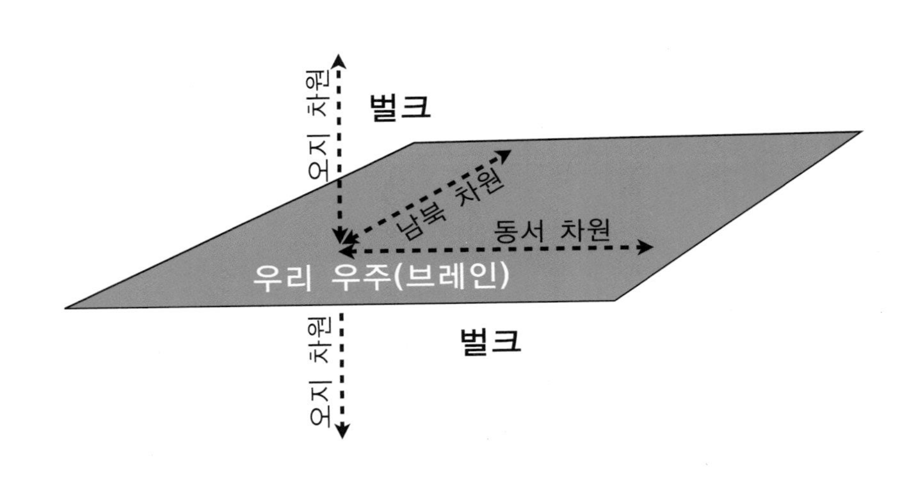

그림 21.3 4차원 시공을 가지고 5차원 벌크 속에 자리잡은 우리 브레인. 차원 2개를 생략하고 그린 그림이다. 생략된 차원들은 시간 차원과 우리 우주의 위아래 차원이다.

22
벌크에서 사는 존재들

2차원 브레인과 3차원 벌크

Ⓣ

에드윈 애벗은 1844년에 풍자적인 중편소설 「플랫랜드 : 많은 차원들의 모험담(*Flatland: A Romance of Many Dimensions*)」을 썼다(그림 22.1).[1] 이 소설의 빅토리아 문화에 대한 풍자는 오늘날에 어울리지 않고 여성에 대한 태도는 무례하게 느껴지지만, 이 소설의 공간적 배경은 「인터스텔라」와 밀접한 관련이 있다. 나는 당신에게 「플랫랜드」를 읽어보라고 권한다.

이 소설은 "플랫랜드"라는 2차원 우주에 사는 정사각형 모양의 존재("정사각형"이라고 부르자)가 겪는 일들을 서술한다. 정사각형은 "라인랜드(Lineland)"라는 1차원 우주와 "포인틀랜드(Pointland)"라는 0차원 우주를 방문한다. 또 "스페이슬랜드(spaceland)"라는 3차원 우주를 방문하고 가장 크게 놀란다. 뿐만 아니라 그가 플랫랜드에서 살 때, 스페이슬랜드에서 온 공 모양의 존재가 그를 찾아온다.

그림 22.1 「플랫랜드」 초판 표지

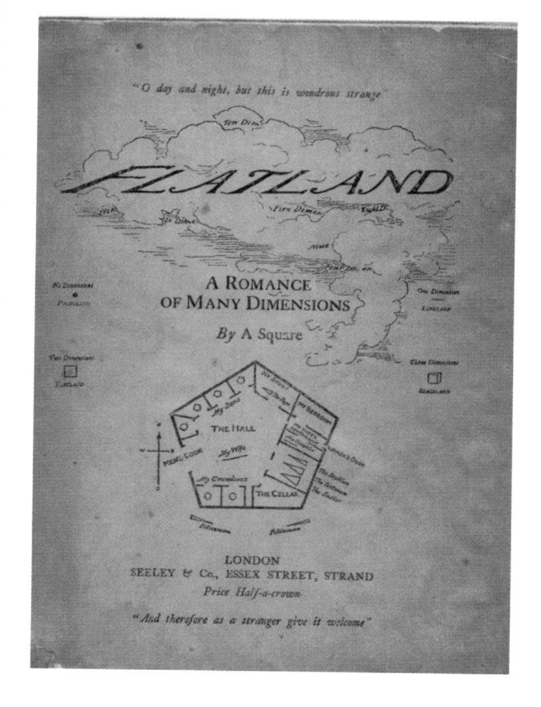

내가 크리스토퍼 놀런과 처음 만났을 때, 우리는 서로가 「플랫랜드」를 아주 재미있게 읽었음을 알고 기뻐했다.

애벗의 중편소설이 채택한 발상을 이어서, 당신이 "정사각형"과 마찬가지로 플랫랜드와 같은 2차원 우주에 사는 2차원 존재라고 상상해보자. 당신의 우주는 테이블 윗면, 종이, 또는 고무 막일 수도 있다. 현대 물리학의 어법에 따

1. 이 소설을 여러 웹사이트에서 구할 수 있다. 예컨대 위키피디아 "Flatland" 항목의 끝부분을 보라.

라 나는 당신의 세계를 2차원(2D) "브레인"으로 부르겠다.

양질의 교육을 받은 당신은 3차원 벌크가 존재하고 그 속에 당신의 브레인이 들어 있다고 추측하지만 확신하지는 못한다. 어느 날 3차원 벌크에서 "공[球]"이 당신을 찾아온다면, 당신이 얼마나 감격할지 상상해보라. 당신은 공을 "벌크 존재(bulk being)"라고 부를 수도 있을 것이다.

처음에 당신은 공이 벌크 존재임을 알아채지 못하지만, 많은 관찰과 생각을 거친 끝에 공을 달리 설명할 길이 없음을 깨닫는다. 당신이 관찰하는 바는 다음과 같다. 갑자기 어떤 예고도, 눈에 띄는 출처도 없이 파란색 점이 당신의 브레인에 나타난다(그림 22.2의 위 왼쪽). 그 점이 확대되어 파란색 원반이 되고, 그 원반이 점점 커져 최대 지름에 도달한다(가운데 왼쪽). 이어서 그 원반이 차츰 줄어들어 점이 되고(아래 왼쪽) 완전히 사라진다.

당신은 물질이 보존된다고 믿는다. 어떤 대상도 무로부터 창조될 수 없다. 그런데 이 대상은 무로부터 창조되었다. 당신이 생각해낼 수 있는 유일한 설명을

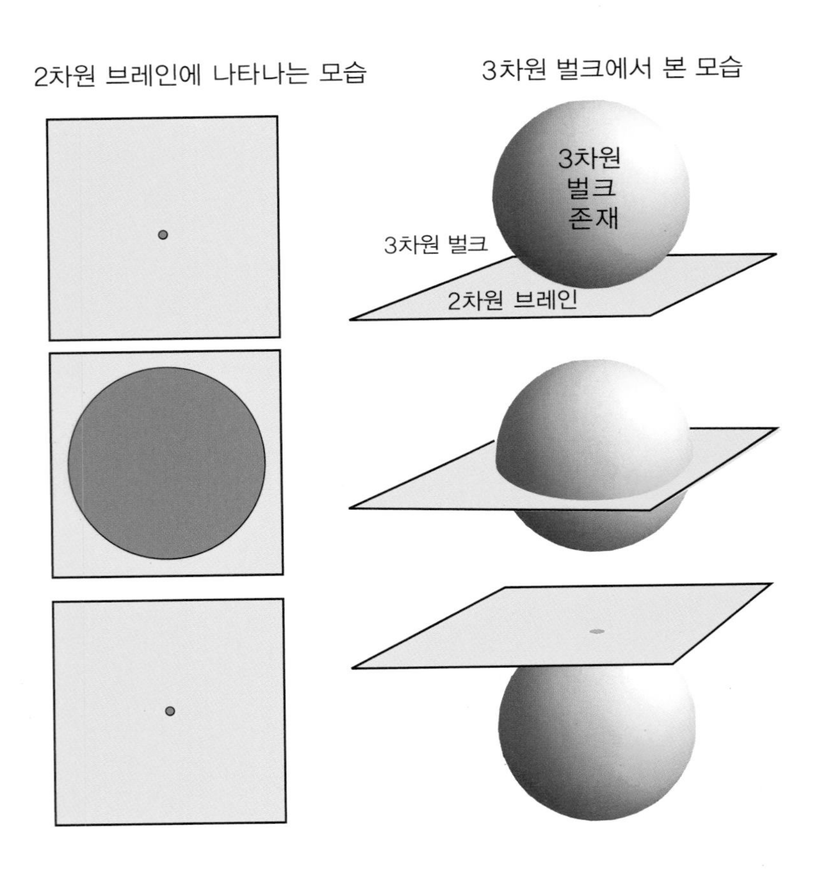

그림 22.2 3차원 공이 2차원 브레인을 통과하는 모습

그림 22.2의 오른쪽 절반이 보여준다. 3차원 벌크 존재인 공이 당신의 브레인을 통과한 것이다. 공이 통과하는 동안, 당신은 당신의 브레인에서 공의 2차원 단면이 변화하는 것을 보았다. 그 단면은 처음에 공의 남극이 브레인에 닿을 때 점이었다(위 오른쪽). 이어서 그 점이 확대되어 최대 크기의 원반이 되었는데, 그 원반은 공의 적도면에 해당한다(가운데 오른쪽). 그 원반은 다시 공의 북극에 해당하는 점으로 축소된 후 사라진다(아래 오른쪽).

만일 3차원 벌크에 사는 3차원 인간이 당신의 2차원 브레인을 통과한다면, 어떻게 될지 상상해보라. 당신은 어떤 모습을 보게 될까?

4차원 공간에 사는 벌크 존재가 우리의 3차원 브레인을 통과하면

공간 차원 3개와 시간 차원 하나를 가진 우리 우주가 정말로 5차원(공간 차원 4개, 시간 차원 하나) 벌크 속에 들어 있다고 가정해보자. 또 고차원 공 모양의 존재들, 곧 "초구(超球) 존재들(hyperspherical beings)"이 그 벌크에 산다고 가정하자. 초구 존재는 중심과 표면을 가질 것이다. 그 표면은 4차원 공간에서 그 중심으로부터 일정한 거리(이를테면 30센티미터)만큼 떨어진 모든 점들로 이루어질 것이다. 초구 존재의 표면은 3차원일 것이고 내부는 4차원일 것이다.

이런 초구 존재가 벌크에서 "오지 차원" 방향으로 이동하다가 우리 브레인을 통과한다고 하자. 우리는 무엇을 보게 될까? 대번에 짐작할 수 있다. 우리는 초구의 구형 단면들을 보게 될 것이다(그림 22.3).

우선 느닷없이 점 하나가 나타난다(1). 그 점이 확대되어 3차원 공이 된다(2). 그 공이 더 커져서 최대 지름에 도달한다(3). 이어서 공이 수축하여(4) 점으로 되고(5) 이내 사라진다.

벌크에서 사는 4차원 인간이 우리 브레인을 통과한다면, 우리가 무엇을 보게 될지 당신은 짐작이 가는가? 이 문제를 숙고하려면, 4차원 인간—다리 두 개, 몸통 하나, 팔 두 개, 머리 하나를 가진 존재—이 공간 차원이 4개인 벌크에서 볼 때, 어떤 모습으로 보일지 상상해야 한다. 또 4차원 인간의 단면들이 어떤 모

그림 22.3 초구 벌크 존재가 우리 브레인을 통과하는 과정을 우리 브레인에서 본 모습

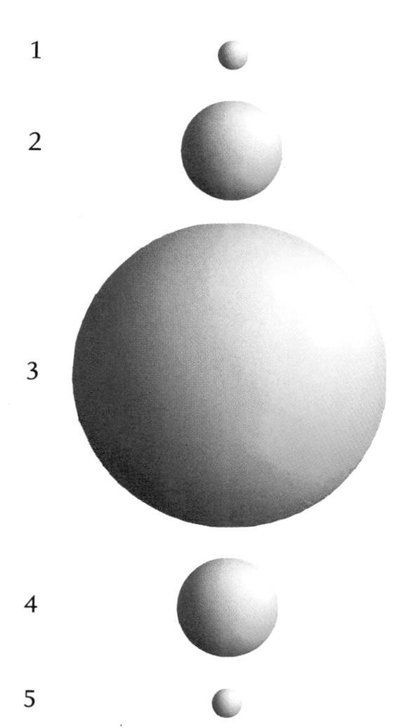

습일지도 상상해야 한다.

벌크 존재들의 정체와 그들이 발휘하는 중력

EG & S

만약 벌크 존재들이 존재한다면, 그것들은 무엇으로 이루어졌을까? 틀림없이 우리처럼 원자에 기초한 물질로 이루어지지는 않았을 것이다. 원자는 3차원이다. 원자는 3차원 공간에서만 존재할 수 있고, 4차원 공간에서는 존재할 수 없다. 아원자입자들도 마찬가지이다. 전기장과 자기장(제2장), 그리고 원자핵들을 결합하는 힘들도 마찬가지이다.

세계에서 가장 뛰어난 물리학자들 중 일부는 만일 우리 우주가 정말로 고차원 벌크 속에 들어 있는 브레인이라면, 물질과 장들과 힘들이 어떻게 행동할지 이해하기 위해서 노력해왔다. 그 노력의 결과들은 우리가 아는 모든 입자들과 힘들과 장들은 우리 브레인에 국한된다는 결론을 상당히 확실하게 시사한다. 그런데 예외가 하나 있으니, 그것은 중력, 그리고 중력과 연관된 시공의 굴곡이다.

공간 차원이 4개이며 벌크에 자리잡은 다른 유형의 물질과 장들과 힘들이 있을 수도 있다. 그러나 설령 있다고 하더라도, 우리는 그것들의 정체를 모른다. 우리는 단지 사변(speculation)을 펼칠 수 있을 뿐이다. 실제로 물리학자들은 사변을 펼친다. 그러나 우리는 그 사변을 옳은 방향으로 이끌 관찰 증거나 실험 증거를 가지고 있지 않다. 「인터스텔라」에 등장하는 브랜드 교수의 칠판에서 우리는 그가 사변을 펼치고 있음을 알 수 있다(제25장).

온당하며 반쯤 지식에 기초한 추측(guess)에 따르면, 설령 벌크 힘들과 장들과 입자들이 존재하더라도, 우리는 절대로 그것들을 보거나 느낄 수 없을 것이다. 벌크 존재가 우리 브레인을 통과할 때, 우리는 그 존재를 구성하는 재료를 보지 못할 것이다. 그 존재의 단면은 투명할 것이다.

다른 한편, 우리는 그 존재가 발휘하는 중력과 중력에 의한 공간과 시간의 굴곡을 느끼고 볼 수 있을 것이다. 예컨대 초구 존재가 나의 위 속에 나타나서 충분히 강한 중력을 발휘하면, 나의 위는 쪼그라들기 시작하고, 나의 근육들은 그 존재의 구형 단면의 중심으로 빨려들지 않으려고 긴장할지도 모른다.

만약 그 벌크 존재의 단면이 색동 바둑판 앞에 나타났다가 사라진다면, 그 존재가 일으키는 공간의 굴곡 때문에 중력 렌즈 효과가 발생하여 내가 보는 이미지가 그림 22.4의 위쪽 그림에서처럼 왜곡될지도 모른다.

더 나아가서 그 벌크 존재가 회전한다면, 그림 22.4의 아래쪽 그림에서처럼 내가 보고 느낄 수 있는 공간의 소용돌이가 일어날지도 모른다.

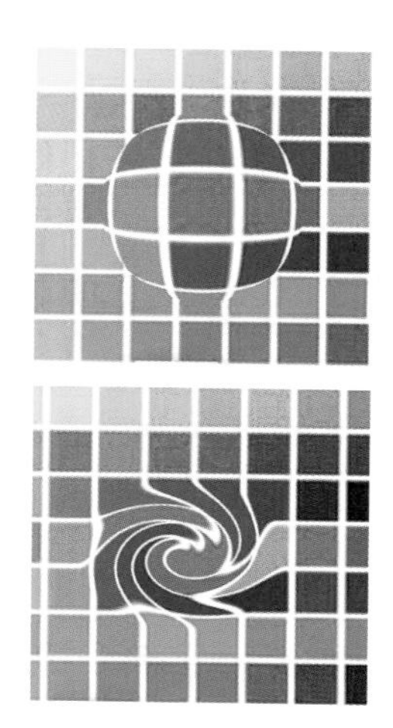

그림 22.4 벌크 존재가 우리 브레인을 통과하면서 우리가 보는 색동 바둑판의 이미지를 왜곡하고 비튼다.

「인터스텔라」에서 언급되는 벌크 존재들

「인터스텔라」에서 모든 등장인물들은 벌크 존재들이 있다고 확신한다. 물론 "벌크 존재"라는 명칭은 드물게만 쓰이지만 말이다. 대개 등장인물들은 벌크 존재들을 "그들"로 칭한다. 경외심을 일으키는 그들. 영화의 초반에 아멜리아 브랜드는 쿠퍼에게 이렇게 말한다. "그들이 누구이든 간에, 우리를 보고 있는 것 같아. 저 웜홀은 우리를 다른 별로 여행할 수 있게 해줘. 딱 필요할 때, 웜홀이 나타난 거야."

크리스토퍼 놀런의 기발하고 흥미로운 아이디어들 중 하나는 그들이 실은 우리 후손이라고 상상한 것이다. 그들은 먼 미래의 인간들, 더 진화하여 공간 차원을 하나 더 얻고 벌크에서 사는 인간들이다. 영화의 후반에 쿠퍼는 타스에게 말한다. "아직도 모르겠니, 타스? 그들은 존재가 아냐. 그들은 우리야. 내가 머프를 도우려 한 것과 똑같이 우리를 도우려 하지." 타스가 대꾸한다. "사람들은 이 테서랙트를 제작하지 않았습니다."(이 장면에서 쿠퍼는 테서랙트에 타고 있다. 제29장) 쿠퍼가 말한다. "아직은 아니지만, 언젠가는 제작하지. 너와 나는 아니지만 사람들이, 우리가 아는 4차원 너머까지 진화한 사람들이."

쿠퍼, 브랜드, 인듀어런스 호의 승무원들은 벌크에서 사는 우리 후손들의 중력이나 그들이 일으키는 공간의 굴곡과 소용돌이를 끝내 느끼거나 보지 못한다. 이 경험은, 혹시 이루어진다면, 「인터스텔라」 속편의 몫으로 남겨진다. 그러나 제30장에서 테서랙트를 타고 벌크를 가로지르는 쿠퍼 자신은 인듀어런스 호의 승무원들과 더 젊은 자신을 돕기 위해서, 벌크를 가로질러 그들에게, 중력을 통해서 접근한다. 브랜드는 쿠퍼가 곁에 있다는 것을 느끼고 본다. 그가 그들이라고 생각한다.

23
중력을 국한하기

4차원 중력이 일으키는 문제

EG

만약 벌크가 존재한다면, 벌크의 공간은 반드시 휘어 있어야 한다. 만약 그렇지 않다면, 중력은 역제곱 법칙이 아니라 역세제곱 법칙을 따를 터이고, 우리 태양은 행성들을 붙들어둘 수 없을 것이다. 따라서 태양계는 산산이 해체될 것이다.

내친 김에 진도를 늦추고 더 꼼꼼히 설명해보겠다.

기억하겠지만(제2장), 태양의 중력선들은 지구를 비롯한 구형 물체의 그것들과 마찬가지로 태양의 중심을 향해 반지름 방향으로 뻗은 채로 물체들을 태양 쪽으로 끌어당긴다(그림 23.1). 태양의 중력의 세기는 그 역선들의 밀도(일정한 면적을 통과하는 역선의 개수)에 비례한다. 그리고 역선들이 통과하는 면적(구면)은 2차원이므로, 역선들의 밀도는 반지름 r이 커짐에 따라서 $1/r^2$의 비율로 감소한다. 따라서 중력의 세기도 마찬가지로 감소한다. 이것이 중력에 관한 뉴턴의 역제곱 법칙이다.

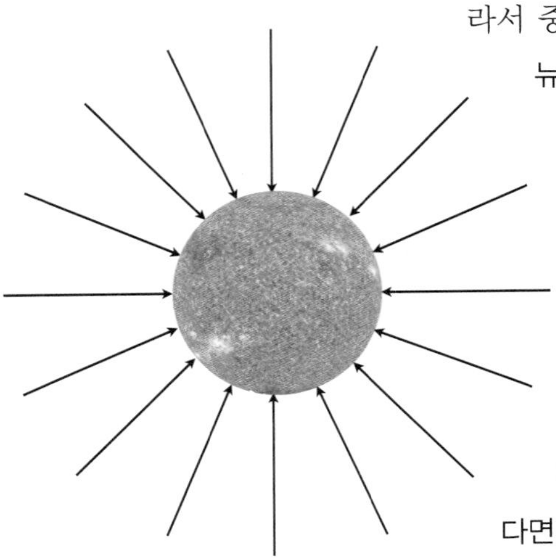

그림 23.1 태양 주위 중력선들

끈이론에 따르면, 중력은 벌크에서도 역선들에 의해서 기술된다. 만일 벌크의 공간이 휘어 있지 않다면, 태양 중력선들은 반지름 방향으로 우리 브레인을 벗어나서 벌크 속으로도 뻗을 것이다(그림 23.2). 벌크의 추가 차원(「인터스텔라」에서는 딱 하나) 때문에, 이 경우에 중력선들이 통과하는 면적은 2차원이 아니라 3차원이다. 그러므로 만일 벌크가 존재하고 휘어 있지 않다면, 역선들의 밀도와 중력의 세기는 우리가 태양에서 멀어질 때 $1/r^2$이 아니라 $1/r^3$의 비율로 감소해야 한다. 그러면 태양이 지구에

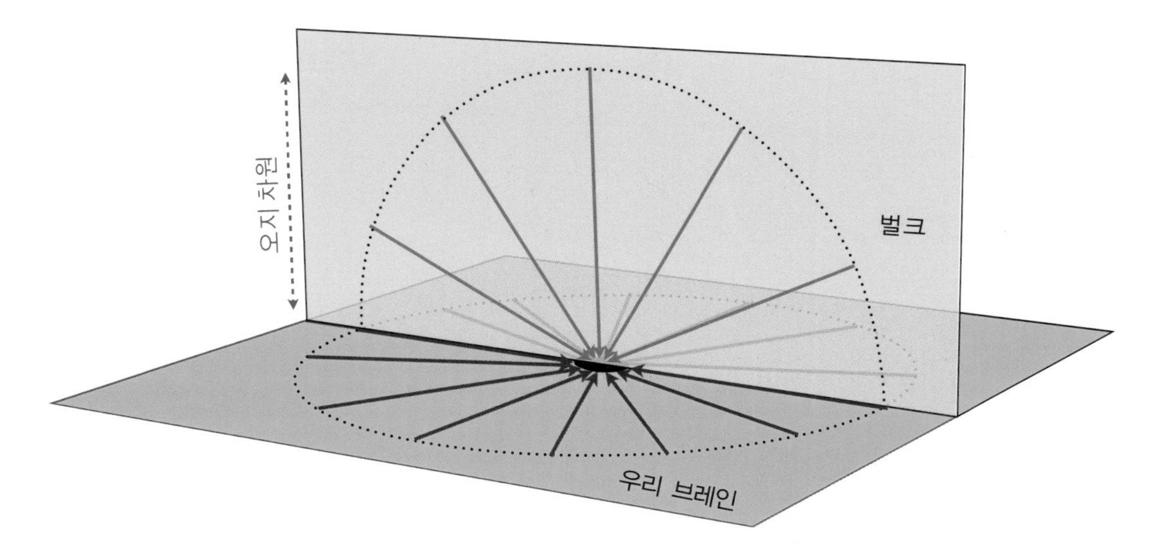

그림 23.2 벌크가 휘어 있지 않을 경우, 반지름 방향을 따라 벌크 속으로 확산하는 중력선들. 점선으로 그린 원들은 단지 시각적 편의를 위한 것이며 특별한 의미는 없다. [리사 랜들의 『휜 통로들(*Warped Passages*)』(랜들 2006)에서 따온 그림을 보완함]

가하는 중력은 지금보다 200배, 토성에 가하는 중력은 2,000배 약할 것이다. 중력이 이렇게 빨리 약해지면, 태양은 행성들을 붙들어둘 수 없다. 행성들은 별들 사이의 공간으로 흩어질 것이다.

그런데 행성들은 흩어지지 않는다. 또 행성들의 운동을 측정해보면, 태양의 중력이 거리의 역제곱에 비례함이 명백히 드러난다. 따라서 이런 결론이 불가피하다. 만약 벌크가 존재한다면, 벌크는 모종의 방식으로 휘어서 중력이 벌크의 추가 차원(다섯 번째 차원, 곧 **오지 차원**[奧地, out-back])으로 확산하는 것을 막아야 한다.

오지 차원은 말려 있을까?

EG

만일 벌크의 오지 차원이 탄탄한 두루마리처럼 **말려 있다**면, 중력은 벌크 속으로 멀리 확산할 수 없을 테고, 역제곱 법칙이 복원될 것이다.

그림 23.3은 벌크가 그렇게 휘어 있다면, 파란색 원반 중심에 위치한 작은 입자의 중력이 어떻게 되는지 보여준다. 이 그림은 공간 차원 2개를 생략하고 그린 것이다. 따라서 우리 브레인의 공간 차원 하나("남북 차원"이라고 하자)와 벌크의 오지 차원만 보인다. 입자 근처, 곧 파란색 원반 내부에서 역선들은 남북 차원뿐 아니라 오지 차원으로도 퍼져나간다. 따라서 (생략한 차원들을 복원하면) 중력의 세기는 역세제곱 법칙을 따른다. 그러나 파란색 원반 바깥에서는 오지 차원이 말려 있기 때문에, 역선들은 우리 브레인과 평행하게 뻗는다. 그 역선들은 오지 차

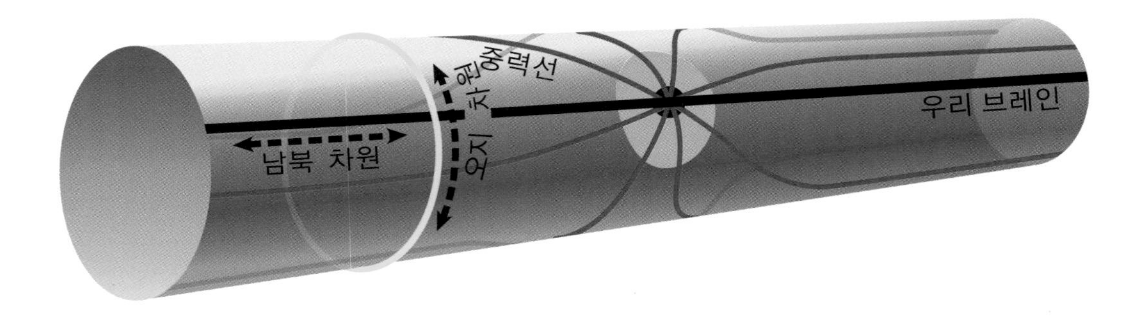

그림 23.3 만일 오지 차원(노란색)이 말려 있다면, 입자의 중력선들(빨간색)은 파란색 원반 바깥에서 우리 브레인과 평행하게 뻗을 것이다.

원으로 더 멀리 퍼져나가지 않는다. 따라서 뉴턴의 역제곱 법칙이 복원된다.

양자중력을 이해하기 위해서 애쓰는 물리학자들은 이것이 모든 추가 차원들의 운명이며 예외적인 추가 차원이 하나나 두 개 있을 수 있다고 생각한다. 즉, 한두 개를 제외한 모든 추가 차원들은 미시적인 규모로 말려 있어서 중력이 너무 빨리 확산하는 것을 막는다는 것이다. 「인터스텔라」에서 크리스토퍼 놀런은 이 말려 있는 차원들을 무시하고 말려 있지 않은 벌크 차원 하나에만 초점을 맞춘다. 이 차원이 그의 다섯 번째 차원, 곧 오지 차원이다.

왜 오지 차원은 말려 있지 않아야 할까? 크리스의 입장에서 대답은 간단하다. 말려 있는 벌크는 부피가 아주 작다. 따라서 흥미로운 과학 허구의 무대가 되기에 충분한 부피를 어느 지점에서도 확보할 수 없다. 영화에서 쿠퍼는 테서랙트를 타고 벌크로 진입하는데, 테서랙트는 말려 있는 차원이 제공할 수 있는 것보다 훨씬 더 큰 부피를 필요로 한다.

오지 차원 : 안티-드 지터 굴곡

ⒺⒼ

1999년, 프린스턴 대학과 매사추세츠 공대에서 일하는 리사 랜들과 보스턴 대학의 라만 선드럼(그림 23.4)은 중력선들이 벌크 속으로 확산하는 것을 막는 또다른 방법을 고안했다. 벌크가 이른바 "안티-드 지터 굴곡(Anti-deSitter warping)"을 가지면 된다는 것이었다. 이 굴곡은 이른바 "벌크 장들의 양자요동(quantum fluctuation of bulk fields)"에 의해서 산출될 수도 있겠지만, 이 부분은 나의 스토리와 무관하니 여기에서 설명하지 않겠다.[1] 그 굴곡을 산출하는 이 메

1. 양자요동은 제26장, 벌크 장들은 제25장에서 논할 것이다.

그림 23.4 리사 랜들(1962-, 오른쪽)과 라만 선드럼(1964-, 왼쪽)

커니즘은 아주 자연스럽다는 말만 해두는 것으로 충분하다. 대조적으로 안티-드 지터(AdS) 굴곡 자체는 전혀 자연스럽게 보이지 않는다. 정말이지 기괴하게 보인다.

당신이 미생물이고 미시적인 테서랙트의 한 면에서 산다고 가정하자(제29장). 당신은 그 테서랙트에 실려서 우리 브레인을 떠난다. 수직 방향(그림 23.5에서 위쪽)으로 우리 브레인에서 멀어지는 것이다. 또한 당신의 미생물 친구도 수직 방향으로 우리 브레인을 벗어나 멀어진다고 가정하자. 당신과 친구가 우리 브레인을 떠날 때, 둘 사이의 거리는 1킬로미터(1,000미터)이다. 당신과 친구는 둘 다 정확히 위로, 즉 우리 브레인에 대해 수직으로 이동함에도 불구하고, 둘 사이의 거리는 안티-드 지터 굴곡 때문에 급격이 줄어든다. 당신과 친구가 10분의 1밀리미

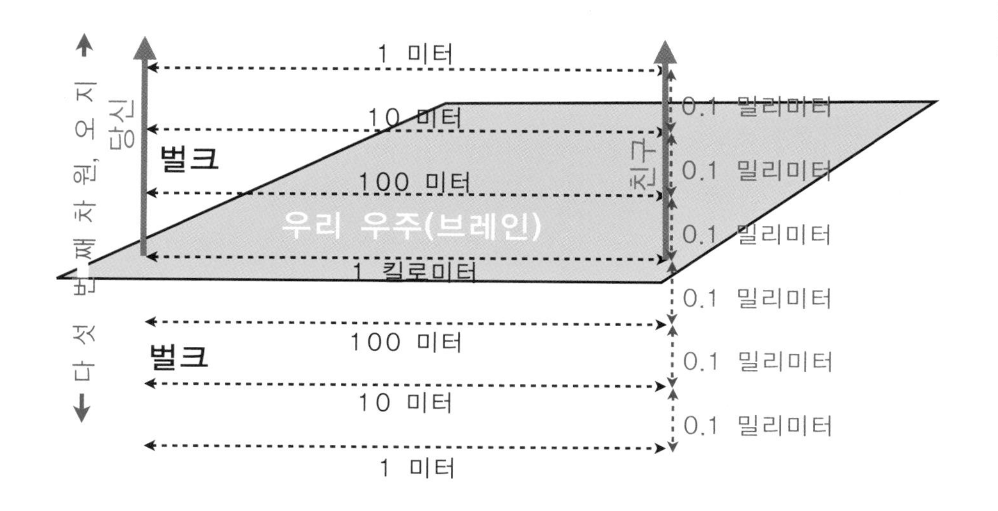

그림 23.5 벌크의 안티-드 지터 굴곡

터(인간의 머리카락 굵기)만큼 이동하면, 둘 사이의 거리는 10배 감소한다. 즉 1킬로미터였던 거리가 100미터로 줄어든다. 다시 0.1밀리미터 이동하면, 당신과 친구 사이의 거리는 또 10배 감소하여 10미터가 된다. 또 다시 0.1밀리미터 이동하면, 그 거리는 1미터가 된다. 당신과 친구 사이의 거리는 이런 식으로 계속 급감한다.

우리 브레인과 평행한 거리가 이렇게 급감하는 것을 상상하기는 어렵다. 나는 이 급감을 그림으로 잘 표현할 수 있는 방법을 모르겠다. 그나마 그림 23.5가 최선이다. 그러나 이 거리 급감의 귀결들은 경이롭다.

이 거리 급감은 "물리학 법칙들의 위계 문제"라는 중요한 수수께끼를 해결할 잠재력을 가지고 있다. 그러나 이 문제는 이 책의 범위를 벗어난다.[2] 또한 이 거리 급감 때문에, 우리 브레인 위쪽이나 아래쪽에는 중력선들이 그 속으로 뻗어나갈 수 있는 부피가 아주 조금밖에 없다(그림 23.6). 우리 브레인에서 0.1밀리미터 이내로 떨어진 곳에서 그 역선들은 3차원 면적들을 무사히 통과하며 뻗어나간다. 따라서 중력은 역세제곱 법칙을 따른다. 그러나 우리 브레인에서 0.1밀리미터 넘게 떨어진 곳에서 그 역선들은 휘어져 우리 브레인과 평행하게 된다. 따라서 그 역선들은 2차원 면적들을 통과하며 뻗어나가고, 중력은 우리가 관찰하는 것처럼 역제곱 법칙을 따른다.[3]

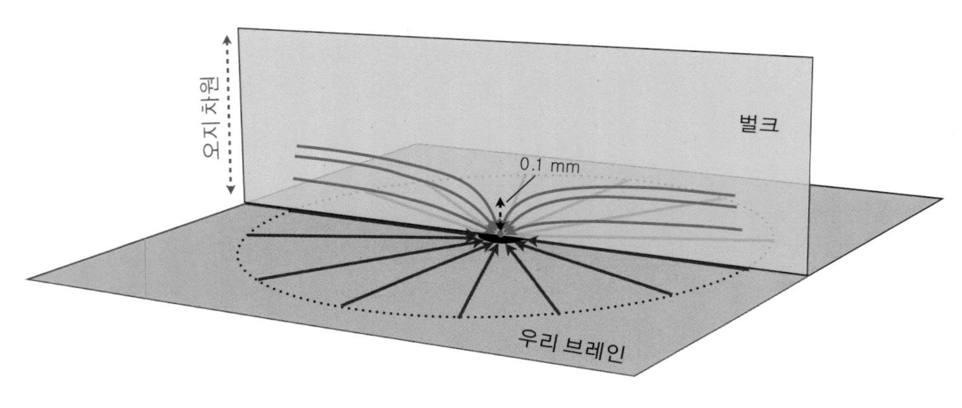

그림 23.6 만약 벌크가 안티-드 지터 굴곡을 가졌다면, 중력선들은 휘어져서 우리 브레인과 평행하게 된다. 왜냐하면 우리 브레인에서 멀리 떨어진 곳에는 그 속으로 역선들이 뻗어나갈 부피가 아주 조금밖에 없기 때문이다. [리사 랜들의 「휜 통로들」(랜들 2006)에서 따온 그림을 보완함]

2. 자세한 내용은 리사 랜들의 책 「휜 통로들」(하퍼콜린스, 2006) 참조.

3. 역제곱 법칙이 시작되는 결정적인 거리가 왜 하필이면 1킬로미터나 1피코미터(1조분의 1미터)가 아니라 0.1밀리미터일까? 나는 상당히 자의적으로 0.1밀리미터를 선택했다. 실험들은 중력이 약 0.1밀리미터까지 역제곱 법칙을 따름을 보여주었다. 따라서 0.1밀리미터는 그 결정적인 거리의 상한선이다. 그 거리가 0.1밀리미터보다 더 작을 가능성도 얼마든지 있다.

안티-드 지터 샌드위치 : 벌크 속의 풍부한 공간

안타깝게도 당신이 우리 브레인에서 멀어지면, 우리 브레인과 평행한 거리들이 급감하기 때문에, 우리 브레인 위쪽과 아래쪽에 위치한 벌크의 부피는 쿠퍼와 그의 테서랙트가 들어가기에 너무 작다. 그 부피가 너무 작기 때문에, 그 어떤 인간적 활동도 벌크 속에서 이루어질 수 없다. 나는 이 문제를 「인터스텔라」가 걸음마를 떼던 2006년에 일찌감치 깨닫고 나의 과학적 해석을 위해서 해결책을 하나 고안했다. 안티-드 지터 굴곡을 우리 브레인을 둘러싼 얇은 층("샌드위치")에 국한하면 된다. 이를 위해서는 다른 브레인("구속 브레인") 두 개를 우리 브레인과 나란히 놓아야 한다(그림 23.7). 이 구속 브레인들 사이의 샌드위치에서 벌크는 안티-드 지터 굴곡을 가진다. 그 샌드위치 바깥에서 벌크는 굴곡이 전혀 없다. 따라서 거기에는 벌크에 기초한 모험담을 펼치려는 과학 허구의 저자에게 필요할 만한 공간이 얼마든지 있다.

그 샌드위치는 두께가 얼마여야 할까? 우리 브레인에서 나온 중력선들을 우리 브레인과 평행하게 구부려 가두기에 충분할 만큼 굵어야 한다. 그래야 우리는 우리 브레인에서 중력이 역제곱 법칙을 따르는 것을 관찰하게 된다. 하지만 그보다 더 두꺼우면 안 된다. 왜냐하면 추가 두께는 더 심한 거리 축소를 의미하므로 벌크에 기초한 모험에 차질을 가져올 수도 있기 때문이다(안티-드 지터 층 바깥에서 본 우리 우주 전체가 핀의 머리만 한 크기로 줄어든다고 상상해보라!). 계산하면 알 수 있듯이, 필요한 두께는 약 3센티미터이다. 따라서 당신이 우리 브레인에서 구속 브레인 하나로 이동하는 동안, 우리 브레인과 평행한 거리는 10의 15제

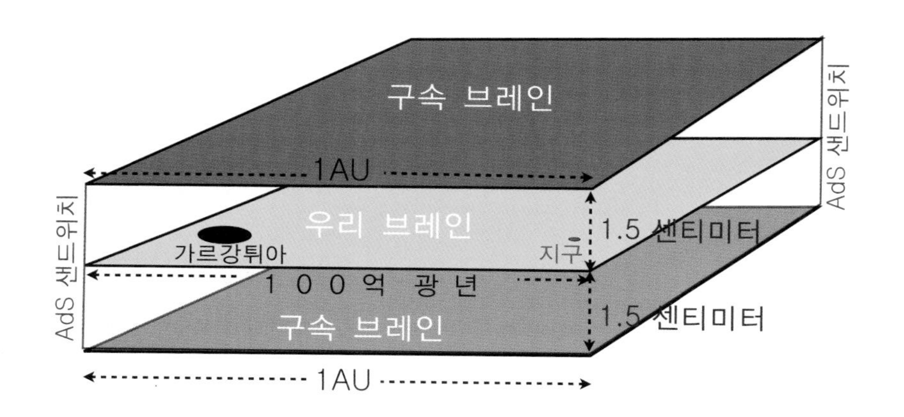

그림 23.7 두 개의 구속 브레인 사이에 놓인 안티-드 지터(AdS) 샌드위치. 구속 브레인들 사이의 층을 약간 어둡게 표현했다.

곱, 곧 1,000조 배로 줄어든다.

「인터스텔라」에 대한 나의 해석에서 가르강튀아는 관찰 가능한 우주의 먼 구석에 있다. 지구에서 떨어진 거리는 대략 100억 광년이다. 쿠퍼는 테서랙트를 타고 가르강튀아의 중심에서 벌크로 진입하여 안티-드 지터 층을 뚫고 상승한다. 거기에서 가르강튀아와 지구 사이의 거리는 100억 광년 나누기 1,000조, 대략 지구와 태양 사이의 거리(약 149,600,000킬로미터)인 "1천문단위(天文單位, astronomical unit)"(기호는 1AU. 그림 23.7)와 같다. 이어서 쿠퍼는 벌크를 1천문단위만큼 가로질러 지구에 도달하고 머프를 만난다. 그림 29.4를 참조하라.

위험 : 샌드위치가 불안정하다

Ⓢ

2006년에 나는 아인슈타인의 상대론 법칙들을 이용하여 안티-드 지터 층과 구속 브레인들을 수학적으로 기술했다. 그때까지 5차원에서의 상대론을 연구해본 적이 없었기 때문에 나는 리사 랜들에게 내 분석에 대한 비판을 요청했다. 리사는 신속하게 훑어보고 나서 좋은 소식과 나쁜 소식을 전해주었다.

우선 좋은 소식: 내가 생각해낸 안티 드 지터 샌드위치는 이미 6년 전에 러스 그리고리(영국의 더럼 대학)가 발레리 루바코프, 세르게이 시비랴코프(러시아 모스크바 핵 연구소)와 함께 고안해놓은 개념이었다. 이 사실은 난생 처음 벌크 속을 수학적으로 헤집은 내가 멍청하지 않음을 의미했다. 나는 발견할 가치가 있는 것을 재발견한 것이었다.

나쁜 소식: 에드워드 위튼(프린스턴 대학)을 비롯한 여러 사람들은 안티-드 지터 샌드위치가 **불안정하다**는 것을 증명했다! 당신이 엄지와 검지로 카드의 양쪽 끝을 찌그리면 카드가 압력을 받는 것과 꽤 유사하게, 구속 브레인들은 압력을 받는다(그림 23.8). 카드는 휘어지고, 더 찌그리면 심하게 구부러진다. 마찬가지로 구속 브레인들은 휘어지고 우리 브레인(우리 우주)과 충돌하여 우리 브레인을 파괴할 것이다. 우주 전체가 파괴된다! 정말 최악의 소식이다!

하지만 우리 우주가 정말로 안티-드 지터 샌드위치 속에 있다면(과연 그럴지에 대해서 나는 매우 회의적이지만), 나는 우리 우주를 구할 방법을 여러 가지 생각할 수 있다. 물리학자들의 전문용어를 쓰자면, "구속 브레인들을 안정화할" 방법을 여러 가지 생각할 수 있다.

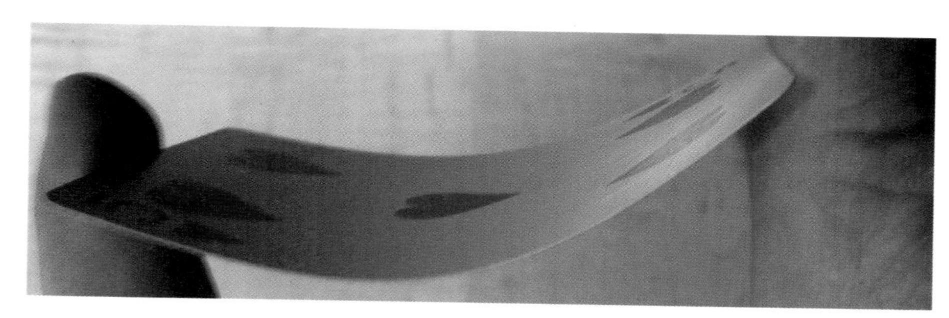

그림 23.8 양끝이 눌려 휘어지고 이내 심하게 구부러지는 카드

「인터스텔라」에 대한 나의 과학적 해석에서 브랜드 교수는 내가 그랬던 것처럼 아인슈타인의 상대론 방정식들을 만지작거리다가 안티-드 지터 샌드위치를 재발견한다. 그림 3.6에서 그의 칠판을 보라. 그후 구속 브레인들을 안정화하는 방법은 브랜드 교수가 중력이상을 이해하고 통제하기 위해서 쏟아 붓는 노력과 얽힌다. 영화에서 그 노력은 브랜드 교수의 연구실에 걸린 칠판 열여섯 개에 적힌 공식들로 표현된다(제25장 참조).

안티-드 지터 층 속에서 이동하기

Ⓢ

안티 드 지터 층 속에서, 공간의 안티 드 지터 굴곡은 인간적인 기준에서 볼 때 어마어마한 기조력을 산출한다. 어떤 벌크 존재든지 그 층을 가로질러 우리 브레인에 도달하려면 그 기조력에 대처해야 한다. 우리는 벌크 존재가 어떤 물질—공간 차원을 4개 가진 물질—로 이루어졌는지 모르므로, 그 기조력이 그 존재에게 문젯거리일지 여부를 전혀 모른다. 이에 대한 판단은 과학 허구의 저자에게 맡길 수 있다.

그러나 테서랙트에 탄 쿠퍼(제29장)에 대해서는 그럴 수 없다. 나의 해석에서 그는 안티-드 지터 층을 통과해야 한다. 테서랙트는 그를 그 층의 엄청난 기조력으로부터 보호하거나 아니면 쿠퍼의 경로에 놓인 안티-드 지터 층을 치워버려야 한다. 그렇게 하지 않으면, 쿠퍼는 잡아늘여져 국수 면발처럼 될 것이다.

안티-드 지터 층은 중력을 가둠으로써 중력의 세기를 조절한다. 「인터스텔라」에서 우리는 중력의 세기가 요동하는 것을 본다. 그 원인은 어쩌면 안티-드 지터 층에서 일어나는 요동일 것이다. 중력의 세기의 요동—중력이상—은 「인터스텔라」에서 엄청나게 중요한 구실을 한다. 우리가 다음으로 다룰 주제는 중력이상이다.

24
중력이상

중력이상(重力異常, gravitational anomaly)이란 우주에 대한 우리의 지식, 또는 우주를 지배하는 물리학법칙들에 대한 우리의 지식에 부합하지 않는 중력의 행동이다. 예컨대 「인터스텔라」에서 책들이 떨어지는 것을 머프는 유령의 탓으로 돌리는데, 그런 현상이 중력이상이다.

1850년 이래로 물리학자들은 중력이상을 발견하기 위해서, 또한 발견된 소수의 중력이상 사례들을 이해하기 위해서 많은 노력을 기울여왔다. 무엇 때문일까? 진정한 중력이상이 어떤 형태로든 존재한다면, 과학혁명이 일어날 가능성이 높기 때문이다. 쉽게 말해서, 우리가 생각하는 진실 Ⓣ 이 중대한 변화를 겪을 가능성이 높다. 실제로 그런 변화가 1850년 이래로 세 번 일어났다.

「인터스텔라」에서 브랜드 교수가 중력이상을 이해하기 위해서 쏟아붓는 노력은 그런 과거의 혁명들의 정신과 긴밀하게 연결되어 있다. 그러므로 나는 그 혁명들을 간략하게 서술하겠다.

수성 궤도의 이상한 세차운동

중력에 관한 뉴턴의 역제곱 법칙(제2장, 제23장)에 따르면, 태양 주위를 도는 행성들의 궤도는 반드시 타원이어야 한다. 그런데 행성 각각은 다른 행성들로부터도 약한 중력을 받는다. 이 중력 때문에 행성의 궤도는 점진적으로 방향이 바뀐다. 다시 말해, 행성의 궤도는 **세차운동을** 한다.

1859년, 프랑스 파리 천문대의 천문학자 위르뱅 르 베리에는 수성의 궤도에서 이상한 점을 발견했다고 선언했다. 다른 모든 행성들이 일으키는 수성 궤도의 세차운동을 계산한 그는 틀린 답을 얻었다. 그 세차운동의 측정값은 다른 행성들이 산출할 수 있는 값보다 더 컸다. 정확히 말해서 수성이 궤도를 한 바퀴 돌 때마다 계산 값보다 약 0.1각초만큼 더 큰 세차운동이 일어난다는 것이 측정 결과였다(그림 24.1).

0.1각초는 아주 작은 각도이다. 360도의 1,000만 분의 1에 불과하다. 그러나 뉴턴의 역제곱 법칙에 따르면, 아무리 작은 이상도 있을 수 없다.

르 베리에는 이 이상이 아직 발견되지 않았으며, 수성보다 더 가까이 태양에 근접해 있는 행성의 중력 때문에 발생한다고 생각했다. 그는 그 미지의 행성을 "벌컨(Vulcan)"으로 명명했다.

천문학자들은 벌컨을 찾으려고 애썼지만 소용이 없었다. 그들은 그 행성을 발견하지 못했을 뿐더러 수성 궤도의 세차운동에 대한 다른 설명도 발견할 수 없었다. 1890년에 이르자 결론은 명백해진 듯했다. 뉴턴의 역제곱 법칙이 아주 약간 틀렸다는 결론이 불가피해 보였다.

그런데 어떤 식으로 틀렸다는 것일까? 알고 보니 그 오류는 근본적이었다. 25년 뒤에 아인슈타인은 그 오류를 정확히 규명함으로써 물리학의 혁명을 일으켰다. 시간과 공간의 굴곡은 태양에 중력을 부여한다. 그 중력은 뉴턴의 역제곱 법칙을 따르기는 하지만, 근사적으로만 따르지, 정확히 따르지는 않는다.

새로운 상대론 법칙들이 수성 궤도에서 발견된 이상을 설명해주는 것을 깨닫는 순간, 아인슈타인은 너무 흥분해서 심장이 쿵쾅거리고 몸속에서 무언가 부러지는 듯한 느낌이 들었다. "며칠 동안 나는 기쁨에 들떠 제정신이 아니었다."

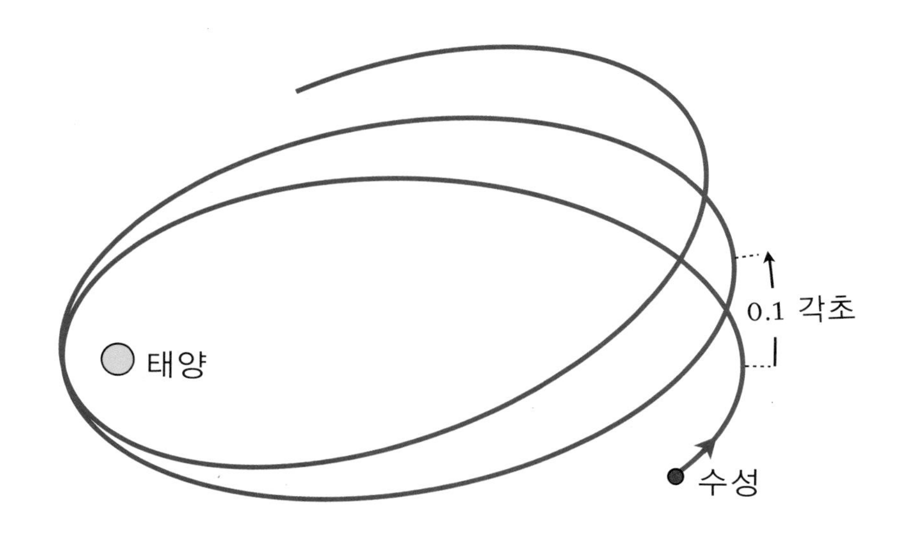

그림 24.1 수성 궤도의 이상한 세차운동. 궤도의 타원율(ellipticity: 길쭉하게 찌그러진 정도)과 세차운동의 크기를 과장하여 그렸다.

오늘날 측정된 수성 궤도의 세차운동과 아인슈타인의 법칙들의 예측은 1,000분의 1의 오차(이상한 세차운동의 1,000분의 1) 이내에서 일치한다. 이 정확도는 관측의 정확도와 같다. 이는 아인슈타인의 위대한 성취이다!

서로의 주위를 도는 은하들의 이상한 궤도

Ⓣ

1933년에 캘리포니아 공대의 천체물리학자 프리츠 츠비키는 서로의 주위를 도는 은하들의 궤도에서 거대한 이상을 발견했다고 선언했다. 그가 관측한 은하들은 지구에서 3억 광년 떨어졌으며 약 1,000개의 은하로 이루어진 머리털자리 은하단(Coma cluster)(그림 24.2)에 속해 있었다. 이름이 알려주듯이, 이 은하단은 머리털자리(Coma Berenices)에서 관측된다.

그 은하들의 스펙트럼선이 겪는 도플러 효과에 기초하여 츠비키는 그 은하들이 서로에게서 얼마나 빨리 멀어지는지 추정할 수 있었다. 또한 은하 각각의 밝기에서, 은하 각각의 질량을 추정하고, 따라서 은하 각각이 다른 은하들에 발휘하

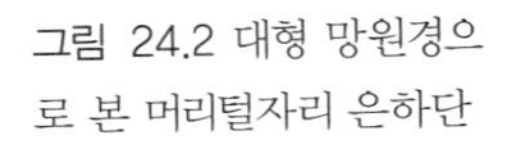

그림 24.2 대형 망원경으로 본 머리털자리 은하단

는 중력을 추정할 수 있었다. 그 은하들은 대단히 빠르게 운동하고 있어서, 그것들의 중력으로는 은하단의 해체를 막을 길이 없었다. 우주와 중력에 대한 우리의 최선의 이해에 입각하면, 그 은하단은 뿔뿔이 흩어져 머지않아 완전히 사라져야 한다는 결론이 불가피했다. 요컨대 그 은하단은 그 모든 은하들의 무작위한 운동에 의해서 형성된 것이 틀림없었으며, 다른 천문학적 현상들과 비교할 때 정말 눈 깜박할 사이에 해체될 것이었다.

그러나 츠비키는 이 결론이 전혀 그럴싸하지 않다고 느꼈다. 우리의 통상적인 이해에 오류가 있는 것이 분명했다. 츠비키는 지식에 기초한 추측을 제기했다. 머리털자리 은하단에는 모종의 "암흑물질(dark matter)"이 들어 있는 것이 분명하다. 그 암흑물질의 중력은 그 은하단을 유지시키기에 충분할 만큼 강하다.

천문학자와 물리학자가 발견했다고 생각하는 이상의 다수는 관측 기술이 향상되면 사라지곤 했다. 그러나 이 이상은 사라지지 않았다. 오히려 더 확산되었다. 1970년대에 이르자, 이른바 암흑물질이 거의 모든 은하단에, 심지어 개별 은하들에도 들어 있음이 명백해졌다. 2000년대에 이르자, 암흑물질이 더 먼 은하들에서 오는 광선을 중력 렌즈 효과로 구부린다는 사실이 명백해졌다(그림 24.3).

그림 24.3 아벨 2218 은하단에 들어 있는 암흑물질이 더 먼 은하들에서 오는 광선을 중력 렌즈 효과로 구부려 만든 광경. 중력 렌즈 효과를 겪는 은하들의 상(예컨대 보라색 동그라미를 친 곳)이 활 모양으로 보인다. 가르강뛰아의 중력 렌즈 효과(제8장)에서 본 활 모양의 상들과 유사하다.

마치 가르강튀아가 별들에서 나오는 광선을 구부리는 것과 마찬가지이다(제8장). 오늘날 그 중력 렌즈 효과는 우리 우주의 암흑물질 지도를 작성하는 데 쓰인다.

오늘날 물리학자들은 암흑물질이 정말로 혁명적이라는 것, 이제껏 발견되지 않았으나 현재 우리가 이해하는 양자 물리학 법칙들에 의해서 예측되는 유형의 기본입자들로 이루어졌다는 것을 상당한 정도로 확신한다. 물리학자들은 성배 찾기에 나섰다. 쏜살같은 속도로 거의 아무렇지도 않게 지구를 관통하는 암흑물질 입자들을 탐지하고 그 속성들을 측정하기 위한 노력이 시작된 것이다.

우주 팽창의 이상한 가속

Ⓣ

1998년에 두 연구팀이 각각 독립적으로 우리 우주의 팽창에서 충격적인 이상을 발견했다. 이 발견의 공로로 그 연구팀들의 지휘자들(버클리 소재 캘리포니아 대학의 솔 펄머터, 애덤 라이스, 오스트레일리아 국립대학의 브라이언 슈미트)은 2011년 노벨 물리학상을 받았다.

두 팀은 모두 초신성(supernova) 폭발을 관찰하고 있었다. 초신성 폭발은 무거운 별이 핵연료를 소진하고 쪼그라들어 중성자별이 되는 과정에서 분출하는 에너지가 별의 외곽 층을 날려버릴 때 일어난다. 두 연구팀은 먼 초신성들이 예상보다 더 어둡다는 것, 따라서 예상보다 더 멀리 있다는 것을 발견했다. 그 먼 거리들을 설명하려면, 우주의 팽창이 현재보다 과거에 더 느렸다는 결론, 우주의 팽창이 가속하고 있다는 결론이 불가피했다(그림 24.4 참조).

그런데 중력과 우주에 대한 우리의 지식에 따르면, 우주에 있는 만물(별, 은하, 은하단, 암흑물질 등)은 서로를 중력으로 끌어당겨야 한다. 그리고 그 끌어당김을 통해서 만물은 우주의 팽창을 감속시켜야 한다. 우주의 팽창은 시간이 흐름에 따라서 감속해야지, 가속하면 안 된다.

이런 이유 때문에 나는 개인적으로 우주 팽창이 가속한다는 주장을 믿지 않았다. 많은 천문학자들과 물리학자들도 마찬가지였다. 전혀 다른 방법들을 채택한 다른 관측들이 그 주장을 입증할 때까지, 우리는 믿지 않았다. 그러다가 결국 항복했다.

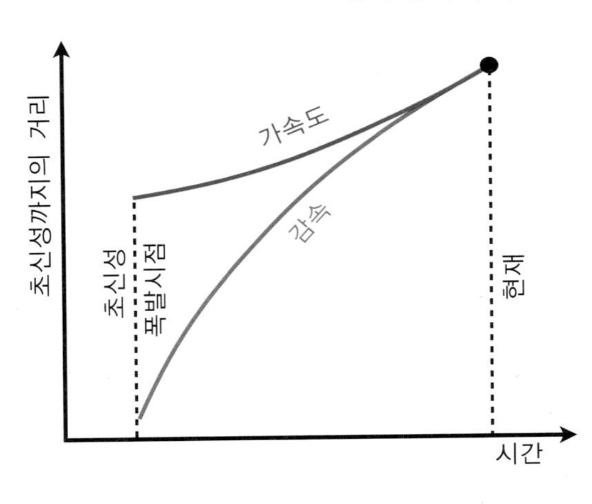

그림 24.4 두 가지 전제하에서 팽창 시간과 초신성까지의 거리의 관계를 보여주는 그래프. 첫째 전제는 우주의 팽창이 감속한다는 것(빨간색 곡선)이고, 둘째 전제는 가속한다는 것(파란색 곡선)이다. 관찰된 초신성은 예상보다 더 어둡고, 따라서 더 멀리 있다. 우주의 팽창은 가속하는 것이 분명하다.

대체 진실은 무엇일까? 두 가지 가능성이 있다. 아인슈타인의 상대론 중력 법칙들에 무엇인가 오류가 있을 수 있다는 것이다. 혹은 우주에 평범한 물질과 암흑물질 말고 또다른 무엇인가가 들어 있을 수 있다는 것이다. 그 무엇인가가 중력적으로 **척력을 발휘할** 가능성이 있다는 말이다.

대다수의 물리학자는 아인슈타인의 상대론 법칙들을 사랑한다. 그것들을 버리기를 몹시 꺼린다. 그래서 척력을 받아들이는 쪽으로 기운다. 척력을 발휘하는 가설적인 존재는 "암흑 에너지(dark energy)"라는 이름을 부여받았다.

최종 판결은 아직 내려지지 않았다. 그러나 우주 팽창의 이상한 가속이 정말로 암흑 에너지(그 정체가 무엇이든 간에) 때문에 일어난다면, 현재의 중력 관찰 결과들은 우주 질량의 68퍼센트가 암흑 에너지, 27퍼센트가 암흑물질이고, 당신과 나와 행성과 별과 은하를 이루는 평범한 물질은 5퍼센트에 불과하다고 말해준다.

요컨대 오늘날 물리학자들 앞에는 성배 찾기 과제가 하나 더 놓여 있다. 그 과제는 우주의 가속 팽창이 아인슈타인의 상대론 법칙들의 오류에서 비롯되는지(만일 그렇다면, 옳은 법칙들은 무엇인지), 아니면 척력을 발휘하는 암흑 에너지에서 비롯되는지(만일 그렇다면, 암흑 에너지의 정체는 무엇인지) 알아내는 것이다.

「인터스텔라」에 나오는 중력이상들

「인터스텔라」에 나오는 중력이상들은 내가 기술한 세 가지 이상들과 달리 지상에서 목격된다.

물리학자들은 지상에서 중력이상을 발견하기 위해서 많은 노력을 기울여왔다. 선구자는 17세기 말에 중력이상 탐색에 나선 뉴턴 자신이었다. 많은 사람들이 중력이상을 발견했다고 주장했지만, 더 꼼꼼히 따져본 결과, 모든 주장들이 반박되었다.

「인터스텔라」에 나오는 중력이상들은 깜짝 놀랄 만큼 기괴하고 인상적이다. 또한 시간이 흐름에 따라서 변화한다는 점에서도 관객을 놀라게 한다. 만일 그 비슷한 현상이 20세기나 21세기 초에 일어났다면, 물리학자들은 당연히 그것을 주목하고 열정적으로 탐구했겠지만, 그런 현상은 없었다. 따라서 우리는 「인터스텔라」가 묘사하는 시대에는 어떤 이유에서인지 지상에서의 중력이 지금과는 달라졌다고 짐작해야 할 것이다.

실제로 영화 속에서 로밀리는 쿠퍼에게 이렇게 말한다. "우리는 거의 50년 전부터 [지상에서] 중력이상들을 발견하기 시작했지." 역시 그때쯤에 가장 중요한 중력이상이 발생했다. 토성 근처의 아무것도 없던 허공에 갑자기 웜홀이 나타난 것이다.

영화의 첫 장면에서 쿠퍼는 우주선 레인저 호를 착륙시키는 와중에 중력이상을 직접 경험한다. "해협 상공에서 무언가가 내 전자 조종 장치를 건드렸어."라고 그는 로밀리에게 말한다.

쿠퍼가 수확용 농기계들을 조종하기 위해서 마련한 GPS 시스템에서도 이상이 발생하고, 그 결과로 옥수수밭을 누비던 농기계들 중 몇 대가 그의 집으로 모여든다. 쿠퍼는 이 현상을 중력이상의 탓으로 돌린다. 중력이상 때문에 모든 GPS 시스템이 의지하는 중력 보정의 결과가 엉뚱하게 나왔다고 생각한다(그림 4.2).

영화 초반에 머프는 먼지가 침실 바닥으로 부자연스럽게 빨리 떨어져 바코드를 닮은 굵은 선들의 패턴을 이루는 모습을 홀린 듯이 바라본다. 곧이어 쿠퍼가 그 선들을 응시하다가(그림 24.5) 한 선 너머로 동전을 던진다. 동전은 바닥으로 곤두박질친다.

「인터스텔라」에 대한 과학적 해석에서 나는 브랜드 교수의 연구팀이 중력이상에 관한 데이터를 풍부하게 수집했다고 추정한다. 물리학자인 나에게, 또한 나의

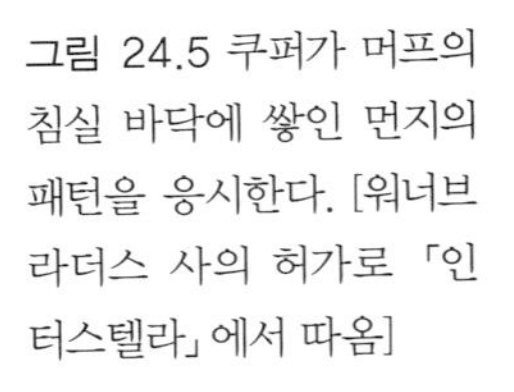

그림 24.5 쿠퍼가 머프의 침실 바닥에 쌓인 먼지의 패턴을 응시한다. [워너브라더스 사의 허가로 「인터스텔라」에서 따옴]

해석에서 브랜드 교수에게 가장 흥미로운 데이터는 새로운 **기조력** 패턴과 그것의 변화이다.

우리는 제4장에서 기조력을 처음 만났다. 블랙홀이 산출하는 기조력, 달과 태양이 산출하는 지구 표면에서의 기조력을 다루었다. 제17장에서는 가르강튀아의 기조력이 밀러 행성에 미치는 영향을 보았다. 그 기조력은 거대한 "밀러퀘이크(Millerquake)", 쓰나미, 조진파를 일으킨다. 제16장에서는 중력파에 동반된 미세한 기조력의 잡아늘이기 작용과 찌그리기 작용을 보았다.

기조력은 블랙홀, 태양, 달, 중력파에 의해서만 산출되는 것이 아니라 중력을 발휘하는 모든 것에 의해서 산출된다. 예컨대 지구의 지각에서 석유를 함유한 구역은 암석만을 함유한 구역보다 밀도가 더 낮다. 따라서 전자는 후자보다 더 약한 중력을 발휘한다. 이런 차이 때문에, 중력에서 유래한 기조력의 독특한 패턴이 발생한다.

그림 24.6에서 나는 텐덱스 선들을 이용하여 기조력 패턴을 나타냈다(텐덱스 선에 대해서는 제4장 참조). 찌그리기 텐덱스 선들(파란색)은 석유를 함유한 구역에서 뻗어 나오는 반면, 잡아늘이기 텐덱스 선들(빨간색)은 석유가 없으며 밀도가 더 높은 구역에서 뻗어 나온다. 늘 그렇듯이, 잡아늘이기 텐덱스 선과 찌그리기 텐덱스 선은 수직으로 교차한다.

"중력 기울기 측정기(gravity gradiometer)"라는 장치는 이런 기조력 패턴을 측정

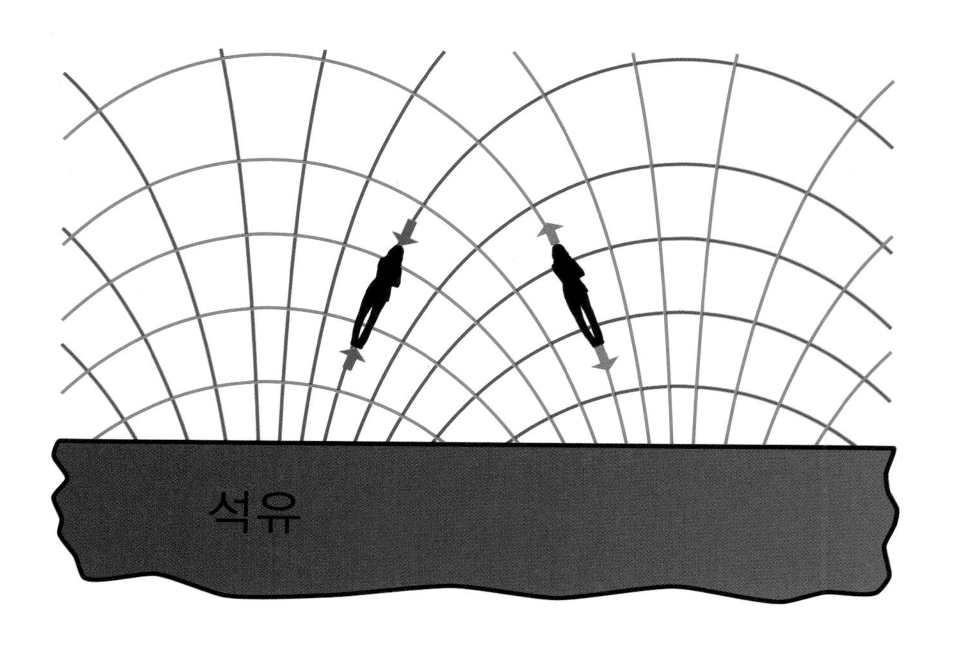

그림 24.6 지각의 한 부분 위쪽의 텐덱스 선들. 빨간색 선들은 잡아늘이는 기조력을 산출한다. 파란색 선들은 찌그리는 기조력을 산출한다.

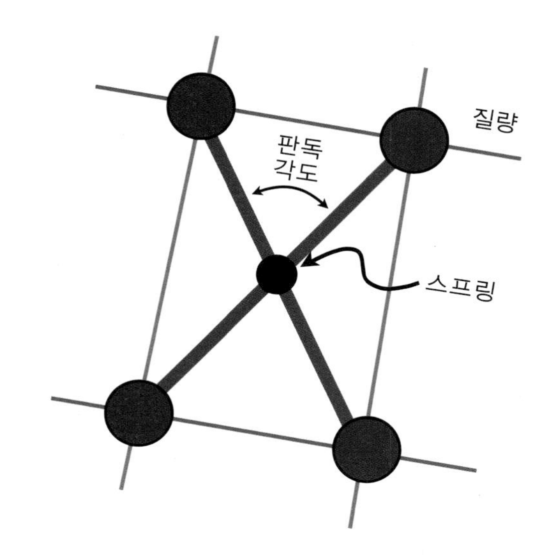

그림 24.7 1970년에 휴스 연구소의 로버트 포워드가 설계하고 제작한 중력 기울기 측정기의 단순한 버전

할 수 있다(그림 24.7). 이 장치는 서로 엇갈린 고체 막대 두 개가 비틀림 스프링(torsional spring)에 의해서 연결된 구조이다. 막대 각각의 양끝에는 중력을 감지하는 질량이 달려 있다. 막대들은 평소에 서로 직각을 이루지만, 그림 24.7에서는 파란색 텐덱스 선들이 찌그리는 힘을 발휘하여 위쪽의 두 질량을 (또한 아래쪽의 두 질량을) 서로 접근시키고, 빨간색 텐덱스 선들이 잡아늘이는 힘을 발휘하여 오른쪽의 두 질량을 (또한 왼쪽의 두 질량을) 서로 떼어놓는다. 따라서 막대들 사이의 각도는 기조력과 스프링의 탄성력이 균형을 이룰 때까지 감소한다. 중력 기울기 측정기는 그 각도("판독 각도[readout angle]")를 측정하여 표시한다.

만일 이 중력 기울기 측정기가 그림 24.6의 기조력 패턴을 오른쪽으로 가로지르며 날아간다면, 판독 각도는 석유를 함유한 구역의 상공에서는 커지고 석유가 없는 구역의 상공에서는 작아질 것이다. 지질학자들은 매장된 석유와 광물을 탐사할 때, 이와 유사하면서 더 정교한 중력 기울기 측정기들을 사용한다.

나사는 지표면 상공 모든 곳의 기조력 장을 보여주는 지도를 만들고 예컨대 빙상의 융해로 인한 기조력의 느린 변화를 관찰하기 위해서 "그레이스(GRACE)"[1](그

그림 24.8 그레이스 위성: 마이크로파 빔으로 서로의 위치를 확인하는 위성 두 대는 파란색 텐덱스 선들에 의해서 거리가 가까워지고 빨간색 텐덱스 선들에 의해서 거리가 멀어진다. 그림에서는 아래쪽 지구에서 나오는 텐덱스 선들이 보이지 않는다.

1. 2002년 5월에 미국과 독일이 공동으로 발사한 위성 그레이스는 2014년에도 여전히 데이터를 수집하고 있다. 위성의 이름은 "중력 복원과 기후 실험(The Gravity Recovery and Climate Experiment)"을 줄여서 만든 것이다.

림 24.8)라는 정교한 중력 기울기 측정용 위성을 우주로 발사했다.

「인터스텔라」에 대한 나의 해석에서 브랜드 교수의 연구팀이 측정한 중력이상의 대다수는 지표면 상공 텐덱스 선들의 패턴이 갑자기 겪는 예상 밖의 변화, 명확한 이유가 없는 변화이다. 지각 속의 암석과 석유는 움직이지 않는다. 빙상의 융해는 너무 느려서 그런 신속한 변화를 일으킬 수 없다. 새로운 질량들이 중력 기울기 측정기들을 향해서 다가오는 것도 관찰되지 않는다. 그럼에도 그 측정기들은 기조력 패턴의 변화를 보고한다. 먼지가 떨어져 쌓이면서 방사상으로 뻗은 선들을 이룬다. 쿠퍼는 동전이 바닥으로 곤두박질치는 것을 본다.

브랜드 교수의 팀원들은 이런 패턴 변화들을 주시하고 쿠퍼의 관찰들을 열심히 기록한다. 그들이 모은 데이터는 중력을 이해하기 위한 브랜드 교수의 연구에 유용하게 쓰인다. 그 연구의 중심에는 브랜드 교수의 방정식이 있다.

25
브랜드 교수의 방정식

「인터스텔라」에서 중력이상은 두 가지 이유 때문에 브랜드 교수를 흥분시킨다. 만일 그가 중력이상의 원인을 발견한다면, 중력에 대한 우리의 지식에 혁명이 일어날 가능성이 있다. 그 혁명은 아인슈타인의 상대론 법칙들에 못지않은 대혁명일 것이다. 그러나 더 중요한 이유는 이렇다. 만약 그가 중력이상을 통제하는 방법을 알아낸다면, 나사는 많은 사람들을 죽어가는 지구에서 우주 어딘가의 새로운 거처로 이동시킬 수 있을 것이다.

브랜드 교수가 생각하기에 중력이상을 이해하고 통제하는 열쇠는 그가 칠판에 적은 방정식 하나이다(그림 25.7). 영화에서 그와 머프는 그 방정식을 풀려고 애쓴다.

머프의 공책과 브랜드 교수의 공책, 그리고 칠판

촬영이 시작되기 전에, 캘리포니아 공대에서 물리학을 전공하는 인상적인 학생 두 명이 브랜드 교수의 방정식에 관한 계산으로 공책 두 권을 채웠다. 엘레나 무르치코바는 깨끗한 새 공책에 우아한 필체로 계산식들을 적었다. 그 공책은 촬영장에서 어른이 된 머프의 공책으로 쓰였다. 키스 매슈스는 낡고 오래된 공책에 나와 브랜드 교수 같은 늙은이가 흔히 쓰는 흘림체로 계산식들을 적었다. 브랜드 교수의 공책을 만든 것이다.

영화에서 어른이 된 머프(제시카 채스테인 분)는 자신의 공책에 담긴 수학을 가지고 브랜드 교수(마이클 케인 분)와 토론한다. 양자중력과 우주론의 전문가인 무르치코바는 채스테인에게 그 공책과 대화에 관해서 조언하기 위해서 촬영장에 있었다. 그녀는 채스테인이 칠판에 적을 공식에 관해서도 조언했다. 전혀 다른 세계에 속한 그 유능하고 아름다운 여성 두 명이 똑같이 금발을 반짝이며 머리를 맞댄 모습은 놀랄 만큼 보기 좋았다.

나는 브랜드 교수의 칠판을 수식과 그림으로 채웠다(그림 25.8). 브랜드 교수의 방정식도 적었다. 당연히 크리스토퍼 놀런의 요청에 따른 작업이었다. 또한 나는 마이클 케인과 즐겁게 대화했다. 그는 나를 자신이 연기하는 교수의 원형쯤으로 보는 듯했다. 거장 크리스가 촬영 장면을 정확히 자신이 바라는 모습으로 만들어가는 과정을 지켜보는 것도 특별한 즐거움이었다.

브랜드 교수의 연구실 장면을 촬영하기 몇 주일 전에 크리스와 나는 브랜드 교수의 방정식이 어떠해야 할지를 놓고 줄다리기를 했다(제1장의 그림 1.2에서 크리스가 들고 있는 것은 브랜드 교수의 방정식에 관한 문건이다. 우리는 그 방정식에 대해서 토론하고 있다). 이제부터 나는 우리의 최종 합의에 대한 나의 과학적 해석을 제법 길게 제시하면서 영화의 스토리를 내 나름대로 확장할 것이다.

중력이상의 원천—다섯 번째 차원

내가 확장한 스토리에서 브랜드 교수는 중력이상들이 다섯 번째 차원에서(즉 벌크에서) 유래한 중력 때문에 발생한다는 확신에 신속하게 도달한다. 왜 그럴까?

브랜드 교수의 연구팀이 발견한 기조력의 갑작스러운 변화를 일으킬 만한 원인이 우리의 4차원 우주에는 없다. 예컨대 내가 확장한 스토리에서 연구팀은 석유 매장지 상공에서 기조력이 예상과 일치하는 패턴(그림 25.2 위쪽)에서 전혀 다른 패턴(아래쪽)으로 겨우 몇 분만에 바뀌는 것을 발견했다. 지하의 석유는 움직

그림 25.1 브랜드 교수의 연구실 세트에서 마이클 케인(브랜드 교수 역)과 나

이지 않았다. 암석도 이동하지 않았다. 우리의 4차원 우주에서는 아무것도 변화하지 않고 오로지 기조력만 변화했다.

이런 갑작스러운 변화들은 원천을 가져야 한다. 만일 그 원천이 우리 우주, 우리 브레인에 없다면, 그 원천이 있을 수 있는 장소는 단 하나, 벌크뿐이라고 브랜드 교수는 추론한다.

내가 확장한 스토리에서 그 교수는 벌크에 있는 무엇인가가 그런 중력이상들을 일으킬 수 있는 방식을 세 가지밖에 생각해내지 못한다. 그리고 그는 처음 두 가지를 재빨리 배제한다.

1. 벌크에 있는 어떤 물체—어쩌면 살아 있는 물체, 곧 벌크 존재—가 우리 브레인에 접근하기만 하고 우리 브레인을 통과하지는 않은 것일 수도 있다(그림 25.3의 위 오른쪽). 그 물체의 중력은 벌크의 모든 차원으로 뻗어나가므로 우리 브레인에도 미칠 수 있을 것이다. 그러나 우리 브레인을 둘러싼 안티-드 지터

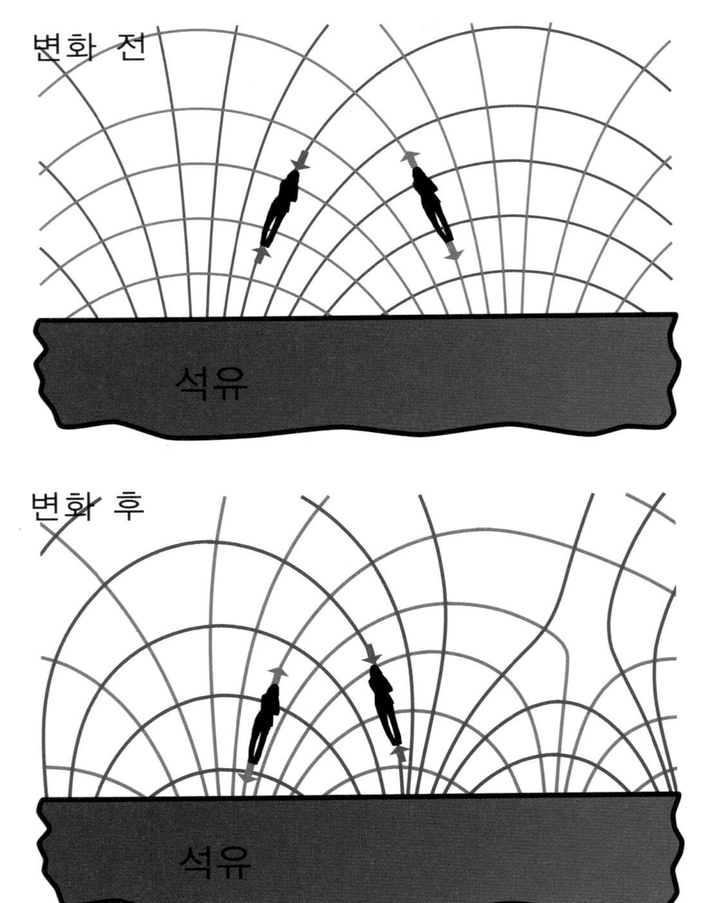

그림 25.2 갑작스러운 변화 이전과 이후에 석유 매장지 상공의 기조력을 보여주는 텐덱스 선들(제4장)

(AdS) 층(제23장)은 그 물체의 기조력 텐덱스 선들을 우리 브레인과 평행하게 구부려 극히 작은 일부만 우리 브레인에 도달하게 만들 것이다. 따라서 브랜드 교수는 이 가능성을 배제한다.

2. 벌크 물체가 우리 브레인을 통과하면서 기조력의 변화를 일으키는 것일 수도 있다(그림 25.3의 가운데 오른쪽). 그러나 내가 확장한 스토리에서, 브랜드 교수의 연구팀이 관찰한 중력 변화 패턴의 대다수는 이 설명에 부합하지 않는다. 그들이 발견한 텐덱스 선들은 국소적인 물체에서 유래한 텐덱스 선들보다 더 많이 흩어져 있는 경향을 보인다. 일부 기조력 이상은 국소적인 물체에서 비롯되었을 수도 있지만, 대다수는 무엇인가 다른 원인이 있는 것이 분명하다.

3. 벌크 장들이 우리 브레인을 통과하면서 기조력의 변화를 일으키는 것일 수도 있다(그림 25.3의 왼쪽). 내가 확장한 스토리에서 브랜드 교수는 이 설명이 대다수의 중력이상에 대한 가장 그럴싸한 설명이라고 결론짓는다.

"벌크 장(bulk field)"이란 무엇일까? 물리학자들이 말하는 장은 공간에 두루 퍼져 있으면서 마주치는 대상들에 힘을 가하는 무엇인가를 뜻한다. 우리는 우리 우주, 우리 브레인에 존재하는 장의 예를 이미 여러 개 보았다. 제2장에서 자기장(자기력선들의 집합), 전기장(전기력선들의 집합), 중력장(중력선들의 집합)을 보았고, 제4장에서는 기조력 장(잡아늘이기 텐덱스 선들과 찌그리기 텐덱스 선들의 집합)을 보았다.

벌크 장이란 5차원 벌크에 자리잡은 역선들의 집합이다. 그 역선들이 어떤 유형

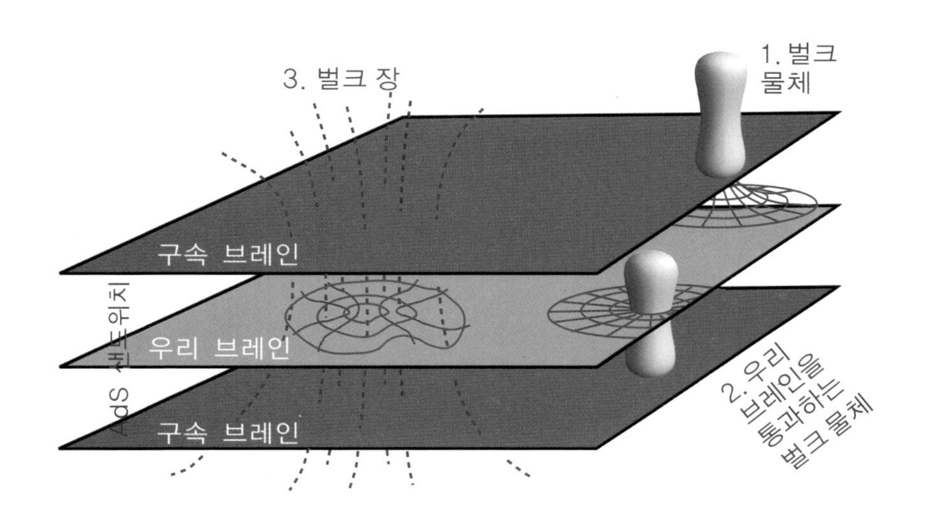

그림 25.3 벌크가 브랜드 교수의 연구팀이 관찰한 중력이상들을 일으킬 수 있는 방식 세 가지. 빨간색 곡선들과 파란색 곡선들은 벌크 물체나 벌크 장이 산출하는 기조력 텐덱스 선들이다.

인지 브랜드 교수는 모른다. 하지만 그는 사변을 펼친다. 아래를 보자. 그림 25.3은 우리 브레인을 통과하는 벌크 장(보라색 점선들)을 보여준다. 이 벌크 장은 우리 브레인에서 기조력(빨간색 텐덱스 선들과 파란색 텐덱스 선들)을 산출한다. 그 벌크 장이 변화하면, 그것이 산출하는 기조력도 변화한다. 그 결과로 연구팀이 관찰한 중력이상의 대다수가 발생한다(고 브랜드 교수는 생각한다).

그러나 벌크 장들의 역할은 이것에 국한되지 않는다고, 내가 확장한 스토리에서 브랜드 교수는 추정한다. 벌크 장들은 우리 브레인에 있는 돌이나 행성 같은 물체들이 발휘하는 중력의 세기도 통제할 가능성이 있다.

벌크 장들이 중력의 세기를 통제한다

우리 브레인에 있는 물질이 발휘하는 중력은 뉴턴의 역제곱 법칙을 높은 정확도로 따른다(제2장, 제23장). 이 중력을 나타내는 공식은 $g = Gm/r^2$이다. r은 물질로부터 떨어진 거리, m은 물질의 질량, G는 뉴턴의 중력상수를 가리킨다. 이 중력의 전반적인 세기를 통제하는 것은 G이다.

아인슈타인의 더 정확한 상대론의 중력 법칙들에서도 중력의 세기, 그리고 물질이 일으키는 공간과 시간의 굴절의 정도는 G에 비례한다.

만약 벌크가 없다면, 즉 오직 우리의 4차원 우주만 존재한다면, G는 절대적인 상수라고 아인슈타인의 상대론 법칙들은 말한다. G는 공간 어디에서나 똑같다. 시간적으로도 결코 변화하지 않는다.

그러나 벌크가 존재한다면, 상대론 법칙들은 G의 변화를 허용한다. 더 나아가서 벌크 장들에 의해서 G가 통제되어야 할 것이라는 것이 브랜드 교수의 사변이다. 아마도 이 사변이 옳을 것이라고 그는 생각한다. 내가 확장한 스토리에서 관찰된 중력이상 하나(그림 25.4)를 설명하는 최선의 방법은 이 사변을 받아들이는 것이다.

지구가 발휘하는 중력의 세기는 암석, 석유, 바닷물, 대기의 밀도가 다르기 때문에 곳에 따라서 약간씩 다르다. 지구 주위를 도는 위성들은 이 세기 차이를 보여주는 지도를 작성했다. 2014년 현재 가장 정확한 지도는 유럽 우주국의 위성 "고체(GOCE)"[1]가 작성한 것이다(그림 25.4 위쪽). 2014년에 지구의 중력은 인도

1. 이 이름은 "중력장 및 정상 상태 바닷물 순환 탐사선(Gravity field and steady-state Ocean Circulation Explorer)"의 약자이다.

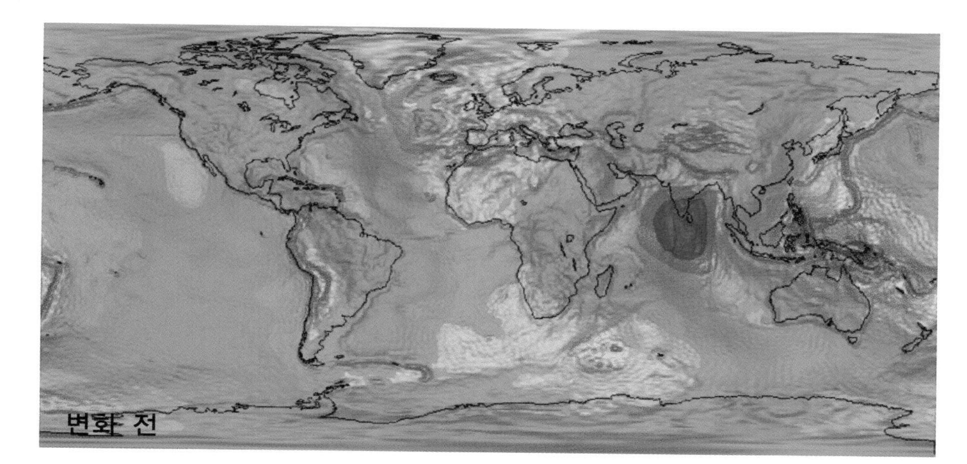

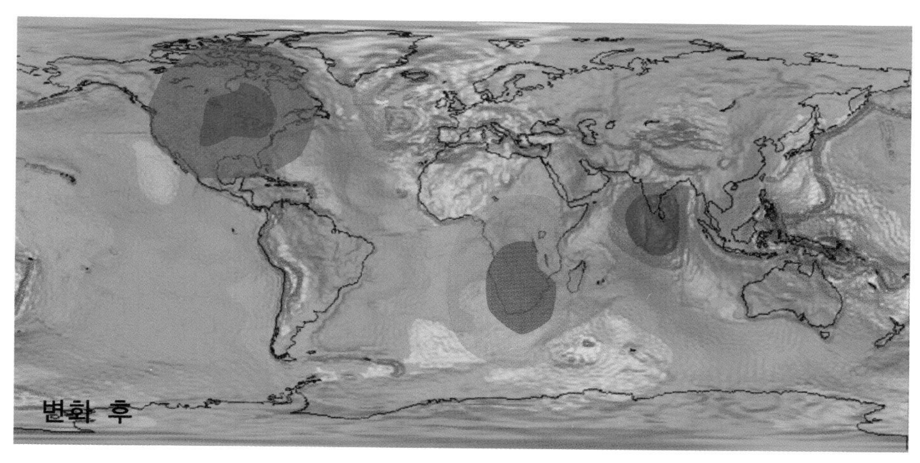

그림 25.4 지구 중력의 세기를 보여주는 지도. 위: 2014년에 고체 위성이 작성한 지도. 아래: 중력이상의 시대에 갑작스러운 변화 이후 작성한 지도

남부(파란색 얼룩)에서 가장 약하고 아이슬란드와 인도네시아(빨간색 얼룩)에서 가장 강하다.

내가 확장한 스토리에서 이 지도는 중력이상들이 나타나기 시작할 때까지 거의 변화하지 않았다. 그러던 어느 날, 느닷없이 지구의 중력이 북아메리카에서 약간 약해지고, 남아프리카에서 강해졌다(그림 25.4 아래쪽).

브랜드 교수는 이 변화를 벌크 장들이 산출한 기조력 변화를 통해서 설명하려고 애썼지만, 좀처럼 뜻을 이룰 수 없었다. 그가 내놓을 수 있는 최선의 설명은 중력상수 G가 남아프리 지하에서는 증가하고, 북아메리카 지하에서는 감소했다는 것이었다. 남아프리카 지하의 암석은 갑자기 더 강한 중력을 발휘하기 시작했고, 남아메리카 지하의 암석은 갑자기 더 약한 중력을 발휘하기 시작했다! 이 변화들은 우리 브레인을 통과하면서 G를 통제하는 어떤 벌크 장에 의해서 일어난 것이 분명하다고 브랜드 교수는 추론했다.

벌크 장들은 지상의 중력이상들을 이해하는 열쇠에 불과한 것이 아니라고 브랜드 교수는 (내가 확장한 스토리에서) 믿는다. 벌크 장들은 두 가지 결정적인 역할을 더 한다. 그것들은 웜홀이 열린 상태를 유지하게 하고, 우리 우주가 파괴되는 것을 막는다.

웜홀을 열어놓기

우리의 태양계와 가르강튀아 근처를 연결하는 웜홀은 그냥 놓아두면 단절될 것이다(그림 25.5). 우리와 가르강튀아 사이의 연결은 끊어질 것이다. 이것은 아인슈타인의 상대론 법칙들에서 도출되는 명확한 결론이다(제14장).

만일 벌크가 없다면, 그 웜홀을 열어놓는 유일한 길은 중력적 척력을 발휘하는 별난 물질로 그 웜홀을 관통해두는 것이다(제14장). 우리 우주의 팽창이 가속하는 원인일 가능성이 있는 암흑 에너지(제24장)가 발휘하는 척력은 아마도 충분하지 않을 것이다. 실제로 2014년 현재의 상황에서 보면, 양자물리학 법칙들은 극도로 발전한 문명이라고 할지라도 웜홀을 열어놓기에 충분한 만큼의 별난 물질을 모으는 것을 허용하지 않는 듯하다. 그리고 나는 이 결론이 브랜드 교수의 시대에는 더욱 명백해졌다고 상상한다.

그러나 내가 확장한 스토리에서 브랜드 교수는 대안이 하나 있음을 깨닫는다.

그림 25.5 웜홀. 왼쪽: 단절되는 웜홀. 오른쪽: 벌크 장들에 의해서 열린 상태를 유지하는 웜홀

별난 물질이 할 일을 벌크 장들이 대신할 수도 있을 것이다. 벌크 장들이 웜홀을 열어놓을 수도 있을 것이다. 브랜드 교수는 영화 속의 웜홀을 벌크 존재들이 제작하여 토성 근처에 설치했다고 생각하므로 벌크 장들이 그 웜홀을 열어놓는다는 생각이 자연스럽다고 느낀다.

우리 우주의 파괴를 막는 길

우리 우주에서 중력이 뉴턴의 역제곱 법칙을 높은 정확도로 따르려면, 우리 브레인은 두 개의 구속 브레인 사이에 끼어 있어야 하고, 우리 브레인을 둘러싼 얇은 층은 안티—드 지터 굴곡을 가져야 한다(제23장). 그런데 문제는 구속 브레인들이 압력을 받아서 마치 양끝이 눌린 카드처럼(그림 23.8) 굽어버리기 십상이라는 점이다.[2] 이것은 아인슈타인의 상대론 법칙들을 벌크와 브레인에 적용하면 명확하게 나오는 예측이다.

구속 브레인들이 굽는 것을 막지 않는다면, 구속 브레인들은 우리 브레인, 곧 우리 우주와 충돌할 것이다(그림 25.6).[3] 그러면 우리 우주는 파괴될 것이다!

말할 필요도 없지만, 우리 우주는 파괴되지 않았다라고 브랜드 교수는 내가 확장한 스토리에서 지적한다. 따라서 무엇인가가 구속 브레인들이 굽는 것을 막는 것이 분명하다. 그 일을 할 만한 것은 무엇인가? 브랜드 교수가 생각할 수 있는 것은 벌크 장들뿐이다. 구속 브레인이 휘기 시작하면, 벌크 장들이 어떻게든 힘을

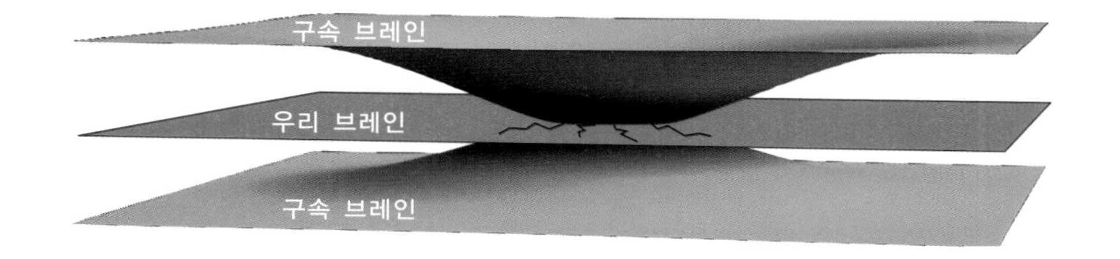

그림 25.6 브레인 충돌

2. 아인슈타인의 상대론 법칙들에 따르면, 우리 우주의 팽창을 가속시키는 (것으로 추정되는) 암흑 에너지는 또다른 역할도 한다. 즉 우리 브레인에서 엄청난 장력을 산출한다. 이 장력은 잡아늘인 고무줄이나 고무판에 걸리는 장력(張力, tension)과 유사하다. 그런데 역시 아인슈타인의 법칙들에 따르면, 안티-드 지터 샌드위치 바깥의 시공이 우리가 바라는 대로 굴곡을 가지지 않기 위해서는, 구속 브레인 각각이 우리 브레인의 내부 장력의 절반만큼 강한 내부 압력을 받아야 한다. 바로 이 압력이 위험 요인이다.

3. 혹은 구속 브레인 하나나 두 개가 바깥쪽으로 튕겨져 나가면서 안티-드 지터 층이 해방될 수도 있다. 그러면 우리 우주에서는 뉴턴의 역제곱 법칙이 깨져 태양계의 모든 행성들이 흩어져버릴 것이다. 이 결과는 우리 우주가 파괴되는 것보다 낫지만 인류에게 비참하기는 마찬가지이다.

발휘하여 구속 브레인을 원래의 평평한 모양으로 되돌려야 한다.

드디어 등장하는 브랜드 교수의 방정식

물리학 법칙들은 수학의 언어로 표현된다. 브랜드 교수는 (내가 확장한 스토리에서) 쿠퍼와 만나기 전에 벌크 장들을 기술하고, 어떻게 그 장들이 중력이상을 일으키고 우리 우주의 중력상수 G를 통제하고 웜홀을 열어놓고 우리 브레인의 충돌을 막는지를 기술하는 수학 공식들을 세우려고 애썼다.

이런 수학들을 창출할 때, 그는 연구팀이 수집한 풍부한 관찰 데이터(제24장)와 5차원에서 아인슈타인의 상대론 물리학 법칙들을 지침으로 삼았다.

결국 브랜드 교수는 자신의 모든 통찰을 담은 단 하나의 방정식을 자신의 연구실에 걸린 16개의 칠판 중 하나에 적었다(그림 25.7).[4] 쿠퍼는 나사를 처음 방문했을 때, 그 방정식을 본다. 그리고 30년 후, 머프는 어른이 되고 뛰어난 물리학자가 되어 브랜드 교수의 연구를 돕는데, 그때도 그 방정식은 여전히 그대로 적혀 있었다.

브랜드 교수의 방정식은 "작용(action)"을 계산하는 공식이다. 물리학자들은 작용을 출발점으로 삼아서 모든 비양자(nonquantum) 물리학 법칙들을 도출하는 수학적 절차를 잘 알고 있다. 따라서 브랜드 교수의 방정식은 사실상 모든 비양자 법칙들의 어머니인 셈이다. 그러나 옳은 법칙들—어떻게 중력이상들이 산출되는지, 어떻게 웜홀이 열려 있는지, 어떻게 G가 통제되는지, 어떻게 우리 우주가 보호되는지를 옳게 예측하는 법칙들—을 낳으려면, 이 방정식은 정확하게 옳은 수학적 형태를 띠어야 한다. 그런데 브랜드 교수는 그 옳은 형태를 모른다. 다만 추측할 따름이다. 그의 추측은 지식에 기초한 추측이지만, 그래도 추측은 추측이다.

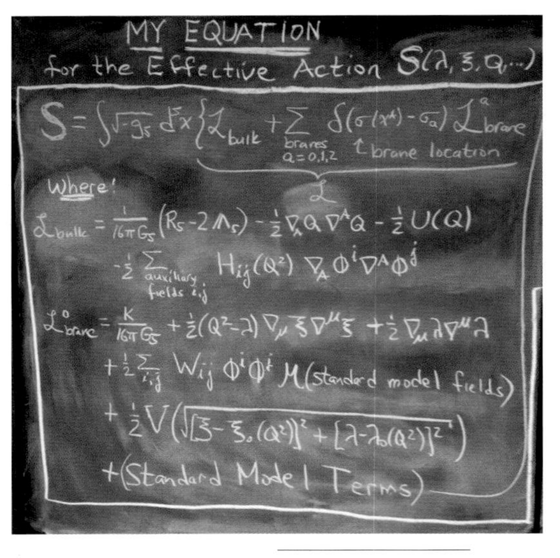

그림 25.7 브랜드 교수의 방정식

그의 방정식에는 많은 추측들이 들어 있다. 그것들

4. 방정식에 들어 있는 다양한 기호들의 의미는 다른 15개의 칠판에 적혀 있다. 그 칠판들에는 다른 관련 정보도 적혀 있는데, 모두 다 영화 촬영을 위해서 내가 필기한 것이다. 이 책의 웹페이지 Interstellar.withgoogle.com에서 칠판 16개 모두의 사진을 볼 수 있다.

은 칠판(그림 25.7)에 적힌 U(Q), $H_{ij}(Q^2)$, W_{ij}, M(standard model fields[표준 모형 장들 뜻함/옮긴이])에 관한 것이다. 의미를 따지면, 사실상 이 추측들은 벌크 장들의 역선들의 본성과 그것들이 우리 브레인에 미치는 영향, 우리 브레인의 장들이 그것들에 미치는 영향에 관한 것이다(추가 설명은 이 책 말미의 "전문적인 주석"을 참조).

그림 25.8 브랜드 교수의 칠판에 추측들을 적고 있는 나

브랜드 교수와 연구팀이 말하는 "방정식 풀이"는 내가 확장한 스토리에서 두 가지를 의미한다. 첫째, U(Q), $H_{ij}(Q^2)$, W_{ij}, M(표준 모형 장들)의 옳은 형태를 알아내는 일을 뜻한다. 둘째, (잘 알려진 절차에 따라서) 브랜드 교수의 방정식에서 그가 우리 우주에 관해서 알고 싶은 모든 것을 도출하는 일을 뜻한다. 중력이상에 관해서, 가장 중요하게는 중력이상을 통제하여 많은 사람들을 지구에서 출발시키는 방법에 관해서 알고 싶은 모든 것을 말이다.

영화 속의 인물들이 말하는 "중력 풀이"도 똑같은 의미이다.

영화 속 한 장면에서 고령의 브랜드 교수와 어른이 된 머프는 그의 방정식을 반복을 통해서 풀려고 애쓴다. 그들은 모르는 것들에 관한 추측들의 목록(촬영 직전에 내가 칠판에 적었다. 그림 25.8, 25.9)을 작성한다. 그런 다음에, 내가 확장한 스토리에서 머프는 각각의 추측을 그들이 짠 거대한 컴퓨터 프로그램에 집어

그림 25.9 머프가 추측들의 목록을 응시한다. [워너브라더스 사의 허가로 「인터스텔라」에서 따옴]

넣는다. 그 프로그램은 그 추측에서 물리학 법칙들을 도출하고 그 법칙들이 어떤 중력이상들을 예측하는지 계산한다.

내가 확장한 스토리에서는, 어떤 추측에서도 관찰된 것들과 유사한 중력이상들이 도출되지 않는다. 그러나 영화에서 브랜드 교수와 머프는 계속 시도한다. 그들은 같은 과정을 반복한다. 추측을 채택하고, 귀결들을 계산하고, 그 추측을 버리고, 다음 추측을 채택한다. 남은 추측이 없을 때까지, 모든 추측을 하나씩 검토한다. 그리고 이튿날 똑같은 작업을 다시 시작한다.

영화에서 조금 더 나중에, 죽음을 코앞에 두고 침상에 누운 브랜드 교수는 머프에게 이렇게 고백한다. “내가 거짓말을 했어, 머프. 너에게 거짓말을 했어.” 통렬한 장면이다. 머프는 그가 자신의 방정식에 무엇인가 오류가 있음을 알았다고, 애초부터 알았다고 추론한다. 이에 못지않게 통렬한 또다른 장면에서 만 박사도 브랜드 교수의 딸에게 만 행성에서 비슷한 말을 한다.

그러나 실제로—머프는 브랜드 교수가 죽은 직후에 깨닫는다—“그의 풀이는 옳았어. 그는 오래 전에 그 풀이를 얻었지. 그것은 정답의 절반이야.” 나머지 절반은 블랙홀 내부에서 얻을 수 있다. 블랙홀의 특이점에서.

26
특이점과 양자중력

「인터스텔라」에서 쿠퍼와 타스는 가르강튀아 내부에서 양자 데이터를 얻으려고 한다. 브랜드 교수가 자신의 방정식을 풀고 인류를 지구에서 벗어나게 하는 데에 도움이 될 데이터를 말이다. 그 데이터는 틀림없이 가르강튀아 중심의 특이점 내부에 있다고 그들은 믿는다. 그 특이점은 "온화한(gentle)" 특이점일 것이라고 로밀리는 예측한다. 양자 데이터란 무엇일까? 양자 데이터가 브랜드 교수에게 어떤 도움이 될까? 온화한 특이점은 또 무엇일까?

양자 법칙들이 우선이다

우리 우주는 근본적으로 양자적이다. 내가 이 말을 하는 취지는 만물이 무작위하게 요동한다는 것이다. 만물은 적어도 미세하게 요동한다. 예외는 없다!

정밀도가 높은 장치를 이용하여 아주 작은 대상을 관찰하면, 큰 요동을 볼 수 있다. 원자 내부에서 한 전자의 위치는 매우 급격하고 무작위하게 요동한다. 그래서 우리는 어떤 특정한 순간에 그 전자가 어디에 있는지 알 수 없다. 이 요동은 원자 자체만큼 크다. 이런 연유로 양자 물리학 법칙들은 전자의 실제 위치가 아니라 전자의 위치에 관한 확률을 다룬다(그림 26.1).

장치를 이용하여 큰 대상을 관찰할 때도, 장치가 충분히 정밀하다면, 요동을 볼 수 있다. 그러나 큰 대상의 요동은 극히 미세하다. 라이고 중력파 탐지기(제16장)에서 레이저 빔들은 공중에 매달린 40킬로그램짜리 거울들의 위치를 지속적으로 측정한다.[1] 그 위치들은 무작위로 요동하지만, 요동의 폭은 원자의 크기보다

1. 더 정확히 말하면, 거울의 질량 중심(center of mass)의 위치를 측정한다.

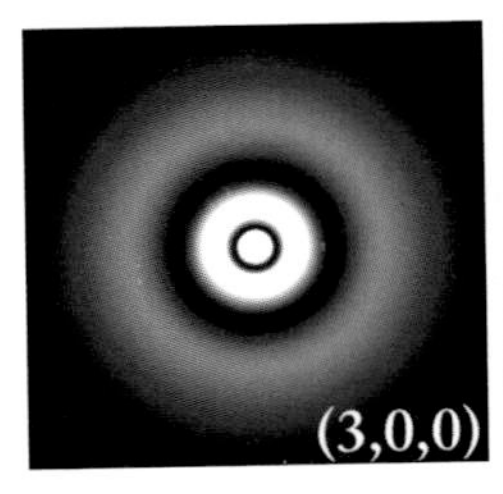

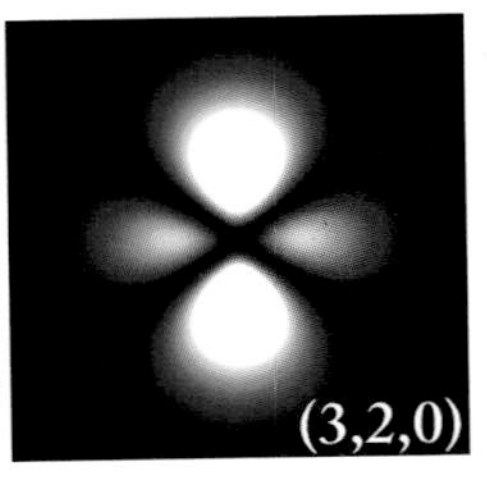

그림 26.1 서로 다른 수소원자 두 개의 내부에서 전자의 위치에 관한 확률. 전자가 있을 확률은 하얀색 구역에서 높고 빨간색 구역에서 낮으며 검은색 구역에서는 아주 낮다. 숫자 (3,0,0)과 (3,2,0)은 두 원자의 확률 그림을 가리키는 이름들이다.

훨씬 더 작다. 정확히 말해서 그 거울들의 위치는 원자 크기의 100억분의 1만큼 요동한다(그림 26.2). 그럼에도 라이고 레이저 빔들은 앞으로 몇 년 동안 그 요동을 지켜볼 것이다(라이고의 설계는 그 무작위한 요동이 중력파 측정을 방해하는 것을 막는다. 나는 학생들과 함께 그 설계에 참여했다).

사람만 하거나 더 큰 대상들의 양자요동은 극히 미세하기 때문에, 물리학자들은 거의 항상 그 요동을 무시한다. 그렇게 하면, 물리학 법칙들이 수학적으로 간단해진다.

만약 우리가 중력을 배제하는 평범한 양자 법칙들을 출발점으로 삼고 그 요동을 제외하면, 우리는 뉴턴 물리학 법칙들을 얻는다. 이 법칙들은 지난 몇백 년 동안 행성, 별, 교량, 구슬을 기술하는 데에 쓰였다(제3장을 참조).

만일 우리가 잘 이해되지 않은 양자중력 법칙들을 출발점으로 삼고 그 요동을 제외한다면, 우리는 잘 이해된 아인슈타인의 상대론 물리학 법칙들을 얻어야 한다. 우리가 제외하는 요동은 예컨대 요동하는 초소형 웜홀들로 이루어진 거품더미이다(모든 공간에 충만한 "양자 거품더미." 그림 26.3, 제14장).[2] 이런 요동을 제외하면, 아인슈타인의 법칙들은 블랙홀 주위 공간과 시간의 굴곡과 지상에서의 시간 지체를 정확히 기술한다.

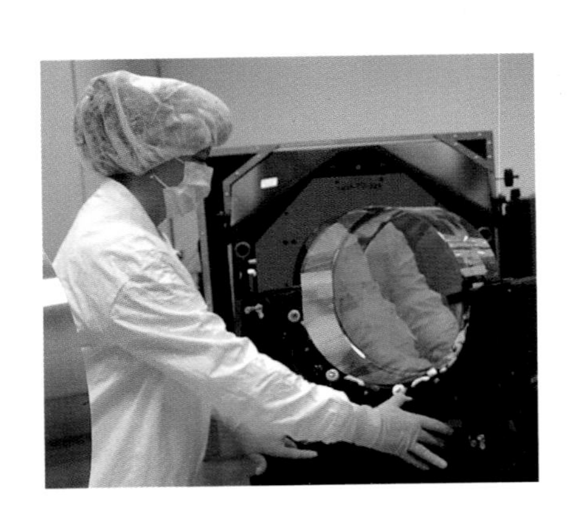

그림 26.2 40킬로그램짜리 거울을 라이고에 장착하기에 앞서 준비 작업을 하고 있다. 장착된 거울의 위치는 양자역학에 따라서 아주 미세하게 요동한다. 요동의 폭은 원자 지름의 100억 분의 1이다.

이 모든 이야기는 이어질 핵심 대목을 위한 서문이었다. 만약 브랜드 교수가 우리 브레인뿐만 아니라 벌크에도 적용되는 양자중력 법칙들을 발견한다면, 이어서 그 법칙들의 요동을 제외함으로써 자신의 방정식을 정확한 형태로(제25장) 도출할 수 있을 것이다. 그리고 그 정확한 형태의 방정식은 중력이상들의 기원과 그것들을 통제하는 방법, 그리고 (그가 희망하는) 그것들을 이용하여 인류를 지구에서 벗어나게 하는 방법을 그에게 알려줄 것이다.

내가 확장한 스토리에서 브랜드 교수는 이 사실을 안다. 또한 양자중력 법칙들을 어디에서 알아낼 수 있는지를 안다. 그곳은 **특이점** 속이다.

---

2. 1955년에 존 휠러는 10^{-35}미터 크기의 웜홀을 포함한 양자 거품더미가 존재할 가능성이 높다고 지적했다. 10^{-35}미터면 원자보다 10조 곱하기 1조 배 작은 크기이다. 이 크기를 일컬어 "플랑크 길이(planck length)"라고 한다.

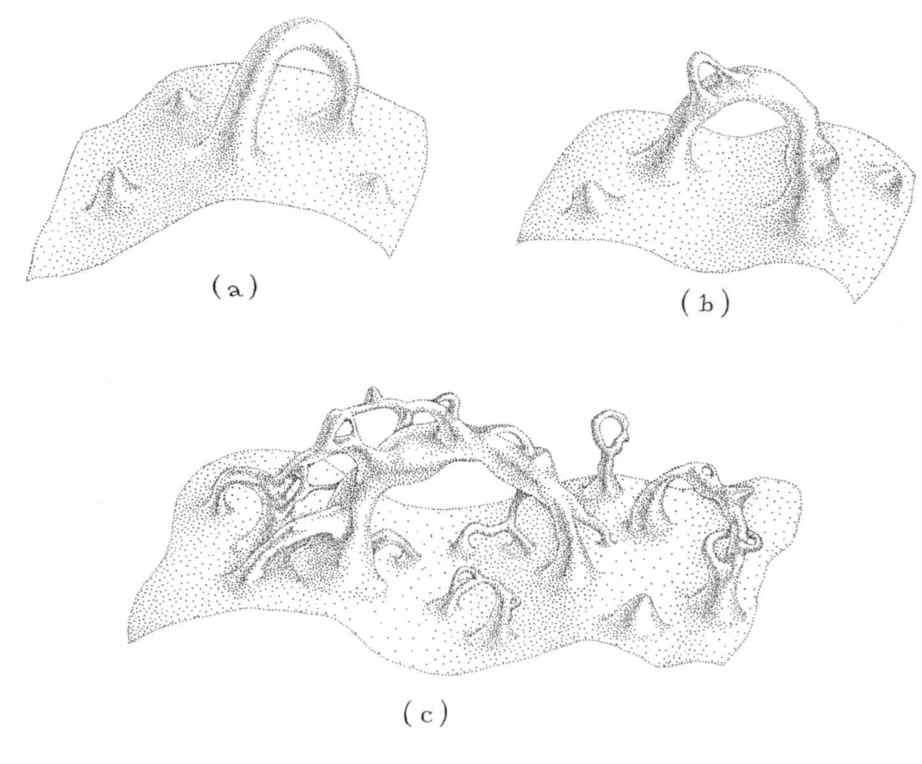

그림 26.3 양자 거품더미. 거품더미가 위 왼쪽 모양일 확률(이를테면 0.4)이 있고, 위 오른쪽 모양일 확률(이를테면 0.5)도 있고, 아래쪽 모양일 확률(이를테면 0.1)도 있다. [나의 스케치에 기초한 매트 지메트의 그림. 나의 책『블랙홀과 시간굴절』에서 따옴]

특이점 : 양자중력의 영역

Ⓣ

특이점의 초입은 공간과 시간의 휨이 무한정 커지는 곳이다. 그곳에서 공간의 굴절과 시간의 굴절은 무한대로 심해진다.

우리 우주의 굽이치는 공간을 출렁이는 바다의 표면에 빗대면, 특이점의 초입은 부서지기 직전에 있는 파도의 꼭대기와 유사하고, 특이점의 내부는 파도가 부서진 후의 거품더미와 유사하다(그림 26.4). 부서지기 전의 매끄러운 파도는 아인슈타인의 상대론 법칙들처럼 매끄러운 물리학 법칙들의 지배를 받는다. 파도가 부서진 후의 거품더미는 부글거리는 물을 다룰 수 있는 법칙들을 필요로 한다. 양자 거품더미를 다루려면 양자중력 법칙들이 필요한 것과 유사하다.

특이점은 블랙홀의 중심에 있다. 아인슈타인의 상대론 법칙들은 이 사실을 명확하게 예측한다. 그러나 그 특이점 내부에서 무슨 일이 일어나는지는 알려주지 못한다. 그래서 양자중력 법칙들이 필요하다.

1962년에 나는 물리학 박사과정 공부를 위해서 캘리포니아 공대(내가 학부생으로 공부한 곳)를 떠나 프린스턴 대학으로 갔다. 프린스턴 대학을 선택한 것은

그림 26.4 부서지기 직전에 있는 파도 꼭대기의 특이점

존 휠러가 그곳에 있었기 때문이다. 휠러는 아인슈타인의 상대론 법칙들에 관한 한 당대 최고의 창조적 천재였다. 나는 그에게서 배우고 싶었다.

9월의 어느 날, 나는 떨리는 손으로 휠러 교수님의 연구실 문을 두드렸다. 그 위대한 인물을 처음 만날 참이었다. 그는 따스한 미소로 인사하고 나를 안으로 안내하더니 곧바로—내가 생초짜가 아니라 존중할 만한 동료라도 되는 듯이—별의 죽음과 수축에 관한 수수께끼들을 논하기 시작했다. 블랙홀과 그 중심의 특이점을. 이 특이점들은 "아인슈타인의 상대론 법칙들과 양자 법칙들의 화끈한 결혼이 완성되는 곳"이라고 그는 단언했다. 그 결혼의 결실인 양자중력 법칙들은 특이점에서 만개한다고 휠러는 힘주어 말했다. 특이점을 이해할 수 있다면, 양자중력 법칙들을 알게 될 것이라고. 특이점은 양자중력의 해독을 위한 로제타석이라고.

그 개인교습을 계기로 나는 개종했다. 다른 많은 물리학자들도 휠러의 대중 강연과 글을 계기로 개종하여 특이점과 양자중력 법칙들을 이해하기 위한 노력에 뛰어들었다. 그 노력은 지금도 진행 중이다. 그 노력에서 초끈이론이 나왔고, 초끈이론에서 우리 우주는 차원이 더 높은 벌크 속에 들어 있는 브레인임에 틀림없다는 믿음이 나왔다(제21장).

그림 26.5 존 휠러가 1971년에 특이점, 블랙홀, 우주에 대해서 강의하는 모습

벌거벗은 특이점?

EG

만약 블랙홀 외부에서 특이점을 발견하거나 제작할 수 있다면, 정말 좋을 것이다. 블랙홀의 사건지평에 가려지지 않은 특이점. **벌거벗은 특이점**(naked singularity). 그런 특이점이 있다면, 「인터스텔라」에서 브랜드 교수의 과제는 쉬울 수도 있을 것이다. 그는 자신의 나사 실험실에서 벌거벗은 특이점으로부터 결정적인 양자 데이터를 뽑아낼 수도 있을 것이다.

1991년에 존 프레스킬과 나는 우리의 친구 스티븐 호킹과 벌거벗은 특이점에 관한 내기를 했다. 캘리포니아 공대 교수인 프레스킬은 양자정보에 관한 세계적인 전문가이다. 스티븐은 「스타트렉」, 「심슨 가족」, 「빅뱅 이론」에 휠체어를 타고 등장하는 그 인물이다. 한 마디 덧붙이면, 그는 우리 시대의 가장 뛰어난 천재들 중 한 명이다. 존과 나는 물리학 법칙들이 벌거벗은 특이점을 허용한다는 쪽에 걸었다. 스티븐은 금지한다는 쪽에 걸었다(그림 26.6).

우리 중에 누구도 이 내기의 판결이 신속하게 나오리라고 예상하지 않았지만, 그 예상은 깨졌다. 겨우 5년 뒤에 텍사스 대학의 박사후과정 학생 매슈 촙투이크는 한 시뮬레이션을 슈퍼컴퓨터로 실행했다. 그 시뮬레이션에서 물리학 법칙들의 예상치 못한 새로운 측면들이 드러나기를 그는 바랐다. 그리고 잭팟을 터뜨렸다. 그가 시뮬레이션한 것은 내파(內波)하는(한 점을 향해서 폭발적으로 모여드는) 중력파였다.[3] 내파하는 중력파가 약하면, 내파에 이어 산란이 일어났다. 중력파가

3. 정확히 말해서 그는 이른바 스칼라 파동(scalar wave)을 시뮬레이션했다. 그러나 이것은 본질과 상관없는 전문적 세부사항이다. 몇 년 후 노스캐롤라이나 대학의 앤드류 에이브러햄스와 척 에번스는 중력파를 가지고 촙투이크의 시뮬레이션을 재현하여 동일한 결과, 즉 벌거벗은 특이점을 얻었다.

그림 26.6 벌거벗은 특이점에 관한 우리의 내기 계약서

스티븐 호킹은 벌거벗은 특이점은 혐오스러운 존재이며,
고전적인 물리학 법칙들에 의해서 금지되어야 한다고 확신한다.
반면에 존 프레스킬과 킵 손은 벌거벗은 특이점을 사건지평에
가려지지 않은 채로 온 우주가 볼 수 있도록 존재할
가능성이 있는 양자중력적 대상으로 여긴다.
그리하여 호킹은, 평평한 시공에서 특이해질 수 없는
고전적 물질이나 장이 고전적인 아인슈타인 방정식들을
매개로 일반상대론과 결합되면, 그 결과는 절대로
벌거벗은 특이점일 수 없다는 쪽에 100파운드 대 50파운드의
배당금 비율로 내기를 걸고, 프레스킬/손은 이를 받아들인다.
패자는 승자의 벌거벗음을 가릴 옷을 승자에게 준다.
그 옷은 패배를 인정하는 적절한 메시지로 장식되어야 한다.

John P. Preskill Kip S. Thorne

Stephen W. Hawking John P. Preskill & Kip S. Thorne
Pasadena, California, 24 September 1991

Conceded on a
Techicality
5 Feb. 1997:

Stephen W. Hawking

강하면, 내파의 결과로 블랙홀이 형성되었다. 중력파의 세기를 어떤 중간 값으로 정확히 "조정하면", 내파하는 중력파는 공간과 시간의 모양을 말하자면 들끓게(boil) 했다. 그 들끓음은 바깥쪽으로 퍼져나가는 중력파를 산출했고, 그 중력파의 파장은 점점 더 짧아졌다. 또한 그 들끓음의 최종 산물은 무한히 작은 벌거벗은 특이점이었다(그림 26.7).

그런데 그런 특이점은 자연에서는 절대로 발생할 수 없다. 필요한 조정이 자연적이지 않기 때문이다. 그러나 극도로 발전한 문명은 중력파의 내파를 정확히 조정함으로써 그런 특이점을 인위적으로 생산할 수 있을 것이고, 그 다음에 그 특

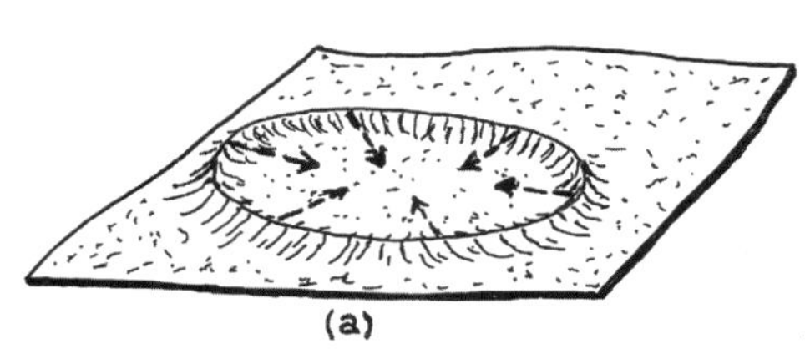

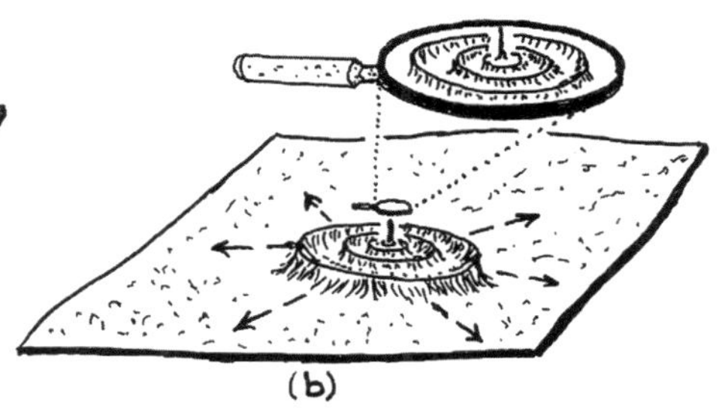

그림 26.7 왼쪽: 매슈 촙투이크. 가운데: 내파하는 중력파. 오른쪽: 내파하는 중력파가 산출한 시공의 들끓음과 돋보기 중심의 벌거벗은 특이점

이점의 행동에서 양자중력 법칙들을 추출하는 시도를 해볼 수 있을 것이다.

촙투이크의 시뮬레이션을 본 스티븐은 패배를 인정했다. "세부 조항 하나 때문(on a technicality)"이라고 그는 말했다(그림 26.6의 맨 아래). 그는 정확한 조정이 부당하다고 생각했다. 그가 알고 싶은 것은 벌거벗은 특이점이 **자연적으로** 발생할 수 있는지 여부였다. 그래서 우리는 특이점이 어떤 정확한 조정도 필요 없이 발생해야 한다는 새로운 조항을 넣어 다시 내기를 걸었다. 그렇지만 스티븐이 수많은 사람이 보는 자리에서 패배를 인정한 것(그림 26.8)은 큰 사건이었다. 그 사건은 「뉴욕 타임스」 1면에 보도되었다.

우리가 다시 내기를 걸기는 했지만, 나는 우리 우주에 벌거벗은 특이점이 존재하는지에 대해서 회의적이다. 「인터스텔라」에서 만 박사는 "자연법칙들은 벌거벗은 특이점을 금지한다"고 잘라 말한다. 브랜드 교수는 벌거벗은 특이점의 가능성을 언급조차 하지 않는다. 대신에 그는 블랙홀 내부의 특이점에 관심을 집중한다. 양자중력 법칙들을 알아낼 수 있는 유일한 희망은 블랙홀 내부의 특이점에 있다고 브랜드 교수는 생각한다.

그림 26.8 1997년에 캘리포니아 공대에서 강연 도중에 프레스킬과 손에게 패배를 인정하는 호킹

블랙홀 내부의 BKL특이점

휠러의 시대(1960년대)에 우리는 블랙홀 내부의 특이점을 기하학적인 점처럼 생각했다. 점 하나가 물질을 찌그려서

무한대의 밀도에 이르게 하고 파괴한다고 생각했다. 이 책에서도 지금까지 나는 블랙홀의 특이점을 그런 식으로 묘사했다(예컨대 그림 26.9).

휠러의 시대 이래로 아인슈타인의 법칙들을 가지고 수학적 계산을 해오면서 우리는 그런 점 같은 특이점은 불안정함을 알게 되었다. 블랙홀 내부에서 그런 특이점이 생기려면 정확한 조정이 필요하다. 아주 조금이라도 건드림(perturbation)이 있으면, 예컨대 무엇인가가 블랙홀 내부로 들어오면, 그런 특이점은 엄청나게 변화한다. 그런데 과연 무엇으로 변화할까?

러시아 물리학자들인 블라디미르 벨린스키, 이삭 할라트니코프, 에브게니 리프시츠는 이 질문의 답을 추측하기 위해서 1971년에 길고 복잡한 계산을 했다. 그리고 그들의 추측은 컴퓨터 시뮬레이션이 충분히 발전한 2000년대에 오클랜드 대학의 데이비드 가핑클에 의해서 입증되었다. 점 같은 특이점이 변화한 결과로 산출되는 안정적인 특이점은 오늘날 벨린스키, 할라트니코프, 리프시츠를 기리는 의미로 "BKL특이점"이라고 불린다.

BKL특이점은 카오스적이다. 몹시 카오스적이다. 그리고 치명적이다. 몹시 치명

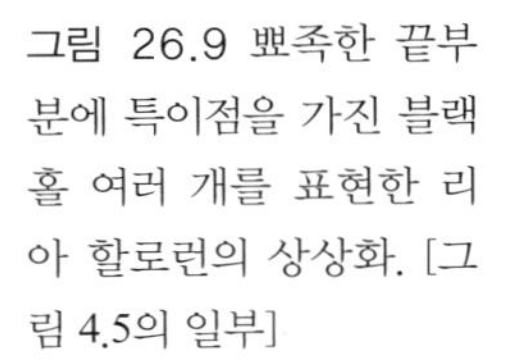

그림 26.9 뾰족한 끝부분에 특이점을 가진 블랙홀 여러 개를 표현한 리아 할로런의 상상화. [그림 4.5의 일부]

적이다.

그림 26.10에서 나는 빠르게 회전하는 블랙홀 외부와 내부의 공간 굴절을 묘사한다. BKL특이점은 맨 아래에 있다. 당신이 이 블랙홀 속으로 떨어진다면, 블랙홀 내부는 처음에는 매끄럽고 어쩌면 쾌적할지도 모른다. 그러나 당신이 특이점에 접근하면, 당신 주위의 공간은 카오스적인 패턴으로 팽창하고 수축하기 시작한다. 그리고 기조력이 당신을 카오스적으로 잡아늘이고 찌그리기 시작한다. 이 잡아늘이기와 찌그리기는 처음에는 약하지만 신속하게 강해지고 결국 극도로 강해진다. 당신의 살과 뼈는 숱한 타격을 받아 뭉개진다. 이어서 당신의 몸을 이루는 원자들도 뭉개져서 도무지 알아볼 수 없게 된다.

이 모든 내용과 거기에 연루된 카오스적인 패턴은 아인슈타인의 상대론 법칙들에 의해서 기술된다. 이것이 러시아인인 벨린스키, 할라트니코프, 리프시츠가 예측한 바이다. 그들이 예측할 수 없었을 뿐더러 오늘날 아무도 예측할 수 없는 것은 그 카오스적인 타격이 무한히 강해질 때 당신을 이루는 원자들과 아원자입자들이 맞이할 운명이다. 오직 양자중력 법칙들만이 그 운명을 안다. 그러나 당신은 이미 죽은 지 오래이다. 당신이 양자 데이터를 입수하여 탈출할 가능성은 없다.

그림 26.10 가르강튀아처럼 빠르게 회전하는 블랙홀의 휜 공간. 맨 아래에 BKL특이점이 있다. 그 특이점 근처에서의 카오스적인 잡아늘이기와 찌그리기를 알기 쉽게 묘사했다. 정확한 묘사는 아니다.

나는 이 절에 지식에 기초한 추측을 뜻하는 EG기호를 붙였다. 왜냐하면 우리 물리학자들은 블랙홀 중심의 특이점이 BKL특이점이라고 절대적으로 확신하지 못하기 때문이다. 아인슈타인의 상대론 법칙들은 BKL특이점을 확실히 허용한다. 가핑클은 컴퓨터 시뮬레이션들을 통해서 이 사실을 입증했다. 그러나 정말로 블랙홀 중심에서 막강한 잡아늘이기와 찌그리기가 BKL 패턴으로 발생함을 입증하려면 더 정교한 시뮬레이션들이 필요하다. 나는 그런 시뮬레이션들의 결과가 "그렇다, 정말로 발생한다"일 것이라고 거의 확신한다. 하지만 완벽하게 확신하지는 못한다.

안으로 떨어지는 특이점과 밖으로 날아가는 특이점

Ⓔ Ⓖ

1980년대에 물리학자 동료들과 나는 블랙홀 내부에 단 하나의 특이점이 있고 그 특이점은 BKL특이점이라고 상당한 정도로 확신했다. 그것은 지식에 기초한 추측이었다. 그러나 틀린 추측이었다.

1991년에 캐나다 앨버타 대학의 에릭 푸아송과 베르너 이스라엘은 아인슈타인의 법칙들의 수학을 연구하다가 또다른 특이점을 발견했다. 이 두 번째 특이점은 블랙홀이 나이를 먹음에 따라 성장한다. 이 특이점이 발생하는 원인은 블랙홀 내부에서의 극단적인 시간 지체이다.

그림 26.11 당신 다음에 블랙홀로 떨어지는 무엇인가에 의해서 생겨나는 '안으로 떨어지는 특이점.' 포개진 검은색, 빨간색, 회색, 오렌지색 층들은 그 무엇인가를 나타낸다.

만약 당신이 가르강튀아처럼 회전하는 블랙홀로 떨어지면, 당신의 뒤를 이어 많은 것들이 블랙홀로 떨어질 수밖에 없다. 그것들은 기체, 먼지, 빛, 중력파 등이다. 블랙홀 외부에서 내가 관찰하면, 그것들이 블랙홀에 진입하는 데에는 수백만 년이나 수십억 년이 걸릴 수도 있다. 그러나 이제 블랙홀 내부에 있는 당신이 보면, 그것들이 블랙홀에 진입하는 데에 걸리는 시간은 겨우 몇 초 이하일 수도 있다. 왜냐하면 당신의 시간은 나의 시간에 비해 극도로 느리게 흐르기 때문이다. 따라서 당신이 보기에 그것들은 얇은 층을 이루고 광속이나 광속에 가까운 속도로 당신을 향해서 떨어진다. 이 층은 강한 기조력을 산출하여 공간을 왜곡하고, 만일 당신에게 도달한다면, 당신을 왜곡시킬 것이다.

그 기조력은 무한대로 커진다. 그 결과는 "안으로 떨어지는 특이점(infalling singularity)"이다(그림 26.11).[4] 이 특이점은 양자중력 법칙들의 지배를 받는다. 그러나 그 기조력은 워낙 빠르게 커지기 때문에 (푸아송과 이스라엘이 증명했듯이) 만일 그 기조력이 당신에게 도달한다면, 그 특이점이 당신에게 닿는 순간, 그 기조력은 당신을 유한한 양만큼만 변형했을 것이다. 그림 26.12는 이를 설명해준다. 그림이 보여주는 것은 당신이 받는 위

---

4. 이스라엘과 푸아송은 이 특이점을 "질량 인플레이션 특이점(mass inflation singularity)"으로 명명했다. 이후 물리학자들은 이 명칭을 사용해왔다. 그러나 나는 이 책에서 내가 더 좋아하는 명칭인 "안으로 떨어지는 특이점"을 사용한다.

아래 방향의 알짜(net) 잡아늘이기 힘과 남북 및 동서 방향의 알짜 찌그리기 힘이 시간에 따라서 어떻게 변화하는가 하는 것이다. 그 특이점이 당신에게 닿을 때, 당신이 받는 알짜 잡아늘이기 힘과 찌그리기 힘은 유한하다. 그러나 당신이 잡아늘여지는 속도와 찌그러지는 속도(검은색 곡선들의 기울기)는 무한대이다. 이 무한대의 속도들은 특이점의 도래를 알리는 신호이며 무한대의 기조력을 의미한다.

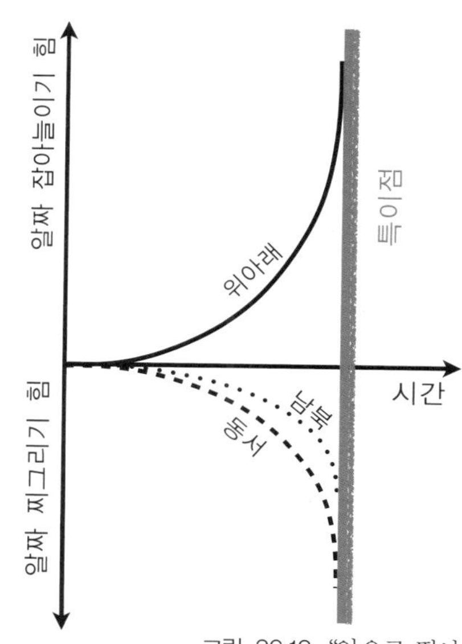

그림 26.12 "안으로 떨어지는 특이점"이 당신을 향해 하강할 때, 당신이 받는 알짜 잡아늘이기 힘과 알짜 찌그리기 힘의 시간적 변화

당신이 특이점과 만날 때, 당신의 몸은 유한한 양만큼만 잡아늘여지고 찌그러진 상태이므로, 당신은 살아 있을 가능성이 있다(가능성은 있지만 개연성은 낮다고 나는 생각한다). 이런 의미에서 "안으로 떨어지는 특이점"은 BKL특이점보다 훨씬 더 "온화하다." 만약 당신이 살아 있다면, 다음에 일어날 일은 오직 양자중력 법칙들만이 안다.

1990년대와 2000년대에 우리 물리학자들은 여기까지가 전부라고 생각했다. 블랙홀이 태어날 때 BKL특이점이 만들어진다. 그후에 "안으로 떨어지는 특이점"이 성장한다. 이것이 전부였다.

그러던 2012년 후반, 크리스토퍼 놀런이 「인터스텔라」의 시나리오 개작과 감독 수락을 놓고 협상 중이었을 때, 도널드 마롤프(산타바버라 소재 캘리포니아 대학)와 아모스 오리(이스라엘 하이파 소재 테크니온 대학)가 세 번째 특이점을 발견했다. 당연한 말이지만, 이 발견은 천문 관측을 통해서가 아니라 아인슈타인의 상대론 법칙들에 대한 심층적인 연구를 통해서 이루어졌다.

돌이켜보면, 이 특이점은 일찌감치 발견되었어야 마

그림 26.13 당신보다 먼저 블랙홀로 떨어진 무엇인가의 역방향 산란에 의해서 형성되는 "밖으로 날아가는 특이점"과 당신보다 나중에 떨어지는 무엇인가에 의해서 형성되는 "안으로 떨어지는 특이점." 당신은 이 두 특이점 사이에 끼게 된다. 블랙홀의 외곽과 BKL 특이점은 흐릿한 색으로 표현했다. 당신은 이제 더는 이 두 구역과 접촉할 수 없다. 왜냐하면 이 구역들은 위아래에서 당신을 포위한 특이점들 너머에 있기 때문이다.

땅하다. 이 특이점은 블랙홀이 나이를 먹음에 따라 성장하는 "밖으로 날아가는 특이점(outflying singularity)"이다. 안으로 떨어지는 특이점과 꼭 닮았다. "밖으로 날아가는 특이점"은 당신보다 먼저 블랙홀로 떨어진 무엇인가에 의해서 산출된다. 그림 26.13을 보라. 그 무엇인가 중에 미세한 일부는 위로 산란하여 당신에게 다가온다. 블랙홀의 시공 굴곡에 의해서 일어나는 이 산란은 햇빛이 매끄럽게 흰 바닷물의 표면에서 산란하여 우리에게 파도의 이미지를 제공하는 것과 매우 유사하다.

위로 산란한 무엇인가는 블랙홀의 극단적인 시간 지체에 의해서 압축되어 음속 폭음(sonic boom)("충격파[shock front]")과 꽤 유사한 얇은 층을 이룬다. 그 무엇인가의 중력은 기조력을 산출하고, 그 기조력은 무한대로 강해져서 "밖으로 날아가는 특이점"이 된다. 그러나 "안으로 떨어지는 특이점"에서와 마찬가지로 이 "밖으로 날아가는 특이점"에서도 기조력은 온화하다. 이 기조력도 갑자기 아주 신속하게 커지기 때문에, 만일 당신이 이 기조력과 맞닥뜨린다면, "밖으로 날아가는 특이점"이 당신에게 닿는 순간, 당신의 알짜 왜곡은 무한하지 않고 유한하다.

「인터스텔라」에서 로밀리는 쿠퍼와 대화하면서 이 온화한 특이점들을 언급한다. "너의 [만 행성으로부터의] 귀환을 위해서 제안할 게 하나 있어. 그 블랙홀에 마지막 기회가 있다. 가르강튀아는 꽤 늙은 회전 블랙홀이야. 이른바 온화한 특이점[을 가지고 있지.]" "온화하다고(gentle)?" 쿠퍼가 묻는다. "좀 어폐가 있지. 하지만 그 특이점의 기조력은 충분히 신속하게 커지기 때문에, 사건지평을 빠르게 통과하는 놈은 살아남을 수도 있어." 이 대화와 양자 데이터를 구하려는 열망에 이끌려, 쿠퍼는 나중에 가르강튀아로 뛰어든다(제28장). 실로 용감한 다이빙이다. 그는 자신이 살아남을지 미리 알 수 없다. 오로지 양자중력 법칙들만이 그의 운명을 확실히 안다. 어쩌면 벌크 존재들도……

지금까지 「인터스텔라」의 클라이맥스 장면들을 이해하는 데에 필요한 극한의 물리학을 배웠으니, 이제 그 클라이맥스로 가보자.

VII
클라이맥스

27
화산 분화구의 테두리

「인터스텔라」의 후반에 쿠퍼는 만 행성에서 죽음의 나선 운동을 하는 인듀어런스 호를 간신히 조종하여 안정을 되찾은 직후 큰 안도감을 느낀다. 그때 로봇 "케이스(CASE)"가 그에게 말한다. "우리가 가르강튀아로 떨어지고 있습니다."

쿠퍼는 재빨리 결정을 내린다. "내비게이션 컴퓨터가 파괴되었고 지구로 돌아가기에는 생명유지 물자가 부족해. 하지만 에드먼드 행성까지는 간신히 갈 수 있을 것 같아." "연료는 어때?"라고 아멜리아 브랜드가 묻는다. "충분하지 않아." 쿠퍼가 대답한다. "가르강튀아가 우리를 사건지평[근처]까지 빨아들이게 한 다음에 새총 비행으로 추진력을 얻어서 에드먼드 행성으로 출발하자." "수동 조종으로?" "그게 내 임무잖아. 내가 임계궤도에 진입하겠어."

몇 분 후 그들은 임계궤도에 도달하고, 들끓는 지옥처럼 온갖 혼란이 일어난다. 이 장에서 나는 이 대목에 대한 나의 과학적 해석을 제시하려고 한다.

중력에서 유래한 기조력 : 인듀어런스 호와 만 행성의 분리

나의 해석에서 만 행성은 심하게 찌그러진 타원 궤도(제19장)를 따라 운동한다. 인듀어런스 호가 도착했을 때 그 행성은 멀리 떨어진 곳에서 가르강튀아를 향해 운동하는 중이었다. 인듀어런스 호의 폭발 사고(제20장)는 만 행성이 그 블랙홀에 가까이 접근했을 때 일어났다(그림 27.1).

사고 후 쿠퍼는 인듀어런스 호의 안정을 되찾고 기체를 상승시킴으로써 만 행성에서 멀어진다. 나의 해석에서 그는 가르강튀아의 기조력이 인듀어런스 호와 만 행성을 떼어놓기에 충분할 만큼 높이 상승한다. 그 행성에서 분리된 인듀어런스 호는 별개의 궤적을 그리며 날아간다(그림 27.2).

만 행성은 가르강튀아를 휘감아 돌면서 원심력을 받아 다시 바깥쪽으로 멀리

날아가는 반면, 인듀어런스 호는 임계궤도를 향한다.[1]

임계궤도와 화산 비유

나는 앞에서 사용한 그림들과 유형이 다른 그림 27.3을 이용하여 임계궤도를 논하려고 한다. 이 그림을 우선 일반인이 이해하기 쉽게 대강 설명하고, 그 다음에 물리학자들의 언어로 설명하겠다.

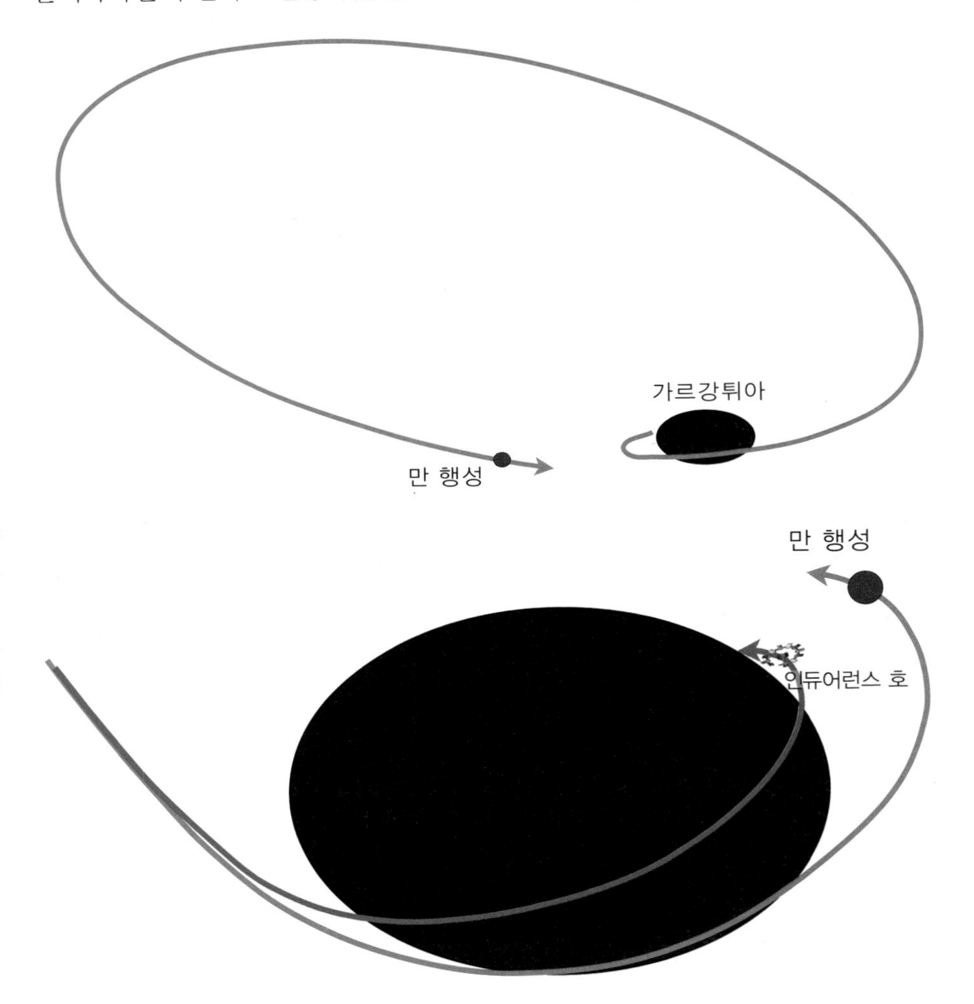

그림 27.1 만 행성의 궤도와 인듀어런스 호 폭발 사고 당시의 위치

그림 27.2 가르강튀아의 기조력에 의해서 인듀어런스 호가 만 행성에서 분리된다. [인듀어런스호의 이미지는 「인터스텔라」에서 따옴]

1. 이 현격한 차이는 기조력이 인듀어런스 호와 만 행성을 떼어놓은 후 전자의 각속도가 후자의 그것보다 약간 더 작기 때문에 발생한다. 그림 27.3에서 인듀어런스 호는 분화구의 테두리와 유사한 임계궤도에 진입하지만, 만 행성은 그 궤도에 도달하지 못하고 더 바깥쪽에서 (원심력이 만 행성을 바깥쪽으로 밀어낸다) 분화구를 휘감아 돈 다음에 다시 중력 에너지 곡면을 타고 오르며 가르강튀아에서 멀어진다.

그림 27.3이 보여주는 곡면을 당신의 방에 놓인 매끄러운 화강암 조각품의 표면으로 생각하라. 보다시피 이 원형 조각품은 중심 근처를 제외한 나머지 부분에서는 중심에 가까이 갈수록 아래로 우묵하게 꺼져 있고, 중심 근처에는 화산을 닮은 구조물이 솟아 있다.

만 행성에서 분리된 인듀어런스 호는 이 화강암 표면에서 자유롭게 굴러다니는 구슬과 비슷하다. 구슬은 중심을 향해 굴러가면서 가속한다. 왜냐하면 화강함 표면이 내리막이기 때문이다. 이어서 구슬은 화산의 비탈을 올라가면서 감속하여 원주 방향 운동만을 가진 상태로 분화구 테두리에 도달한다. 그런 다음에 분화구 속으로 떨어지지도 않고 다시 바깥쪽으로 떨어지지도 않는 섬세하고 불안정한 균형을 유지하며 그 테두리를 돌고 또 돈다.

분화구 내부는 가르강튀아이고, 분화구 테두리는 임계궤도이다. 인듀어런스 호는 이 임계궤도에서 에드먼드 행성으로 출발한다.

화산의 의미 : 중력 에너지와 원심력 에너지

화산의 의미—화산과 물리학 법칙들 사이의 관계—를 설명하려면, 약간 전문적인 논의가 불가피하다.

상황을 단순화하기 위해서 인듀어런스 호가 가르강튀아의 적도면에서 운동한다고 치자(인듀어런스 호의 비적도면 궤적에 대해서도 원리적으로 똑같은 설명이 적용된다. 가르강튀아가 공 모양이 아니기 때문에, 설명의 세부사항이 더 복잡해

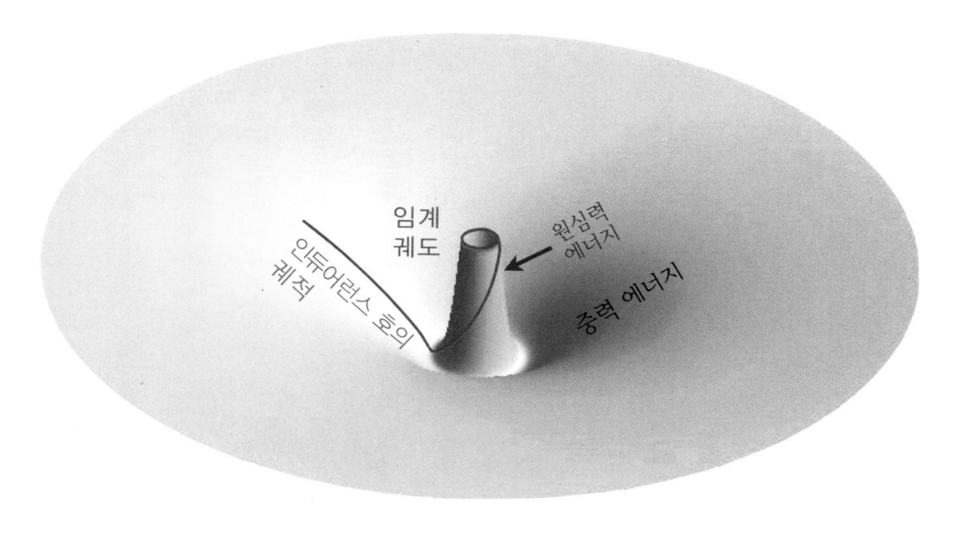

그림 27.3 중앙에 화산이 있는 곡면에서 인듀어런스 호의 궤적. 이 곡면은 중력 에너지와 원심력 에너지를 나타낸다.

진다). 화산 비유는 임계궤도와 인듀어런스 호의 궤적에 관한 물리학을 멋지게 요약해서 보여준다. 어째서 그런지 설명하려면, 두 가지 물리학 개념이 필요하다. 하나는 **인듀어런스 호의 각운동량**, 또 하나는 **인듀어런스 호의 에너지**이다.

기조력이 인듀어런스 호를 만 행성에서 떼어낸 후, 인듀어런스 호는 특정한 각운동량(가르강튀아 주위를 도는 인듀어런스 호의 원주 방향 속력에다가 인듀어런스 호와 가르강튀아 사이의 거리를 곱한 값)을 가진다. 상대론 법칙들에 따르면, 이 각운동량은 인듀어런스 호가 궤적상의 어느 위치에 있든지 일정하다(보존된다). 제10장을 참조하라. 따라서 인듀어런스 호가 가르강튀아로 접근하여 둘 사이의 거리가 감소하면, 인듀어런스 호의 원주 방향 속력은 증가한다. 이것은 피겨스케이트 선수가 회전하면서 벌렸던 양팔을 가슴으로 모으면 회전이 빨라지는 것과 유사하다(그림 27.4).

인듀어런스 호는 특정한 양의 에너지를 가지고 가르강튀아에 접근한다. 이 에너지도 각운동량과 마찬가지로 인듀어런스 호가 궤적상의 어느 위치에 있든지 일정하다. 인듀어런스 호의 에너지는 세 요소로 이루어진다. 첫째 요소인 **중력 에너지**는 인듀어런스 호가 가르강튀아에 접근할수록 점점 더 큰 음수가 된다. 둘째, **원심력 에너지**(가르강튀아 주위를 도는 인듀어런스 호의 원주 방향 운동의 에너지)는 인듀어런스 호가 가르강튀아에 접근할수록 더 증가한다. 왜냐하면 인듀어런스 호의 원주 방향 운동이 빨라지기 때문이다. 셋째 요소는 인듀어런스 호의 **반지름 방향 운동 에너지**(가르강튀아에 접근하는 운동의 에너지)이다.

그림 27.3의 곡면은 인듀어런스 호의 중력 에너지와 원심력 에너지의 합을 수직 좌표로 삼고 가르강튀아의 적도면을 수평면으로 삼아서 그린 것이다. 곡면이 내리막을 이루는 모든 곳에서는 인듀어런스 호의 중력 에너지와 원심력 에너지가 감소한다. 따라서 반지름 방향 운동 에너지는 증가해야 한다(총 에너지는 보존되어야 하므로). 요컨대 인듀어런스 호의 반지름 방향 운동은 빨라진다. 이것은 우리의 직관적인 화산 비유에서 일어나는 일과 똑같다.

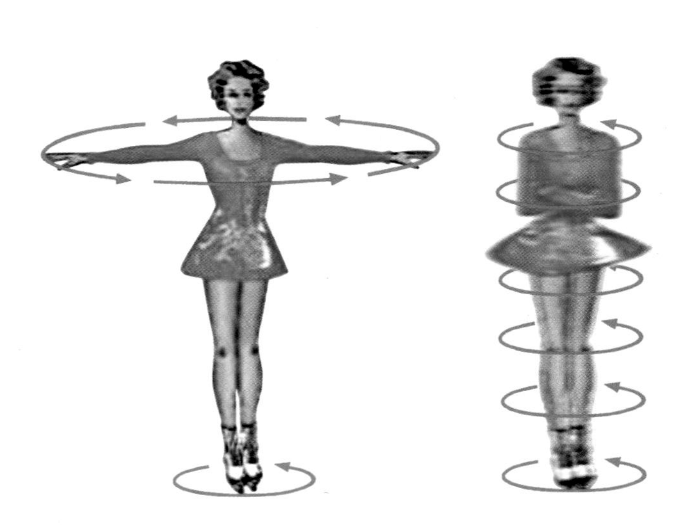

그림 27.4 피겨스케이트 선수의 회전

그림 27.3에서 화산 주위의 가장 깊은 고랑 바깥에서는, 인듀어런스 호의 음의 중력 에너

그림 27.5 분화구 테두리에 위치한 인듀어런스 호의 임계궤도. 테두리 바깥에서는 원심력 에너지가 주도권을 쥐고, 안쪽에서는 중력 에너지가 주도권을 쥔다. [인듀어런스 호의 이미지는 「인터스텔라」에서 따옴]

지(그림 속의 "중력 에너지" 표찰을 보라)가 곡면의 높이를 통제한다. 양의 원심력 에너지는 중요한 구실을 하지 못한다. 반면에 화산의 비탈에서는, 증가하는 원심력 에너지가 곡면의 높이를 통제한다. 원심력 에너지가 중력 에너지를 누르고 주도권을 쥐는 것이다. 마지막으로 분화구 테두리의 안쪽에서는, 중력 에너지가 거대한 음수가 되어 원심력 에너지를 압도한다. 따라서 곡면은 가파른 내리막을 이룬다(그림 27.5). 임계궤도는 분화구의 테두리에 위치한다.

임계궤도 : 원심력과 중력의 균형

분화구 테두리에 도달한 인듀어런스 호는, 이상적인 경우에, 그 테두리를 일정한 속력으로 돌고 또 돌 것이다. 그렇게 인듀어런스 호가 안쪽으로도 바깥쪽으로도 운동하지 않고 원주 방향으로만 운동하려면, 그 우주선을 안쪽으로 끌어당기는 중력과 바깥쪽으로 밀어내는 원심력이 정확히 균형을 이루어야 한다.

그림 27.6은 실제로 그런 균형이 이루어짐을 보여준다. 이 그림은 밀러 행성이 받는 힘들의 균형을 표현하는 그림 17.2와 유사하다. 인듀어런스 호의 임계궤도에

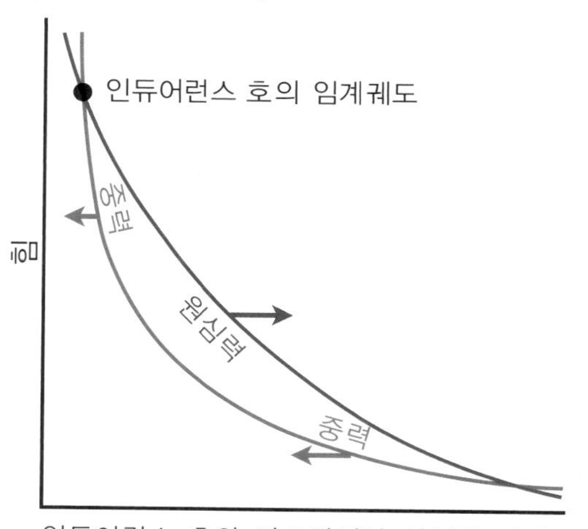

그림 27.6 인듀어런스 호가 받는 중력과 원심력. 인듀어런스 호와 가르강튀아 사이의 거리에 따라서 두 힘이 어떻게 변화하는지 보여준다.

서는, 빨간색 곡선(인듀어런스 호를 안쪽으로 끌어당기는 중력)과 파란색 곡선(바깥쪽으로 밀어내는 원심력)이 교차한다. 바꿔 말해 중력과 원심력이 균형을 이룬다.

그러나 우리의 분화구 테두리 비유에서 짐작할 수 있듯이, 이 균형은 불안정하다.[2] 만약 무작위한 원인이 인듀어런스 호를 조금이라도 안쪽으로 떠밀면, 중력이 원심력을 압도하여(빨간색 곡선이 파란색 곡선 위로 올라와) 인듀어런스 호는 가르강튀아의 사건지평으로 끌려갈 것이다. 반대로 무작위한 원인이 인듀어런스 호를 조금이라도 바깥쪽으로 떠밀면, 원심력이 중력을 압도하여(파란색 곡선이 빨간색 곡선 위로 올라와) 인듀어런스 호는 더 바깥쪽으로 밀려나며 가르강튀아의 손아귀에서 벗어날 것이다.

반면에 (제17장에서 보았듯이) 밀러 행성의 궤도에서는 중력과 원심력의 균형이 안정적이다.

테두리에서 일어난 참사 : 타스와 쿠퍼의 방출

나의 과학적 해석에서, 분화구 테두리는 폭이 아주 좁다. 따라서 그 테두리에 위치한 임계궤도는 대단히 불안정하다. 아주 작은 조종 실수만 있어도 인듀어런스 호는 가르강튀아 쪽(분화구 속)으로 끌려가거나 반대쪽(화산 둘레의 구덩이)로 밀려날 것이다.

그런데 실수는 불가피하므로, 인듀어런스 호는 잘 설계된 피드백 시스템의 도움으로 끊임없이 항로를 수정해야 한다. 즉 자동차의 크루즈 컨트롤(cruise control : 정속 주행 장치)과 유사하면서 성능이 훨씬 더 우수한 시스템이 필요하다.

나의 해석에서 인듀어런스 호는 그 피드백 시스템의 성능이 완벽하지 않은 탓에 분화구 테두리를 벗어나서 위험할 정도로 분화구 내부에 접근한다. 이제 그 우주선은 가용한 추진력을 총동원하여 다시 임계궤도로 복귀해야 한다.

그러나 이런 이야기는 너무 전문적이어서 흥미진진한 영화와 엄청나게 다양한 관객에 어울리지 않는다. 그래서 크리스토퍼 놀런은 더 단순하게 밀어붙이는 쪽

2. 우리의 분화구 테두리 비유와 이러한 힘 분석이 잘 맞아떨어지는 것은 다음과 같은 결정적인 사실 때문이다. 인듀어런스 호가 받는 알짜 힘(net force : 중력과 원심력의 합)은 에너지 곡면의 기울기(그림 27.3, 27.5)에 비례한다. 왜 그런지는 당신 스스로 생각해보라.

을 선택했다. 궤도의 불안정성은 언급되지 않는다. 피드백도 언급되지 않는다. 어떤 설명도 없이, 인듀어런스 호는 가르강튀아에 너무 접근하고, 쿠퍼는 가용한 추진력을 총동원하여 가르강튀아의 손아귀에서 벗어나려고 한다.

그 다음 대목에서는 영화와 나의 과학적 해석이 일치한다. 타스가 조종하는 착륙선 1호와 쿠퍼가 조종하는 레인저 2호가 인듀어런스 호에 도킹한 채로 로켓을 가동한다. 인듀어런스 호를 가르강튀아에서 멀어지는 쪽으로 밀어내기 위해서이다.

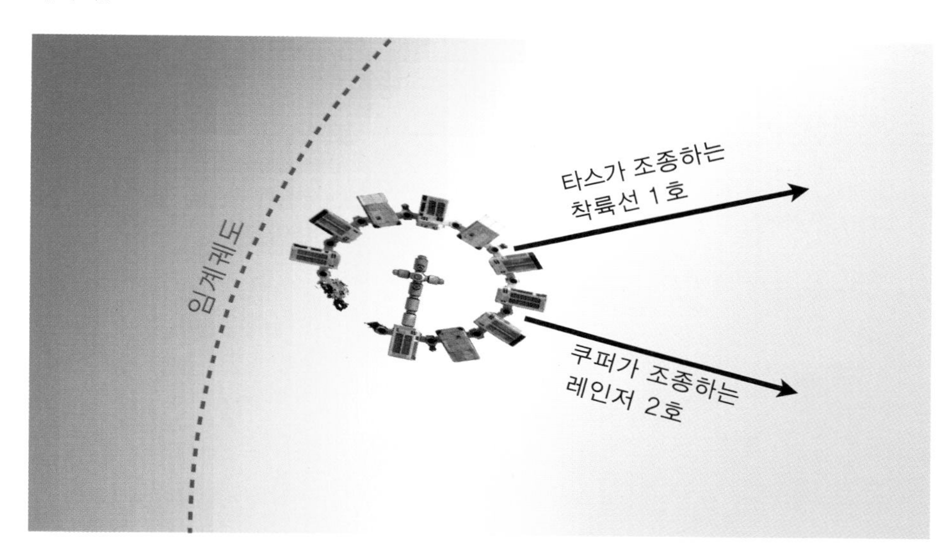

그림 27.7 로켓들을 가동하고 이어서 착륙선 1호와 레인저 2호를 방출함으로써 인듀어런스 호는 임계궤도로 복귀한다. [인듀어런스 호의 이미지는 「인터스텔라」에서 따옴]

그림 27.8 가르강튀아를 향해 하강하는 레인저 2호를 인듀어런스 호에 탄 브랜드가 본 모습. 인듀어런스 호 모듈 두 개의 일부가 전경에 보인다. 그림 가운데 아래쪽에 희미하게 보이는 물체가 레인저 호이다. 가르강튀아의 강착원반이 레인저 호를 둘러싸고 있다. [워너브라더스 사의 허가로 「인터스텔라」에서 따옴]

곧이어 가능한 최후의 조치로, 폭발 볼트(explosive bolt)가 터지면서 착륙선 1호와 레인저 2호가 인듀어런스 호에서 분리된다. 착륙선과 레인저 호는 타스와 쿠퍼를 싣고 가르강튀아를 향해 떨어지고, 인듀어런스 호는 절체절명의 위기에서 벗어난다(그림 27.7, 27.8).

영화에서 브랜드와 쿠퍼는 비극적인 이별의 대화를 나눈다. 브랜드는 착륙선과 레인저 호뿐 아니라 쿠퍼와 타스까지 블랙홀로 떨어져야 하는 이유를 이해하지 못한다. 쿠퍼의 해명은 시적이긴 하지만 설득력이 없다. "뉴턴의 세 번째 법칙. 어딘가에 도달하려면 무언가를 뒤에 남겨야 해. 이제껏 인류가 알아낸 유일한 방법이야."

물론 옳은 말이다. 그러나 쿠퍼와 타스가 착륙선과 레인저 호와 동행함으로써 인듀어런스 호가 얻는 추가 추진력은 극히 미미하다. 다들 알겠지만, 더 큰 진실은 쿠퍼가 가르강튀아 속으로 들어가고 **싶다**는 것이다. 그는 자신과 타스가 가르강튀아 내부의 특이점에서 양자중력 법칙들을 알아내서 어떤 식으로든 지구로 전송할 수 있기를 희망한다. 인류 전체를 구하기 위한 그의 마지막 희망, 필사적인 희망이다.

에드먼드 행성을 향해 출발하는 인듀어런스 호

임계궤도는 브랜드와 로봇 "케이스"가 어느 방향으로든 원하는 대로 출발하기에 딱 좋은 곳이다. 예컨대 에드먼드 행성을 향해 출발하기에 이상적인 장소이다.

그림 27.9 임계궤도를 벗어나서 에드먼드 행성으로 향하는 인듀어런스 호의 궤적. [인듀어런스 호의 이미지는 「인터스텔라」에서 따옴]

그들은 출발 방향을 어떻게 제어할 수 있을까? 임계궤도는 몹시 불안정하므로, 로켓을 아주 조금만 가동해도 인듀어런스 호는 그 궤도를 벗어난다. 만약 임계궤도상의 적절한 위치에서 정확한 출력으로 로켓을 가동한다면, 인듀어런스 호는 원하는 방향으로 정확히 날아갈 것이다(그림 27.9).

그림 27.9를 보면, 브랜드와 케이스가 어느 방향으로든 원하는 대로 출발할 수 있다는 말이 의심스럽게 들릴 만하다. 실제로 이 그림에서 인듀어런스 호가 출발할 수 있는 방향은 한정되어 있다. 그러나 이것은 이 그림이 임계궤도의 3차원 구조를 보여주지 않기 때문에 생기는 문제이다(그림 27.10 참조).

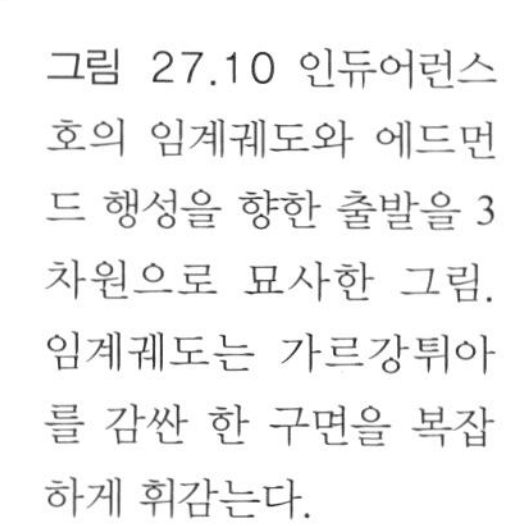

그림 27.10 인듀어런스 호의 임계궤도와 에드먼드 행성을 향한 출발을 3차원으로 묘사한 그림. 임계궤도는 가르강튀아를 감싼 한 구면을 복잡하게 휘감는다.

이 복잡한 임계궤도는 가르강튀아의 불의 껍질 내부에 일시적으로 갇힌 광선들의 궤적과 매우 유사하다(그림 6.5, 8.2). 그 광선들과 마찬가지로 인듀어런스 호는 임계궤도에 머물 때에 일시적으로 갇힌 상태이다. 그러나 그 광선들과 달리, 인듀어런스 호는 조종 시스템과 로켓을 갖추고 있어서 브랜드와 케이스의 결정에 따라서 임계궤도를 벗어날 수 있다. 그리고 임계궤도의 복잡한 3차원 구조 덕분에 어느 방향으로든 원하는 대로 출발할 수 있다.

그러나 쿠퍼와 타스는 곤두박질치며 가르강튀아의 사건지평을 통과한다. 가르강튀아의 특이점을 향해서 떨어지는 것이다.

28
가르강튀아 속으로

개인적인 사연

Ⓣ

1985년에 칼 세이건이 그의 소설 속의 여주인공 엘러너 애로웨이(동명 영화에서 조디 포스터 분)를 블랙홀을 통해서 베가 별로 보내려고 했을 때, 나는 그에게 "안 돼!"라고 말했다. 블랙홀 속으로 들어가면, 그녀는 죽을 것이라고 했다. 블랙홀 중심의 특이점이 그녀를 카오스적이고 고통스럽게 찢어발길 것이라면서, 따라서 블랙홀 대신에 웜홀을 통해서 애로웨이 박사를 보내라고 칼에게 제안했다(제14장).

2013년에 나는 크리스토퍼 놀런에게 쿠퍼를 블랙홀 가르강튀아 속으로 보내라고 바람을 넣었다. 1985년부터 2013년까지 사반세기 동안 대체 무슨 일이 일어난 것일까? 블랙홀 속으로 떨어지는 것에 대한 나의 입장은 왜 이렇게 극적으로 바뀐 것일까?

1985년에 우리 물리학자들은 블랙홀의 중심에 카오스적이고 파괴적인 BKL특이점이 있으며, 블랙홀 내부에 진입하는 모든 것은 그 특이점의 잡아늘이는 힘과 찌그리는 힘에 의해서 파괴될 것이라고 생각했다(제26장). 이것은 많은 지식에 기초한 추측이었다. 그러나 틀린 추측이었다.

그후 25년 동안, 블랙홀 내부에서 특이점 두 개—관찰이 아니라 수학적 계산을 통해서—가 추가로 발견되었다. 그 두 특이점은 특이점 치고는 온화하다(제26장). 쿠퍼가 그 특이점들 중 하나 속으로 떨어진다면 어쩌면, 살아남을 수도 있을 만큼 온화하다. 물론 나는 쿠퍼의 생존 가능성을 의심하지만, 우리는 어느 쪽도 확신할 수 없다. 그러므로 쿠퍼가 생존한다는 과학 허구의 설정은 현재로서는 존중받을 자격이 있다고 나는 생각한다.

또한 그 25년 동안, 우리는 우리 우주가 고차원 벌크 속의 브레인일 가능성이 높음을 알게 되었다(제21장). 따라서 벌크에 거주하는—초고도 문명에 도달한—

존재들이 마지막 순간에 쿠퍼를 그 특이점에서 구출한다는 설정도 존중받을 만하다는 것이 나의 생각이다. 실제로 크리스토퍼 놀런은 이 설정들을 채택했다.

사건지평 통과

Ⓣ

「인터스텔라」에서 쿠퍼가 조종하는 레인저 2호(그리고 타스가 조종하는 착륙선 1호)는 인듀어런스 호에서 방출된 후, 나선을 그리며 가르강튀아의 사건지평으로 하강하고 이내 그 지평을 통과한다. 이 나선 하강 운동에 대해서 아인슈타인의 상대론 법칙들은 어떤 이야기를 해줄까?

그 법칙들—따라서 나의 해석—에 따르면, 인듀어런스 호에서 바라보는 브랜드는 레인저 호가 사건지평을 통과하는 모습을 영원히 볼 수 없다. 사건지평 너머 블랙홀 내부에서 쿠퍼가 보내는 신호는 절대로 외부로 나올 수 없다. 블랙홀 내부에서 시간은 아래로 흐른다. 그 하행 시간이 쿠퍼와 그가 보내는 모든 신호를 아래로, 사건지평에서 멀어지는 쪽으로 끌고간다(제5장 참조).

그래서 브랜드는 (만약 그녀와 케이스가 인듀어런스 호의 자세를 안정화시키고 충분히 오래 지켜본다면) 무엇을 볼까? 인듀어런스 호와 레인저 호는 둘 다 가르강튀아의 휜 공간(그림 28.1)에서 원통형 부분 깊숙이 있으므로, 가르강튀아의 소용돌이치는 공간에 휩쓸려 거의 같은 각속도(궤도 주기)를 얻는다. 따라서 브랜드가 자신의 궤도 운동하는 기준틀에서 보면, 레인저 호는 거의 직선으로 떨어지면서 사건지평에 접근한다(그림 28.1). 실제로 영화는 이 모습을 보여준다.

사건지평에 접근하는 레인저 호를 꾸준히 바라보는 동안, 브랜드는 자신의 시간을 기준으로 삼을 때에 레인저 호의 시간이 점점 더 느려지고 결국 멈추는 것을 보아야 한다고 아인슈타인의 법칙들은 말한다.

이로부터 여러 귀결들이 따라나온다. 브랜드는 레인저 호가 점점 더 느리게 하강하다가 사건지평 바로 위에서 멈추는 것을 본다. 또 레인저 호에서 나오는 빛의 파장이 점점 더 길어지다가(그 빛의 주파수가 점점 더 낮아지고, 색깔이 점점 더 붉어지다가) 결국 레인저 호가 완전한 암흑으로 변하여 보이지 않게 되는 것을 본

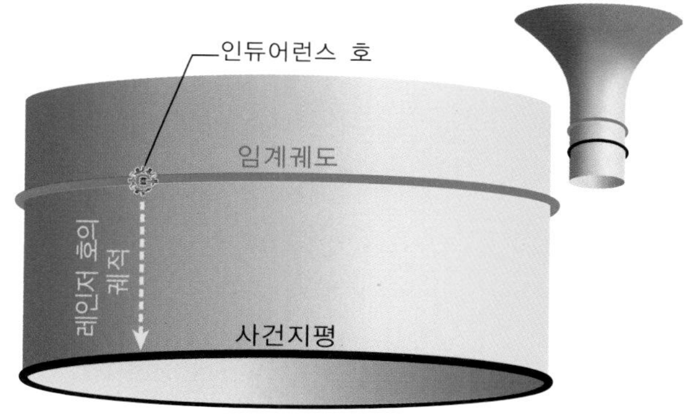

그림 28.1 가르강튀아의 휜 공간을 가로지르는 레인저 호의 궤적을 인듀어런스 호의 궤도 운동하는 기준틀에서 본 모습. 인듀어런스 호를 실제 비율보다 훨씬 더 크게 그려서 눈에 잘 띄게 했다. 위 오른쪽: 가르강튀아의 휜 공간을 더 축소하여 더 폭넓게 보여주는 그림. [인듀어런스 호의 이미지는 「인터스텔라」에서 따옴]

다. 또 쿠퍼가 자신의 시간을 기준 삼아 1초 간격으로 보내는 정보들은 브랜드에게, 그녀의 시간을 기준으로 삼으면, 점점 더 긴 시간 간격으로 도착한다. 몇 시간이 지난 후에 브랜드는 쿠퍼로부터 마지막 정보를 받는다. 그것은 쿠퍼가 사건지평을 통과하기 직전에 마지막으로 보낸 정보이다.

반면에 쿠퍼는 사건지평을 통과한 뒤에도 브랜드가 보내는 신호를 계속 받는다. 브랜드의 신호는 가르강튀아 내부에 진입하여 쿠퍼에게 도달하는 데에 문제가 없다. 쿠퍼의 신호는 가르강튀아 외부로 나가 브랜드에게 도달할 수 없다. 아인슈타인 법칙들은 명확하다. 반드시 이래야 한다.

뿐만 아니라 그 법칙들에 따르면, 쿠퍼는 사건지평을 통과하면서 별다른 광경을 보지 못한다. 그는 자신이 보내는 정보들 중에서 어떤 것이 브랜드에게 도달하는 마지막 정보가 될지 (적어도 쉽게는) 알 수 없다. 주위를 둘러보는 방법으로는, 정확히 어디가 사건지평인지 알 수 없다. 당신이 배를 타고 지구의 적도를 통과할 때에 적도를 식별할 수 없는 것과 마찬가지로, 쿠퍼는 사건지평을 식별할 수 없다.

브랜드와 쿠퍼가 이처럼 겉보기에 모순되는 관찰을 하는 이유는 두 가지이다. 첫째, 시간의 굴곡. 둘째, 그들이 주고받는 빛과 정보가 유한한 속도로 이동한다는 사실. 이 두 가지 요인을 곰곰이 생각하면, 이 상황에 어떤 모순도 없음을 알 수 있다.

2개의 특이점 사이에서

쿠퍼를 실은 레인저 호가 가르강튀아 내부로 점점 더 깊이 떨어지는 동안, 쿠퍼는 위쪽에 펼쳐진 우주의 모습을 계속해서 본다. 그에게 그 이미지를 제공하는 빛의 뒤를 "안으로 떨어지는 특이점"이 쫓는다. 이 특이점은 처음에 약하지만, 점점 더 많은 것들이 가르강튀아 내부로 떨어져 얇은 층을 이룸으로써 급속도로 강해진다(제27장). 아인슈타인 법칙들에 의해서 반드시 그렇게 되어야 한다.

레인저 호 아래에는 "밖으로 날아가는 특이점"이 있다. 이 특이점은 오래 전에 블랙홀로 떨어진 후 위로 산란하여 레인저 호로 다가오는 무엇인가에 의해서 형성된 것이다(제27장).

레인저 호는 두 특이점 사이에 끼인다(그림 28.2). 이 특이점들 중 하나가 레인저 호에 닿는 것은 불가피하다.

내가 이 특이점들을 설명하자 크리스는 어느 특이점이 레인저 호에 닿을지를 즉각 알아챘다. “밖으로 날아가는 특이점”이다. 왜 그럴까? 왜냐하면 「인터스텔라」를 만들면서 크리스는 물리적 대상이 과거로 돌아가는 것을 막는 다양한 물리학 법칙들을 이미 채택했기 때문이다(제30장). “안으로 떨어지는 특이점”은 쿠퍼가 떨어지고 나서 (외부 우주의 시간, 이를테면 지구의 시간으로 측정할 때) 한참 뒤에 가르강튀아 내부로 떨어지는 무엇인가에 의해서 형성된다. 만약 쿠퍼가 그 특이점에 닿고도 생존한다면, 과거의 그와 먼 미래의 우주가 함께 있게 될 것이다. 그는 우리의 아주 먼 미래에 위치할 터이고, 따라서 벌크 존재들의 도움을 받아 태양계로 돌아온다고 하더라도, 그가 태양계를 떠난 시점보다 수십억 년 뒤에야 돌아올 수 있을 것이다. 이는 쿠퍼와 그의 딸 머프가 재회할 수 없음을 의미한다.

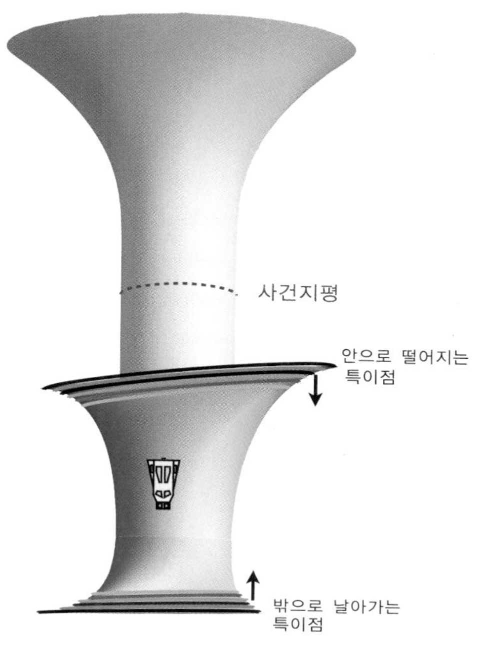

그림 28.2 가르강튀아의 “안으로 떨어지는 특이점”과 “밖으로 날아가는 특이점” 사이에 끼인 레인저 호. 레인저 호가 눈에 띄도록 실제 비율보다 훨씬 더 크게 그렸다.

그리하여 크리스는 “안으로 떨어지는 특이점”이 아니라 “밖으로 날아가는 특이점”이 쿠퍼에게 닿는다는 설정을 확고하게 선택했다. 레인저 호보다 더 나중에가 아니라 더 먼저 가르강튀아 내부로 떨어진 무엇인가에 의해서 형성된 특이점이 그에게 닿아야 했다. 하지만 크리스의 선택은 나의 과학적 해석에 자그마한 문제를 안겨준다. 물론 과거로 가는 시간여행만큼 심각한 문제는 아니지만 말이다. 만일 레인저 호가 임계궤도에서 곧장 가르강튀아 내부로 떨어진다면, 레인저 호의 추락 속도는 “안으로 떨어지는 특이점”이 그 우주선을 따라잡기에 충분할 만큼 느리다. 따라서 이 특이점이 레인저 호에 닿게 된다. 크리스의 바람대로 이런 일이 벌어지는 대신에 “밖으로 날아가는 특이점”이 레인저 호에 닿으려면, 레인저 호는 광속으로 내려오는 “안으로 떨어지는 특이점”을 거의 앞지르는 속도를 내야 한다. 만일 강력한 추진력을 얻는다면 레인저 호는 그런 속도를 낼 수 있다. 어떻게 추진력을 얻을 수 있을까? 여느 때와 다름없다. 인듀어런스 호에서 방출된 직후, 적당한 중간질량 블랙홀을 휘감아 도는 새총 비행으로 추진력을 얻으면 된다.

가르강튀아 내부에서 쿠퍼는 무엇을 볼까?

가르강튀아의 중심을 향해 떨어지면서 위쪽을 쳐다보는 쿠퍼는 외부 우주를 본

다. 그의 추락은 충분히 가속되었으므로, 그는 외부 우주의 시간이 그 자신의 시간과 대략 같은 속도로 흐르는 것을 본다.[1] 또한 외부 우주의 이미지가 하늘 전체의 약 2분의 1을 차지하는 크기에서 4분의 1을 차지하는 크기로 줄어드는 것을 본다.[2]

영화에서 이 대목을 처음 보았을 때, 나는 폴 프랭클린이 상황을 정확히 이해했을 뿐더러 내가 놓친 것까지 잡아내서 기뻤다. 영화에서 쿠퍼 위쪽 우주의 이미지는 가르강튀아의 강착원반으로 둘러싸여 있다(그림 28.3). 왜 그럴 수밖에 없는지 당신은 이해가 가는가?

쿠퍼는 이 모든 광경이 위쪽에 펼쳐진 것을 보지만, "안으로 떨어지는 특이점"은 보지 못한다. 그를 향해서 광속으로 하강하는 그 특이점은 그에게 강착원반과 우주의 이미지를 제공하는 광선들을 뒤쫓지만 따라잡지 못한다.

우리는 블랙홀 내부에서 무슨 일이 일어나는지에 대해서 모르는 것이 많기 때문에, 나는 쿠퍼가 추락하면서 아래를 내려다볼 때 무엇을 볼지에 대해서는 크리스와 폴이 자유롭게 상상력을 발휘해도 좋겠다고 그들에게 말했다. 나는 한 가지만 요구했다. "디즈니 사의 「블랙홀」에서처럼 악마와 지옥의 불이 블랙홀 내부에서 등장하는 것만큼은 제발 자제해주세요." 크리스와 폴은 킥킥 웃었다. 그들은

그림 28.3 쿠퍼가 가르강튀아 내부에서 레인저호의 몸통 너머로 올려다본 우주의 이미지와 그것을 둘러싼 강착원반. 화면 왼쪽의 검은 구역은 가르강튀아의 그림자이다. [워너브라더스 사의 허가로 인터스텔라에서 따옴]

1. 전문용어로 설명하면, 쿠퍼의 빠른 속도 때문에 외부 우주에서 오는 빛 신호들이 도플러 효과에 의한 적색편이를 겪는데, 이 효과는 블랙홀의 중력으로 인한 청색편이에 의해서 상쇄된다. 따라서 외부 우주의 색깔이 거의 정상으로 보인다.

2. 이런 이미지 축소는 별빛의 수차(收差, aberration) 때문에 발생한다.

그런 장면을 만들 생각이 추호도 없었다.

나중에 그들이 만든 영화를 보니, 대단히 그럴싸했다. 아래를 내려다보는 쿠퍼는 그보다 먼저 가르강튀아로 떨어져 지금도 추락 중인 대상들에서 나오는 빛을 보아야 한다. 그 대상들이 꼭 스스로 빛을 낼 필요는 없다. 쿠퍼는 위쪽의 강착 원반에서 나온 빛이 그 대상들에서 반사되는 것을 볼 수 있다. 우리가 햇빛이 달에서 반사되는 것을 보는 것과 마찬가지이다. 나는 그 대상들이 대부분 항성 간의 먼지라고 짐작한다. 정말로 그렇다면, 영화에서 쿠퍼가 추락하면서 마주치는 안개를 설명할 수 있을 성싶다.

또한 쿠퍼는 그보다 더 느리게 떨어지는 대상들을 따라잡을 수 있다. 영화에서 레인저 호에 부딪혀 튕겨지는 흰색 파편들이 바로 그런 대상들이라는 설명이 가능할 것도 같다.

테서랙트에 의해서 구조되다

나의 과학적 해석에서 레인저 호는 "밖으로 날아가는 특이점"에 접근하면서 엄청난 기조력에 직면한다. 쿠퍼는 최후의 순간에 아슬아슬하게 탈출한다. 레인저 호는 기조력에 의해서 찢어진다. 영화에서는 두 동강이 난다.

특이점의 경계에는 쿠퍼를 기다리는 테서랙트가 있다. 추측하건대 벌크 존재들이 가져다 놓은 테서랙트이다(그림 28.4).

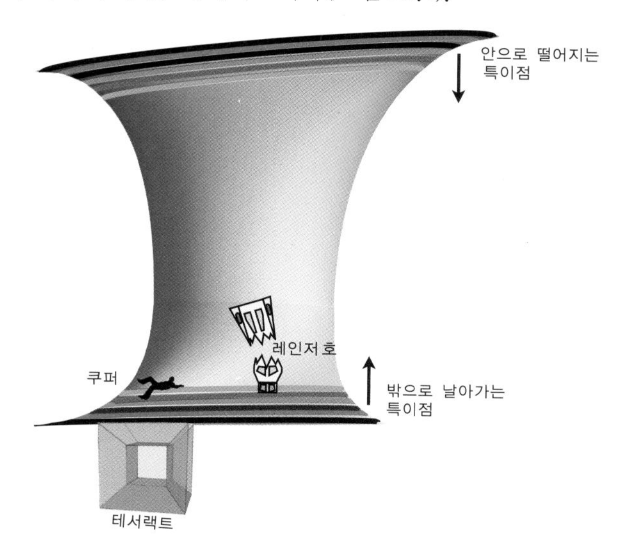

그림 28.4 쿠퍼가 특이점의 경계에서 테서랙트에 의해서 구조되기 직전의 상황. 레인저 호와 쿠퍼를 눈에 띄도록 실제 비율보다 훨씬 더 크게 그렸다. 또한 그림 전체가 공간차원 하나를 생략하고 그린 것이므로, 레인저 호와 쿠퍼도 2차원으로 그렸다.

29
테서랙트

「인터스텔라」에서 테서랙트의 입구는 하얀색 체스판 패턴이다. 하얀색 정사각형 각각은 빛다발(beam) 하나의 끄트머리이다. 테서랙트에 진입한 쿠퍼는 빛다발들 사이의 통로로 떨어진다. 눈부심과 혼란 속에서 그는 통로의 벽에 벽돌처럼 늘어선 것들을 후려치는데, 알고 보니 그것들은 책이다. 통로는 큰 방으로 이어지고, 쿠퍼는 그 방에서 둥둥 뜬 채로 몸부림치며 차츰 방향감각을 회복한다.

그 방은 크리스토퍼 놀런이 독창적으로 표현한 4차원 테서랙트의 3차원 면 하나이다. 물론 폴 프랭클린과 그의 시각효과 팀의 솜씨도 가미되었다. 그 방과 그 주변은 대단히 복잡하다. 이 장면을 처음 보았을 때, 나는 쿠퍼처럼 방향감각을 잃었다. 나는 테서랙트가 무엇인지 아는 데도 소용이 없었다. 크리스와 폴이 테서랙트를 워낙 풍부하게 표현했기 때문에, 나는 그들과 대화한 다음에야 그 장면을 완전히 이해했다.

이제부터 내가 아는 바, 그리고 크리스와 폴에게 들어서 알게 된 바를 물리학자의 관점에서 이야기하겠다. 먼저 표준적이며 단순한 테서랙트를 논한 다음에 크리스의 복잡한 테서랙트에 다가가기로 하자.

점에서 선분, 정사각형, 정육면체, 테서랙트로

표준적인 테서랙트는 초입방체(hypercube), 곧 4차원 입방체이다. 이 말이 무슨 뜻인지를 이해하려면 그림 29.1과 29.2를 차례로 보면서 나의 설명을 들을 필요가 있다.

만약 우리가 점(그림 29.1의 위)을 1차원에서 움직이면, 우리는 선분을 얻는다. 선분은 면(경계)이 2개이다. 그 면들 각각은 점이다. 선분은 1차원이다(한 방향으로 펼쳐져 있다). 선분의 면은 선분보다 한 차원 낮은 0차원이다.

우리가 선분을 그것에 수직인 차원에서 움직이면(그림 29.1의 가운데), 우리는 정사각형을 얻는다. 정사각형은 면이 4개이다. 그 면들 각각은 선분이다. 정사각형은 2차원이며, 정사각형의 면은 한 차원 낮은 1차원이다.

우리가 정사각형을 그것에 수직인 차원에서 움직이면(그림 29.1의 아래) 우리는 정육면체를 얻는다. 정육면체는 면이 6개이다. 그 면들 각각은 정사각형이다. 정육면체는 3차원이며, 정육면체의 면은 한 차원 낮은 2차원이다.

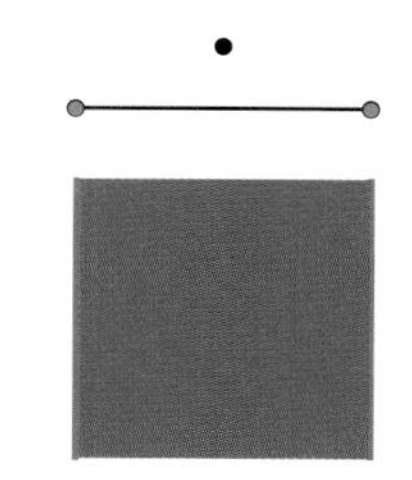

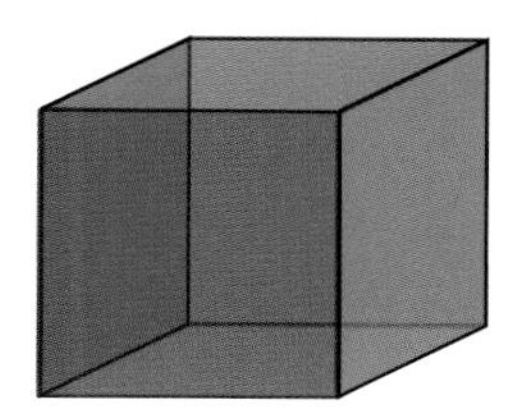

그림 29.1 점에서, 직선, 정사각형, 정육면체로

다음 단계도 마찬가지이지만, 이 단계를 시각화하려면, 당신이 오렌지색 면 바로 위에서 정육면체를 내려다보았을 때 보일 모습으로 정육면체를 다시 그릴 필요가 있다(그림 29.2 위). 새 그림을 보면서, 정사각형을 움직여서 정육면체를 얻는 과정을 다시 생각해보자. 원래의 정사각형(짙은 오렌지색의 작은 정사각형)이 당신을 향해서 움직여 정육면체를 이루면, 그 정사각형은 확대되어 정육면체의 앞면이 되는 것처럼 보인다. 그림에서 원래의 정사각형을 둘러싼 옅은 오렌지색의 더 큰 정사각형이 그 앞면이다.

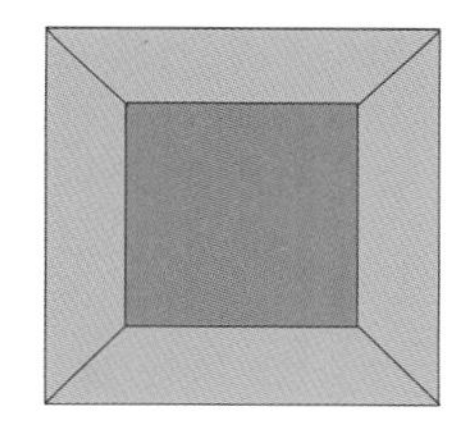

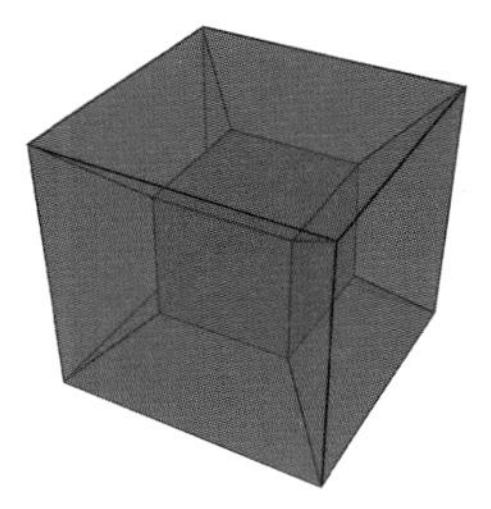

그림 29.2 정육면체에서 테서랙트로

만일 우리가 정육면체를 그것에 수직인 차원에서 움직이면(그림 29.2 아래), 우리는 테서랙트를 얻는다. 테서랙트의 그림은 바로 위에 있는 정육면체의 그림과 유사하다. 테서랙트는 정육면체 속에 또 정육면체가 들어 있는 모양이다. 안쪽 정육면체가 확대되어 바깥쪽 정육면체로 되면서 테서랙트의 4차원 부피를 휩쓸고 지나갔다. 테서랙트는 면이 8개이다. 면들 각각은 정육면체이다(당신은 그림 29.2의 아래 그림에서 테서랙트의 면 8개를 지목할 수 있는가?). 테서랙트는 공간차원이 4개이며, 테서랙트의 면은 공간차원이 3개이다. 테서랙트와 그것의 면은 그림에 표현되지 않은 공간차원 하나를 공유한다.

영화에서 쿠퍼가 들어가는 방은 테서랙트의 면 8개 중 하나이다. 다만, 이미 말했듯이 그 방은 크리스와 폴의 영리하고 복잡한 변형을 거친 결과이다. 이 재치 있는 변형을 설명하기 전에, 나는 영화에서 테서랙트가 처음 등장하는 대목에 대한 나름의 과학적 해석을 표준적이며, 단순한 테서랙트를 이용하여 제시하겠다.

테서랙트로 옮겨진 쿠퍼

쿠퍼는 전기력과 핵력들에 의해서 결합한 원자들로 이루어졌고, 모든 원자는 공간차원 3개와 시간차원 하나 안에서만 존재할 수 있으므로, 그는 테서랙트의 3차

원 면(정육면체) 하나에 머물 수밖에 없다. 그는 테서랙트의 네 번째 공간차원을 경험할 수 없다. 그림 29.3은 쿠퍼가 테서랙트의 앞면 속에 떠 있는 모습이다. 그 면의 변들은 보라색으로 표시되어 있다.

나의 영화 이해에서, 테서랙트는 특이점에서 벌크 쪽으로 상승한다. 벌크와 같은 공간 차원(4개)을 가진 존재는 행복하게 벌크 속에서 살고 있다. 그 존재는 3차원 쿠퍼를 수송하는데, 벌크를 통해서 3차원 면에 머물게 된다.

자, 이제 가르강튀아와 지구 사이의 거리는 우리 브레인(공간차원이 3개인 우리 우주)에서 측정하면 약 100억 광년이라는 점을 상기하자. 그러나 벌크에서 측정하면, 그 거리는 약 1천문단위(AU[astronomical unit], 지구와 태양 사이의 거리)에 불과하다(그림 23.7 참조). 따라서 벌크 존재들이 테서랙트에 장착한 추진 장치가 무엇이든지 간에, 그 테서랙트는 쿠퍼를 싣고 벌크를 가로질러 신속하게 지구에 도달할 수 있다.

그림 29.4는 벌크 속에서 이동하는 테서랙트를 표현한다. 공간차원 하나를 생략한 그림이기 때문에, 테서랙트는 3차원 벌크 속의 3차원 정육면체로, 쿠퍼는 그 정육면체의 한 면에 붙어 있는 2차원 인형으로 표현되었다. 테서랙트는 우리의 2차원 우주(브레인)와 평행한 방향으로 이동 중이다.

영화 속 장면에 부합하는 해석을 내놓기 위해서 나는 테서랙트가 아주 신속하게 이동한다고 상상한다. 그 이동은 쿠퍼가 여전히 어지러움을 느끼며 추락하는 동안, 겨우 몇 분만에 완료된다. 정지한 쿠퍼가 큰 방안에 둥둥 떠 있을 때, 테서랙트는 머프의 침실에 도킹한다.

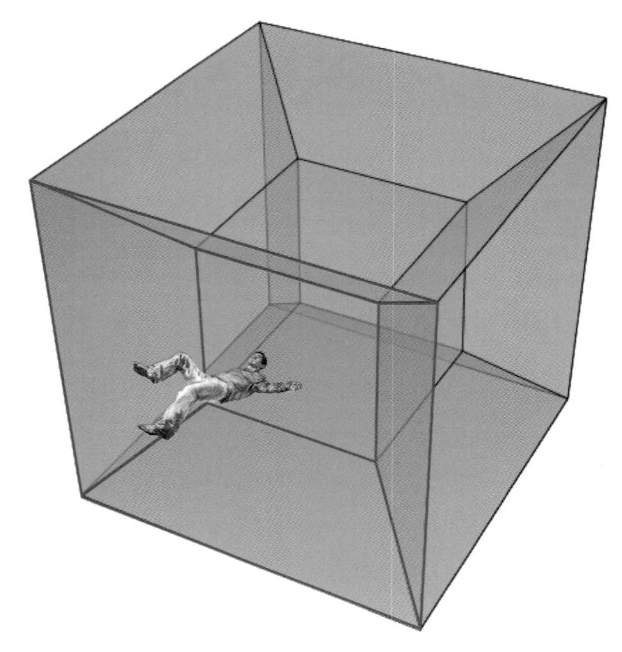

그림 29.3 테서랙트의 한 3차면의 앞면 속에 떠 있는 쿠퍼 인형

도킹 : 머프의 침실을 들여다보다

Ⓢ

이 도킹은 어떻게 이루어질까? 나의 해석에서 지구 근처의 벌크에 도착한 테서랙트는 우리 브레인을 둘러싼 3센티미터 두께의 안티-드 지터 층(제23장)을 통과해야만 머프의 침실에 도달할 수 있다. 추측하건대 테서랙트를 제작한 벌크 존재들은 안티-드 지터 층을 밀어젖히는 기술로 테서랙트의 하강

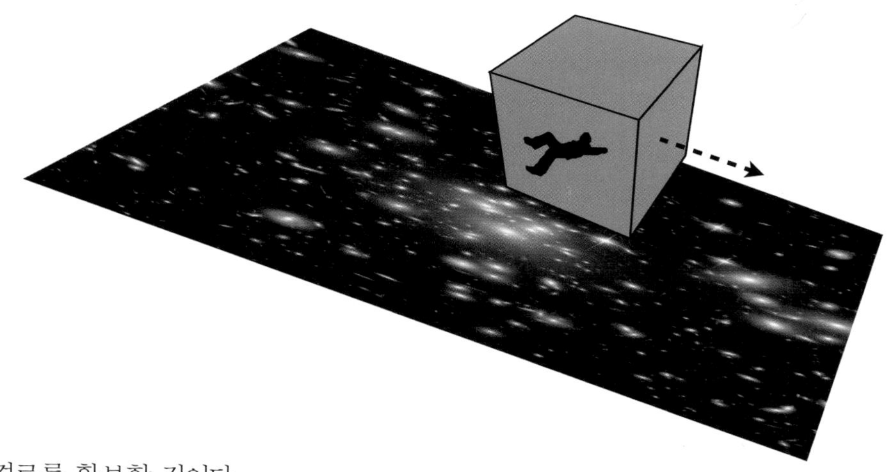

그림 29.4 쿠퍼 인형이 테서랙트의 한 면 속에 타고 벌크를 가로지른다. 공간차원 하나를 생략한 그림이다.

경로를 확보할 것이다.

그림 29.5는 그 경로 확보 이후 테서랙트가 쿠퍼의 집, 머프의 침실에 도킹한 모습을 보여준다. 이 그림도 공간차원 하나를 생략하고 그린 것이기 때문에, 테서랙트는 3차원 정육면체로, 집과 침실은 2차원으로 표현되어 있다. 그림 속 쿠퍼도 당연히 2차원이다.

테서랙트의 뒷면은 머프의 침실과 겹친다. 이를 더 자세히 설명하겠다. 그 뒷면은 머프의 침실에 위치한, 테서랙트의 3차원 단면이다. 이는 그림 22.2에서 구의 단면인 원반이 2차원 브레인에 위치하는 것, 그림 22.3에서 초구의 단면인 구가 3차원 브레인에 위치하는 것과 마찬가지이다. 따라서 머프의 침실에 있는 머프를 비롯한 모든 것은 또한 테서랙트의 뒷면의 내부에 있다.

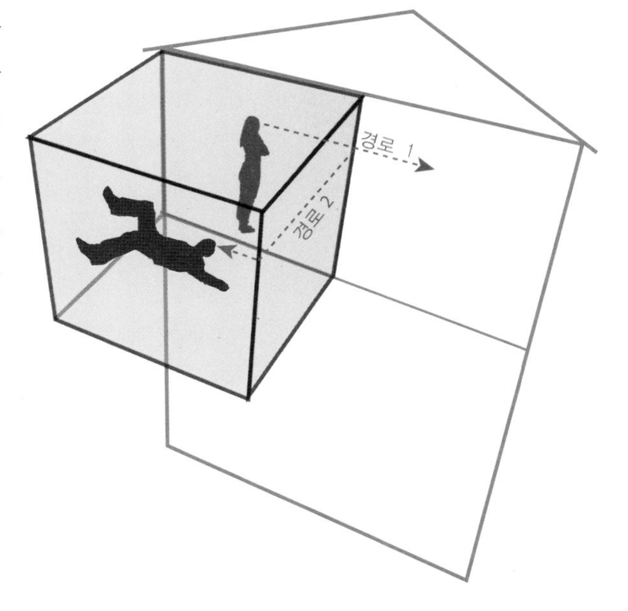

그림 29.5 머프의 침실에 도킹한 테서랙트

머프에게서 발원한 광선이 침실과 테서랙트가 공유한 경계에 도달하면 두 가지 방향으로 나아갈 수 있다. 첫째, 그 광선은 우리 브레인을 벗어나지 않고 그림 29.5의 경로 1을 따라 뻗어나가 열린 문 밖으로 나가거나, 벽에 흡수될 수 있다. 둘째, 그 광선은 테서랙트를 벗어나지 않고 경로 2를 따라서 이웃한 면에 진입하고 그 면을 통과하여 쿠퍼의 눈에 도달할 수 있다. 그 광선을 이루는 광자들 중 일부는 경로 1을 따라가고, 다른 일부는 경로 2를 따라가서 쿠퍼에게 머프의 이미지를 제공한다.

이제 생략했던 공간차원 하나를 복원한 그림 29.6을 보자. 쿠퍼가 자신의 방에서 오른쪽 벽을

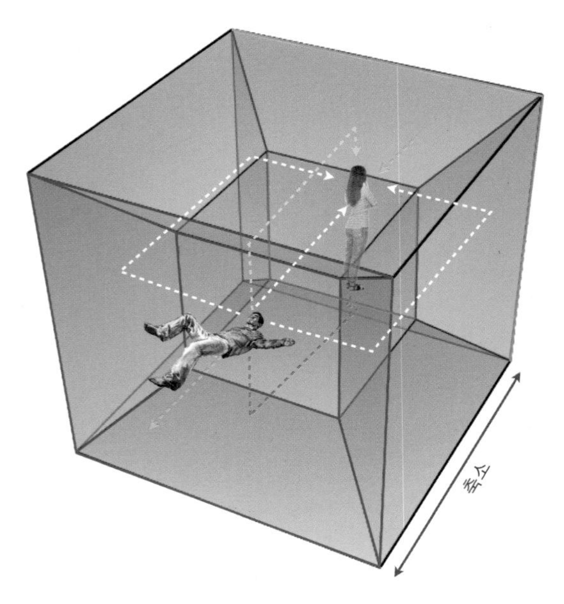

바라보면, 그는 머프의 침실의 오른쪽 벽을 투시하여 침실 내부를 보게 된다(오른쪽 흰색 광선). 자신의 방의 왼쪽 벽을 바라보면, 쿠퍼는 머프의 침실의 왼쪽 벽을 투시하여 침실 내부를 보게 된다(왼쪽 흰색 광선). 뒤쪽 벽을 바라보면, 쿠퍼는 머프의 침실의 뒤쪽 벽을 투시하여 그 내부를 보게 된다. 쿠퍼가 앞쪽 벽을 바라보면, 머프의 침실의 앞쪽 벽(오렌지색 광선)을 투시하여 그 내부를 보게 된다(그림 29.6에서는 오렌지색 광선이 끊어져 있어서 이 사실이 명백히 드러나지 않는다. 당신은 이 사실을 설명할 수 있는가?). 노란색 광선을 따라서 보면, 쿠퍼는 머프의 방의 천장을 투시하여 내부를 내려다보게 된다. 빨간색 광선을 따라서 보면, 쿠퍼는 머프의 방의 바닥을 투시하여 내부를 올려다보게 된다. 쿠퍼가 시선을 이리저리 돌리면, 그는 마치 머프의 침실 주위를 돌면서 내부를 투시하는 사람이 보는 것 같은 광경들을 보게 된다(크리스는 자신이 복잡하게 변형한 테서랙트를 나에게 처음 보여주면서 쿠퍼가 보게 될 광경을 이렇게 설명했다).

그림 29.6 쿠퍼는 테서랙트의 한 면의 내부에서 그 면의 벽 6개(벽의 경계들을 보라색으로 표현했다)를 바라봄으로써 머프의 침실 내부를 볼 수 있다. 이 그림에서 쿠퍼는 머프를 본다.

그림 29.6에서 광선 6개는 모두 중간 정육면체(테서랙트의 면)를 통과해야만 머프의 침실에 도달한다. 반면에 영화에서 그 광선들은 쿠퍼의 방에서 머프의 침실로 눈에 띄는 이동거리 없이 이어진다. 따라서 크리스와 폴은 테서랙트의 한 차원을 축소한 것이 분명하다. 그림 29.6에서 "축소"라는 표찰이 붙은 회색 화살표를 보라.

이 축소를 거치고 나면, 쿠퍼가 있는 방의 모든 면 각각은 머프의 침실의 한 면(벽이나 바닥이나 천장)과 간격 없이 맞닿는다. 따라서 쿠퍼의 상황은 그림 29.7처럼 된다. 그는 침실 여섯 개를 본다. 그 침실 각각은 쿠퍼의 방의 한 면과 맞닿아 있다. 그 침실들은 모두 동일하며, 다만 쿠퍼가 그것들을 바라보는 방향만 제각각 다르다.[1] 쿠퍼에게는 침실

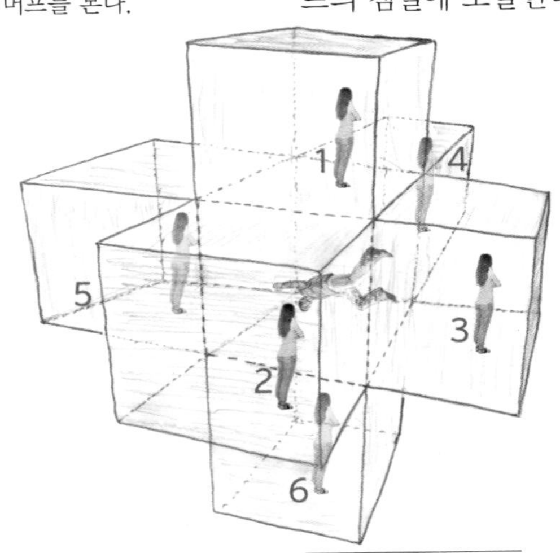

그림 29.7 테서랙트의 한 면 속의 쿠퍼가 보는 머프의 침실의 모습 6개. [나의 스케치]

1. 그림 29.7에서 쿠퍼는 뒤집혀 있다. 그가 그림 29.6에서처럼 머프의 정수리를 바라보게 하려면, 그의 자세를 그렇게 잡아야 한다. 이는 쿠퍼가 벽을 투시하여 보는 이미지 2, 3, 4, 5에서 머프도 뒤집혀야 함을 의미한다. 그러나 4개의 이미지에서는 머프를 물구나무 세우고 2개의 이미지에서는 똑바로 세우면 대중 관객이 혼란을 느낄 터여서, 이 그림뿐 아니라 영화에서도 벽 너머의 이미지들을 뒤집지 않고 그냥 두었다.

이 6개처럼 보이지만, 실제로는 오직 1개가 있을 뿐이다.

놀런의 복잡한 테서랙트

그림 29.8은 쿠퍼가 테서랙트의 한 면("쿠퍼의 방")의 내부에 떠 있는 쿠퍼를 보여주는 「인터스텔라」의 한 장면이다. 이 모습이 그림 29.7과 전혀 다르게 보이는 것은 크리스가 구상하고 폴과 그의 팀이 구현한 복잡하고 풍부한 변형 때문이다.

내가 크리스의 복잡한 테서랙트를 보았을 때 가장 먼저 눈에 띈 것은 쿠퍼의 방을 세 배로 확대하여 그 방의 각 면에 맞닿은 머프의 침실이 그 면의 일부만 차지하게 만들었다는 점이었다. 그림 29.9는 이 변형을 보여준다. 이 그림에서는 테서랙트의 다른 모든 세부사항과 더불어 쿠퍼의 방의 뒷면 3개가 생략되어 있다.[2]

그림 29.8 놀런의 복잡한 테서랙트의 한 면 속에 떠 있는 쿠퍼. [워너브라더스 사의 허가로 「인터스텔라」에서 따옴]

2. 영화에서 머프의 침실은 정육면체가 아니다. 길이, 폭, 높이가 6미터, 4.5미터, 3미터이다. 쿠퍼의 방은 3배 커서, 길이, 폭, 높이가 18미터, 13.5미터, 9미터이다. 논의를 단순화하기 위해서 나는 쿠퍼의 방과 머프의 침실을 정육면체로 상정한다.

그림 29.9 쿠퍼의 방을 3배 확대해 침실 6개가 그 방 면 각각의 중심과 맞닿게 한 그림. [나의 스케치]

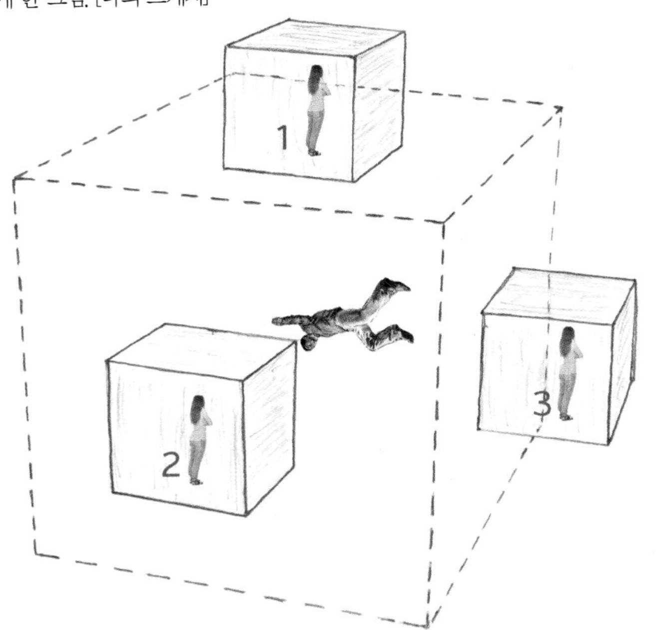

그 다음으로 알아챈 것은 침실 각각을 쿠퍼의 방을 가로지르는 두 방향으로 돌출시켰다는 점이었다(그림 29.10, 29.11). 크리스와 폴이 나에게 설명했듯이, 이 돌출 부위들이 교차하는 모든 곳에 침실이 있다. 예컨대 그림 29.10에서 원래의 침실 1–6과 더불어 7, 8, 9도 침실이다.

돌출 부위들은 무한정 뻗어나가며 교차하여 외견상 무한한 침실들과 쿠퍼의 방을 닮은 방들[3](예컨대 그림 29.10의 점선 변들로 이루어진 방)의 격자를 형성한다. 예를 들면 침실 7, 8, 9의 숫자가 적힌 면들은 점선 변들로 이루어진 방을 마주한다. 그 방의 뒤쪽–왼쪽–아래쪽 꼭짓점은 쿠퍼의 방의 앞쪽–오른쪽–위쪽 꼭짓점과 겹친다.

이 돌출 부위들, 그리고 침실들과 방들이 이룬 격자의 의미를 이해할 수 있는 단서를 타스가 쿠퍼에게 건네는 다음과 같은 말에서 얻을 수 있다. “보다시피 여기에서는 시간이 물리적 차원으로 나타납니다.”

크리스와 폴은 나를 위해서 이 단서를 상세히 설명했다. 그들에 따르면, 벌크 존재들은 이 격자 구조를 통해서 시간을 표현하고 있는데, 그림 29.10의 파란색 돌출 부위들에서는 시간이 파란색 화살표 방향으로 흐르고, 녹색 돌출 부위들에서는 녹색 화살표 방향으로 흐르고, 갈색 돌출 부위들에서는 갈색 화살표 방향으로 흐르는 것으로 표현한다.

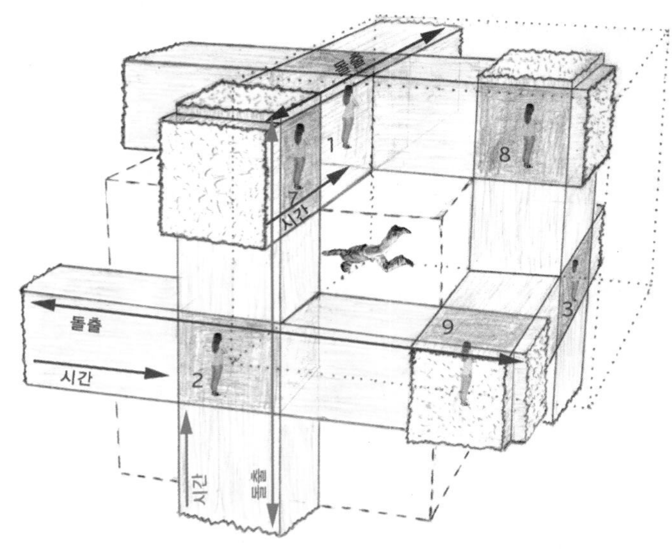

그림 29.10 모든 침실에서 돌출 부위들이 뻗어나가고, 시간은 그 부위들을 따라 흐른다. [나의 스케치]

이를 더 자세히 이해하기 위해서, 침실 2에서 교차하는 돌출 부위 한 쌍을 주목하자(그림 29.12 참조). 그림에서 그 방을 통과하는 수직 단면들은 시간이 흐르면 파란색 시간 화살표를 따라서 오른쪽으로 이동한

3. 크리스와 폴은 이 방들을 “허공들(voids)”이라고 부른다. 왜냐하면 돌출 부위들이 통과하지 않는 구역들이기 때문이다.

그림 29.11 크리스토퍼 놀런이 복잡한 테서랙트의 개념을 구상하면서 자신의 작업 노트에 그린 돌출 부위들의 격자

다. 그러면서 파란색 돌출 부위를 창출한다. 마찬가지로 수평 단면들은 시간이 흐르면 녹색 시간 화살표를 따라서 위쪽으로 이동하면서 녹색 돌출 부위를 창출한다. 두 가지 단면들이 교차하는 곳—돌출 부위 두 개가 교차하는 곳—에 침실이 있다.

다른 모든 돌출 부위들도 마찬가지이다. 돌출 부위 2개가 교차하는 모든 곳에서, 두 가지 단면들이 침실 하나를 창출한다.

그 단면들의 이동속도가 유한하기 때문에, 침실들은 동시적이지 않다. 예컨대 단면들이 돌출 부위를 따라서 한 침실에서 다음 침실로 이동하는 데에 1초가 걸린다면, 그림 29.13의 모든 침실들은 이미지 0보다 초 단위로 검은색 숫자만큼 더 미래에 속한다. 구체적으로 침실 2(침실 번호는 보라색 숫자)는 침실 0보다 1초 앞선 미래에, 침실 9는 2초 앞선 미래에, 침실 8은 4초 앞선 미래에 속한다. 왜 그런지 당신은 설명할 수 있는가?

영화에서 인접한 침실들 사이의 시간 간격은 1초보다 10분의 1초에 더 가깝다. 머프의 침실 창문에 드리운 커튼이 바람에 날리는 모습을 유심히 관찰하면, 인접한 침실들 사이의 시간 간격을 어림할 수 있다.

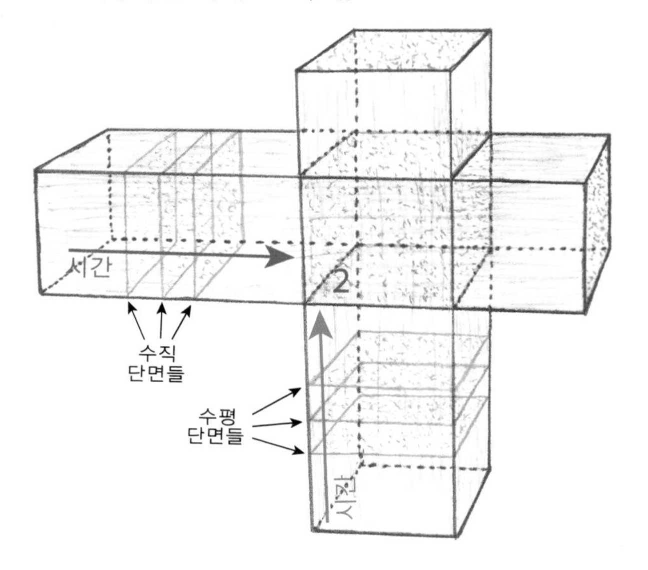

그림 29.12 2개의 돌출 부위를 따라서 이동하는 머프의 침실의 단면. 침실 2는 두 가지 단면들이 교차하는 곳에 있다. [나의 스케치]

굳이 말할 필요가 있겠나 싶지만, 영화의 테서랙트 장면에서 등장하는 침실들 각각은 특정한 때—그림 29.13에서 검은색 숫자가 알려주는 시각—의 머프의 침실이다.

쿠퍼는 침실 돌출 부위들에서 시간이 흐르는 속도보다 훨씬 더 빠르게 이동할 수 있다. 따라서 그는 테서랙트 복합체 속에서 쉽게 이동하여 자신이 원하는 거의 모든 때의 침실로 갈 수 있다. 머프 침실의 시간을 기준으로 미래에 가장 빠르게 도달하려면, 쿠퍼는 자신의 방의 대각선 방향으로, 즉 파란색 시간과 녹색 시간과 갈색 시간이 모두 증가하는 방향(오른쪽–위쪽–종이 속으로 들어가는 쪽)으로 이동해야 한다. 그림 29.13의 보라색 점선은 그 방향을 보여준다. 이런 대각선들에는 거치적거리는 돌출 부위가 없다. 따라서 쿠퍼는 그 대각선들을 열린 통로로 삼아 이동할 수 있다. 영화에서 쿠퍼는 그런 열린 대각선 통로 하나를 따라서, 침실에서 책들이 유령의 장난처럼 떨어지는 때로부터 손목시계가 똑딱거리는 때로 이동한다(그림 29.14).

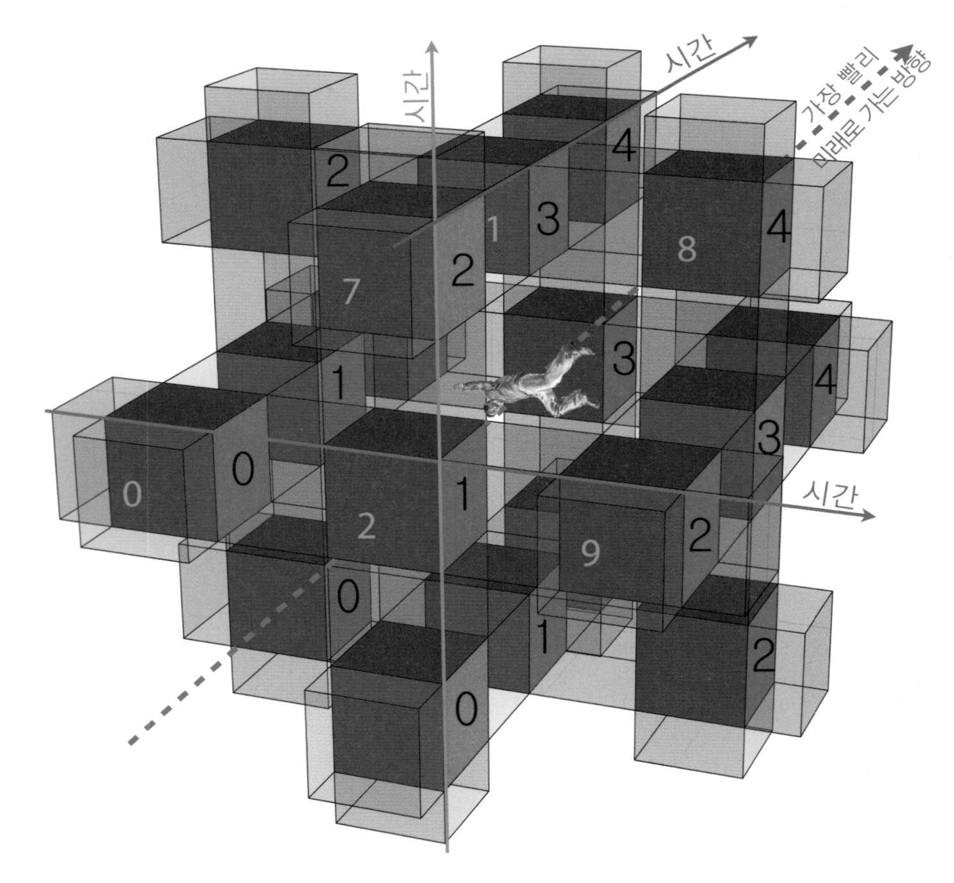

그림 29.13 이동하는 단면들(돌출 부위들)의 교차에 의해서 형성된 침실들의 격자의 일부. 보라색 숫자는 침실의 고유번호인데, 앞선 그림들에서와 똑같이 매겨져 있다. 각 침실에 매겨진 검은색 숫자는 그 침실이 침실 0보다 얼마나 더 앞선 미래에 속하는지를 보여준다. 보라색 점선 화살표는 쿠퍼가 침실의 미래로 가장 빠르게 이동하려고 할 때 나아가야 할 방향이다.

쿠퍼가 테서랙트 복합체 속에서 대각선을 따라서 위아래로 이동할 때, 그는 정말로 과거와 미래로 이동하는 것일까? 아멜리아 브랜드는 벌크 존재들이 그렇게 과거와 미래로 이동할 수 있다고 상상하면서 이렇게 말한다. "그들에게 시간은 단지 또 하나의 물리적 차원일지도 몰라. 그들에게 과거란 기어내려갈 수 있는 협곡이고, 미래란 기어올라갈 수 있는 산일 수도 있어. 하지만 우리에게는 그렇지 않아. 알아들어?"

「인터스텔라」에서 시간여행을 지배하는 규칙들은 무엇일까?

그림 29.14 쿠퍼가 테서랙트 복합체 속에서 대각선 통로를 따라 급상승함으로써 머프의 침실의 미래로 빠르게 이동할 때 그의 눈에 띄는 광경. 대각선 통로가 그림의 위쪽 가운데에 보인다. [워너브라더스 사의 허가로 「인터스텔라」에서 따옴]

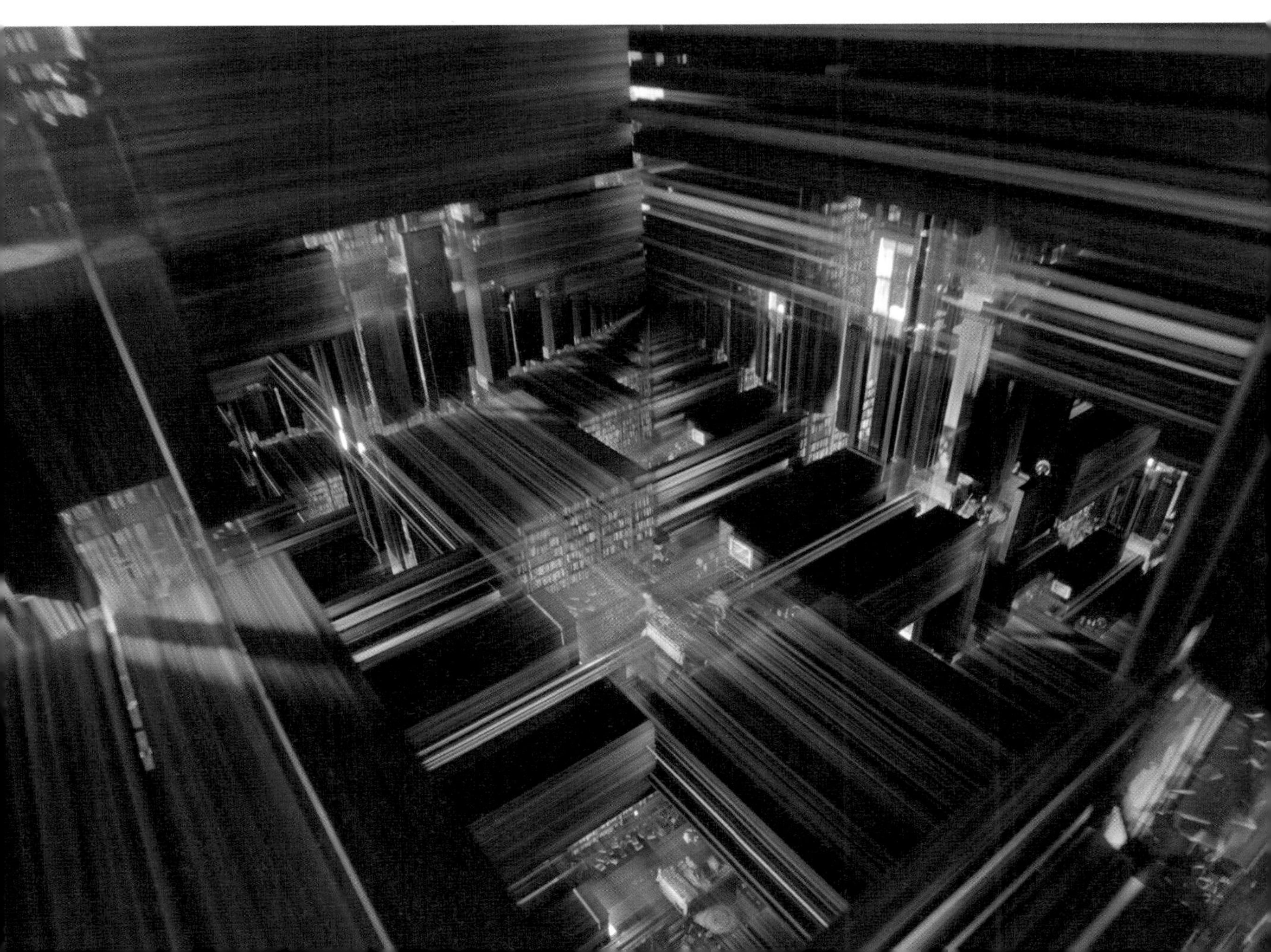

30
과거로 메시지를 전하기

영화 관객에게 규칙들을 전달하기

크리스토퍼 놀런이 「인터스텔라」의 감독을 맡고 시나리오를 개작하기 전에, 그의 동생 조나는 나에게 규칙 집합에 대해서 가르쳐주었다.

과학 허구 영화에서 필요한 수준의 긴장이 유지되려면, 영화는 관객에게 게임의 규칙들, 곧 영화의 "규칙 집합(rule set)"을 알려주어야 한다고 조나는 말했다. 물리학 법칙들과 영화 속 시대의 기술이 허용하는 것은 무엇이고, 금지하는 것은 무엇일까? 이와 관련한 규칙들이 불명확하면, 관객 중 다수는 어떤 기적적인 사건이 느닷없이 일어나서 여주인공을 구하리라는 예상을 하게 되고, 긴장은 충분히 고조되지 않을 것이다.

물론 제작자가 관객을 향해서 "자, 이것이 이 영화의 규칙 집합입니다……"라고 말할 수는 없다. 영화의 규칙 집합은 미묘하고 자연스러운 방식으로 전달되어야 한다. 그리고 크리스는 이 분야의 대가이다. 그는 자신이 정한 규칙 집합을 등장인물들의 대화를 통해서 전달한다. 다음번에 「인터스텔라」를 볼 때는(이 책을 읽은 독자라면 다시 보지 않을 수 없으리라) 크리스가 영화의 규칙 집합을 알려주기 위해서 집어넣은 의미심장한 대사들을 찾아보라.

크리스토퍼 놀런의 시간여행 규칙 집합

과거로 가는 시간여행은 양자중력 법칙들의 지배를 받는데(아래 참조), 양자중력 이론은 거의 미지로 남아있는 분야이다. 따라서 우리 물리학자들은 무엇이 허용되고, 무엇이 허용되지 않는지 확실히 모른다.

크리스는 시간여행의 허용 및 금지와 관련해서 다음과 같은 두 가지 규칙을 채택했다.

규칙 1 : 사람과 광선처럼 공간차원을 3개 가진 물체와 장(場)은 우리 브레인의 한 위치에서 시간을 거슬러올라가서 다른 위치로 이동할 수 없다. 그런 물체와 장이 운반하는 정보도 마찬가지이다. 물리학 법칙들이, 혹은 시공의 실제 굴곡이 그런 시간여행을 금지한다. 이것은 물체가 내내 우리 브레인에 머물든지, 아니면 물체가 테서랙트의 3차원 면 속에 들어가서 벌크를 가로지름으로써 우리 브레인의 한 위치에서 다른 위치로 이동하든지 간에 상관없이 참이다. 따라서 예컨대 쿠퍼가 자신의 과거로 이동하는 것은 절대로 불가능하다.

규칙 2 : 중력은 우리 브레인의 과거로 메시지를 운반할 수 있다.

영화에서 규칙 1은 긴장을 고조시킨다. 쿠퍼가 가르강튀아 근처에서 어슬렁거리는 동안, 머프는 점점 더 나이를 먹는다. 과거로 돌아가는 시간여행은 불가능하므로, 쿠퍼와 머프가 끝내 재회하지 못할 위험이 점점 더 커진다.

규칙 2는 쿠퍼에게 희망을 준다. 그가 중력을 이용하여 양자 데이터를 과거의 젊은 머프에게 전달하면, 그녀가 브랜드 교수의 방정식을 풀어서 인류를 새로운 거처로 이주시킬 방법을 알아낼 수 있을 것이라는 희망을. 「인터스텔라」에서 이 규칙들은 어떻게 작동할까?

머프에게 메시지를 전하기

쿠퍼가 테서랙트에 진입하여 계속 떨어질 때, 그는 실은 우리 브레인의 시간을 기준으로 삼을 때 과거로 거슬러오르는 것이다. 그는 머프가 할머니인 때로부터 열 살 소녀인 때로 이동한다. 이때 과거로 거슬러오른다는 것은, 그가 테서랙트 복합체의 침실들 중 하나에서 열 살 때의 그녀를 본다는 뜻이다. 또한 쿠퍼는 우리 브레인의 시간을 기준으로 삼을 때 과거와 미래로 이동할 수 있다. 이는 그가 어느 침실을 들여다볼지를 선택함으로써 다양한 시기의 머프를 볼 수 있다는 뜻이다. 이런 시간적 이동은 규칙 1을 위반하지 않는다. 왜냐하면 쿠퍼는 우리 브레인

에 재진입하지 않았기 때문이다. 그는 우리 브레인 바깥에, 테서랙트의 3차원 통로에 머물면서, 시간의 흐름과 같은 방향으로 이동하여 머프로부터 그에게 도달하는 빛을 매개로 머프의 침실을 들여다볼 뿐이다.

쿠퍼는 머프가 열 살이던 때의 우리 브레인에 재진입할 수 없다. 또한 그는 그녀에게 빛을 전송할 수 없다. 만약 그가 그녀에게 빛을 보낼 수 있다면, 규칙 1이 깨지게 된다. 그 빛은 쿠퍼의 과거이자 열 살짜리 머프의 미래에서 유래한 정보를 그녀에게 전달할 수 있을 것이다. 즉 머프가 할머니일 때에 유래한 정보를 과거로 운반하여 열 살짜리 머프에게 전달할 수 있을 것이다. 이는 정보가 우리 브레인의 한 위치에서 시간을 거슬러올라가서 다른 위치로 이동하는 것이므로 규칙 1의 위반이다. 그러므로 침실에 있는 열 살짜리 머프와 테서랙트 안에 있는 쿠퍼 사이에 모종의 한 방향(one-way) 시공 장벽이 있어야 한다. 마치 반투명 거울이나 블랙홀의 사건지평처럼 한 방향의 이동만 가로막는 장벽 말이다. 빛은 머프에게서 쿠퍼에게로 이동할 수 있지만 거꾸로 쿠퍼에게서 머프에게로 이동할 수는 없다.

「인터스텔라」에 대한 나의 과학적 해석에서 그 한 방향 장벽의 기원은 간단하다. 테서랙트 안의 쿠퍼는 항상 열 살짜리 머프의 미래에 있다. 빛은 머프에게서 미래로 이동하여 쿠퍼에게 도달할 수 있다. 그러나 쿠퍼에게서 과거로 이동하여 머프에게 도달할 수는 없다.

그러나 중력은 그 한 방향 장벽을 뛰어넘을 수 있음을 쿠퍼는 발견한다. 중력 신호는 쿠퍼에게서 과거로 이동하여 머프에게 도달할 수 있다. 우리는 쿠퍼가 머프의 서가에 꽂힌 책들을 필사적으로 밀치는 장면에서 이와 같은 중력 신호의 이동을 처음 본다. 그림 30.1은 그 대목에 나오는 한 장면이다.

이 장면을 설명하려면, 침실의 돌출 부위들에 대해서 조금 더 이야기할 필요가 있다. 나는 이 설명을 크리스와 폴 프랭클린에게서 들었다. 그림 29.10과 29.12의 앞쪽 파란색 돌출 부위를 주목하라. 나는 그 부위만을 다시 그려서 그림 30.2를 만들었다. 이 돌출 부위는, 머프의 침실의 시간이 흐르는 방향, 곧 파란색 방향(오른쪽 방향)으로 이동하면서 그 침실을 통과하는 수직 단면들의 집합이라는 점을 상기하라.

침실 내부의 물체 각각이, 예컨대 책 각각이 침실의 돌출 부위에 기여한다. 정확히 말하면, 침실 내부의 책 각각은 자기 고유의 돌출 부위를 가진다. 그 돌출 부위는 더 큰 침실의 돌출 부위의 한 부분으로서 파란색 화살표 방향으로(미래로) 뻗어나간다. 우리 물리학자들은 그 돌출 부위의 한 변형을 그 책의 "세계 튜브

그림 30.1 쿠퍼가 오른손으로 책 1권의 세계 튜브를 민다. [워너브라더스 사의 허가로 「인터스텔라」에서 따옴]

(world tube)"라고 부른다. 그리고 그 책을 이루는 입자 각각의 돌출 부위를 그 입자의 "세계선(world line)"이라고 부른다. 요컨대 책의 세계 튜브는 책을 이루는 모든 입자들의 세계선들의 다발이다. 크리스와 폴도 이 용어들에 맞게 장면을 연출했다. 영화에서 관객은 돌출 부위와 나란하게 뻗은 가는 선들을 보게 되는데, 그 선들은 머프의 침실을 이루는 물질 입자들의 세계선이다.

그림 30.1에서 쿠퍼는 책 1권의 세계 튜브를 주먹으로 연거푸 때려서 중력을 창출하고, 그 중력은 시간을 거슬러올라서 쿠퍼가 지금 보고 있는 과거 머프의 침

그림 30.2 머프의 침실의 돌출 부위에 포함된 책 1권의 세계 튜브. 책과 그것의 세계 튜브를 실제 비율보다 훨씬 더 크게 그렸다. [나의 스케치]

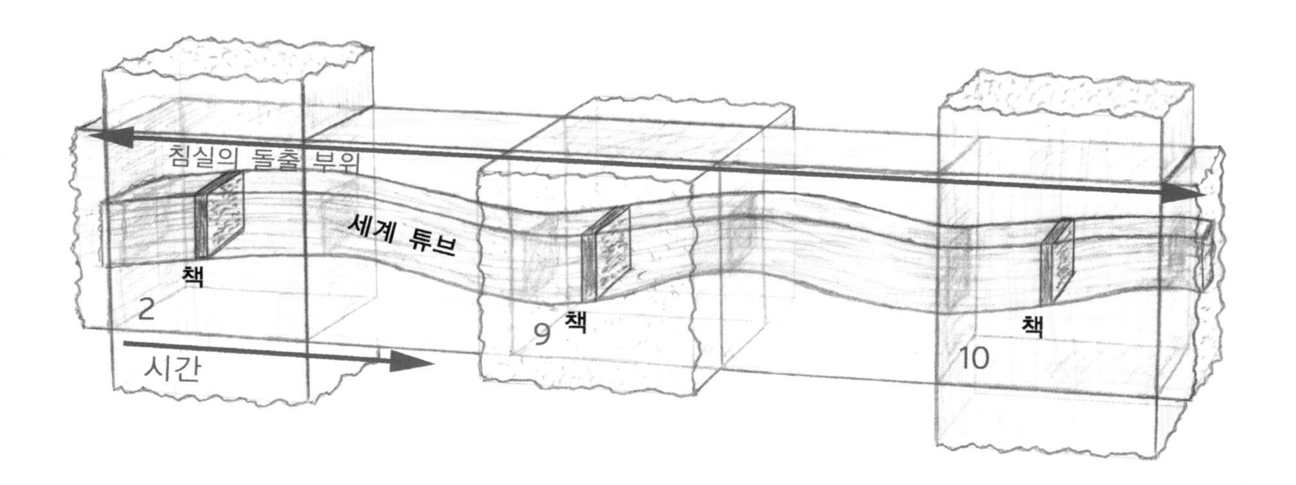

실에 도달하여 그 책의 세계 튜브를 떠민다. 그 세계 튜브는 그 중력에 반응하여 움직인다. 쿠퍼가 보기에 그 튜브의 움직임은 자신의 주먹질이 일으킨 즉각적인 반응으로 보인다. 그리고 그 움직임은 그 튜브를 따라 왼쪽으로 이동하는 파동이 된다(그림 30.2).[1] 그 움직임이 충분히 커지면, 책은 서가에서 떨어진다.

쿠퍼는 이 소통 방법을 숙달한 상태에서 타스로부터 양자 데이터를 전달받는다. 영화에서 우리는 그가 손가락으로 한 손목시계의 초침의 세계 튜브를 미는 모습을 본다. 그의 동작은 과거로 전달되는 중력을 산출하고, 그 중력은 그 초침을 모스 부호 패턴으로 경련하게 함으로써 양자 데이터를 전달한다. 테서랙트는 그 경련 패턴을 벌크에 저장하여 계속 반복시킨다. 30년 후, 마흔 살이 되어 자신의 침실에 돌아온 머프는 그 초침이 여전히 경련하면서 모스 부호로 양자 데이터를 전달한다는 사실을 깨닫는다. 그것은 쿠퍼가 그녀에게 필사적으로 전달하려고 한 데이터이다.

어떻게 중력이 과거로 돌아가서 작용할 수 있을까? 이 질문에 대한 나의 물리학적 해석을 제시하기에 앞서, 과거로 가는 시간여행에 대해서 내가 아는 바, 혹은 내가 안다고 생각하는 바를 이야기하겠다.

벌크 없이 이루어지는 시간여행

1987년에 나는 칼 세이건의 원고를 검토한 것을 계기로 시작한 연구에서 웜홀에 관한 놀라운 사실 하나를 깨달았다. 만일 물리학 법칙들이 웜홀을 허용한다면, 아인슈타인의 상대론 법칙들은 웜홀을 타임머신으로 변환하는 것을 허용한다. 러시아 모스크바에서 활동하는, 나의 절친한 친구 이고르 노비코프는 이 변환의 가장 멋진 예를 그 이듬해에 발견했다. 이고르의 예를 표현한 그림 30.3은 지적인 존재의 도움 없이 자연적으로 웜홀이 타임머신으로 변환될 가능성을 보여준다.

그림 30.3에서 웜홀의 아래쪽 입구는 블랙홀 주위의 궤도에 있고, 위쪽 입구는 그 블랙홀에서 아주 멀리 떨어져 있다. 그 블랙홀의 강력한 중력 때문에, 아인슈타인의 시간 굴곡 법칙에 의해서 시간은 웜홀의 위쪽 입구에서보다 아래쪽 입구에서 더 느리게 흐른다. 이때 더 느리게 흐른다고 하는 것은, 양쪽 입구에서의 시

1. 왜 왼쪽으로 이동할까? 그래야 튜브가 침실 시간으로 어느 순간에나 동일한 가로 위치(transverse position)에 있게 된다. 당신 스스로 곰곰이 생각해보라.

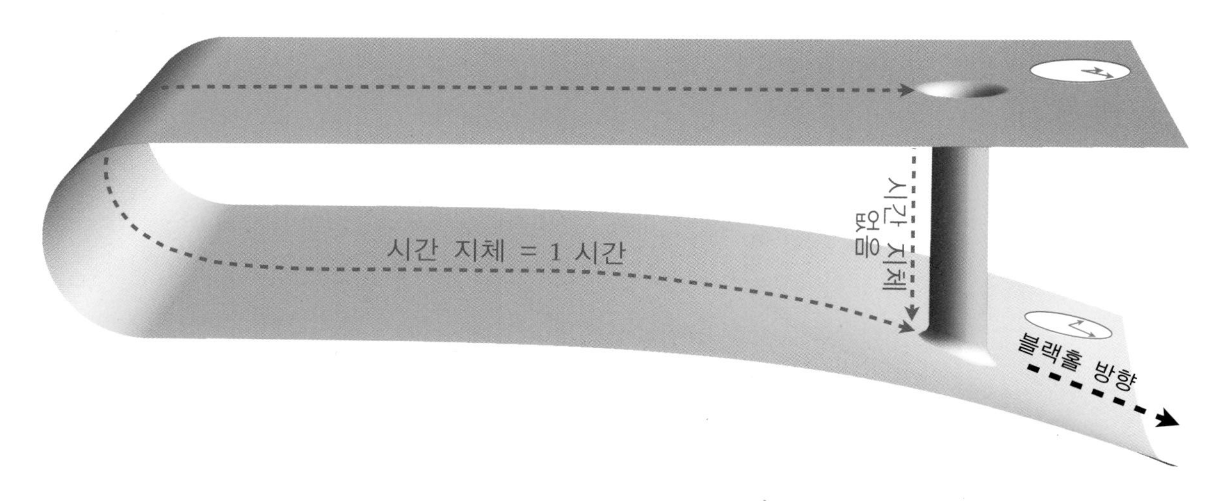

그림 30.3 타임머신의 구실을 하는 웜홀

간을 중력의 경로(먼 우주를 거치는 자주색 점선 경로)를 따라서 비교하면 그렇다는 뜻이다. 구체적인 논의를 위해서 이 효과가 현재까지 한 시간의 시간 지체를 유발했다고 가정하자. 즉, 먼 우주를 거쳐서 비교하면, 그림에서 아래쪽 시계가 가리키는 시각은 위쪽 시계의 시각보다 현재(이 "현재"의 의미는 아래 참조) 한 시간 더 늦다. 그리고 이 시간 지체는 끊임없이 커진다.

다른 한편, 웜홀 내부에는 아주 작은 중력밖에 없으므로, 웜홀을 거쳐서 비교하면, 시간은 웜홀의 위쪽 입구에서나 아래쪽 입구에서나 사실상 같은 속도로 흐른다. 따라서 양쪽 시계가 가리키는 시각을 웜홀을 거쳐서 비교하면, 시간 지체가 없다. 두 시계는 똑같은 시각을 가리킨다.

더 나아가 한쪽 입구에서 먼 우주를 거쳐 반대쪽 입구까지 가는 거리가 충분히 짧아서 당신이 양쪽 시계를 기준으로 5분 만에 그 거리를 완주할 수 있다고 가정하자. 또 웜홀을 통해서 이동한다면, 1분 만에 한쪽 입구에서 반대쪽 입구까지 갈 수 있다고 가정하자. 그렇다면 이 웜홀은 이미 타임머신의 구실을 할 수 있다. 당신은 위쪽 입구에 있는 시계가 2시를 가리킬 때 그곳에서 출발하여 먼 우주를 거쳐 아래쪽 입구에 도착한다. 도착 시점(이 시점이 위에서 말한 "현재"이다)에 위쪽 시계가 가리키는 시각은 2시 5분, 아래쪽 시계가 가리키는 시각은 1시 5분이다. 이어서 당신은 웜홀을 통해서 1분 동안 상승하여 위쪽 입구로 돌아간다. 웜홀을 거쳐서 비교하면 양쪽 시계는 똑같은 시각을 가리키므로, 당신은 양쪽 시계가 1시 6분을 가리킬 때 위쪽 입구에 도착한다. 결과적으로 당신은 원래 출발 시각인 2시보다 54분 먼저 당신의 출발점으로 돌아와 더 어린 당신과 만나게 된다.

현재보다 며칠 전, 시간 지체가 훨씬 더 적었을 때 이 웜홀은 아직 타임머신이 아니었다. 이 웜홀은, 가능한 최고속도인 광속으로 운동하는 무엇인가가 당신의 순환경로를 따라서 이동하여 출발 시점과 똑같은 때에 출발점에 도착할 수 있게 되는 순간에 처음으로 타임머신이 된다.

만약 그 무엇인가가 예컨대 빛 입자(광자)라면, 처음에는 출발 지점에 광자 하나가 있지만, 이제 똑같은 지점, 똑같은 시각에 광자 2개가 있게 된다. 그 광자 2개가 순환여행을 한다면, 똑같은 장소와 시각에 광자 4개가 있게 된다. 더 나아가 8개, 16개, 32개 등이 있게 된다! 요컨대 웜홀을 통과하는 에너지가 점점 더 커지게 되고, 어쩌면 그 에너지의 중력 때문에 웜홀은 타임머신이 되는 바로 그 순간에 파괴될 것이다.

그런데 조금만 생각해보면, 이 파괴를 쉽게 막을 수 있을 법하다. 간단히 광자들이 웜홀에 접근하지 못하게 하면 된다. 그러나 막을 수 없는 것이 있으니, 그것은 초고주파수 빛의 양자요동이다. 이 요동은 양자 법칙들에 따라서 불가피하게 존재한다(제26장). 1990년에 김성원(당시 나의 연구팀의 박사후과정 학생)과 나는 양자 법칙들을 이용하여 그런 요동의 운명을 계산했다. 그리고 증폭하는 폭발(growing explosion)을 발견했다(그림 30.4). 처음에 우리는 그 폭발이 웜홀을 파괴하기에는 너무 약하다고 생각했다. 그 폭발에도 불구하고 웜홀은 타임머신이 될 것이라고 우리는 생각했다. 하지만 스티븐 호킹이 우리를 깨우쳤다. 그는 그 폭발의 운명이 양자중력 법칙들에 의해서 통제된다는 점을 우리에게 확신시켰다. 오직 그 법칙들이 잘 이해된 다음에야 우리는 과거로 가는 시간여행이 가능한지 여부를 확실히 알게 될 것이다.

그림 30.4 웜홀이 타임머신으로 되는 순간, 빛의 양자요동이 빨간색 경로를 따라 순환하면서 증폭하는 폭발을 산출한다.

그러나 스티븐은 결국 정답은 "타임머신은 없다"일 것이라고 확신했다. 그는 이

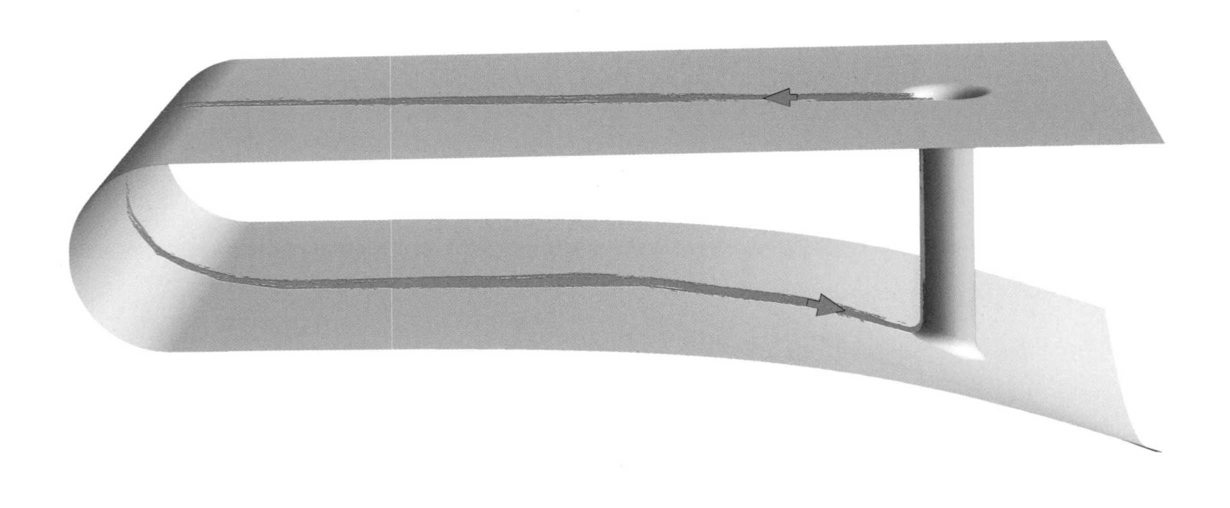

확신을 이른바 "연대기 보호 추측(chronology protection conjecture)"으로 정식화했다. 이 추측에 따르면, 물리학 법칙들은 과거로 가는 시간여행을 항상 금지하고, 이를 통해서 "역사가들이 보는 우주의 안전성을 유지할" 것이다.

지난 20년 동안 많은 연구자들이 호킹의 연대기 보호 추측을 증명하거나 반증하려고 애썼다. 오늘날 우리의 지식은 호킹과 내가 이 문제를 놓고 논쟁하던 1990년대 초반과 근본적으로 다르지 않다고 나는 생각한다. 오직 양자중력 법칙들만이 확실한 정답을 안다.

벌크가 있을 경우의 시간여행

이 모든 연구와 결론들—지식에 기초한 추측들—은 **큰 규모의 다섯 번째 차원을 가진 벌크가 없을 경우**에, 유효한 물리학 법칙들에 기초를 둔다. 만일 「인터스텔라」에서처럼 그런 벌크가 존재한다면, 시간여행은 어떻게 될까?

우리 물리학자들은 아인슈타인의 상대론 법칙들이 매우 확실하고 강력하다고 본다. 그래서 그 법칙들은 우리 브레인뿐 아니라 벌크에서도 타당하다고 추측한다. 그리하여 리사 랜들, 라만 선드럼 등은 간단히 한걸음을 내디딤으로써 아인슈타인의 법칙들을 5차원 벌크에 맞게 확장했다. 그들은 공간에 새 차원 하나를 추가했다. 그 확장은 수학적으로 간단명료하고 우아하게 이루어진다. 이럴 경우, 우리 물리학자들은 그 방향이 옳을 가능성이 있다고 생각한다. 「인터스텔라」에 대한 나의 해석에서 브랜드 교수는 이 확장을 자신의 방정식의 토대이자 중력이상을 이해하기 위한 노력의 토대로 삼는다(제25장).

만약 이 사변적 확장이 옳다면, 벌크에서 시간의 행동은 우리 브레인에서와 근본적으로 동일할 것이다. 구체적으로, 벌크에 속한 물체와 신호는 우리 브레인에 속한 물체 및 신호와 마찬가지로 국소적으로 측정한 시간(국소적 벌크 시간) 속에서 한 방향으로만, 즉 미래로만 이동할 수 있다. 국소적으로 과거로 이동하는 것은 불가능하다. 만일 벌크에서 과거로 가는 시간여행이 가능하다면, 오로지 벌크의 공간을 가로질러 멀리 갔다가 출발점으로 돌아오는 방식으로만 가능하다. 이 시간여행 도중에 여행자는, 국소적 벌크 시간을 기준으로 삼으면, 항상 미래로 이동한다. 이것은 그림 30.3이 보여주는 순환 이동이 벌크 속에서 이루어진다고 보면 되겠다.

머프에게 메시지를 전하기 : 물리학자로서 나의 해석

물리학자로서 나는 이런 시간 개념을 바탕에 깔고 쿠퍼가 머프에게 메시지를 전하는 대목을 해석한다.

기억하겠지만, 테서랙트는 면들이 3차원이고 내부가 4차원인 물체이다. 그 내부는 벌크의 일부이다. 영화에서 테서랙트가 등장하는 모든 장면에서 우리가 보는 것은 테서랙트의 면들이다. 쿠퍼, 머프, 머프의 침실, 그 침실의 돌출 부위들, 책과 손목시계의 세계 튜브는 모두 테서랙트의 면들 속에 있다. 테서랙트의 벌크 내부는 끝내 등장하지 않는다. 사실 우리는 그 내부를 볼 수 없다. 왜냐하면 빛은 3차원 공간에서만 퍼져나갈 수 있고, 4차원 공간에서는 퍼져나갈 수 없기 때문이다. 그러나 중력은 4차원 공간에서 퍼져나갈 수 있다.

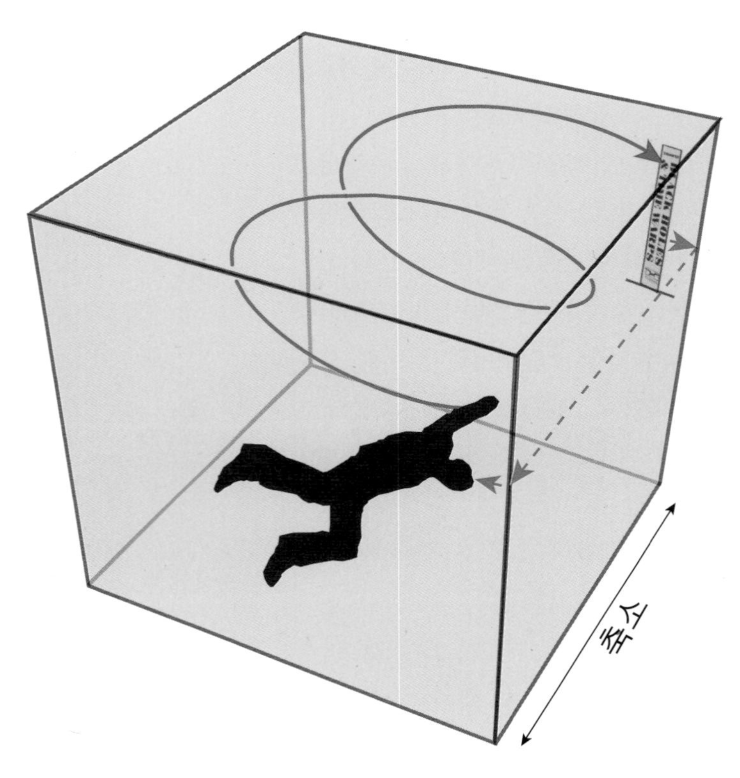

그림 30.5 쿠퍼는 빨간색 점선으로 표시한 광선을 통해서 책을 보면서, 보라색 곡선을 따라 나선으로 이동하는 중력 신호를 통해서 그 책에 힘을 가한다. 우리 브레인의 공간차원 하나를 생략하고 그린 그림이다.

쿠퍼는 머프의 침실에 있는 책 한 권을 본다. 나의 해석에서, 그때 그는 테서랙트의 면들을 거쳐 그에게 도달한 광선(예컨대 그림 30.5의 빨간색 점선)을 통해서 그 책을 보는 것이다. 그리고 그가 책의 세계 튜브를 떠밀 때, 또는 손목시계 초침의 세계 튜브를 밀 때, 그는 중력 신호(벌크에서의 중력파)를 일으키고, 그 신호는 그림 30.5의 보라색 곡선처럼 나선을 그리며 테서랙트의 벌크 내부를 통과한다. 그 신호는 국소적 벌크 시간상에서 미래로 이동하지만 침실 시간상에서는 과거로 이동하여 출발 시점보다 더 이른 때에 도착 지점에 이른다.[2] 이 중력 신호가 책을 떠밀어 서가에서 떨어뜨리고 손목시계의 초침을 경련하게 한다.

2. 이 이동을 가능케 하는 시공 굴곡은 수학적으로 쉽게 기술할 수 있다. 벌크에서 사는 기술자들은 중력 신호가 국소적 벌크 시간에서는 미래로 이동하면서 침실 시간에서는 과거로 이동하도록 만들기 위해서 그 굴곡을 산출하려고 시도할 수 있을 것이다. 책 말미의 "전문적인 주석", 특히 그림 TN 1을 참조하라. 벌크에서 사는 기술자들이 그 굴곡을 실제로 산출할 수 있을지는 양자중력 법칙들에 달려 있다. 나는 그 법칙들을 모르지만, 타스는 가르강튀아의 특이점에서 그 법칙들을 발견한다.

이 상황은 내가 에셔의 작품 중에서 가장 좋아하는 축에 드는 "폭포"(그림 30.6)와 유사하다. 그 그림에서 아래쪽 방향은 침실 시간상의 미래 방향과 유사하고, 물이 흐르는 것은 국소적 시간이 미래로 흐르는 것과 유사하다. 물 위에 뜬 나뭇잎은, 벌크 속의 중력 신호가 국소적 시간상에서 미래로 이동하는 것과 마찬가지로, 물과 함께 이동한다.

물과 함께 폭포에서 떨어지는 나뭇잎은 침실의 책에서 발원하여 쿠퍼에게 도달하는 광선과 유사하다. 그 나뭇잎은 국소적 시간상에서 미래로 이동할 뿐 아니라 아래쪽으로(침실 시간의 미래로) 이동한다. 이어서 수로를 따라 이동하는 나뭇잎은 쿠퍼에게서 발원하여 그 책으로 이동하는 중력 신호와 유사하다. 그 나뭇잎은 국소적 시간에서 미래로 이동하면서도 위쪽으로(침실 시간에서 과거로)[3] 이동한다.

이 해석에서 나는 벌크에 사는 존재들이 보는 시간에 관한 아멜리아 브랜드의 다음 대사를 어떻게 설명할 수 있을까? "그들에게 시간은 단지 또 하나의 물리적 차원일지도 몰라. 그들에게 과거란 기어내려갈 수 있는 협곡이고 미래란 기어올라갈 수 있는 산일 수도 있어."

그림 30.6 "폭포" [에셔의 드로잉]

벌크로 확장한 아인슈타인의 법칙들에 따르면, 국소적 벌크 시간은 이런 식으로 행동할 수 없다. 벌크에 속한 그 어떤 것도 국소적 벌크 시간에서 과거로 갈 수 없다. 그러나 벌크에서 우리 브레인을 들여다볼 때, 쿠퍼와 벌크 존재들은 우리 브레인의 시간(침실 시간)이 브랜드의 말처럼 행동하는 것을 볼 수 있고 실제로 본다. 브랜드의 대사를 조금 바꾸면 다음과 같은 정확한 말을 얻을 수 있다. "벌크에서 바라보면, 우리 브레인의 시간은 단지 또 하나의 물리적 차원처럼 보일 수 있다. 우리 브레인의 과거는 쿠퍼가 [테서랙트의 대각선 통로를 따라서 아래로 이동함으로써] 기어내려갈 수 있는 협곡처럼 보이고, 우리 브레인의 미래는

3. 물론 이것은 착시현상이다.

쿠퍼가 [테서랙트의 대각선 통로를 따라 위로 이동함으로써] 기어올라갈 수 있는 산처럼 보인다(그림 29.14).”

이것이 브랜드의 대사에 대한 나의 물리학적 해석이다. 크리스도 그 대사를 이와 유사하게 해석한다.

다섯 번째 차원을 건너 브랜드와 접촉하기

「인터스텔라」에서 쿠퍼의 양자 데이터를 머프의 손에 무사히 전달함으로써 임무를 완수한다. 그를 싣고 벌크를 가로지른 테서랙트는 닫히기 시작한다.

테서랙트가 닫히는 동안, 쿠퍼는 웜홀을 본다. 그리고 그 웜홀의 내부에서 그는 가르강튀아를 향해서 처녀비행에 나선 인듀어런스 호를 본다. 그 인듀어런스 호 곁을 빠르게 스쳐 지나가면서 쿠퍼는 손을 내밀어 다섯 번째 차원 건너의 브랜드와 중력을 통해서 접촉한다. 그녀는 벌크 존재가 자신을 건드렸다고 생각한다. 그녀는 신속하게 닫히는 테서랙트를 타고 벌크를 가로지르는 존재를 생각하지만, 그 존재의 정체는 더 늙었고 몹시 지친 쿠퍼이다.

31
인류의 지구 탈출

「인터스텔라」의 초반, 쿠퍼가 나사의 시설을 처음 방문했을 때, 그는 수천 명의 사람들이 타고 우주로 나가서 여러 세대 동안 거처로 삼을 거대한 원통형 물체가 제작되는 모습을 구경한다. 이른바 우주 식민지(space colony)이다. 쿠퍼는 다른 곳에서 제작 중인 우주 식민지들도 있다는 말을 듣는다.

"저게 어떻게 이룩하죠?" 쿠퍼가 브랜드 교수에게 묻는다. "최초의 중력이상들이 모든 것을 바꿔놨네." 교수가 대답한다. "우리는 중력을 활용할 수 있다는 걸 갑자기 깨달았지. 그래서 나는 이론을 연구하기 시작하고, 우리는 이 기지를 건설하기 시작한 걸세."

「인터스텔라」의 마지막 대목에서 우리는 우주 공간에 떠 있는 그 식민지 안에서 일상생활이 평온하게 영위되는 것을 본다(그림 31.1).

그 식민지는 어떻게 우주로 나갔을까? 열쇠는 당연히 타스가 가르강튀아의 특이점에서 뽑아내고 쿠퍼가 머프에게 전달한(제30장) 양자 데이터(나의 과학적 해석에서는, **양자중력 법칙들**)였다.

나의 해석에서 머프는 그 법칙들(제26장)에서 양자요동을 배제함으로써 중력이상을 지배하는 비양자(非量子, nonquantum) 법칙들을 알아냈다. 그리고 그 법칙들을 기초로 삼아서, 중력이상을 통제하는 방법을 개발했다.

물리학자로서 나는 관련 세부사항들을 애타게 알고 싶다. 브랜드 교수가 칠판에 적은 방정식들(제25장, 이 책의 웹페이지 Interstellar.withgoogle.com)은 기본 방향이 옳았을까? 머프가 양자 데이터를 입수하기 전에 단언한 대로, 그는 정말로 정답의 절반을 알고 있었을까? 혹시 그가 엉뚱한 방향을 선택한 것은 아니었을까? 중력이상을 이해하고 중력을 통제하려면, 무엇인가 전혀 다른 열쇠를 찾아야 할까?

어쩌면 「인터스텔라」의 속편이 대답해줄지도 모르겠다. 크리스토퍼 놀런은 속

그림 31.1 쿠퍼가 창 너머로 보니, 우주 식민지 내부에서 아이들이 야구를 하고 있다. [워너브라더스 사의 허가로 「인터스텔라」에서 따옴]

편의 대가이다. 그의 「배트맨」 3부작을 보라.

그러나 한 가지는 명백한 듯하다. 머프는 지구 내부에서의 중력상수 G를 줄이는 방법을 개발한 것이 틀림없다. 기억하겠지만(제25장) 지구의 중력은 뉴턴의 역제곱 법칙, 곧 $g = Gm/r^2$을 따른다. 이때 r^2은 지구의 중심에서 떨어진 거리의 제곱, m은 지구의 질량, G는 뉴턴의 중력상수이다. G를 반으로 줄이면, 지구의 중력도 반으로 줄어든다. G를 1,000분의 1로 줄이면, 지구의 중력도 1,000분의 1로 줄어든다.

나의 해석에서, 지구 내부에서의 G는, 이를테면, 1시간 동안 정상 값의 1,000분의 1로 줄어든다. 그 1시간 동안에 무수한 우주 식민지들이 로켓 엔진을 가동하여 우주로 나간다.

그렇게 지구 내부에서의 G가 줄어들면, 나의 해석에서 지구의 중심부는 그것을 둘러싼 주변부의 엄청난 무게에 더는 짓눌리지 않게 된다. 따라서 그 중심부는 부풀면서 지각을 위로 밀어 올려야 한다. 그 결과로 곳곳에서 거대한 지진과 쓰나미가 일어날 수밖에 없을 터이므로, 우주 식민지들이 하늘로 치솟는 동안, 지구는 만신창이가 될 것이다. 엎친 데 덮친 격으로, 병충해가 일으킨 재앙 위에 또 하나의 끔찍한 재앙이 지구를 덮치는 것이다. 중력상수 G가 정상 값으로 복원되었을 때, 지구는 원래 크기로 축소되었을 터이고, 그 여파로 다시 한번 수많은 지진과 쓰나미가 발생했을 것이다.

그러나 인류는 구원되었다. 그리고 쿠퍼와 아흔네 살의 머프는 재회했다. 그후 쿠퍼는 아멜리아 브랜드를 찾아서 머나먼 우주로 떠난다.

책을 마치며

「인터스텔라」를 보고 이 책을 다시 훑어볼 때마다 나는 그 영화와 이 책 속에 엄청나게 다양한 과학이 들어 있음을 새삼 발견하고 놀란다. 그 과학의 풍부함과 아름다움도 경탄스럽다.

무엇보다도 나는 「인터스텔라」의 바탕에 깔린 낙관적 메시지에 감동한다. 우리는 물리학 법칙들이 지배하는 우주에서 산다는 메시지. 우리 인간이 발견하고 해독하고 숙달하고 우리의 운명을 개척하기 위해서 활용할 수 있는 법칙들이 우주를 지배한다. 설령 우리를 도울 수 있는 벌크 존재들이 없더라도, 우리 인류는 우주가 우리 앞에 던져놓을 거의 모든 재앙에 대처할 수 있다. 심지어 기후 변화부터 생물학적 재앙과 핵 재앙까지, 우리가 스스로 일으키는 재앙도 마찬가지이다.

그러나 그렇게 재앙에 대처하고 우리 자신의 운명을 개척하려면 많은 사람들이 과학을 이해하고 그 가치를 인정할 필요가 있다. 과학이 어떻게 작동하는지 알아야 한다. 과학이 우주, 지구, 생명에 대해서 무엇을 가르쳐주는지. 과학이 무엇을 성취할 수 있는지. 지식이나 기술의 부족에서 비롯된 과학의 한계들은 무엇인지. 그 한계들을 어떻게 극복할 수 있을지. 어떻게 우리가 사변에서 출발하여 지식에 기초한 추측을 거쳐 진실로 나아가는지. 우리가 아는 진실이 바뀌는 혁명은 얼마나 드물고 또 얼마나 소중한지.

이 모든 것을 알아가는 과정에서 이 책이 도움이 되기를 바란다.

더 찾아보아야 할 자료들

제1장

할리우드의 문화와 영화 제작의 경향에 관심이 있는 독자들에게 나의 파트너 린다 옵스트의 책 두 권, 『저기요, 그가 거짓말을 했어요: 할리우드 참호에서 나온 진실들(*Hello, He Lied: & Other Truths from the Hollywood Trenches*)』(Obst 1996)과 『할리우드의 잠 못 이루는 밤 : 영화 업계의 새로운 비정상 상태에서 유래한 이야기들(*Sleepless in Hollywood: Tales from the New Abnormal in the Movie Business*)』(Obst 2013)을 강력 추천한다.

제2장

우리 우주 전체를 다루고 많은 그림이 삽입되어 있으며, 당신이 밤하늘에서 맨눈, 쌍안경, 망원경으로 볼 수 있는 것들도 언급하는 책으로 『우주 : 시각적 안내서의 결정판(*Universe: The Definitive Visual Guide*)』(Rees 2005)이 있다. 우주 역사의 가장 이른 시기에 일어난 일들, 우주가 빅뱅에서 기원한 것, 빅뱅이 어떻게 시작되었는지에 관해서는 좋은 책들이 많이 출판되었다. 내가 특히 좋아하는 책들은 『인플레이션 우주(*The Inflationary Universe*)』(Guth 1997), 『빅뱅 : 우주의 기원(*Big Bang: The Origin of the Universe*)』(Singh 2004), 『한 세계 속의 많은 세계들 : 다른 우주들을 찾아서(*Many Worlds in One: The Search for Other Universes*)』(Vilenkin 2006), 『우주들에 관한 책 : 우주 경계 탐험(*The Book of Universes: Exploring the Limits of the Cosmos*)』(Barrow 2011), 그리고 『영원에서 여기까지: 궁극의 시간 이론을 찾아서(*From Eternity to Here: The Quest for the Ultimate Theory of Time*)』(Carroll 2011)의 제3장, 제14장, 제16장이다. 빅뱅 연구의 현 상태를 알고 싶으면, 션 캐럴의 블로그 “Preposterous Universe”(Carroll 2014)(http://www.preposterousuniverse.com/blog/) 참조.

제3장

20세기의 가장 위대한 물리학자들 중 한 사람인 리처드 파인먼은 1964년에 우리 우주를 지배하는 법칙들의 본성을 깊이 탐구하는 일련의 대중 강연을 했다. 그가 그 강연을 정리해서 쓴 책 『물리법칙의 특성(*The Character of Physical Law*)』(Feynman 1965)은 내가 시대를 통틀어 가장 좋아하는 책들 중 하나이다. 같은 주제를 더 자세하고 현대적이며 훨씬 더 길게 다룬 책으로 『우주의 구조: 시간과 공간, 그 근원을 찾아서(*The Fabric of the Cosmos: Space, Time, and the Texture of Reality*)』(Greene 2004)가 있다. 더 쉽고 어쩌면 더 재미있으면서 위의 책들 못지않게 깊이 있는 책으로는 『위대한 설계(*The Grand Design*)』(Hawking and Mlodinow 2010)도 있다.

제4장

시간과 공간의 굴곡에 대한 아인슈타인의 생각들을 역사적으로 상세히 다루면서 그 생각들과 기조력의 관계, 그 생각들을 기초로 삼은 상대론 법칙들도 논하는 글을 읽으려면 『블랙홀과 시간굴절 : 아인슈타인의 엉뚱한 유산(*Black Holes & Time Warps: Einstein's Outrageous Legacy*)』(Thorne 1994)의 제1장, 제2장 참조. 아인슈타인이 옳았음을 입증하는 다양한 실험들은 『아인슈타인이 옳았을까?: 일반상대성이론 검증(*Was Einstein Right? Putting General Relativity to the Test*)』(Will 1993) 참조. 『"주님은 미묘하시다……": 알베르트 아인슈타인의 과학과 삶(*Subtle Is the Lord……": The Science and the Life of Albert Einstein*)』(Pais 1982)은 아인슈타인의 과학적 업적 전체에 초점을 맞춘 평전이며 위에 언급한 손의 책이나 윌의 책보다 훨씬 더 읽기 어렵고 학문적이다. 『아인슈타인 : 삶과 우주(*Einstein: His Life and Universe*)』(Isaacson 2007)와 같은 더 포괄적인 평전들도 있지만, 아인슈타인의 과학을 페이스의 평전만큼 정확하고 상세하게 다루는 다른 평전은 없다.
『중력 입문: 중력과 일반상대성이론 초급 안내서(*Gravity from the Ground Up: An Introductory Guide to Gravity and General Relativity*)』(Schutz 2003)는 일반 독자를 위해서 중력과 우리 우주에서 중력의 역할을 깊이 있게 논한다(뉴턴의 중력과 아인슈타인의 휜 시공을 두루 다룬다). 같은 내용을 물리학이나 공학을 전공하는 학부 상급생 수준으로 다루는 교과서들 중에서 내가 좋아하는 것은 제임스 하틀(James Hartle)의 『중력 : 아인슈타인의 일반상대성이론 입문(*Gravity: An Introduction to Einstein's General Relativity*)』(Hartle 2003), 버나드 슈츠(Bernard

Schutz)의 『일반상대성이론의 기초(*A First Course in General Relativity*)』(Schutz 2009)이다.

제5장

블랙홀과 우리가 블랙홀에 관한 지식을 얻은 경위를 더 자세히 알고 싶은 독자에게 『블랙홀의 치명적인 매력: 우주에 있는 블랙홀들(*Gravity's Fatal Attraction: Black Holes in the Universe*)』(Begelman and Rees 2009), 『블랙홀과 시간굴절』(Thorne 1994), 그리고 내가 2012년 스티븐 호킹의 70세 생일 파티에서 한 강의(http://www.ctc.cam.ac.uk/hawking70/multimedia_kt.html)를 권한다. 안드레아 게즈는 자신의 팀이 우리 은하의 중심에 있는 블랙홀을 연구하면서 이룬 놀라운 발견들을 테드(Ted) 강연에서 설명한다. http://www.ted.com/speakers/andrea_ghez 그리고 그녀의 연구팀의 웹사이트 http://www.galacticcenter.astro.ucla.edu. 참조.

제6장

이 장에서 다루는 블랙홀의 속성들에 대해서는 『블랙홀과 시간굴절』(Thorne 1994)의 제7장, 특히 272-295쪽 참조. 수식들도 포함한 더 전문적인 글을 원한다면, 『중력 : 아인슈타인의 일반상대성이론 입문』(Hartle 2003) 참조. 또한 이 책의 "전문적인 주석"도 참조. 불의 껍질과 거기에 일시적으로 갇힌 광자들의 궤도에 대해서는 에드워드 테오의 논문(Teo 2003) 참조..

제7장

중력 새총 효과에 대해서 나의 설명보다 적당히 더 전문적인 설명을 원한다면, 위키피디아에서 "Gravity-assist"를 검색하라. 그러나 거기에 나오는, 블랙홀을 휘감아 도는 새총 비행에 관한 이야기는 믿을 것이 못 된다. (2014년 7월 4일 현재 게재된) "만일 우주선이 블랙홀의 슈바르츠실트 반지름[사건지평]에 접근하면, 공간이 심하게 휘어져서, 새총 비행 궤도를 탈출하는 데에 필요한 에너지가 블랙홀의 운동에 의해서 추가될 수 있는 에너지보다 더 커진다"라는 대목은 한마디로 완전히 틀렸다. 내친 김에 말하면, 위키피디아를 읽을 때에는 항상 조심할 필요가 있다. 내 경험에 의하면, 내가 전문가로 인정받는 분야들에서 위키피디아의 내용은 10퍼센트 정도가 틀리거나 오해를 유발할 여지가 있다.

http://www2.jpl.nasa.gov/basics/grav/primer.php는 중력 새총 효과를 위키

피디아보다 더 신뢰할 만하게, 그러나 덜 포괄적으로 설명하는 웹페이지이다. 중력 새총 비행 비디오 게임도 「인터스텔라」와 연계해서 개발되었다. Game.InterstellarMovie.com 참조.

내가 중력 새총 비행을 위해서 끌어들이는 중간질량 블랙홀에 관한 약간 전문적인 논의는 『블랙홀 천체물리학: 엔진 패러다임(Black Hole Astrophysics: The Engine Paradigm)』(Meier 2012)의 제4장 참조.

데이비드 사로프가 제작했으며 http://demonstrations.wolfram.com/3DKerrBlackHoleOrbits에서 구할 수 있는 프로그램을 이용하면 그림 7.6이 보여주는 것과 같은, 고속 회전 블랙홀 주위의 복잡한 궤도들을 산출하고 탐구할 수 있다.

제8장

이미 많은 물리학자들이 별들로 수놓인 배경이 블랙홀에 의해서 겪는 중력 렌즈 효과를 시뮬레이션했다. 「인터스텔라」에 쓰인 시뮬레이션들과 유사한 그 기존의 시뮬레이션들을 인터넷에서 볼 수 있다. 특히 인상적인 것은 알랭 리아주엘로의 시뮬레이션들이다. www2.iap.fr/users/riazuelo/interstellar 참조. 또한 아래 제28장의 보충 자료도 참조.

폴 프랭클린 팀과 나는 내가 제공한 방정식들을 써서 그들이 제작한 시뮬레이션들에 관한 논문을 약간 전문적인 수준으로 여러 편을 쓸 계획이다. 그 시뮬레이션들은 「인터스텔라」에 나오는 가르강튀아와 강착원반과 웜홀의 이미지와 놀라운 발견들을 선사한 추가 시뮬레이션들의 바탕이 되었다. 우리의 논문들을 http://arxiv.org/find/gr-qc에서 읽을 수 있다.

제9장

퀘이사, 강착원반, 제트에 관한 심층적인 논의를 원한다면, 『중력의 치명적인 매력』(Begelman and Rees 2009), 『블랙홀과 시간굴절』(Thorne 1994)의 제9장 참조. 더 전문적이고 자세한 논의는 『블랙홀 천체물리학』(Meier 2012) 참조. 블랙홀이 기조력으로 별들을 찢어버리고, 그 결과로 강착원반이 형성되는 과정에 대해서는 (그림 9.5와 9.6의 바탕이 된 시뮬레이션들을 동료들과 함께 제작한) 제임스 길로콘의 웹사이트 http://astrocrash.net/projects/tidal-disruption-of-stars/참조. 강착원반과 제트를 천체물리학적인 관점에서 현실적으로 보여주는 동영상을 원한다면, http://www.slac.stanford.edu/~kaehler/homepage/visual에서 랄프 켈러(스탠퍼드 대학)가 제작한 동영상 참조. 그 동영상들은 조너선 매키니, 알렉산더 체코프스코이, 로저 블랜포드가 제작한 시뮬레이션들(McKinney, Tchekhovskoy, and Blandford 2012)을 기초로 삼았다. 중력 렌즈 효과뿐 아니라 도플러 효과도 감안한 강착원반의 이미지를 보려면, 천체물리학자 에버리 브로더릭의 웹사이트 http://www.science.uwaterloo.ca/~abroderi/Press/를 방문하자. 「인터스텔라」에 나오는 가르강튀아의 강착원반의 이미지(예컨대 그림 9.9)가 바탕으로 삼은 시뮬레이션들은 나와 공동 저자들이 http://arxiv.org/find/gr-qc에 게재할 논문 한 편이나 여러 편에서 설명될 것이다.

제10장

거대한 블랙홀 근처에서 별의 밀도가 감소하지 않고 증가함을 보여주는 비전문적인 논의는 내가 아는 한에서 없다. 전문적인 논의와 분석은 『은하핵의 동역학과 진화(*Dynamics and Evolution of Galactic Nuclei*)』(Merritt 2013)의 7장, 특히 그림 7.4 참조.

제11장

신문에서 과학 뉴스를 보거나 그냥 주위를 둘러보기만 해도, 이 장에서 나의 생물학자 동료들이 펼치는 시나리오들과 유사한 사례들을 보게 될 것이다. 그 사례들은 다행히 아직까지는 파국적이지 않고 온화하다. 최근에 치명적인 바이러스 하나가 놀랍게 도약하여 식물에서 꿀벌로 옮아갔다는 발표가 있었다. http://blogs.scientificamerican.com/artful-amoeba/2014/01/31/suspicious-virus-makes-rare-cross-kingdom-leap-from-plants-to-honeybees/. 이것은 「인터스텔라」에 나오는 오크라에서 옥수수로의 도약보다 훨씬 더 큰 도약이지만, 그 바이러스는 훨씬 덜 치명적인 병원체이다. 또 다른 예는 한때 미국을 뒤덮었던 나무 종들의 급감이다. 11장에서 마이어로비츠가 언급한 미국 밤나무뿐 아니라 미국 느릅나무(http://landscaping.about.com/cs/treesshrubs/a/american_elms.htm)도 급감했다. 팔로마 산의 200인치 망원경 근처에 있는 나의 오두막 주변 왕소나무들도 마찬가지이다.

제12장

호흡 가능한 산소 분자 O_2, 이산화탄소 CO_2, 그리고 (더 느리게) 기타 형태들을 거치는 산소의 순환을 일컬어 지구의 "산소 순환(oxygen cycle)"이라고 한다. 구글에서 검색. 대기 중의 CO_2, (살아 있거나 죽은) 식물, 그리고 (훨씬 더 느리게) 석탄, 석유, 케로진(kerogen) 같은 기타 형태들을 거치는 탄소의 순환은 "탄소 순환(carbon cycle)"이라고 한다. 역시 구글에서 검색해보자. 이 순환들은 당연히 맞물려 있어서 서로에게 영향을 미친다. 산소 순환과 탄소 순환은 다른 별로 가는 여행의 토대이기도 하다.

제13장

외계행성(우리 태양계 바깥의 행성)을 찾는 작업은 대단한 속도로 진행되고 있다. 매일 갱신되는 거의 완전한 외계행성 목록은 http://exoplanet.eu와 http://exoplanets.org에서 볼 수 있다. 거주 가능한 곳일 가능성이 있는 외계행성들의 목록은 http://phl.upr.edu/hec 참조. 외계행성과 태양계 바깥의 생명체를 찾는 작업의 인간적인 측면과 역사를 알고 싶다면 『거울 지구 : 우리 행성의 쌍둥이를 찾아서(*Mirror Earth: The Search for Our Planet's Twin*)』(Lemonick 2012)와 『50억 년 동안의 고독:별들 사이의 생명을 찾아서(*Five Billion Years of Solitude: The Search for Life Among the Stars*)』(Billings 2013) 참조. 기술적이고 과학적인 세부사항을 원한다면, 『외계행성 핸드북(*The Exoplanet Handbook*)』(Perryman 2011) 참조. 『외계인 사냥꾼의 고백 : 한 과학자의 외계 지능 탐사(*Confessions of an Alien Hunter: A Scientist's Search for Extraterrestrial Intelligence*)』(Shostak 2009)는 우주에서 오는 전파 신호를 포착하는 방법 등으로 진행되는 외계 지능 탐사(SETI)를 탁월하게 서술한다.

다른 별로 가는 여행을 위해서 우리가 추구할 수 있을 법한 기술들에 관한 정보에 관해서 http://en.wikipedia.org/wiki/Interstellar_travel과 http://fourthmillenniumfoundation.org를 참조하라. 우주인 메이 제미슨(Mae Jemmison)은 다음 세기에 태양계 바깥으로 인간들을 보내기 위한 노력의 선봉에 서 있다. http://100yss.org 참조. 워프 추진력과 웜홀을 통해서 다른 별로 가는 여행에 관한 허튼소리도 숱하게 읽을 수 있다. 그런 방향의 노력은 이 세기의 기술, 그리고 추측하건대, 다음 몇 세기의 기술로 결실에 이를 수 없다. 물론 「인터스텔라」에서처럼 어떤 초고도 문명이 우리에게 필요한 시공 굴곡을 제공한다면, 이야기가 달라질 수도 있겠지만 말이다. 그러니 당신의 생전이나 당신의 손자들의 생전에 인류가 충분히 강력한 시공 굴곡을 산출하여 다른 별로 가는 여행을 성사시킨다는 식의 글과 주장을 읽는 것은 시간 낭비이다.

제14장

웜홀에 대해서 더 자세히 알고 싶은 독자에게, 거의 20년 전에 나온 책이기는 하지만, 『로렌츠 웜홀 : 아인슈타인부터 호킹까지(*Lorentzian Wormholes: From Einstein to Hawking*)』(Visser 1995)를 특별히 추천한다. 『블랙홀과 시간굴절』(Thorne 1994), 『시간여행과 워프 항법』(Everett and Roman 2012)의 제9장, 『블랙홀, 웜홀, 타임머신』(Al-Khalili 2012)의 제8장도 추천한다. 웜홀을 열어놓는 데에 필요한 별난 물질에 대한 최신 논의를 원한다면, 『시간여행과 워프 항법』(Everett and Roman 2012)의 제11장 참조.

제15장

폴 프랭클린 팀과 나는 우리의 웜홀 시각화 작업을 훨씬 더 상세히 설명하는 논문을 한 편이나 여러 편 써서 웹사이트 http://arxiv.org/find/gr-qc에 공개할 예정이다.

제16장

라이고(LIGO)와 중력파 탐사에 관한 최신 정보는 라이고 과학 협력단(LIGO Scientific Collaboration)의 웹사이트 http://www.ligo.org, 특히 “뉴스(News)”와 “매거진(Magazine)” 섹션을 참조하라. 라이고 연구소(LIGO Laboratory)의 웹사이트 http://www.ligo.caltech.edu와 카이 스타츠의 2014년작 영화(http://www.space.com/25489-ligo-a-passion-for-understanding-complete-film.html도 볼 만하다. 중력파에 관한 나의 교육용 강의도 인터넷에서 여러 편을 볼 수 있다. 예컨대 나의 “파울리 강의” 세 편은 http://www.multimedia.ethz.ch/speakers/pauli/2011에서 볼 수 있다. 이 강의들은 목록의 역순으로(맨 아래 강의부터) 보아야 한다. 적당히 전문적인 수준의 강의를 원한다면, http://www.youtube.com/watch?v=Lzrlr3b5aO8를 보자. 블랙홀들의 충돌과 그때 발생하는 중력파를 SXS 팀의 시뮬레이션에 기초하여 시각화한 동영상들은 http://www.black-holes.org/explore/movies에서 볼 수 있다.

중력파를 다루는 최신 교양서는 없지만, 나는 『아인슈타인의 미완성 교향곡: 시공의 소리를 귀담아 듣기(*Einstein's Unfinished Symphony: Listening to the Sounds of Space-Time*)』 (Bartusiak 2000)를 추천한다. 이 책은 시대에 심하게 뒤쳐지지 않았다. 아인슈타인 이후에 중력파 연구의 역사에 대해서는 『생각의 속도로 여행하기 : 아인슈타인과 중력파 탐색(*Traveling at the Speed of Thought: Einstein and the Quest for Gravitational Waves*)』(Kennefick 2007) 참조.

제17장

이 장에서 나는 밀러 행성에 관해서 여러 주장들을 한다. 그 행성의 궤도, 회전(밀러 행성은 항상 같은 면으로 가르강튀아를 마주한다. 물론 그 면이 약간 흔들리기는 한다) 그 행성을 변형시키고 흔드는 가르강튀아의 기조력, 가르강튀아가 일으키는 공간의 소용돌이, 그 소용돌이가 관성, 원심력, 한계속도인 광속에 미치는 영향에 관한 주장들이다. 이 모든 주장들은 아인슈타인의 상대론 물리학 법칙들, 다시 말해 그의 일반상대론에 근거를 둔다. 회전 블랙홀에 근접하여 궤도를 도는 행성과 관련해서 이 주제들을 일반인을 위해서 설명하는 책이나 글, 또는 강연에 대해서는 나는 모른다. 내가 아는 것은 이 책의 제17장이 유일하다. 학부 상급생 수준의 독자는 하틀의 교과서 『중력: 아인슈타인의 일반상대성이론 입문』(Hartle 2003)에 나오는 개념들과 방정식들을 이용하여 나의 주장들을 검증해 볼 수 있을 것이다.

"밀러 행성의 과거 역사"를 다루는 절에서 내가 제기하는 질문들은 일반상대론과 대체로 무관하다. 거의 전적으로 뉴턴 물리학 법칙들에 의지하여 답할 수 있는 질문들이다. 관련 정보를 얻으려면, 지구물리학이나 행성 및 위성에 관한 물리학을 다루는 책과 웹사이트를 뒤져보라.

제18장

블랙홀이 진동할 수 있다는 빌 프레스의 발견과 그 진동을 지배하는 방정식들을 솔 튜콜스키가 도출한 것에 관한 서술은 『블랙홀과 시간굴절』(Thorne 1994)의 295-299쪽을 보라. 블랙홀 진동, 그리고 그림18.1과 로밀리의 데이터 세트의 바탕에 깔린 블랙홀 진동의 감소를 다루는 전문적인 논문으로 환 양, 아론 짐머만 등이 쓴 Yang et al. (2013)이 있다.

제21장

공간과 시간의 통합에 관한 더 자세한 논의를 원한다면, 『블랙홀과 시간굴절』(Thorne 1994)의 73-79쪽을 보라. 존 슈워즈와 마이클 그린이 이룩한 초끈이론의 도약과 그로 인해서 물리학자들이 추가 차원들을 가진 벌크를 받아들일 수 밖에 없게 된 것에 대해서는 『엘러건트 유니버스 : 초끈이론과 숨겨진 차원, 그리고 궁극의 이론을 향한 탐구 여행(*The Elegant Universe: Superstrings, Hidden Dimensions, and the Quest for the Ultimate Theory*)』(Greene 2003) 참조.

제22장

에드윈 애벗의 「플랫랜드」(Abbott 1884)를 원작으로 삼은 애니메이션 「플랫랜드 : 영화(Flatland: The Film)」(Ehlinger 2007)는 높은 평가를 받는다. 『플랫랜드』의 바탕에 깔린 수학과 그 소설이 19세기 영국 사회와 어떤 관련이 있는지를 폭넓게 논하는 책으로 『플랫랜드 주석 : 다차원 소설(*The Annotated Flatland: A Romance of Many Dimensions*)』(Stewart 2002)이 있다. 네 번째 공간차원에 대한 시각적 통찰을 원한다면, 『추가 차원들에 대한 시각적 안내서 1권: 네 번째 차원, 고차원 다면체, 휘어진 초곡면의 시각화(*The Visual Guide to Extra Dimensions, Volume 1: Visualizing the Fourth Dimension, Higher-Dimensional Polytopes, and Curved Hypersurfaces*)』(McMullen 2008) 참조.

제23장

이 장의 내용 중 많은 부분에 관한 보충 자료로 『휘어진 통로들 : 우주의 숨은 차원들에 관한 수수께끼를 풀다(*Warped Passages: Unraveling the Mysteries of the Universe's Hidden Dimensions*)』(Randall 2006)를 추천한다. 이 책은 벌크와 벌크의 추가 차원들에 관한 현대 물리학자들의 생각과 예측을 오롯이 담았다. 저자 리사 랜들은 안티-드 지터(AdS) 굴곡이 중력을 우리 브레인 근처에 가둘 수 있음을 라만 선드럼과 함께 발견했다(그림23.4, 23.6). 내가 재발견한 AdS 층과 샌드위치의 개념은 러스 그레고리, 발레리 루바코프, 세르게이 시비랴코프가 쓴 전문적인 논문(Gregory, Rubakov, and Sibiryakov 2000)에서 처음 제안되고 논의되었다. AdS 샌드위치가 불안정하다는 증명은 에드워드 위튼의 논문(Witten 2000)에서 이루어졌다.

제24장

수성 궤도의 이상한 세차운동과 미지의 행성 벌컨을 찾는 노력의 역사에 대해서는, 과학사학자 N. T. 로즈비어(Roseveare)가 쓴 학술적인 글 「르 베리에부터 아인슈타인까지 수성의 근일점(Mercury's Perihelion from Le Verriere to Einstein)』(Roseveare 1982)을 추천한다. 천문학자 리처드 바움과 윌리엄 쉬한이 쓴 책『벌컨 행성을 찾아서 : 뉴턴의 시계장치 우주 속의 유령(*In Search of the Planet Vulcan: The Ghost in Newton's Clockwork Universe*)』(Baum and Sheehan 1997)은 덜 포괄적이지만, 더 읽기 쉬운 설명을 제공한다.

암흑물질의 증거가 발견된 것과 암흑물질 연구의 현상태에 대해서는, 아주 잘 읽히는 책『우주 칵테일 : 암흑물질의 세 부분(*The Cosmic Cocktail: Three Parts Dark Matter*)』(Freeze 2014)을 추천한다. 저자는 이 분야의 선도적인 연구자들 중 한 사람인 캐서린 프리즈이다.

우주 팽창의 이상한 가속과 그 원인으로 추정되는 암흑 에너지에 대해서는,『우주 칵테일』(Freeze 2014)의 마지막 장과『4퍼센트 우주 : 암흑물질, 암흑 에너지, 나머지 실재를 발견하기 위한 경쟁(*The 4% Universe: Dark Matter, Dark Energy, and the Race to Discover the Rest of Reality*)』(Panek 2011)을 추천한다.

제25장

뉴턴의 중력상수 G가 때와 장소에 따라서 변화할 수도 있고, 중력장이 아닌 모종의 장에 의해서 통제될 수도 있다는 생각은 1960년대 초 프린스턴 대학에서 뜨거운 관심사였다. 당시에 나는 그 대학의 박사과정 학생이었다. 이 생각은 프린스턴 대학의 교수 로버트 디키와 그의 대학원생 칼 브랜스가 "브랜스—디키 중력이론"과 관련해서 제기한 것으로(『아인슈타인이 옳았을까?』(Will 1993)의 제8장) 아인슈타인의 일반상대론의 흥미로운 대안이었다. 이에 관한 간결한 개인적 회고록으로『아인슈타인 온라인(*Einstein Online*)』(Brans 2010)에 포함된『가변적인 뉴턴 상수 : 스칼라-텐서 이론들과 얽힌 개인적인 역사(*Varying Newton's Constant: A Personal History of Scalar-Tensor Theories*)』가 있다. 브랜스-디키 이론은 가변적인 G를 탐구하는 여러 실험의 동기가 되었지만, 신뢰할 만한 가변성은 발견되지 않았다. 예컨대『아인슈타인이 옳았을까?』(Will 1993)의 제9장을 참조하라. 디키와 브랜스의 생각과 관련 실험들은「인터스텔라」에 등장하는 중력이상들과 그것들을 통제하는 방법에 대한 나의 해석—벌크 장들이 G의 값을 통제하고 변화시킨다는 해석—에 단서를 제공했다.

그림 25.6의 칠판에 적힌 브랜드 교수의 방정식은 디키와 브랜스의 생각을 기초로 삼는다. 또한 벌크의 다섯 번째 차원으로 확장된 아인슈타인의 상대론 법

칙들(로이 마틴스와 코야마 카즈야가 쓴 전문적인 리뷰[Maartens and Kazuya 2010] 참조)를 받아들이며, "변분학(calculus of variations)"이라는 수학 분야와도 관련이 있다. 변분학에 대해서는 예컨대 http://en.wikipedia.org/wiki/Calculus_of_variations 참조. 브랜드 교수의 방정식에 관한 몇 가지 전문적 세부사항은 "전문적인 주석" 참조.

제26장

양자요동과 양자물리학을 더 폭넓게 알고 싶은 초보 독자에게는 『원자 속의 유령 : 양자물리학의 수수께끼들에 관한 논의(*The Ghost in the Atom: A Discussion of the Mysteries of Quantum Physics*)』(Davies and Brown 1986)를 추천한다. 라이고의 거울들처럼 크기가 인간만 한 대상의 양자적 행동을 일반인에게 설명하는 글이나 책은 내가 아는 한에서는 없다. 전문적인 수준의 설명을 원한다면, http://www.multimedia.ethz.ch/speakers/pauli/2011에서 나의 세 번째(목록에서 첫 번째) 파울리 강의의 후반부 참조. 존 휠러는 자서전에서 양자 거품더미의 개념에 어떻게 도달했는지를 이야기한다(『지온, 블랙홀, 양자 거품더미: 물리학 안에서 보낸 일생(*Geons, Black Holes and Quantum Foam: A Life in Physics*)』(Wheeler and Ford 1998)의 제11장).

『블랙홀과 시간굴절』(Thorne 1994)의 제11장에서 나는 1994년 당시에 우리가 블랙홀의 내부에 대해서 무엇을 어떻게 알았는지 논한다. BKL특이점과 그것의 동역학, 양자중력이 BKL특이점의 중심부를 통제한다는 점, BKL특이점과 양자 거품더미의 관계, 그리고 에릭 푸아송과 베르너 이스라엘에 의해서 얼마 전에 발견되었던(Poisson and Israel 1990) "안으로 떨어지는 특이점"(질량–인플레이션 특이점)등이 거론된다. "위로 날아가는 특이점"은 아주 최근에 발견되었기 때문에, 일반인을 위한 상세한 논의는 아직 없다. 그 특이점의 발견은 도널드 마롤프와 아모스 오리가 쓴 전문적인 논문(Marolf and Ori 2013)에서 선언되었다. 미세하고 일시적인 벌거벗은 특이점이 가능하다는 매슈 촙투이크의 발견은 그의 전문적인 논문(Choptuik 1993)에서 선언되었다.

제27장

이 장의 많은 부분에서 토대의 구실을 하는, 화산과 유사한 곡면(그림27.3, 27.5, 27.9)을 기초 물리학 방정식들을 가지고 기술할 수 있다. 인듀어런스 호의 궤적,

분화구 테두리에서 그 궤적의 불안정성, 인듀어런스 호가 밀러 행성을 향해 출발하면서 그리는 궤적도 마찬가지이다. "전문적인 주석" 참조.

제28장

『블랙홀과 시간굴절』(Thorne 1994)의 서문에서 나는 블랙홀로 떨어져 사건지평을 통과하는 당사자가 무엇을 보고 느낄지, 또 블랙홀 외부에서 그를 관찰하는 사람이 무엇을 볼지를 이 책에서보다 훨씬 더 자세히 서술한다. 또한 그 광경과 느낌이 블랙홀의 질량과 회전에 따라서 어떻게 달라지는지를 서술한다.

앤드류 해밀턴은 비회전 블랙홀 내부로 떨어지는 당사자와 외부 관찰자가 볼 광경을 계산하기 위해서 "블랙홀 비행 시뮬레이터(Black Hole Flight Simulator)"를 제작했다. 그의 계산 결과들은 「인터스텔라」를 위해서 폴 프랭클린의 팀이 계산한 결과들(제8장, 제9장, 제15장)과 유사하지만, 「인터스텔라」보다 여러 해 앞서 나왔다. 앤드류는 자신의 시뮬레이터를 이용하여 주목할 만한 동영상들을 만들었다. 그의 웹사이트 http://jila.colorado.edu/~ajsh/insidebh와 전 세계의 천체투영관들에서 그 동영상들을 볼 수 있다(http://www.spitzinc.com/fulldome_shows/show_blackholes 참조).

앤드류의 동영상들은 우리가 「인터스텔라」에서 보는 광경과 여러 모로 다르다. 첫째, 앤드류는 교육 목적으로 일부 동영상의 블랙홀 사건지평에 격자를 그려 넣었다. 그런 동영상에서 그는 쪼그라들어 블랙홀이 된 별을 "과거 사건지평"으로 대체했다.[1] 둘째, "Journey into a Realistic Black Hole(실제 블랙홀 내부로 들어가는 여행)"(http://jila.colorado.edu/~ajsh/insidebh/realistic.html)에서 앤드류는 블랙홀에 제트와 강착원반을 부여했다. 기체가 강착원반에서 떨어져 사건지평을 통과하는데, 그 유입 기체가 사건지평과 바로 그 밑에서 카메라가 포착하는 광경을 지배한다. 대조적으로 「인터스텔라」의 가르강튀아는 제트가 없고 강착원반이 워낙 빈약하다. 그래서 현재는 사건지평으로 떨어져 블랙홀 내부로 진입하는 기체가 없다. 따라서 블랙홀 내부의 광경이 대체로 캄캄하다. 그러나 「인터스텔라」에서 쿠퍼는 자신보다 먼저 떨어진 것들에서 유래한 희미한 빛의 안개와 흰색 파편들을 본다. 이것들은 시뮬레이션에서 비롯된 것이 아니라 더블 네거티브 미술 팀

1. 더 전문적이고 정확하게 말하면, 그는 카메라를 블랙홀 속으로 떨어뜨리는 대신에 (아인슈타인 방정식들의) 최대로 확장된 슈바르츠실트 해 속으로, 다시 말해 라이스너-노르트슈트룀 해(Reissner-Nordström solution) 속으로 떨어뜨린다.

이 손으로 그려넣은 것이다.

제29장

크리스토퍼 놀런이 「인터스텔라」에서 테서랙트를 이용하겠다고 말했을 때, 나는 기뻤다. 나는 열세 살 때 조지 가모브의 경이로운 책 『하나, 둘, 셋……무한(*One, Two, Three……Infinity*)』(Gamow 1947)의 제4장에서 테서랙트에 관한 이야기를 읽었다. 그 이야기는 내가 이론물리학자를 장래 희망으로 삼는 데에 중요한 역할을 했다. 테서랙트에 관한 자세한 논의를 『추가 차원들에 대한 시각적 안내서』(McMullen 2008)에서 읽을 수 있다. 크리스토퍼 놀런의 복잡한 테서랙트는 유일무이한 작품이다. 이 작품에 대한 공개적인 논의는 이 책과 「인터스텔라」에 관한 글들에서 이루어진 것이 전부이다.

매들렌 렝글의 고전적인 아동 과학 환상 소설 『시간의 주름(*A Wrinkle in Time*)』(L'Engle 1962)에서 아이들은 아버지를 찾기 위해서 테서랙트를 이용하여 여행한다(소설 속 표현으로는, "테서한다[tesser]"). 내 나름의 해석에서 이 여행은 테서랙트의 한 면에 타고 벌크 속을 가로지르는 여행이다. 「인터스텔라」에 대한 나의 해석에서 쿠퍼가 가르강튀아의 중심부에서 머프의 침실로 가는 여행(그림 29.4)과 마찬가지이다.

제30장

벌크 없이 4차원 시공에서 과거로 가는 시간여행에 대한 물리학자들의 현재 지식에 대해서는, 『블랙홀과 시간굴절』(Thorne 1994)의 마지막 장, 호킹, 노비코프, 그리고 내가 쓴 『시공간의 미래(*The Future of Spacetime*)』(Hawking et al. 2002), 『시간여행과 워프 항법』(Everett and Roman 2012)의 관련 장들 참조. 이 책들은 모두 시간여행 이론에 중요하게 기여한 물리학자들의 작품이다. 시간여행에 대한 현대적인 연구의 역사를 조망하려면, 『새로운 시간여행자들: 물리학의 최전선으로 가는 여행(*The New Time Travelers: A Journey to the Frontiers of Physics*)』(Toomey 2007) 참조. 물리학, 형이상학, 과학 허구에서 논의되는 시간여행을 폭넓게 살피려면, 『타임머신: 물리학, 형이상학, 과학 허구에서 시간여행(*Time Machines: Time Travel in Physics, Metaphysics and Science Fiction*)』(Nahin 1999) 참조. 영원에서 여기까지: 궁극의 시간 이론을 찾아서(*From Eternity to Here: The Quest for The* Ultimate Theory of Time)』(Carroll 2011)는 시간의 본성에 대해서 물리학자들이 알거나 추측하는 바를 거의 빠짐없이 논하는 멋진 책이다.

우리 우주가 고차원 벌크 속에 자리 잡은 브레인이라는 전제 아래 일반 독자를 상대로 시간여행을 논하는 책이나 글은 내가 아는 한에서 없다. 그러나 내가 제30장에서 말했듯이, 고차원으로 확장한 아인슈타인의 법칙들이 예측하는 바는 벌크가 없을 때와 기본적으로 같다. 쿠퍼가 과거의 머프에게 메시지를 전하는 것에 관한 몇 가지 전문적인 세부사항은 "전문적인 주석" 참조.

제31장

「인터스텔라」에 대한 나의 해석에서 인류를 지구에서 탈출시키기 위한 머프의 방법(G를 줄이기)에 대해서는, 내가 위에서 제25장에 대해서 언급한 바를 참조하라.

1960년대 초반, 내가 프린스턴 대학의 박사과정 학생이었을 때, 나를 가르친 물리학 교수들 중 하나인 제러드 오닐은 「인터스텔라」의 마지막 대목에 등장하는 것들과 어느 정도 유사한 우주 식민지들의 실현 가능성에 대한 연구를 야심차게 시작하는 중이었다. 그가 지휘한 나사 연구팀의 지원으로 더 보강된 그 연구의 성과로 주목할 만한 책 『하이 프론티어 : 인류의 우주 식민지(*The High Frontier: Human Colonies in Space*)』(O'Neill 1978)가 나왔다. 나는 이 책을 강력 추천한다. 그러나 프리먼 다이슨이 써서 이 책의 2000년 판에 삽입한 서론도 주목하라. 그 글에서 다이슨은 왜 오닐의 꿈이 당대에 물거품이 되었는지 논하면서도 그 꿈이 먼 미래에 실현되리라는 희망을 품는다.

전문적인 주석

우리 우주를 지배하는 물리학 법칙들은 수학의 언어로 표현된다. 수학에 익숙한 독자를 위해서, 물리학 법칙들에서 유래한 공식 몇 개를 제시하고 이 책의 내용 몇 가지를 그 공식들에서 도출해보겠다. 나의 공식들에 자주 등장하는 두 가지 수치는 광속 $c = 3.00 \times 10^8 m/s$, 그리고 뉴턴의 중력상수 $G = 6.67 \times 10^{-11} m^3/kg/s^2$이다. 10^8은 1 다음에 0이 8개 붙은 수, 곧 100,000,000, 다시 말해서 1억이며, 10^{-11}은 0과 소숫점 다음에 0이 10개 붙고 이어서 1이 붙은 수, 곧 0.00000000001이다. 나는 수치가 1퍼센트까지 정확하면 만족한다. 따라서 나는 수치를 제시할 때 (거듭제곱 부분은 제외하고 따져서) 두세 개의 숫자만 제시할 것이다. 수치가 대단히 불명확할 때에는 단 하나의 숫자만 제시하겠다.

제4장

아인슈타인의 시간 굴곡 법칙을 가장 단순한 정량적 형태로 표현하면 다음과 같다. 똑같은 시계 두 개를 서로 가까이, 또한 서로에 대해서 멈춘 상태로 놓자. 두 시계 사이의 거리는 두 시계가 받는 중력의 방향을 따라서 측정한다. 두 시계가 작동하는 속도의 미세한 차이를 R, 두 시계 사이의 거리를 D, 두 시계가 받는 중력가속도를 g라고 하자(g의 방향은 가장 빠르게 나이를 먹는 물체에서 가장 천천히 나이를 먹는 물체로 향한다). 아인슈타인의 시간 굴곡 법칙에 따르면, $g = Rc^2/D$가 성립한다. 하버드 대학 건물에서 이루어진 파운드-레브카 실험에서 R은 하루에 210피코초, 곧 2.43×10^{-15}초, 건물의 높이 D는 73피트(22.3미터)였다. 이 값들을 위 등식에 넣으면, $g = 9.8 m/s^2$이 나온다. 실제로 이 값은 지상에서의 중력가속도와 같다.

제6장

가르강튀아처럼 초고속으로 회전하는 블랙홀의 경우, 블랙홀 적도면에서 사건지평의 둘레 C는 공식 $C = 2\pi GM/c^2 = 9.3(M/M_{sun})$(단위는 킬로미터)에 의해서 결정된다. 이때 M은 블랙홀의 질량, M_{sun}은 태양의 질량, 곧 1.99×10^{30} 킬로그램이다. 매우 느리게 회전하는 블랙홀의 적도면에서 사건지평의 둘레는 이 공식으로 계산한 값의 두 배이다. 사건지평의 반지름은 둘레 나누기 2π로 정의된다. 가르강튀아의 경우 반지름 R은 $R = GM/c^2 = 1.48 \times 10^8$킬로미터이다. 이 값은 태양 주위를 도는 지구의 궤도 반지름과 거의 같다.

나는 다음과 같은 추론으로 가르강튀아의 질량을 도출했다. 밀러 행성의 질량 m은 그 행성 표면에서 내부로 향하는 중력가속도 g를 뉴턴의 역제곱 법칙 $g = Gm/r^2$에 따라서 산출한다(r은 밀러 행성의 반지름). 가르강튀아의 기조력은 밀러 행성에서 가르강튀아와 가장 가까운 면과 그 반대 면에서 늘이기 가속도(stretching acceleration)(밀러 행성의 표면이 받는 가르강튀아의 중력과 밀러 행성의 중심이 받는 그 중력의 차이) g를 공식 $g_{tidal} = (2GM/R^3)r$에 따라서 산출한다. 이때 R은 가르강튀아 주위를 도는 밀러 행성의 궤도 반지름인데, 그 값은 가르강튀아의 사건지평의 반지름과 거의 같다. 만일 밀러 행성의 표면에서 이 늘이기 가속도가 그 행성의 내부로 향하는 중력가속도보다 크다면, 밀러 행성은 찢어질 것이다. 따라서 g_{tidal}은 g보다 작아야 한다. 즉 $g_{tidal} < g$가 성립한다. 위 공식들을 이용하여 이 부등식을 다시 쓰고, 밀러 행성의 질량 m을 $m = (4\pi/3)r^3\rho$에 따라서 고쳐 쓴 다음에(ρ는 밀러 행성의 밀도) 약간의 계산을 거치면, $M < \sqrt{3}c^3/\sqrt{2\pi G^3\rho}$를 얻을 수 있다. 나는 밀러 행성의 밀도를 (압축된 암석의 밀도와 유사한) $\rho = 10{,}000\text{km}/\text{m}^3$으로 추정한다. 이로부터 가르강튀아의 질량 M이 부등식 $M < 3.4 \times 10^{38}\text{kg}$을 만족시킴을 도출할 수 있다. 부등식의 우변은 태양 질량의 2억 배와 대략 같다. 결론적으로 나는 가르강튀아의 질량을 태양 질량의 1억 배로 설정했다.

나는 아인슈타인의 상대론 방정식들을 써서 밀러 행성에서의 시간 지체 S=1시간/7년 $= 1.63 \times 10^{-5}$과 가르강튀아의 회전속도가 가능한 최고속도보다 얼마나 낮은지 보여주는 비율 α를 연결하는 공식 $\alpha = 16S^3(3\sqrt{3})$을 도출했다. 이 공식은 회전이 매우 빠를 때만 타당하다. S의 값을 대입하면 $\alpha = 1.3 \times 10^{-14}$이 나온다. 가르강튀아의 회전속도는 가능한 최댓값의 100조 분의 1만큼만 그 최댓값보다 작다.

제8장

나는 가르강튀아 주위를 도는 광선들의 궤도 운동을 기술하는 방정식들을 더블 네거티브의 올리버 제임스에게 제공했다. 그 방정식들은 Levin and Perez-Giz (2008)의 부록 A에 나오는 방정식들의 변형이다. 광선들의 다발이 어떻게 변화하는지 기술하는 우리의 방정식들은 Pineult and Roeder(1977a)와 Pineult and Roder (1977b)에 나오는 방정식들의 변형이다. 우리가 http://arxiv.org/find/gr-qc에 게재할 여러 논문에서 폴 프랭클린의 팀과 나는 우리의 방정식들을 구체적으로 제시하고 그것들에 기초한 시뮬레이션들을 상세히 논할 것이다.

제12장

제13장에서 내가 제시한 주장들의 바탕에 깔린 계산들은 아래와 같다. 이 계산들은 과학자가 추정치를 계산하는 방법을 보여주는 좋은 예이다. 등장하는 수치들은 매우 불확실하기 때문에 나는 그것들 각각을 숫자 하나만으로 제시하겠다.
지구 대기의 질량은 5×10^{18}킬로그램이며, 그중에 약 80퍼센트가 질소, 20퍼센트가 산소 분자 O_2이다. 다시 말해 O_2의 질량은 1×10^{18}킬로그램이다. 부패하지 않은 식물에 포함된 탄소(지구물리학자의 용어로 “유기 탄소”)의 양은 약 3×10^{15}킬로그램인데, 대략 절반은 바닷물의 표층에 있고, 나머지 절반은 육지에 있다(Hedges and Keil[1995]의 표1). 이 두 가지 유형의 탄소는 모두 평균적으로 약 30년에 걸쳐 산화한다(CO_2로 변환된다). CO_2는 산소원자 2개와 탄소원자 하나를 포함하고, 산소원자의 질량은 탄소원자 질량의 16/12이므로, 모든 식물이 죽은 후에 모든 유기 탄소가 산화한다면, $2 \times 16/12 \times (3 \times 10^{15}) = 1 \times 10^{16}$ 킬로그램의 O_2가 소모될 것이다. 이 양은 대기 중 산소 분자 총량의 1퍼센트에 불과하다.

지구의 바닷물이 갑자기 뒤집힌 사례들의 증거와 그런 뒤집힘이 어떻게 일어날 수 있는가에 관한 이론은 Adkins, Ingersoll, and Pasquero(2005) 참조. 그런 뒤집힘에 의해서 바다 표면으로 올라올 가능성이 있는, 바다 밑바닥에 퇴적된 유기 탄소의 양을 추정하는 시도들은 일반적으로 바닷물의 흐름과 동물의 활동에 의해서 혼합되는 상부 퇴적층에 초점을 맞춘다. 이 혼합 층의 탄소 함유량은 탄소가 그 퇴적층에 쌓이는 속도의 추정치(연간 약 10^{11}킬로그램)와 그 탄소가 바닷물 속 산소에 의해서 산화되는 데에 걸리는 평균 시간(1,000년)을 곱하면 나온다. 그 결과는 1.5×10^{14}킬로그램으로, 육지와 바닷물 표층에 있는 탄소의 양의 20분의 1과 같다(Emerson and Hedges 1988, Hedges and Keil 1995). 그러나 (i) 바다 밑바닥에 탄소가 쌓이는 속도의 추정치가 전혀 틀릴 수도 있다. 예컨대 바움가르트 등은(Baumgart et al. 2009) 광범위한 측정에 기초하여, 자바 섬과 수마트라 섬에서 멀리 떨어진 인도양 바닥에 탄소가 쌓이는 속도가 표준 추정치보다 50배 클 수도 있다고 추정하면서, 이런 가능성을 모든 바다에 적용하면, 바다 밑 혼합 층의 탄소량을 무려 3×10^{15}킬로그램(육지와 바닷물 표층의 탄소량과 같다)으로 추정할 수도 있다고 주장한다. (ii) 바다 밑에 퇴적된 탄소의 상당 부분이 하부 퇴적층으로 내려가서 바닷물과 접촉하지 않고 따라서 산화하지 않을 가능성이 있다. 그런 탄소는 바닷물이 갑자기 뒤집힐 때에만 산화할 수 있을 것이다. 바닷물이 갑자기 뒤집히는 사건은 마지막 빙하시대인 약 2만 년 전에 마지막으로 일어났다고 여겨진다. 2만 년이면 혼합 층의 탄소가 산화되는 시간보다 20배 긴 시간이다. 따라서 하부의 비혼합 퇴적층은 혼합층보다 20배 많은 탄소를 보유하고 있을 가능성이 있다. 즉, 최대치로 추정하면, 바다 밑 하부 비혼합 퇴적층은 육지와 바닷물 표면에 있는 탄소보다 무려 20배 많은 탄소를 포함하고 있을 가능성이 있다. 만일 그 많은 탄소가 새로운 뒤집힘에 의해서 바닷물 표면으로 올라와 산화한다면, 모든 사람이 산소 부족을 느끼고 이산화탄소 중독으로 죽어가기에 거의 충분할 만큼 산소가 소모된다. 제12장의 마지막 부분 참조. 따라서 그런 시나리오는 비록 개연성이 매우 낮지만, 불가능하지는 않다.

제15장

크리스토퍼 놀런은 「인터스텔라」에 나오는 웜홀의 지름을 몇 킬로미터 정도로 결정했다. 지구에서 본 그 웜홀의 각지름(단위는 라디안)은 이 지름을 지구와 그 웜홀 사이의 거리로 나눈 값과 같다. 그 거리는 약 9천문단위, 곧 1.4×10^9킬로미터(토성 궤도의 반지름)다. 따라서 그 웜홀의 각지름은 약 (2 킬로미터)/(1.4×10^9 킬로미터) $= 1.4 \times 10^{-9}$라디안, 곧 0.0003 각초이다. 전파망원경들은 전 세계적 간섭 측정법(transworld interferometry)을 이용하여 이 수준의 각 해상도를 일상적으로 성취한다. 이른바 "적응 광학(adaptive optics)" 기술을 이용하는 지상의 광학망원경들과 우주의 허블 우주망원경은 2014년 현재 이 수준보다 100배 낮은 각 해상도에 도달할 수 있다. 하와이에 있는 쌍둥이 켁 망원경들에 간섭 측정기를 보강하면, 「인터스텔라」에 나오는 웜홀의 각지름보다 10배 낮은 각 해상도에 도달할 수 있다. 「인터스텔라」가 그리는 시대에는 더 멀리 떨어진 광학 망원경들에 광학적 간섭 측정 기술을 적용함으로써 그 웜홀의 각지름 0.0003 각초보다 더 높은 해상도를 성취하게 될 가능성이 매우 높다.

제17장

뉴턴의 중력 법칙을 기술하는 수학 공식들에 익숙한 독자는 천체물리학자들인 보단 파친스키와 파울 비타가 그 공식들을 어떻게 변형했는지(Paczynski and Wiita 1980)에 관심이 있을 성싶다. 그들의 변형에서 비회전 블랙홀이 일으키는 중력가속도는 뉴턴의 역제곱 법칙 $g = GM/r^2$이 아니라 $g = GM/(r - r_h)^2$을 따른다. 이때 M은 블랙홀의 질량, r은 중력가속도 g를 느끼는 블랙홀 외부 위치까지의 거리, $r_h = 2GM/c^2$은 비회전 블랙홀의 사건지평의 반지름이다. 이 변형 공식은 일반상대론이 예측하는 중력가속도를 놀랄 만큼 근사하게 산출한다.[2] 이 변형 중력 공식을 이용하면, 그림 17.2의 정량적 버전을 만들고,[3] 밀러 행성 궤도의 반지름을 구할 수 있다. 당신 스스로 해보라. 당신이 얻은 결과는 근사적으로만 옳다. 왜냐하면 파친스키-비타 공식은 가르강튀아의 회전이 일으키는 공간의 소용돌이를 감안하지 않기 때문이다.

제25장

브랜드 교수의 방정식(그림 25.6)에 등장하는 다양한 수학 기호의 의미는 다른 칠판 15개에서 설명된다. 그 칠판들은 이 책의 웹페이지 Interstellar.withgoogle.com에서 볼 수 있다. 브랜드 교수의 방정식은 "작용(action)" S("양자적 유효 작용[quantum effective action]"의 고전적 극한)를 "라그랑지안(Lagrangian)" 함수들(기호는 L)의 적분으로 표현한다. 그 라그랑지안 함수들은 5차원 벌크와 우리의 4차원 브레인의 시공 기하학("계량[metric]")과 관련이 있으며, 벌크에 자리 잡은 몇 가지 장들(기호는 Q, σ, λ, ξ, and φ^i), 그리고 우리 브레인에 자리 잡은 (전기장과 자기장을 비롯한) "표준모형 장들(standard model fields)"과도 관련이 있다. 작용 S의 극값(극댓값이나 극솟값, 또는 안장점[saddle point])을 구하려면, 위의 장들과 계량들을 변화시켜야 한다. 극값을 산출하는 조건들은, 장들의 진화를 지배하는 "오일러-라그랑주(Euler-Lagrange)" 방정식들의 집합이다. 이것은 변분학에서 표준적인 계산 절차이다. 브랜드 교수와 머프는 미지의 벌크장들 φ^i와 미지의 함수들 U(Q), $H_{ij}(Q^2)$, M(standard model fields), 그리고 라그랑지안에 들어 있는 미지의 상수들 W_{ij}를 추측한다. 그림 25.9는 내가 그들의 추측들을 칠판에 적는 모습이다. 그런 다음에 그들은 추측들의 집합 각각에 대하여 장들과 시공 기하학들을 변화시키면서 오일러-라그랑주 방정식들을 도출하고, 이어서 컴퓨터

---

2. 이 파친스키-비타 변형 공식은 「인터스텔라」와 연계된 중력 새총 비행 비디오 게임을 개발할 때, 블랙홀이 우주선에 가하는 중력을 계산하는 데에 쓰였다. Game.InterstellarMovie.com 참조.

3. 관련 계산은 제27장에 대한 주석 참조.

시뮬레이션을 이용하여 그 방정식들이 어떤 중력 이상을 예측하는지 탐구한다.

제27장

이 주석은 뉴턴의 중력법칙과 에너지 및 각운동량의 보존을 나타내는 수학 공식들에 익숙한 독자를 위한 것이다. 화산과 유사한 곡면의 공식을 당신 스스로 도출해보라. 당신의 출발점은, (i)가르강튀아의 중력가속도를 나타내는 파친스키-비타 근사 공식 $g = GM/(r - r_h)^2$(위의 17장에 대한 주석 참조), 그리고 (ii)에너지 보존법칙과 각운동량 보존법칙이다. 당신이 도출해야 할 공식은, 제17장에 대한 주석에서 사용한 기호들과 인듀어런스 호의 (단위 질량 당) 각운동량을 가리키는 기호 L을 써서 표현하면, 이것이다.

$$V(r) = -\frac{GM}{r - r_h} + \frac{1}{2}\frac{L^2}{r^2}$$

우변의 첫째 항은 인듀어런스 호의 (단위 질량당) 중력 에너지, 둘째 항은 둘레 방향 운동 에너지(즉 원심력 에너지)이다. V(r)과 반지름 방향 운동 에너지 $v^2/2$(v는 반지름 방향 속도)의 합은 보존되며 인듀어런스 호의 (단위 질량당) 총에너지와 같다. 분화구 테두리는 V(r)이 극댓값이 되는 반지름 r에 위치한다. 나는 제27장에서 인듀어런스 호의 궤적, 분화구 테두리에서 그 궤적의 불안정성, 인듀어런스 호가 에드먼드 행성을 향해서 출발하는 것에 관하여 여러 주장을 제시했다. 이 방정식들을 이용하여 그 주장들을 증명해보라.

제30장

우리 브레인뿐 아니라 벌크에서도, 메시지 등이 도달할 수 있는 시공상의 위치들은 그 무엇도 빛보다 더 빨리 이동할 수 없다는 법칙의 지배를 받는다. 우리 물리학자들은 시공 다이어그램(spacetime diagram)을 이용하여 이 법칙의 귀결들을 탐구한다. 시공 다이어그램상의 사건 각각은 "미래 빛 원뿔(future light cone)"이라는 것을 가진다. 그 사건에서 발원하는 빛은 그 원뿔을 따라서 이동한다. 빛보다 느리게 운동하는 모든 것은 그 원뿔 내부에서 이동한다. 예컨대 『중력 : 아인슈타인의 일반상대성이론 입문』(Hartle 2003)을 참조하라.

그림 TN.1은 테서랙트 내부와 면들에서 빛 원뿔들이 이루는 패턴을 보여준다. 물론 「인터스텔라」에 대한 나의 해석에 따른 그림이다(이 그림은 내가 제30장의 각주1에서 언급한 시공 굴곡을 수학적으로 기술한다. 물리학자들은 이 빛 원뿔들의 패턴을 테서랙트 내부에서 "시공의 인과 구조"라고 부른다). 쿠퍼가 테서랙트의 내부를 통해 머프의 침실로 보내는 중력파 메시지(힘)의 세계선(보라색 곡선), 그리고 그 침실에서 발원하여 테서랙트의 면들을 거쳐 쿠퍼에게 그 침실의 이미지를 제공하는 광선의 세계선(주황색 점선)도 표시되어 있다. 이 그림은 순수한 공간 다이어그램인 그림 30.5의 시공 버전이다.

중력파 메시지가 침실 시간과 쿠퍼의 시간을 거슬러 광속으로 이동한다는 것을 당신은 이 그림에서 이해할 수 있는가? 반면에 책에서 발원한 광선은 침실 시간 및 쿠퍼의 시간에 순행하면서 광속으로 이동한다는 것을 당신은 이 그림에서 이해할 수 있는가? 그림 30.6에 나오는 에셔의 드로잉과 이 그림을 비교해보라.

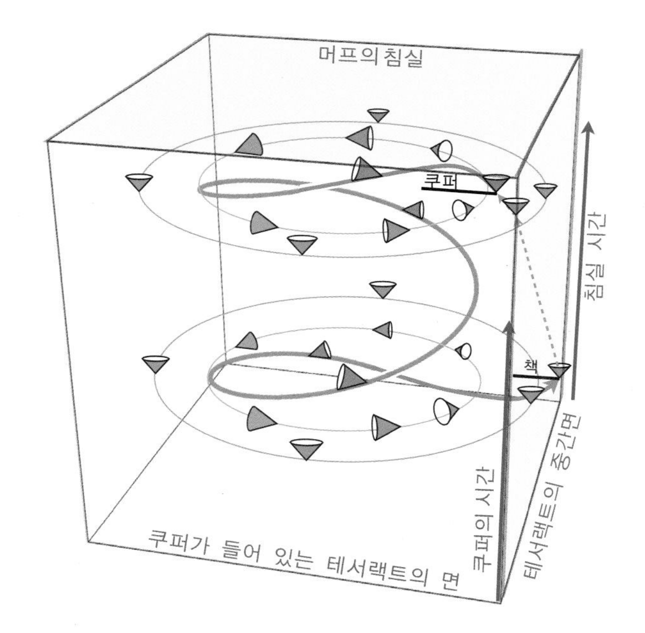

그림 TN.1 테서랙트 내부에서 시공의 인과 구조. 공간차원 하나를 생략한 그림이다.

감사의 말

할리우드에서 나를 반갑게 맞아주고 그 대단한 세계를 많이 가르쳐준 것에 대해서 가장 먼저, 또한 가장 깊이 나의 파트너 린다 옵스트에게 감사한다. 또한 크리스토퍼 놀런, 엠마 토머스, 조너선 놀런, 폴 프랭클린, 스티븐 스필버그에게 감사한다.

우정과 협력으로 나와 함께 「인터스텔라」의 모태가 된 트리트먼트를 창조한 것에 대해서, 또한 「인터스텔라」가 여러 시도와 시련을 거쳐 마침내 크리스토퍼 놀런의 놀라운 손에 안착하여 정말 멋지게 변형될 때까지 길을 안내한 것에 대해서 린다에게 감사한다.

시각효과의 세계에서 나를 환영하고 나에게 「인터스텔라」의 웜홀, 블랙홀 가르강튀아와 그 강착원반을 시각화하기 위한 토대를 놓을 기회를 준 것에 대해서 폴 프랭클린, 올리버 제임스, 유진 폰 툰첼만에게 감사한다. 그 토대와 관련하여 나와 긴밀히 협조한 것에 대해서 올리버와 유진에게 감사한다.

이 책의 원고를 읽고 지혜로운 논평과 제안을 한 린다 옵스트, 제프 슈리브, 엠마 토머스, 크리스토퍼 놀런, 조던 골드버그, 폴 프랭클린, 올리버 제임스, 유제니 폰 툰첼만, 캐럴 로즈에게 감사한다. 원고의 모든 구절을 집요하리만치 꼼꼼하게 읽으며 정확성과 일관성을 추구한 레슬리 황과 돈 리프킨에게 감사한다. 그림들과 관련해서 결정적인 도움 그리고/또는 조언을 제공한 조던 골드버그, 에릭 루이, 제프 슈리브, 줄리아 드러스킨, 조 롭스, 리아 할로런, 앤디 톰프슨에게 감사한다. 그림들의 사용 허가를 얻는 일을 결정적으로 도와준 패트 홀에게 감사한다. 이 책을 실물로 만든 드레이크 맥필리, 제프 슈리브, 에이미미 체리, 에릭 셔먼과 켄 지프런에게 감사한다. 마지막 두 사람은 나의 할리우드 대리인들이다(그렇다, 할리우드에서 일하는 사람은 누구나, 심지어 변두리의 과학자도 대리인을 두어야 한다).

이 모험 내내 참아주고 지원해준 나의 아내이자 삶의 파트너 캐럴리 윈스타인에게 감사한다.

참고 문헌

Abbott, E. A. (1884). *Flatland* (Dover Thrift Edition 1992, New York); widely available on the web, for example at http://en.wikisource.org/wiki/Flatland_(second_edition).

Adkins, J. F., Ingersoll, A. P., and Pasquero, C. (2005). "Rapid Climate Change and Conditional Instability of the Glacial Deep Ocean from the Thermobaric Effect and Geothermal Heating," *Quaternary Science Reviews*, 24, 581–594.

Al-Khalili, J. (2012). *Black Holes, Wormholes, and Time Machines*, 2nd edition (CRC Press, Boca Raton, Florida).

Barrow, J. D. (2011). *The Book of Universes: Exploring the Limits of the Cosmos* (W. W. Norton, New York).

Bartusiak, M. (2000). *Einstein's Unfinished Symphony: Listening to the Sounds of Space-Time* (The Berkeley Publishing Group, New York).

Baum, R., and Sheehan, W. (1997). *In Search of the Planet Vulcan: The Ghost in Newton's Clockwork Universe* (Plenum Trade, New York).

Baumgart, A., Jennerjahn, T., Mohtadi, M., and Hebbeln, D. (2010). "Distribution and Burial of Organic Carbon in Sediments from the Indian Ocean Upwelling Region Off Java and Sumatra, Indonesia," *Deep-Sea Research* I, 57, 458–467.

Begelman, M., and Rees, M. (2009). *Gravity's Fatal Attraction: Black Holes in the Universe*, 2nd edition (Cambridge University Press, Cambridge, England).

Billings, L. (2013). *Five Billion Years of Solitude: The Search for Life Among the Stars* (Penguin Group, New York).

Brans, C. (2010). "Varying Newton's Constant: A Personal History of Scalar-Tensor Theories," Einstein Online, 1002; available at http://www.einstein-online.info/spotlights/scalar-tensor.

Carroll, S. (2011). *From Eternity to Here: The Quest for the Ultimate Theory of Time* (Oneworld Publications, Oxford, England).

Carroll, S. (2014). Preposterous Universe, http://www.preposterousuniverse.com/blog/.

Choptuik, M. W. (1993). "Universality and Scaling in Gravitational Collapse of a Massless Scalar Field," *Physical Review Letters*, 70, 9.

Davies, P.C.W., and Brown, J. R. (1986). *The Ghost in the Atom: A Discussion of the Mysteries of Quantum Physics* (Cambridge University Press, Cambridge, England).

Dyson, F. J. (1963). "Gravitational Machines," in *Interstellar Communication*, edited by A.G.W. Cameron (W. A. Benjamin, New York), pp. 115–120.

Dyson, F. J. (1968). "Interstellar Transport," *Physics Today*, October 1968, pp. 41–45.

Ehlinger, L. (2007). *Flatland: The Film*, currently available on YouTube at http://www.youtube.

com/watch?v=eyuNrm4VK2w; see also http://www.flatlandthefilm.com.

Emerson, S., and Hedges, J. I. (1988). "Processes Controlling the Organic Carbon Content of Open Ocean Sediments," *Paleoceanography*, 3, 621–634.

Everett, A., and Roman, T. (2012). *Time Travel and Warp Drives* (University of Chicago Press, Chicago).

Feynman, R. (1965). *The Character of Physical Law* (British Broadcasting System, London); paperback edition (MIT Press, Cambridge, Massachusetts).

Forward, R. (1962). "Pluto—the Gateway to the Stars," *Missiles and Rockets*, 10, 26–28.

Forward, R. (1984). "Roundtrip Interstellar Travel Using Laser-Pushed Lightsales," *Journal of Spacecraft and Rockets*, 21, 187–195.

Foucart, F., Duez, M. D., Kidder, L. E., and Teukolsky, S. A., "Black Hole–Neutron Star Mergers: Effects of the Orientation of the Black Hole Spin," *Physical Review* D 83, 024005 (2011); also available at http:arXiv:1007.4203.

Freeze, K. (2014). *The Cosmic Cocktail: Three Parts Dark Matter* (Princeton University Press, Princeton, New Jersey).

Gamow, G. (1947). *One, Two, Three . . . Infinity: Facts and Speculations of Science* (Viking Press, New York; now available from Dover Publications, Mineola, New York).

Gregory, R., Rubakov, V. A., and Sibiryakov, S. M. (2000). "Opening Up Extra Dimensions at Ultra-Large Scales," *Physical Review Letters*, 84, 5928–5931; available at http://lanl.arxiv.org/abs/hep-th/0002072v2.

Greene, B. (2003). *The Elegant Universe: Superstrings, Hidden Dimensions, and the Quest for the Ultimate Theory*, 2nd edition (W. W. Norton, New York).

Greene, B. (2004). *The Fabric of the Cosmos: Space, Time, and the Texture of Reality* (Alfred A. Knopf, New York).

Guillochon, J., Ramirez-Ruiz, E., Rosswog, S., and Kasen, D. (2009). "Three-Dimensional Simulations of Tidally Disrupted Solar-Type Stars and the Observational Signatures of Shock Breakout," *Astrophysical Journal*, 705, 844–853.

Guth, A. (1997). The Inflationary Universe (Perseus, New York).

Hartle, J. (2003): *Gravity: An Introduction to Einstein's General Relativity* (Pearson, Upper Saddle River, New Jersey).

Hawking, S. (1988). *A Brief History of Time: From the Big Bang to Black Holes* (Bantam Books, New York).

Hawking, S. (2001). *The Universe in a Nutshell* (Bantam Books, New York).

Hawking, S., and Mlodinow, L. (2010). *The Grand Design* (Bantam Books, New York).

Hawking, S., Novikov, I., Thorne, K. S., Ferris, T., Lightman, A., and Price, R. (2002). *The Future of Spacetime* (W. W. Norton, New York).

Hawking, S., and Penrose, R. (1996). *The Nature of Space and Time* (Princeton University Press, Princeton, New Jersey).

Hedges, J. I., and Keil, R. G. (1995). "Sedimentary Organic Matter Preservation: An Assessment and Speculative Synthesis," Marine Chemistry, 49, 81–115.

Isaacson, W. (2007). *Einstein: His Life and Universe* (Simon & Schuster, New York).

Kennefick, D. (2007). *Traveling at the Speed of Thought: Einstein and the Quest for Gravitational Waves* (Princeton University Press, Princeton, New Jersey).

Lemonick, M. (2012). *Mirror Earth: The Search for Our Planet's Twin* (Walker, New York).

L'Engle, M. (1962). *A Wrinkle in Time* (Farrar, Strauss and Giroux, New York).

Levin, J., and Perez–Giz, G. (2008). "A Periodic Table for Black Hole Orbits," *Physical Review* D, 77, 103005.

Lynden-Bell, D. (1969). "Galactic Nuclei as Collapsed Old Quasars," *Nature*, 223, 690–694.

Maartens, R., and Koyama K. (2010). "Brane-World Gravity," Living Reviews in Relativity 13, 5; available at http://relativity.livingreviews.org/Articles/lrr-2010-5/.

Marolf, D., and Ori, A. (2013). "Outgoing Gravitational Shock-Wave at the Inner Horizon: The Late-Time Limit of Black Hole Interiors," *Physical Review* D, 86, 124026.

McKinney, J. C., Tchekhovskoy, A., and Blandford, R. D. (2012). "Alignment of Magnetized Accretion Disks and Relativistic Jets with Spinning Black Holes," *Science*, 339, 49–52; also available at http://arxiv.org/pdf/1211.3651v1.pdf.

McMullen, C. (2008). *The Visual Guide to Extra Dimensions. Volume 1: Visualizing the Fourth Dimension, Higher-Dimensional Polytopes, and Curved Hypersurfaces* (Custom Books).

Meier, D. L. (2012). *Black Hole Astrophysics: The Engine Paradigm* (Springer Verlag, Berlin).

Merritt D. (2013). *Dynamics and Evolution of Galactic Nuclei* (Princeton University Press, Princeton, New Jersey).

Misner, C. W., Thorne, K. S., and Wheeler, J. A. (1973). *Gravitation* (W. H. Freeman, San Francisco).

Nahin, P. J. (1999). *Time Machines: Time Travel in Physics, Metaphysics and Science Fiction*, 2nd edition (Springer Verlag, New York).

Obst, L. (1996). *Hello, He Lied: & Other Truths from the Hollywood Trenches* (Little, Brown, Boston).

Obst, L. (2013). *Sleepless in Hollywood: Tales from the New Abnormal in the Movie Business* (Simon & Schuster, New York).

O'Neill, G. K. (1978). *The High Frontier: Human Colonies in Space* (William Morrow, New York; 3rd edition published by Apogee Books, 2000).

Paczynski, B., and Wiita, P. J. (1980). "Thick Accretion Disks and Supercritical Luminosities," *Astronomy and Astrophysics*, 88, 23–31.

Pais, A. (1982). "Subtle Is the Lord . . .": *The Science and the Life of Albert Einstein* (Oxford University Press, Oxford, England).

Panek, R. (2011). *The 4% Universe: Dark Matter, Dark Energy, and the Race to Discover the Rest of Reality* (Houghton Mifflin Harcourt, New York).

Penrose, R. (2004). *The Road to Reality: A Complete Guide to the Laws of the Universe* (Alfred A. Knopf, New York).

Perryman, M. (2011). *The Exoplanet Handbook* (Cambridge University Press, Cambridge, England).

Pineault, S., and Roeder, R. C. (1977a). "Applications of Geometrical Optics to the Kerr Metric. I. Analytical Results," *Astrophysical Journal*, 212, 541–549.

Pineault, S., and Roeder, R. C. (1977b). "Applications of Geometrical Optics to the Kerr Metric. II. Numerical Results," *Astrophysical Journal*, 213, 548–557.

Poisson, E., and Israel, W. (1990). "Internal Structure of Black Holes," *Physical Review* D, 41, 1796–1809.

Randall, L. (2006). *Warped Passages: Unraveling the Mysteries of the Universe's Hidden Dimensions* (HarperCollins, New York).

Rees, M., ed. (2005). *Universe: The Definitive Visual Guide* (Dorling Kindersley, New York).

Roseveare, N. T. (1982). *Mercury's Perihelion from Le Verriere to Einstein* (Oxford University Press, Oxford, England).

Schutz, B. (2003). *Gravity from the Ground Up: An Introductory Guide to Gravity and General Relativity* (Cambridge University Press, Cambridge, England)

Schutz, B. (2009). *A First Course in General Relativity*, 2nd edition (Cambridge University Press, Cambridge, England).

Singh, P. S. (2004). *Big Bang: The Origin of the Universe* (HarperCollins, New York).

Shostak, S. (2009). *Confessions of an Alien Hunter: A Scientist's Search for Extraterrestrial Intelligence* (National Geographic, Washington, DC).

Stewart, I. (2002). *The Annotated Flatland: A Romance of Many Dimensions* (Basic Books, New York).

Teo, E. (2003). "Spherical Photon Orbits Around a Kerr Black Hole," *General Relativity and Gravitation*, 35, 1909–1926; available at http://www.physics.nus.edu.sg/~phyteoe/kerr/paper.pdf.

Thorne, K. S. (1994). *Black Holes & Time Warps: Einstein's Outrageous Legacy* (W. W. Norton, New York).

Thorne, K. S. (2002). "Spacetime Warps and the Quantum World: Speculations About the Future," in Hawking et. al. (2002).

Thorne, K. S. (2003). "Warping Spacetime," in The Future of Theoretical Physics and Cosmology: Celebrating Stephen Hawking's 60th Birthday, edited by G. W. Gibbons, S. J. Rankin, and E.P.S. Shellard (Cambridge University Press, Cambridge, England), Chapter 5, pp. 74–104.

Toomey, D. (2007). *The New Time Travelers: A Journey to the Frontiers of Physics* (W. W. Norton, New York).

Visser, M. (1995). *Lorentzian Wormholes: From Einstein to Hawking* (American Institute of Physics, Woodbury, New York).

Vilenkin, A. (2006). *Many Worlds in One: The Search for Other Universes* (Hill and Wang, New York).

Wheeler, J. A., and Ford, K.(1998). *Geons, Black Holes and Quantum Foam: A Life in Physics* (W.

W. Norton, New York).

Will, C. M. (1993). *Was Einstein Right? Putting General Relativity to the Test* (Basic Books, New York).

Witten, E. (2000). "The Cosmological Constant from the Viewpoint of String Theory," available at http://arxiv.org/abs/hep-ph/0002297.

Yang, H., Zimmerman, A., Zenginoglu, A., Zhang, F., Berti, E., and Chen, Y. (2013). "Quasinormal Modes of Nearly Extremal Kerr Spacetimes: Spectrum Bifurcation and Power-Law Ringdown," *Physical Review* D, 88, 044047.

옮긴이의 용어 해설

가속도(acceleration) : 물체의 속도가 변하는 비율.

강한핵력(strong force) : 네 가지 기본 힘 중 가장 강하고 작용 거리가 가장 짧은 힘. 양성자와 중성자 속의 쿼크들을 결합시키고 양성자와 중성자를 하나로 결합시켜 원자핵을 이루게 한다.

거시적(macroscopic) : 일상세계에서 경험할 수 있는, 즉 약 0.01밀리미터 이상의 크기를 지칭하는 말. 그 이하의 크기는 미시적(microscopic)이라고 부른다.

고전역학 → 뉴턴 역학

고전이론(classical theory) : 양자역학 이전에 수립된 개념을 기초로 삼는 이론. 고전이론은 물체가 명확하게 규정된 위치와 속도를 가진다고 가정한다. 그러나 이 가정은 하이젠베르크의 불확정성의 원리가 입증했듯이, 작은 크기에서는 성립하지 않는다. 상대성이론도 고전이론에 속한다.

공간 차원(spatial dimension) : 공간상의 3차원, 즉 시간 차원을 제외한 모든 차원을 가리킨다.

관찰자(observer) : 어떤 시스템의 물리적 특성을 측정하는 사람 또는 측정장비.

광자(photon) : 전자기력을 운반하는 보손. 빛의 양자.

기본입자(elementary particle) : 더 이상 나눌 수 없다고 생각되는 입자. 소립자(素粒子)라고도 번역한다.

끈(string) : 초끈이론의 본질적인 구성 요소인 1차원적인 대상.

뉴턴 역학(Newtonian mechanics) : 물리학에서 힘과 물체의 운동을 다루는 역학은 크게 고전역학과 양자역학으로 나뉜다. 뉴턴 역학은 고전역학의 다른 이름이다. 뉴턴 역학의 법칙들은 힘이 작용할 때(또는 작용하지 않을 때) 거시적인 물체가 어떻게 운동하는지 기술한다. 반면에 양자역학은 미시적인 물체의 운동을 기술한다.

뉴턴의 역제곱 법칙(Newton's inverse square law) : 물리학에서 역제곱 법칙이란, 어떤 원천이 특정한 물리량(이를테면 힘)을 유발할 때, 그 원천에서 떨어진 거리의 제곱에 비례하여 그 물리량이 감소하는 것을 의미한다. 예컨대 한 질량이 유발하는 중력은 그 질량에서 떨어진 거리의 제곱에 비례하여 감소한다. 이 책에서 말하는 “뉴턴의 역제곱 법칙”은 이와 같은 중력에 관한 역제곱 법칙을 의미한다.

뉴턴의 운동 법칙(Newton's laws of motion) : 절대공간과 절대시간 개념을 기초로 하여 물체의 운동을 기술하는 법칙들. 아인슈타인이 상대성이론을 발견하기 전까지 통용되었다.

닫힌 끈(closed string) : 고리(루프) 모양을 하고 있는 끈의 한 종류.

도플러 효과(Doppler effect) : 관찰자와 파원이 서로에 대해서 상대적으로 운동할 때, 파동의 주파수가 변화하는 현상.

레이더(radar) : 전파를 이용하여 물체를 탐지함으로써 물체의 위치, 속도 등을 알아내는 장치. 비행기, 선박, 우주선, 유도미사일, 도로 교통, 기상 상황 등을 감시하는 데에 쓰인다.

마이크로파 배경복사(背景輻射, microwave background radiation, 극초단파 배경복사) : 고온의 초기 우주가 방출한 복사파. 이 복사파가 빛으로 보이지 않고 마이크로파(파장이 수 센티미터인 전파)가 되는 것은 우주팽창에 의해서 빛이 적색편이되었기 때문이다. 우주의 모든 방향에서 오고 있다.

무게(weight) : 중력장에 의해서 어떤 물체에 가해지는 힘. 질량에 비례하지만, 질량과 동일하지는 않다.

무한원점(無限遠點, infinity) : 무한히 멀리 있는 가상의 점.

방사능(radioactivity) : 원자핵이 자발적으로 붕괴하여 다른 원자핵이 될 때에 방사선을 방출하는 것.

벌거벗은 특이점(naked singularity) : 멀리 떨어진 관찰자가 볼 수 없는 블랙홀에 의해서 둘러싸여 있지 않는 시공의 특이점.

벌크(bulk) : 초끈이론, M이론에 기초한 우주론에서 벌크란 그 내부에 우리 우주가 들어 있다고 여겨지는 가설적 고차원 공간이다.

복사(輻射, radiation) : 열이나 전자기파가 물체로부터 사방으로 방사하는 현상. 파동이나 입자가 나르는 에너지.

브레인(brane) : 일반적으로 끈 이론과 그밖에 관련 이론들에서 브레인이란 점 입자를 고차원으로 확장한 개념이다. 점 입자는 0차원 브레인, 끈은 1차원 브레인에 해당한다. 그러나 브레인 우주론(brane cosmology)에서 말하는 브레인은 가설적인 고차원 공간(벌크) 속에 들어 있는 우주를 의미한다. 벌크 속에는 우리 브레인 외에 다른 브레인들도 들어 있을 수 있다.

블랙홀(black hole) : 엄청나게 강한 중력을 발휘하기 때문에 우주의 나머지 부분으로부터 단절된 시공 구역. 중력이 매우 강해서 빛도 그 무엇도 빠져나올 수 없다.

빅뱅(big bang) : 뜨겁고 조밀한 우주의 시초. 빅뱅 이론은 우리가 오늘날 볼 수 있는 우주가 약 137억 년 전에는 지름 몇 밀리미터의 크기에 불과했다고 주장한다. 오늘날의 우주는 훨씬 더 크고 차지만, 우리는 그 이른 시기의 잔재인 마이크로파 우주배경복사가 우주 전체에 퍼져 있는 것을 관찰할 수 있다. 우주가 탄생한 순간의 특이점. 중력이 너무나 강력하여 빛은 물론 아무것도 빠져나올 수 없는 시공의 영역.

빛(light) : 전자기파는 파장이 아주 긴 전파부터 아주 짧은 감마선까지 폭넓은 스펙트럼을 이루는데, 그중에서 빛은 인간이 볼 수 있는 특정한 파장대의 전자기파이다. 가시광선(visible light)이라고도 하며, 파장은 대략 400나노미터에서 800나노미터이다.

사건(event) : 시간과 위치에 의해서 확정되는 시공상의 한 점.

사건지평(event horizon) : 블랙홀의 경계. 그곳에서부터 무한을 회피할 수 없는 영역의 경계.

사고실험(thought experiment) : 머릿속에서 생각으로 수행하는 실험. 실제 실험을 수행하기가 어렵거나 불가능할 때 의지할 수 있는 대체 수단이다. 아인슈타인과 스티븐 호킹의 사고실험이 대표적이다.

세차운동(precession) : 일반적으로 세차운동이란 물체가 회전할 때, 회전축의 방향이 변화하는 것을 의미한다. 예컨대 팽이가 약간 기울어진 채로 돌 때, 그 기울어진 방향이 변화하는 것이 세차운동이다. 그러나 천문학에서는 태양계 행성들의 운동을 기술하면서 이른바 "근일점 세차운동(perihelion precession)"을 이야기한다. 이 현상은 행성의 타원 궤도의 장축이 천천히 회전하는 것이다. "수성 궤도의 세차운동"은 근일점 세차운동의 한 예이다.

속도(velocity) : 어떤 물체의 운동의 빠르기와 방향을 기술하는 수.

슈바르츠실트 해(Schwarzschild solution) : 구형 질량 외부의 중력장을 기술하는 아인슈타인 방정식들의 한 해. 그 질량의 전하량과 각운동량이 0이라는 전제 아래에서 구한 해이다. 이 해에 부합하는 블랙홀을 "슈바르츠실트 블랙홀"이라고 한다. 이 블랙홀은 회전하지 않는다. 반면에 회전하는 블랙홀은 "커 블랙홀(kerr black hole)"이라고 한다. 슈바르츠실트 해는 "슈바르츠실트 계량(Schwarzschild metric)"으로도 불린다.

스펙트럼(spectrum) : 하나의 파동을 구성하는 여러 진동수의 파동들. 태양의 스펙트럼 중 가시적인 부분은 무지개에서 볼 수 있다.

스핀(spin) : 기본입자의 내부적 특성. 우리가 일반적으로 사용하는 회전(rotation)이라는 개념과 비슷하지만, 똑같지는 않다.

시간 지체(time slowing) : 중력이 더 강한 곳에서 시간이 더 느리게 흐르는 것을 말한다. 킵 손은 이와 같은 시간 지체를 지배하는 법칙을 "아인슈타인의 시간 굴곡 법칙"이라고 부른다.

시간여행(time travel) : 공간상에서 두 위치 사이를 오가는 것처럼 시간상에서 두 시점 사이를 오가는 것을 말한다. 이 책에서는 과거로 가는 시간여행만이 거론된다. 저자에 따르면 "과거로 거슬러 오르는 것이 가능하다면, 오로지 공간 속에서 멀리 떠났다가 다시 출발점으로 돌아옴을 통해서만 가능하다. 고정된 위치에서……과거로 가는 것은 불가능하다."

시공(space-time) : 시공은 수학적 공간이며, 그 공간에 속한 어떤 점을 지적하려면 공간좌표와 시간좌표를 모두 제시해야 한다. 4차원 공간으로, 그 안에 있는 점들은 사건들을 의미한다.

아인슈타인 장(場)방정식(Einstein field equations) : 시공이 물질과 에너지에 의해서 어떻게 휘어지는지를 기술하는 10개의 방정식.

아인슈타인-로젠 다리(Einstein-Rosen bridge) : 가장 먼저 이론적으로 발견된 웜홀인 플람의 웜홀을 부르는 다른 이름. 일반적으로 웜홀은 시공상의 지름길이며, 터널과 유사한 모습으로 표현된다.

안티-드 지터 공간(anti-de Sitter space) : 일정한 음의 스칼라 곡률과 최대 대칭성을 지닌 로렌츠 다양체.

암흑 에너지(dark energy) : 모든 공간에 스며들어 있는 정체 불명의 가설적 에너지이며, 우주의 팽창이 가속하는 원인으로 추정된다. 우주 전체 질량의 68퍼센트가 암흑 에너지의 형태로 존재하는 듯하다.

암흑물질(dark matter) : 은하계들과 성단들 속에, 그리고 어쩌면 성단들 사이에도 있는 것 같다. 직접 관찰할 수는 없지만, 중력적 효과를 통해서 탐지할 수 있는 정체 불명의 물질. 우주 전제 질량의 27퍼센트가 암흑물질의 형태로 존재하는 듯하다.

약한핵력(weak force) : 네 개의 기본적인 힘 중 두 번째로 약하며, 작용 거리가 매우 짧은 힘. 모든 물질입자들에게 영향을 미치지만, 힘-운반 입자들에게는 영향을 미치지 않는다. 약한핵력은 방사능이 원인이며 별의 내부와 초기 우주에서 원소들이 형성되는 데에 결정적인 구실을 한다.

양성자(proton) : 양의 전하를 띠며 중성자와 매우 유사한 입자. 원자핵을 이루는 입자들 중 대략 절반을 자지한다.

양자(量子, quantum, 복수는 quanta) : 에너지를 비롯한 물리량의 최소 단위.

양자역학(quantum mechanics) → 양자이론

양자요동(quantum fluctuation) : 양자물리학에서 말하는 양자요동이란 공간상의 한 위치에서 일시적으로 일어나는 에너지의 변화이다. 양자요동이 존재한다는 것은 에너지 보존법칙이 일시적으로 깨진다는 것을 의미한다. 양자요동은 입자와 반입자로 이루어진 가상 입자 쌍의 생성을 가능케 한다.

양자이론(quantum theory) : 대상들이 단일하고 확정된 역사를 가지지 않았다는 이론. 플랑크의 양자 원리와 하이젠베르크의 불확정성 원리를 기초로 하여 발전했다.

양자중력이론(quantum gravity) : 양자역학을 일반상대성이론과 통합하는 이론. 끈이론은 양자중력이론의 한 예이다.

양전자(positron) : 전자의 (양으로 대전된) 반입자.

에너지(energy) : 물리적 대상이 속성으로 지닌 가장 근본적인 물리량의 하나. 상호작용을 통해 한 대상에서 다른 대상으로 옮겨갈 수 있고, 다양한 형태로 존재하며, 절대로 새로 생겨나거나 없어지지 않는다.

에너지 보존(conservation of energy) : 에너지(또는 질량의 그 등가물)가 창조되거나 파괴될 수 없다는 과학 법칙.

역세제곱 법칙(inverse cube law) : 어떤 원천이 유발하는 물리량(이를테면 힘)이 그 원천에서 떨어진 거리의 세제곱에 비례하여 감소한다면, 그 물리량은 역세제곱 법칙을 따르는 것이다. 우리 우주에서 중력은 역세제곱 법칙이 아니라 역제곱 법칙을 따르는데, 그것은 우리 우주의 공간차원이 3개이기 때문이다. 만약 우리 우주를 포함한 벌크의 공간차원이 4개라면, 또한 중력이 그 모든 차원들로 퍼져나간다면, 중력은 역세제곱 법칙을 따를 것이다.

역장(力場, force field) : 힘이 그 영향력을 소통하는 수단.

우주론(cosmology) : 우주 전체에 대한 연구.

원시 블랙홀(primordial black hole) : 갓 태어난 초기 우주에서 생성된 블랙홀.

원자(atom) : 일반 물질(ordinary matter)의 기초 단위로 극미한 크기의 원자핵(양성자와 중성자로 이루어진다)과 그 주위를 도는 전자들로 이루어진다.

원자핵(neucleus) : 원자의 중심 부분으로, 양성자와 중

성자만으로 이루어진다. 중성자와 양성자는 강한핵력으로 서로 결합된 상태를 유지한다.

웜홀(wormhole, 벌레구멍) : 우주의 먼 영역들을 서로 연결하는 시공상의 가는 관(管). 웜홀은 평행 우주(parallel universe)나 아기 우주(baby universe)로 통하는 통로가 될 수도 있으며, 시간여행의 가능성을 제공한다.

은하(galaxy) : 별들과 성간 물질과 암흑물질이 중력에 의해서 모여져 이루어진 거대한 시스템.

인플레이션(inflation) : 급격한 팽창이 이루어지는 극히 짧은 순간. 그 동안에 탄생 직후의 우주의 크기가 엄청나게 증가했다.

일반상대론(general theory of relativity) : 과학법칙은 관찰자가 어떻게 움직이는지와는 상관없이 모든 관찰자에게 동일해야 한다는 생각에 기초한 아인슈타인의 이론. 중력을 4차원 시공의 곡률이라는 관점에서 설명한다.

자기장(磁氣場, magnetic field) : 자기력(磁氣力, magnetic force)을 일으키는 장으로, 오늘날에는 전기장(電氣場, electric field)과 결합하여 전자기장(電磁氣場, electromagnetic field)으로 통합되었다.

장(場, field) : 한 시점에 오직 한 점에서만 존재하는 입자와는 달리 시간과 공간 전체에 존재하는 어떤 것.

적색편이(赤色偏移, red shift) : 우리로부터 멀어지는 별의 빛이 도플러 효과 때문에 붉게 변하는 것.

전자(electron) : 음전하를 가지고 있으며 원자핵 주위를 돈다. 원소들의 화학적 성질을 결정하는 기본입자.

전자기력(電磁氣力, electromagnetic force) 자연의 네 가지 힘 중에서 두 번째로 강한 힘. 전하를 띤 입자들 사이에서 작용한다.

전자기파(電磁氣波, electromagnetic wave) : 전자기장 속에 있는 파동과 흡사한 교란(攪亂). 전자기 스펙트럼의 모든 파동은 빛의 속도로 움직인다. 예 : 가시광선, X-선, 극초단파, 적외선 등.

좌표(coordinates) : 공간과 시간에서 한 점의 위치를 나타내는 수들.

중력(gravity) : 자연의 네 가지 힘 중에서 가장 약한 힘. 질량을 가진 물체들은 중력을 발휘하여 서로를 끌어당긴다.

중력가속도(gravitational acceleration) : 중력이 일으키는 가속도. 지구의 중력이 일으키는 가속도는 지상에서 $9.8m/s^2$이다. 물리학자들은 이 중력가속도를 g로 표기한다.

중력이상(重力異常, gravitational anomaly) : 기존 이론으로는 설명할 수 없는 중력 현상. 아인슈타인의 일반상대성이론이 나오기 전에는 수성 궤도의 세차운동도 중력 이상의 한 예였다.

중력장(gravitational field) : 중력이 그 영향력을 소통하는 수단.

중력파(gravitational wave) : 중력장 속에서 나타나는 파동과 흡사한 교란.

중성자(中性子, neutron) : 양성자와 매우 유사하며 전하를 띠지 않은 입자. 원자핵을 구성하는 입자들의 대략 절반을 차지한다. 세 개의 쿼크(두 개는 다운, 한 개는 업)로 이루어진다.

지평 → 사건지평

질량(mass) : 한 물체 속에 있는 물질의 양으로 그 물체의 관성 혹은 가속에 대한 저항을 의미한다.

청색편이(青色偏移, blue shift) : 관찰자를 향해서 접근하는 천체에서 방출되는 복사의 파장이 짧아지는 현상. 도플러 효과에 의해서 일어난다.

초끈이론(superstring theory) : 입자들을 진동의 패턴들로 기술하는 물리학 이론. 이때 진동의 패턴은 무한히 가는 끈처럼 길이만 있고 굵기는 없는, 곧 다른 차원을 가지지 않는다. 양자역학과 일반상대성이론을 통합시키려는 시도이다. 끈이론(string theory)이라고도 한다.

카시미르 효과(Casimir effect) : 진공에서 금속판 두 장을 몇 나노미터 정도의 간격으로 나란히 놓으면, 고전역학으로는 설명할 수 없는 힘(인력이나 척력)이 발생하는데, 이것은 카시미르 효과의 한 예이다. 카시미르 효과는 양자요동과 가상입자의 존재를 보여주는 좋은 증거이다.

퀘이사(quasar) : 아주 먼 곳에서 엄청난 에너지를 내뿜는 활동은하의 핵.

특수상대론(special relativity) : 중력 현상이 없을 때에

관찰자가 어떻게 움직이는지에 상관없이 모든 관찰자에게 과학법칙이 동일해야 한다는 생각에 기초한 아인슈타인의 이론.

특이점(singularity) : 시공의 곡률(또는 어떤 다른 물리량)이 무한대가 되는 점.

특이점 정리(singularity theorem) : 어떤 조건하에서는, 예컨대 우주의 시초에는 꼭 특이점이 존재해야 한다는 정리.

파동/입자 이중성(wave/particle duality) : 파동과 입자는 구분되지 않는다는 양자역학의 개념. 입자는 때로 파동처럼 행동하고, 파동은 때로 입자처럼 행동한다.

파장(wavelength) : 피동에서 인접한 마루와 마루 사이의 거리나 골과 골 사이의 거리.

플랑크 길이(Plank length) : 약 10^{-35}미터. 초끈이론에서 일반적인 끈의 크기.

플랑크 상수(Plank constant) : 불확정성 원리의 토대. 거리와 속도에서 나타나는 불확정성은 반드시 플랑크 상수보다 커야 한다. 이 상수는 기호 ħ로 표기된다.

플랑크 시간(Plank time) : 약 10^{-43}초. 빛이 플랑크 길이에 해당하는 거리를 이동하는 데에 걸리는 시간.

플랑크의 양자 원리(Planck's quantum principle) : 빛(또는 기타 고전적인 파동들)은 불연속적인 양자로만 방출되거나 흡수될 수 있다는 원리. 양자의 에너지는 빛의 진동수에 비례하고, 파장에 반비례한다.

(원자)핵(nucleus) : 원자의 중심에 있는 부분으로 강한 핵력에 의해서 결합된 양성자와 중성자로만 이루어진다.

핵분열(nuclear fission) : 원자핵이 두 개 또는 그 이상의 보다 작은 핵자(核子)로 갈라지면서 에너지를 방출하는 과정.

핵융합(nuclear fusion) : 두 원자핵이 충돌해서 융합하여 더 무거운 단일한 원자핵을 형성하는 과정.

옮긴이의 후기

색다르고 멋진 책이어서 기억에 오래 남을 만큼 즐겁게 번역했다.

과학자의 시선으로 영화를 해부하는 글은 적지 않다. 하지만 이 책처럼 영화 속의 옳은 과학을 해설하는 글은 없는 것 같다. 대개의 저자들은 영화 속의 과학적 오류를 지적하는 일에 주력한다. 영화와 허구에 적대적이지는 않겠지만, 우월한 과학자로서 한 수 가르치겠다는 듯이 군다. 이 책의 저자 킵 손은 전혀 다르다. 그는 영화를 과학으로 정당화하는 일에 초점을 맞춘다. 이 책, 이 멋진 과학적 뒤치다꺼리가 없었다면, 적잖은 관객—특히 과학을 꽤 안다고 자부하는 관객—이 보내는 의심의 눈초리 속에서 「인터스텔라」의 많은 장면은 서투른 허구로 치부되고 말았을지도 모른다. 일개 영화감독이 제멋대로 상상해놓은 세계를 상대성이론 연구에서 둘째가라면 서러운 거장 킵 손이 떠받든다고? 그렇다. 킵 손은 허구의 뒤치다꺼리를 자임하는 과학자이다. 색다를 뿐더러, 참 멋지다.

또한 킵 손의 뒤치다꺼리는 놀랄 만큼 진지하고 치밀하다. 그는 흡사 천체물리학회에서 발표라도 할 태세로 가르강튀아의 질량, 둘레, 회전속도를 계산한다. 밀러 행성의 쓰나미, 만 행성 상공의 구름, 지구에 닥친 재앙 등을 조심스럽게 논할 때, 그는 천상 과학자이다. 이야기꾼 크리스토퍼 놀런이 지어낸 광경들을 과학자 킵 손은 관찰이나 실험에서 나온 데이터로 받아들인다. 어쩌면 일종의 직업병일 수도 있겠는데, 모름지기 과학자 행세를 하려면 기꺼이 걸려야 할 직업병일 성싶다. 실제로 그는 「인터스텔라」의 시각효과 팀과 함께 가르강튀아의 모습 등에 관한 학술논문을 여러 편 써서 발표할 계획이라고 한다. 멋지지 않은가? 영화와 과학, 허구와 실재가 손을 맞잡고 춤추는 이 모습이……

물론 이런 희귀한 아름다움이 실현된 가장 큰 원인은 킵 손이 태동 단계부터 영화 제작에 참여한 데에서 찾아야 할 터이다. 크리스토퍼 놀런이 지어낸 세계의 상당 부분은 애초부터 킵 손의 작품이기도 하다. 그러니 두 사람 사이에 살바싸움 같은 것이 없었을 리가 없다. 킵 손은 영화의 책임자는 영화감독임을 아주 잘 알고 그에 맞게 처신한다. 하지만 이 책에서 그는 자신의 과학적 조언이 묵살되어 과학적 정확성이 손상된 사례들을 여과 없이 공개한다. 영화감독의 입장을 철저히 존중하되, 과학자로서 밝힐 것은 밝히는 자세. 나는 여기에서도 색다르고 멋진 평등을 본다.

이 책을 즐기는 분, 나아가서 각자의 주도로 '인터스텔라의 심리학', '인터스텔라의 철학' 등을 연구하여 이 책을 보완하는 분이 많기를 바란다.

전대호

인명 색인

영화 속 인물들

실존 인물들

사항 색인